Industrialisierung hochiterativ entwickelter Produkte

Industrialization of Highly Iterative Developed Products

Von der Fakultät für Maschinenwesen
der Rheinisch-Westfälischen Technischen Hochschule Aachen
zur Erlangung des akademischen Grades einer
Doktorin der Ingenieurwissenschaften
genehmigte Dissertation

vorgelegt von

Shari Wlecke

Berichter/in:

Univ.-Prof. Dr.-Ing. Dipl.-Wirt. Ing. Günther Schuh
apl. Professor Dr.-Ing. Wolfgang Boos

Tag der mündlichen Prüfung: 16. Mai 2023

ERGEBNISSE AUS DER PRODUKTIONSTECHNIK

Shari Wlecke

Industrialisierung hochiterativ entwickelter Produkte

Herausgeber:
Prof. Dr.-Ing. T. Bergs
Prof. Dr.-Ing. Dipl.-Wirt. Ing. G. Schuh
Prof. Dr.-Ing. C. Brecher
Prof. Dr.-Ing. R. H. Schmitt

Band 24/2023

WZL | RWTH AACHEN UNIVERSITY

Fraunhofer IPT

Bibliografische Information der Deutschen Nationalbibliothek
Die Deutsche Nationalbibliothek verzeichnet diese Publikation in der Deutschen Nationalbibliografie; detaillierte bibliografische Daten sind im Internet über https://portal.dnb.de abrufbar.

Shari Wlecke:

Industrialisierung hochiterativ entwickelter Produkte

1. Auflage, 2023

Gedruckt auf holz- und säurefreiem Papier, 100% chlorfrei gebleicht.

Wissenschaftsverlag des Instituts für Industriekommunikation und Fachmedien an der RWTH Aachen
Steinbachstr. 25, 52074 Aachen
Internet: www.apprimus-verlag.de, E-Mail: info@apprimus-verlag.de

Druck: CPI Druckdienstleistungen GmbH
Ferdinand-Jühlke-Straße 7 | 99095 Erfurt

ISBN 978-3-98555-171-2

D 82 (Diss. RWTH Aachen University, 2023)

Vorwort

Das Schreiben dieser Seiten stellt das Ende einer Ära dar – einer aufregenden Zeit, die mich in vielfacher Hinsicht geprägt und bereichert hat. Ich habe in vier Jahren am Lehrstuhl für Produktionssystematik viel gelernt – als wissenschaftliche Mitarbeiterin, Teamleiterin, Beraterin, Forscherin und Dozentin.

In dieser Zeit habe ich neben meiner persönlichen und fachlichen Weiterentwicklung insbesondere ein unschätzbares Netzwerk aufgebaut und so viele visionäre Persönlichkeiten kennen und schätzen lernen dürfen, wie meinen Doktorvater Prof. Dr. Günther Schuh. Ich möchte ihm nicht nur für seine zahlreichen Impulse danken, die er mir hinsichtlich meiner Dissertation gegeben hat, sondern ebenso für das Ökosystem, welches er uns bereitstellt, um uns selbst auszuprobieren, das eigene Unternehmertum zu entdecken und die Ideen umzusetzen, die einen selbst antreiben. Insbesondere die Rolle von Frauen in Wissenschaft und Wirtschaft durfte ich durch die Gründung des Gleichstellungsteams und der Vernetzung mit der FemTec kontinuierlich verfolgen und vertiefen. Prof. Dr. Wolfgang Boos möchte ich für das Koreferat meiner Dissertation sowie die spannende gemeinsame Zeit am Lehrstuhl danken. Für die Unterstützung meiner Promotion gilt mein Dank auch Prof. Dr. Anna Mechler für den Vorsitz und Prof. Dr. Verena Nitsch für den Beisitz meiner Doktorprüfung.

Hinsichtlich meiner persönlichen Weiterentwicklung möchte ich mich für die zahlreichen Möglichkeiten bedanken, durch die ich mich täglich im nationalen und internationalen Kontext neuen Herausforderungen stellen konnte. In meiner Promotionszeit durfte ich dadurch meine Liebe für interkulturelles Arbeiten weiterentwickeln, welche mich stetig auf meinem weiteren Lebensweg begleiten wird.

Dass ihr diese Doktorarbeit in den Händen haltet, ist mit einem großen Maß an Disziplin und Ehrgeiz zu begründen. Dies hätte ich ohne die starke private und kollegiale Unterstützung nicht aufbringen können. Ein besonderer Dank gilt meinen Kollegen und Kolleginnen, die zu wahren Freunden wurden: Tino, Annkristin und Sven. Ich danke euch für jeden Rat, jegliches Brainstorming sowie die zahlreichen Wochenenden, in denen wir meine Gedanken geschliffen haben.

Meine Oberingenieure Dr. Jan-Philipp Prote, Dr. Andreas Gützlaff und Dr. Seth Schmitz haben mir wertvolles Feedback gegeben sowie die notwendige Deadline, um diese Arbeit abzugeben – besten Dank dafür! Der Gruppe Prozessmanagement, vor allem Marco und Henning, danke ich für unsere legendären Disswochenenden und die vielen Runden, die wir durch meine hochiterativen und zirkulären Modelle gedreht haben.

Meinen studentischen Mitarbeitenden und Abschlussarbeitenden möchte ich danken, dass ihr mich stets als Führungskraft gefordert und einen zentralen Teil zu dieser Arbeit beigetragen habt. Mit euch zusammenzuarbeiten hat mir viel Spaß bereitet!

Von Herzen danken möchte ich meinen besten Freunden, denen kein Abend zu lang und kein Wochenende zu kostbar war, um mit mir meine Ideen zu entwickeln, mich stetig herauszufordern, Probevorträge zu hören, Korrektur zu lesen und die bedingungslos für mich da waren – bei jedem Höhepunkt sowie bei jedem Tal, das ich durchquert habe. Vielen Dank Michelle und Marie-Louise sowie Lukas und Mathis!

Dir, Christian, möchte ich ganz besonders danken – für deine Geduld, dein Verständnis, deine Liebe! Deine bedingungslose Unterstützung in den letzten Jahren hat mir die Energie und den Halt geschenkt, ohne die ich nicht die Stärke hätte aufbringen können, diese Arbeit zu schreiben. Ich danke dir von ganzem Herzen für alles und freue mich unglaublich auf die freie Zeit, die wir ab jetzt gemeinsam gestalten können!

Meine gesamte Familie und insbesondere meine Eltern tragen den größten Teil zu dieser Arbeit bei. Ihr dachtet euch vermutlich, ich sei verrückt, als ich verkündete, in Aachen Wirtschaftsingenieurwesen mit der Fachrichtung Maschinenbau studieren zu wollen. Ohne euren unabdingbaren Glauben an mich, eure Unterstützung im gesamten Studium und euren Rückhalt, der mir das Selbstbewusstsein und den Mut geschenkt hat, immer an meine Träume zu glauben und diese in die Tat umzusetzen, hätte ich mir die Promotion nie zugetraut. Ich danke euch von ganzem Herzen – unser Zusammenhalt und unsere Liebe in der Familie ist das Größte für mich!

Euch widme ich diese Arbeit.

Hamburg, im August 2023

Shari Wlecke

Inhaltsübersicht

Inhaltsverzeichnis

Abbildungsverzeichnis

Tabellenverzeichnis

Formelverzeichnis

Formelzeichenverzeichnis

Lateinische Symbole

Symbol	Einheit	Bedeutung
Bi	-	Beiträge einzelner Komponenten zur Erfüllung der Produktmerkmale
$D_{entstanden}$	-	Differenz der Ist-Kosten und der entstandenen Plankosten der Hypothese
D_{Plan}	-	Zielkostendifferenz
DI_{FG}	-	Reduktion des Freiheitsgrads in der aktuellen Phase
DI_{RG}	-	Zuwachs des Reifegrads in der aktuellen Phase
E_{EG}	{0,1}	Potenzial der Einzel- und Gemeinkosten
E_{VF}	{0,1}	Potenzial der fixen und variablen Kosten
E_{Z}	{0,1}	Potenzial des Gesamtzielkostenindex
f_{ges}	-	Relativer Fehler der Stückkosten
FG	-	Aktueller Freiheitsgrad der Phase
f_i	-	Relativer Fehler der Kalkulation
$FK_{akt,\, i}$	-	aktuelle Fertigungskosten des Kostenelements i
$FK_{mit\ AK}$	-	Fertigungskosten nach der Durchführung der Aktivität AK
GF	-	Gewichtungsfaktor
g_i	-	Gewichtung des Einflussfaktors
G_i	-	Gewichtung je Merkmal i
H_{ges}	-	Härtegrad der Gesamthypothese
H_i	-	Härtegrad des Kostenelements i

k	-	Anzahl der von der Aktivität betroffenen Kostenelemente
K^P	-	Gesamte Plankosten
K_{Ps}	-	Stückkosten
K^{Ps}	-	Vorherigen Stückkosten
K_{EZ}^P	-	Gesamte Einzelkosten der Plankosten
$K_{fix}^{P\,(H=*)}$	-	Geplante Fixkosten mit dem Härtegrad *
K_{fix}^P	-	Gesamte Fixkosten
K_I	-	Ist Kosten
$K_{Optimistisch}^{PS}$	-	Stückkosten des optimistischen Szenarios
$K_{Pessimistisch}^{PS}$	-	Stückkosten des pessimistischen Szenarios
$K_{Wahrscheinlich}^{PS}$	-	Stückkosten des wahrscheinlichen Szenarios
$K_{var}^{P\,(H=*)}$	-	Geplante variable Kosten mit dem Härtegrad *
K_{var}^P	-	Gesamte variable Kosten
K_{red}	-	Kostenreduktionsbedarf
$MK_{akt,\,i}$	-	aktuelle Materialkosten des Kostenelements i
$MK_{mit\ AK}$	-	Materialkosten nach der Durchführung der Aktivität AK
N_i	-	Relativer Nutzenanteil
$p_{entstanden}$	-	Anteil der entstandenen Plankosten
$p_{geschätzt}$	-	Anteil der geschätzten Plankosten
$p_{kalkuliert}$	-	Anteil der kalkuliert Plankosten
P_{Pot}	-	Kostensenkungspotenzial der Hypothese
$R_{Produkt}$	-	Reifegrad der Produkthypothese
$R_{Produkt}^i$	-	Reifegrad der Komponente *i* der Produkthypothese
$R_{Prozess}$	-	Reifegrad der Produktionsprozesshypothese
R_{Prozes}^i	-	Reifegrad der Komponente *i* der Produkthypothese

RD_{FGV}	-	Reduktion des Freiheitsgrads der vorherigen Phasen
RG	-	Aktueller Reifegrad der Phase
S_{glo}	{0,1}	globale Sensitivität der Gesamthypothese
S_i	-	Sensitivität je Faktor
SK_i	-	Geschätzte Standardkosten
$SK_{i\%}$	-	Anteil an den gesamten Standardkosten
SW_{FG}	-	Schwellenwert des Freiheitsgrads der aktuellen Phase
SW_{RG}	-	Schwellenwert des Reifegrads der aktuellen Phase
SW_{FGV}	-	Schwellenwert des Freiheitsgrads der vorherigen Phase
SW_{RGV}	-	Schwellenwert des Reifegrads der vorherigen Phase
t_{Anlauf}	-	Anlaufphase der Produktion
$t_{bearb,AK}$	-	Bearbeitungsdauer der Aktivität
t_{BU}		Zeitpunkt der Beurteilung
$t_{krit,AK}$	-	Kritischer Endzeitpunkt
$t_{plan,AK}$	-	Planmäßiger Endzeitpunkt einer Aktivität
$t_{krit,\ AK}$	-	Kritischer Endzeitpunkt einer Aktivität
$t_{Vorlauf}$	-	extern vorgegebene Vorlaufzeiten
V_D	-	Vernetztheit in der Domäne
$V_{DÜ}$	-	Vernetztheit in der Schnittstelle der Domäne
V_i	{0,1}	Vernetztheit des Informationsbedarfs
x^P	-	Geplante Stückzahl
y_i	-	Aktuelle Kalkulation
Y_i	-	Vorherige Kalkulation
Z_e	-	Zielkosten pro Komponente
Z_g	-	Zielkosten der Hypothese
ZI	{0;0,7}	Gesamtzielkostenindex pro Hypothese

ZS_i	-	Zeilensumme der Einflussfaktoren
ZU_{RGV}	-	Zuwachs des Reifegrads der vorherigen Phasen
Z_{Ziel}	-	Zielkostenindex des Target Costings
$Z_{Ziel}^{Produkt}$	-	Zielkostenindex des Produktseitigen Target Costings
$Z_{Ziel}^{Prozess}$	-	Zielkostenindex des prozessseitigen Target Costings

Griechische Symbole

$\Delta_{\%,FK}$	-	Prozentuale Änderung der Fertigungskosten durch die Aktivität
$\Delta_{\%,MK}$	-	Prozentuale Änderung der Materialkosten durch die Aktivität
τ_{FK}	{1,4}	Faktor zur Berücksichtigung des Härtegrads der Fertigungskosten
τ_{MK}	{1,4}	Faktor zur Berücksichtigung des Härtegrads der Materialkosten
φ_{FK}	{0,1}	Faktor zur Berücksichtigung der strategischen Ausrichtung bezüglich der Fertigungskosten
φ_{MK}	{0,1}	Faktor zur Berücksichtigung der strategischen Ausrichtung bezüglich der Materialkosten
ω_{AK}		Gesamtkosteneinfluss der Aktivität

Abkürzungsverzeichnis

%	Prozent
€	Euro
BG	Baugruppe
BOM	Konstruktionsstückliste/Bill of Materials
BPP	Bipolarplatte
bspw.	beispielsweise
ca.	circa
DMM	Domain Mapping Matrix
DSM	Design Structure Matrix
eBOM	Engineering Bill of Materials/Konstruktionsstückliste
ECM	Engineering Change Management
EF	Einflussfaktor
EK	Einzelkosten
ERP	Enterprise-Ressource-Planning-Systeme
ET	Einzelteil
FEK	Fertigungseinzelkosten
FG	Freiheitsgrad
FGK	Fertigungsgemeinkosten
FK	Fertigungskette
FT	Fertigungstechnologie
FU	Funktion
GK	Gemeinkosten

GR	Gestaltungsrichtlinien
HIP³E	Hochiterative und integrierte Produkt- und Produktionsprozessentwicklung
HIPE	Hochiterative Produktentwicklung
HIPPE	Hochiterative Produktionsprozessentwicklung
HoQ	House of Quality
i.A.a	in Anlehnung an
IB	Informationsbedarf
IM	Integrationsmanager
KPI	Key Performance Indikator
LOP	Liste offener Punkte
mBOM	Manufacturing Bill of Materials/Fertigungsstückliste
MEK	Materialeinzelkosten
MGK	Materialgemeinkosten
Mio	Millionen
MK	Materialkosten
MO	Modul
MPA	Modulare Produktionsarchitektur
MVSP	Minimum Viable Series Production
o.g.	oben genannt
PDCA	Plan-Do-Check-Act
PE	Produktentwicklung
PEP	Produktentstehungsprozess
PM	Produkt Manager
PO	Produkt Owner
PPE	Produktionsprozessentwicklung
PPM	Prozess Managers
PPO	Prozess Owner

QFD	Quality Function Deployment
RG	Reifegrad
RO	Rohstoff
RWTH	Rheinisch-Westfälische Technische Hochschule
SE	Simultaneous Engineering
SEF	Sondereinzelkosten der Fertigung
SLR	Systematische Literaturrecherche
SM	Scrum-Master
SOP	Start of Production
ST	Montagestation
SW	Schwellenwert
SyncM	Synchronisationsmanager
Team	Entwicklungsteam
u.a.	unter anderem
USP	Unique Selling Point
VE	Verbindungselement
vgl.	vergleiche
WZL	Werkzeugmaschinenlabor WZL der RWTH Aachen
z.B.	Zum Beispiel
ZI	Gesamtzielkostenindex
ZS	Zeilensumme

Zusammenfassung

Produzierende Unternehmen werden mit einer Vielzahl von Herausforderungen konfrontiert, die sich in zunehmender Volatilität der Märkte, einem erhöhten Kostendruck, verkürzten Produkt- und Technologielebenszyklen sowie in sich stark ändernden, heterogenen Kundenforderungen widerspiegeln. Um als Hochtechnologieland wettbewerbsfähig zu bleiben, braucht es erfolgversprechende systemische Produkte, die kundenzentriert, schnell und kostenminimal industrialisiert werden.

Traditionelle Entwicklungsansätze sehen eine sequenzielle Entwicklung von Produkt und Produktionsprozess vor. Integrierte Vorgehen scheitern an einem zu hohen Aufwand, starren Vorgehen und der fehlenden Integration in die Organisation. So werden weder Kosten- und Zeitpotenziale gehoben noch die sich kontinuierlich ändernden Kundenanforderungen berücksichtigt. Agile Methoden bieten durch ein hochiteratives Vorgehen eine Möglichkeit Produkte schnell und kundenzentriert zu entwickeln. Der Übertrag auf physische Produkte ist mit Herausforderungen verbunden, die auf die physischen Komponenten der Produkte und der Produktion zurückzuführen sind.

Das Ziel der vorliegenden Arbeit ist daher die Entwicklung einer Methodik für die Industrialisierung hochiterativ entwickelter Produkte, indem die hochiterative und integrierte Produkt- und Produktionsprozessentwicklung (HIP^{3}E) ermöglicht wird. Die entwickelte Methodik setzt sich aus vier zusammenhängenden Lösungsmodulen zusammen. Grundlage ist die Ableitung der hochiterativen Produktionsprozessentwicklung und der damit einhergehenden HIP^{3}E. Diese wird in dem normativen Orientierungsprozess beschrieben. Darauf aufbauend wird der strategische Entwicklungsprozess der HIP^{3}E detailliert, der ein reife- und freiheitsgradbasiertes Entwickeln ermöglicht. Im operativen Koordinationsprozess der HIP^{3}E werden Priorisierungsregeln sowie die agile Kostenanalyse und -prognose abgeleitet, bevor im Management-Framework der HIP^{3}E-Referenzprozess mit einer Aufbau- und Ablauforganisation erweitert wird. Die vier entwickelten Lösungsmodule der Methodik werden mit dem HIP^{3}E-Softwaretool anhand von Fallbeispielen in der Praxis validiert.

Summary

Manufacturing companies are confronted with a multitude of challenges, which are reflected in increasing market volatility, increased cost pressure, shortened product and technology life cycles, and strongly changing, heterogeneous customer requirements. To remain competitive as a high technology country, promising systemic products are needed that are industrialized in a customer-centric, fast and cost-minimizing way.

Traditional development approaches impose a sequential development of product and production process. Integrated approaches fail because of an overly high effort, rigid procedures and the lack of integration into the organization. As a result, neither cost and time potentials are leveraged, nor the continuously changing customer requirements are considered. Agile methods offer an opportunity to develop products quickly and in a customer-centric manner through a highly iterative approach. The transfer to physical products is associated with challenges due to the physical components of the products and the production.

Therefore, this thesis aims to develop a methodology for the industrialization of highly iterative developed products by enabling highly iterative and integrated product and production process development (HIP³D). The developed methodology is composed of four interrelated solution modules. The basis is the derivation of the highly iterative production process development and the accompanying HIP³D. This is described in the normative orientation process. Based on this, the strategic development process of the HIP³D is detailed, which enables a maturity- and degree-of-freedom-based development. In the operational coordination process of HIP³D, prioritization rules as well as agile cost analysis and forecasting are derived before the management framework expands the HIP³D reference process with an organizational structure and process organization. The four developed solution modules of the methodology are validated in practice with the HIP³D software tool using case studies.

1 Einleitung

Zu Beginn der Dissertationsschrift wird die Motivation für das Forschungsvorhaben dargelegt (vgl. Kapitel 1.1), bevor die Beschreibung der Zielsetzung sowie die Formulierung der Haupt- und Teilforschungsfragen in Kapitel 1.2 folgen. In Kapitel 1.3 wird der forschungsmethodische Rahmen der Arbeit dargelegt. Abschließend wird der Aufbau der Arbeit in Kapitel 1.4 erläutert.

1.1 Motivation

Produzierende Unternehmen werden derzeit mit einer Vielzahl von Herausforderungen konfrontiert, die sich u.a. in zunehmender Volatilität der Märkte, einem erhöhten Kostendruck, verkürzten Produkt- und Technologielebenszyklen sowie in sich stark ändernden, heterogenen Kundenforderungen widerspiegeln.[1] Um als Hochtechnologieland wettbewerbsfähig zu bleiben, braucht es systemische Innovationen und somit systemische Produkte.[2] Systemische Innovationen sind erfolgsversprechend, wenn sie kundenzentriert[3], schnell[4] und kostenminimal[5] auf dem Markt platziert werden.[6] Schnell systemische Produkte zu entwickeln und zu industrialisieren, ist in Zeiten von Covid-19, instabilen politischen Lagen und der anhaltenden Klimakrise von immer stärker werdender Bedeutung geworden.[7] Gleichzeitig erfordern schnelle Innovationsprozesse ein Umdenken von der reinen Prozessverkürzung zu einer neuen Struktur der Produkt- und Produktionsprozessentwicklung (vgl. Kapitel 2.1.2) und somit für das Verständnis der Industrialisierung (vgl. Kapitel 2.2).[8] Bestehende Ansätze aus

---

1 Vgl. Gräßler, I./Roesmann, D. et al. (2020) Traceable learning effects, S. 479; Riesener, M./Dölle, C. et al. (2020) Agile Transformation in produzierenden Unternehmen, S. 367; Nagel, K. (2021) Innovationen: Wie Sie eine Innovationskultur etablieren, S. 1.

2 Vgl.Kirchhoff, J. (2022) Innovation statt Markteingriff.

3 Vgl. macronomy (2020) Deutsche Marken müssen Kunden begeistern, S. 1.

4 Hubik, F./Menzel, S. (2022) Neue Autos werden künftig schneller fertig.

5 Vgl. Ehrlenspiel, K./Kiewert, A. et al. (2020) Kostengünstig Entwickeln und Konstruieren, S. 1 - 2.

6 Vgl. Schuh, G./Gartzen, T. et al. (2017) Enabling Agility in Product Development, S. 342.

7 Vgl. Cooper, R. (2021) Accelerating innovation, S. 221.

8 Mayer, H. (2020) Innovation Due To Covid, S. 1.

der integrierten Produkt- und Produktionsprozessentwicklung, wie das Simultaneous Engineering (vgl. Kapitel 2.2.1), zeigen teilweise Erfolge[9], scheitern jedoch meist an einem zu hohen Aufwand und fehlender Integration in die Organisation.[10]

Die Geschwindigkeit, mit der sich derzeit Märkte, Branchen und auch Kunden verändert, war noch nie so hoch. Dies setzt für die Industrialisierung einen hohen Adaptionsgrad voraus, der mit dem Aufbrechen von Hierarchien, einem agilen Entwicklungskonzept und einer starken Innovationskultur einhergeht.[11] Vermehrt setzen Unternehmen auf agile Produktentwicklung (vgl. Kapitel 2.3.1), um die notwendige Kundenzentrierung und Kundenrückmeldungen durch Validierungsschleifen zu forcieren.[12] Die Softwareentwicklung hat in den vergangenen 50 Jahren gezeigt, welches Potenzial in der konsequenten agilen Produktentwicklung liegt. Heute nutzen 97 % der Softwareunternehmen agile Entwicklungskonzepte, wie DevOps, in denen Entwicklung und Validierung eng miteinander verbunden sind und so schneller und kundenzentrierter entwickelt wird.[13] In der Entwicklung physischer Produkte setzten 2020 nur 19 % der Unternehmen auf agile Methoden[14], mit dem Ziel, die Entwicklungsgeschwindigkeiten und Unsicherheiten in Projekten zu reduzieren, sowie um die Kundenforderungen besser abzudecken.[15]

Der Übertrag agiler Methoden aus der Softwareentwicklung auf die Entwicklung systemischer Produkte ist mit zahlreichen Herausforderungen verbunden, die insbesondere mit den physischen Komponenten der Produkte und der Produktion einhergehen. Der relevante Grundgedanke, der von der Software- auf die physische Entwicklung adaptiert werden muss, ist die hochiterative, integrierte und hypothesenbasierte Entwicklung, entgegen der heutigen starren, auf vollständigen Informationen basierende Entwicklung.[16] Gesteigerte Entwicklungsgeschwindigkeiten, die heute durch den Einsatz der hochiterativen Produktentwicklung erzielt werden, wie z.B. die Reduktion der Entwicklungszeit von den üblichen sieben auf drei

---

9 Vgl. Contexto GmbH (2021) Schnell am Markt durch Simultaneous Engineering.

10 Vgl. Kampker, A./Burggräf, P. et al. (2014) Integrated Product and Process Development, S. 110; Stoffels, P./Vielhaber, M. (2016) Decision Support in Product and Production Development, S. 530.

11 Vgl. Mayer, H. (2020) Innovation Due To Covid, S. 1.

12 Vgl. Zwettler, M. (2022) Was ist eigentlich Produktentwicklung?, S. 10.

13 Vgl. Hoda, R./Salleh, N. et al. (2018) The Rise and, S. 58.

14 Vgl. Komus, A./Kulberg, M. (2020) Status Quo (Scaled) Agile, S. 16.

15 Vgl. Komus, A./Kulberg, M. (2020) Status Quo (Scaled) Agile, S. 22.

16 Vgl. Nicolai, A. (2020) Aufbruch in das Ungewisse, S. 51.

Jahre beim amerikanischen Automobilhersteller Tesla mit dem Model 3[17], werden durch die anschließende sequenziell durchgeführte Produktionsprozessentwicklung nichtig gemacht.[18] Der Grund liegt in der von Beginn an fehlenden Industrialisierung hochiterativ entwickelter Produkte. Dies zeigt sich in der Produktion des Model 3, die Tesla vor erhebliche Probleme stellte. Elon Musk sprach in verschiedenen Interviews von einer „Produktionshölle". Produktionsziele mussten 2018 um ein ganzes Quartal verschoben werden. Die Folge waren rote Zahlen in Höhe von 619 Millionen Dollar, was gleichbedeutend mit einem Minusrekord gewesen ist. Zudem fiel die Aktie von Tesla um 6 %. Gleichzeitig meldeten die deutschen Automobilkonzerne wie BMW, Daimler und Volkswagen, ihre Elektroinitiativen an, wodurch der Druck auf die Produktion Teslas weiter erhöht worden ist.[19] Demnach besteht die übergeordnete Forderung nach einer hochiterativen und integrierten Produkt- und Produktionsprozessentwicklung (HIP³E) zur erfolgreichen Entwicklung und Industrialisierung systemischer Produkte und somit hochiterativ entwickelter Produkte.[20]

Ein hochiteratives, hypothesenbasiertes und integriertes Vorgehen bildet den Grundstein für die Industrialisierung hochiterativ entwickelter systemischer Produkte, welche die Wettbewerbsfähigkeit von Hochtechnologieländern sicherstellt.[21] Mit bisherigen Ansätzen schaffen es Unternehmen bislang nicht, die Reduktion Time-to-Market durchzusetzen, da in sequentiellen Vorgehen nicht adäquat auf Veränderungen reagiert werden kann.[22] Neben dieser Reduktion sind gleichzeitig die Kundenzentrierung[23] und Kostenreduktion[24] gefordert, um die Wettbewerbsfähigkeit zu erhalten. Zumeist wird derzeit nur eine Dimension (Kunde, Zeit, Kosten) fokussiert, was dazu führt, dass Innovationen nicht erfolgreich auf dem Markt platziert werden, wie ca. 78 % aller Ideen.[25]

17 Vgl. Terry Leary, G./Erin Schultz, S. (2021) Applying Agile Beyond, 264 f.

18 Vgl. Steimer, C./Aurich, J. (2016) Analysis of Information Interdependencies, S. 460.

19 Vgl. Jahn, T./Fasse, M. (2017) Elon Musk in der Produktionshölle, S. 1 ff.; Sigmund, T./Hubik, F. et al. (2018) Buhlen um die neue Tesla-Fabrik, S. 3.

20 Vgl. Schuh, G./Guetzlaff, A. et al. (2021) Management Framework for the HIP³D, S. 750 f.

21 Vgl. Gaubinger, K. (2021) Hybrides Innovationsmanagement für den Mittelstand in einer VUCA-Welt, S. 57.

22 Vgl. Gaubinger, K. (2021) Hybrides Innovationsmanagement für den Mittelstand in einer VUCA-Welt, S. 57.

23 Vgl. macronomy (2020) Deutsche Marken müssen Kunden begeistern, S. 1.

24 Vgl. Ehrlenspiel, K./Kiewert, A. et al. (2020) Kostengünstig Entwickeln und Konstruieren, S. 1 - 2.

25 Vgl. Staufen (2016) Industrie-Monitor: Innovation 2016, S. 10.

Die Kundenzentrierung erfordert neben der Integration der sich stetig verändernden Kundenanforderungen bzgl. des systemischen Produktes durch hochiterative Entwicklungsvorgehen ebenso Produktionsprozesse, die flexibel, schnell und kostengünstig anpassbar sind.[26] Um solche Produktionsprozesse zu entwickeln, fehlt es häufig an belastbaren Informationen aus der Produktentwicklung bei einem gleichzeitig veralteten Verständnis von Vollständigkeit im Entwicklungsprozess (vgl. Kapitel 4.2).

Dem gleichzeitig bestehenden Kostendruck standzuhalten stellt Unternehmen insbesondere im Kontext der hochiterativen Entwicklung vor Herausforderungen, da ca. 70 % der späteren Produktkosten zu Beginn der Produktentwicklung festgelegt und gleichzeitig ca. 80 % der Kosten durch den Produktionsprozess und Einkauf verursacht werden.[27] Dies verdeutlicht, dass die Industrialisierung immer die Integration aus Produkt- und Produktionsprozessentwicklung darstellt und Kosten kontinuierlich analysiert und prognostiziert werden, um Kostenpotenziale zu identifizieren und umzusetzen. Eine hochiterative Vorgehensweise ermöglicht es zwar, den Fokus auf Kosten kontinuierlich zu halten, Unternehmen schaffen es aber zumeist nicht, unter hohen Unsicherheiten Kosten zu identifizieren.[28] Die Schwierigkeit besteht darin, bereits in Konzeptphasen, basierend auf wenigen Informationen, belastbare Kostenanalyen und -prognosen zu erstellen. Außerdem ist die Genauigkeit der Informationen vom Wissen der Mitarbeitenden in dem Entwicklungsprozess abhängig, die häufig in Silos arbeiten und somit das integrierte Wissen nicht bereitstellen.[29]

Mit dem Ziel, in Zeiten hoher Volatilität als Hochtechnologieland wettbewerbsfähig zu bleiben, stellt die Industrialisierung hochiterativ entwickelter Produkte ein großes Potenzial dar. Dafür ist von zentraler Relevanz, gleichzeitig die Kollaboration von Kundenzentriertheit, Entwicklungsgeschwindigkeit und Kosten zu fokussieren. Obwohl sich bereits diverse Publizierende mit Teilaspekten der Industrialisierung hochiterativ entwickelter Produkte beschäftigt haben, mangelt es an einer integrierten,

---

[26] Vgl. Dolgui, A./Petroodi, S. et al. (2019) Workforce planning and assignment in mixed-model assembly lines as a factor of line, S. 2746.

[27] Vgl. Ehrlenspiel, K./Meerkamm, H. (2017) Integrierte Produktentwicklung, S. 801; Verein Deutscher Ingenieuere (2019) VDI 2221 Blatt 1, S. 47.

[28] Vgl. Osterhagen, F./Schoen, F. (2022) Agil durch die Lieferkrise, S. 16.

[29] Vgl. Bender, B./Gericke, K. (2021) Pahl/Beitz Konstruktionslehre, S. 967.

kollaborativen, aufwandsarmen und praxistauglichen Lösung.[30] An dieser Stelle setzt die vorliegende Arbeit an.

1.2 Zielsetzung der Arbeit

Das übergeordnete Ziel dieser Arbeit ist es, einen Beitrag zur markt- und kundengerechten Entwicklung von Produkten zu leisten. Der Fokus liegt dabei auf der hochiterativen, integrierten und kollaborativen Entwicklung von Produkten und Produktionsprozessen, um die Anforderungen an die zukünftige Industrialisierung zu erfüllen. Dies lässt sich wie folgt zusammenfassen:

Ziel des Forschungsvorhabens ist die Entwicklung eines Referenzprozesses zur Industrialisierung hochiterativ entwickelter Produkte, der die Produkt- und Produktionsprozessentwicklung prozessual integriert, über den gesamten Entwicklungszeitraum von Ideenfindung bis Start of Production (SOP) anwendbar ist, der die Kunden kontinuierlich integriert und sowohl die Entwicklungsgeschwindigkeit als auch die Kosten reduziert.

Um dieses Ziel zu erreichen, wird eine Methodik entwickelt, die einen Referenzprozess für die hochiterative und integrierte Produkt- und Produktionsprozessentwicklung (HIP³E) in den Mittelpunkt stellt und eine kundenzentrierte, geschwindigkeitsoptimierte und kosteneffiziente Entwicklung von Produkten ermöglicht. Diese Methodik setzt sich aus vier Teilmodellen zusammen:

- Beschreibungsmodell für die hochiterative Produktionsprozessentwicklung
- Erklärungsmodell zur transparenten Darstellung von wechselseitigen Wirkbeziehungen zwischen der hochiterativen Produkt- und Produktionsprozessentwicklung
- Entscheidungsmodell zur Auswahl von kosteneffizienten Produkt- und Produktionshypothesen
- Gestaltungsmodell zur Durchführung der hochiterativen und integrierten Produkt- und Produktionsprozessentwicklung (HIP³E)

[30] Vgl. Wlecke, S./Prote, J.-P. et al. (2019) Concept for the industrialization of physical products in the highly iterative product development, S. 587.

Gemäß der explorativen Forschung nach Kubicek zur erfahrungsgestützten Theorienbildung sind zur Absicherung des Forschungsprozesses Fragen an die Realität zu formulieren.[31] Aus der einleitenden Motivation und der Zielstellung der Arbeit lässt sich die folgende zentrale Forschungsfrage ableiten:

Wie kann ein Referenzprozess für die hochiterative und integrierte Produkt- und Produktionsprozessentwicklung (HIP³E), mit dem systemische Produkte schnell und kostenminimal industrialisiert werden können, gestaltet werden?

Durch die Beantwortung der Hauptforschungsfrage soll es produzierenden Unternehmen ermöglicht werden, kundenzentriert Produkte zu entwickeln und erfolgreiche Innovationen auf dem Markt zu platzieren. Mittels zielgerichteter und aufwandsgerechter Methoden wird dabei die Entwicklungsgeschwindigkeit erhöht, wodurch Produkte schneller entwickelt, produziert und somit Kunden bereitgestellt werden. Gleichzeitig wird durch die entwickelte Methodik den Unternehmen ein Vorgehen sowie ein Werkzeug zur Verfügung gestellt, mit dem die komplexe Kollaboration zwischen Produkt- und Produktionsprozessentwicklung systematisiert wird, Informationen ausgenommen und verarbeitet werden und somit eine Kostentransparenz, -analyse und -prognose ermöglicht wird, um anforderungsgerechte Entscheidungen im gesamten Entwicklungsprozess zu treffen.

1.3 Forschungsmethodischer Rahmen der Arbeit

Die Zielstellung der Arbeit ist durch die Tätigkeiten der Autorin als wissenschaftliche Mitarbeiterin am Werkzeugmaschinenlabor WZL der RWTH Aachen im Rahmen eines Forschungsprojektes sowie zahlreicher Beratungsprojekte bei Unternehmen der produzierenden Industrie entstanden. Damit ist die Arbeit in das Forschungsgebiet der Ingenieur- bzw. Produktionswissenschaften einzuordnen und steht in einem direkten Praxiszusammenhang, wie in Kapitel 2.4 weiterführend erläutert wird. Die Arbeit gehört somit zu den angewandten Handlungswissenschaften.[32] Als „angewandte“ Wis-

[31] Vgl. Kubicek, H. (1976) Heuristische Bezugsrahmen, S. 12 ff.

[32] Vgl. Ulrich, P./Hill, W. (1976) Wissenschaftstheoretische Grundlagen der Betriebswirtschaftslehre, S. 305.

senschaft wird dabei ein Entscheidungsprozess zur Analyse menschlicher Gestaltungsalternativen unter Berücksichtigung natur- und technikwissenschaftlicher Erklärungsmodelle gebildet.[33]

Der Fokus dieses praxisorientierten Ansatzes liegt nicht auf dem Absichern von Erkenntnissen, sondern auf der Identifikation geeigneter Instrumente zur Beherrschung der Realität. Dafür genügt es nicht, deskriptive Ursache-Wirkungs-Beziehungen zu formulieren, sondern es bedarf vielmehr einer Ermittlung konkreter Ziel-Mittel-Relationen. Die Auswahl dieser Mittel ist dabei nicht durch rein deduktive, logisch beweisbare Schlussfolgerungen abbildbar, sondern durch das abduktive Schließen von Teileigenschaften auf die Gesamteigenschaften. Für diese Auswahl stellen die konsistente Effektivität und Effizienz einen Maßstab dar, die durch Experimente und Tests zu validieren sind.[34]

Gleichzeitig ist es durch die Zielorientierung des Ansatzes nicht möglich, rein deskriptives Wissen einzubinden. Durch die laufenden Wertungen der Autorin hinsichtlich dieser Zielorientierung wird das gewonnene Wissen normativ.[35] Um die damit einhergehende Subjektivität einzugrenzen, werden nachfolgend das zugrunde liegende Vorverständnis der Autorin und das methodische Vorgehen dargestellt.[36]

Die Darstellung des Vorwissens folgt der iterativen Heuristik nach KUBICEK.[37] Dabei stellt die Formulierung einer zentralen Forschungsfrage, wie in Kapitel 1.2 ausgeführt, das zugrunde liegende Vorverständnis der Autorin dar. Die zentrale Forschungsfrage dient als Ausgangspunkt für die Gewinnung neuer Fragen, die das Verständnis erweitern. Zur Ableitung dieser Teilforschungsfragen wird ein heuristischer Bezugsrahmen definiert, der die im Problemkontext existierenden Kategorien und Analyseeinheiten miteinander in Beziehung setzt. Damit wird die theoretische Perspektive des Forschers abgebildet und das Vorverständnis expliziert. Dieser heuristische Bezugsrahmen ist für die vorliegende Arbeit in Abbildung 1-1 dargestellt.

---

33 Vgl. Ulrich, P./Hill, W. (1976) Wissenschaftstheoretische Grundlagen der Betriebswirtschaftslehre, S. 305; Kornwachs, K. (2013) Technikwissenschaften, S. 22.

34 Vgl. Kornwachs, K. (2013) Technikwissenschaften, S. 22.

35 Vgl. Binder, V./Kantowsky, J. (1996) Technologiepotentiale, S. 3; Kornwachs, K. (2013) Technikwissenschaften, S.22.

36 Vgl. Ulrich, P./Hill, W. (1976) Wissenschaftstheoretische Grundlagen der Betriebswirtschaftslehre, S. 306.

37 Vgl. Kubicek, H. (1976) Heuristische Bezugsrahmen, S. 14.

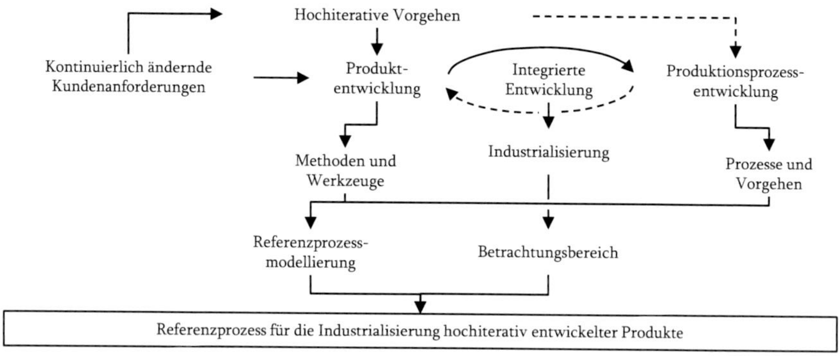

Abbildung 1-1: Heuristischer Bezugsrahmen

Zur Strukturierung des forschungsmethodischen Vorgehens lassen sich auf Basis der in Kapitel 1.2 formulierten Teilziele, der übergeordneten Forschungsfrage und des heuristischen Bezugsrahmens folgende Teilforschungsfragen ableiten:

I. Wie kann die Produktionsprozessentwicklung hochiterativ gestaltet werden?
II. Wie kann die Parallelisierung von Produkt- und Produktionsprozessentwicklung die Time-to-Market verkürzen?
III. Wie kann durch eine Kollaboration der Produkt- und Produktionsprozessentwicklung eine Kostenreduktion ermöglicht werden?
IV. Wie kann das Vorgehen in einem Managementprozess verankert werden?

Der Erkenntnisgewinn zur Beantwortung dieser Fragen orientiert sich an dem explorativen Forschungszyklus nach TOMCZAK (vgl. Abbildung 1-2).[38] Basierend auf dem Vorverständnis der Autorin und der daraus abgeleiteten Fragen an die Realität werden Daten gesammelt und analysiert. Dadurch entsteht ein neues Abbild der Realität, welches kritisch zu prüfen und mit dem theoretischen Verständnis abzugleichen ist. Mittels Abstraktion und Perspektivwechsel wird ein neues, weiterzuentwickelndes Verständnis erzeugt.[39] Dieses Vorgehen wird so lange iterativ durchgeführt, bis sich das erzeugte Verständnis zur Beherrschung der Problemsituation eignet.[40]

[38] Vgl. Tomczak, T. (1992) Forschungsmethoden in der Marketingwissenschaft, S. 84.
[39] Vgl. Tomczak, T. (1992) Forschungsmethoden in der Marketingwissenschaft, S. 34.
[40] Vgl. Kubicek, H. (1976) Heuristische Bezugsrahmen, S. 29.

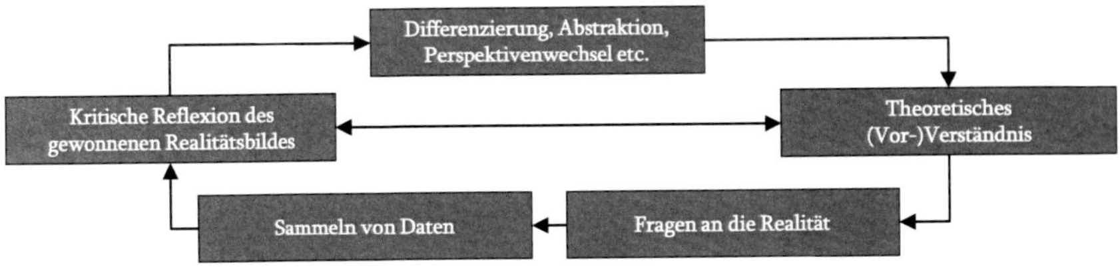

Abbildung 1-2: Explorativer Forschungszyklus nach TOMCZAK[41]

1.4 Aufbau der Arbeit

Der Aufbau der vorliegenden Arbeit orientiert sich an dem zuvor beschriebenen, praxisorientierten Ansatz und folgt dem Vorgehen der angewandten Forschung nach ULRICH. Mit diesem Vorgehen wird kontinuierlich sichergestellt, dass die Anwendbarkeit durch den wiederkehrenden Bezug zur Praxis vorliegt.[42] Der Zusammenhang zwischen den nach ULRICH definierten Phasen der angewandten Forschung und dem Aufbau dieser Arbeit ist in Abbildung 1-3 dargestellt.

Kapitel 1 stellt die Motivation und Zielsetzung der Arbeit vor. Aufbauend auf der Forschungsmethodik folgt der daraus resultierende Aufbau dieser Arbeit.

In Kapitel 2 werden die relevanten inhaltlichen Grundlagen erläutert. Dazu werden der Untersuchungsbereich der Arbeit eingegrenzt und Grundlagen der Industrialisierung und der hochiterativen Entwicklung dargestellt. Aufbauend darauf wird der Handlungsbedarf aus Sicht der Praxis aus der Analyse der bestehenden aktuellen Herausforderungen abgeleitet.

Im Anschluss stellt Kapitel 3 den Stand der Forschung dem Handlungsbedarf der Praxis gegenüber. Bestehende Ansätze zur Industrialisierung aus dem Kontext klassischer sowie hochiterativer Entwicklungsvorgehen werden in Hinblick auf den Handlungsbedarf bewertet und der Forschungsbedarf wird abgeleitet.

Kapitel 4 fasst die inhaltlichen und formellen Anforderungen an die vorliegende Arbeit zusammen und stellt diesen die Kernidee der Arbeit sowie das Grobkonzept für die Methodik entgegen. Das Grobkonzept wird anschließend in Kapitel 5 in Teilbereiche untergliedert und detailliert dargestellt.

---

41 Eigene Darstellung i.A.a. Tomczak, T. (1992) Forschungsmethoden in der Marketingwissenschaft, S. 84.

42 Vgl. Ulrich, H./Dyllick, T./et al. (1984) Management, S. 192 f.

In Kapitel 6 wird die Methodik angewendet und in Hinblick auf die Anforderungen kritisch reflektiert. Kapitel 7 fasst abschließend die Arbeit zusammen und gibt einen Ausblick auf den weiteren Forschungsbedarf.

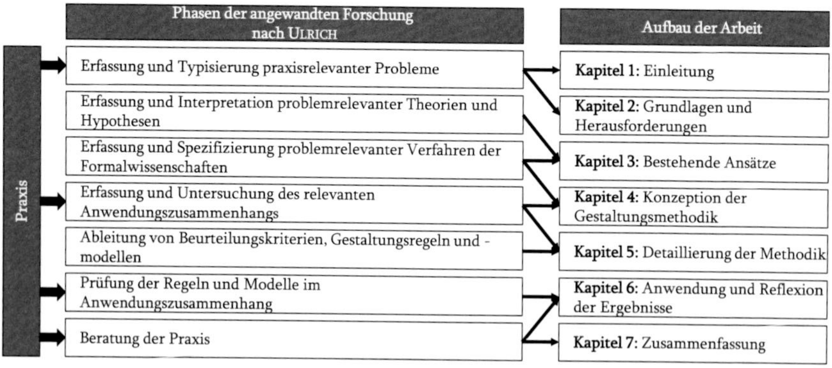

Abbildung 1-3: Forschungsprozess nach ULRICH und Anwendung in dieser Arbeit[43]

[43] Eigene Darstellung i.A.a.Vgl. Ulrich, H./Dyllick, T./et al. (1984) Management, S. 193.

2 Herausforderungen in der Industrialisierung hochiterativ entwickelter Produkte

In Kapitel 2 werden die relevanten, theoretischen Grundlagen sowie die Herausforderungen der Industrialisierung hochiterativ entwickelter Produkte erläutert. Zunächst findet eine Einführung in die relevanten Terminologien und Grundlagen der Industrialisierung systemischer Produkte zur Einordnung des Objektbereichs dieser Arbeit in Kapitel 2.1 statt. Der Betrachtungsbereich dieser Arbeit wird auf die Entwicklung systemischer Produkte begrenzt, die ebenda definiert und beschrieben werden. Daraufhin werden die Industrialisierung systemischer Produkte detailliert und die relevanten Implikationen auf die Produktentwicklung herausgestellt (vgl. Kapitel 2.2). Durch die fortschreitende Globalisierung veränderte sich der Entwicklungsprozess von physischen Produkten von der plangetriebenen Entwicklung hin zur hochiterativen Entwicklung. Da diese Veränderung direkte Auswirkungen auf den Industrialisierungsprozess hat, wird in Kapitel 2.3 die hochiterative Produktentwicklung beschrieben. Aufbauend auf diesen Unterkapiteln werden abschließend die aktuellen Herausforderungen in der Industrialisierung hochiterativ entwickelter Produkte in Kapitel 2.4 herausgearbeitet und ein Handlungsbedarf aus der Praxis hergeleitet.

2.1 Terminologien und Grundlagen der Industrialisierung

Das nachfolgende Kapitel gibt einen Überblick über die Terminologien und Grundlagen im Bereich der Industrialisierung hochiterativ entwickelter systemischer Produkte. Dafür werden im ersten Schritt in Kapitel 2.1.1 die industrialisierungsrelevanten Terminologien definiert, bevor die relevanten Grundlagen der Industrialisierung systemischer Produkte durch die Produkt- und Produktionsprozessentwicklung in Kapitel 2.1.2 definiert werden. Somit dient dieses Kapitel zur Einordnung und Abgrenzung des Objektbereichs der Arbeit.

2.1.1 Terminologien der Industrialisierung

Im Folgenden wird zunächst der Begriff *Industrialisierung* definiert. Da diese aus der Produktions- und Produktentwicklung besteht, werden anschließend die Begriffe der *Produktion* und des *Produktes* definiert. Abschließend wird der Begriff des *systemischen Produktes* erläutert und im Rahmen dieser Arbeit definiert.

2.1.1.1 Industrialisierung

Der Begriff der Industrialisierung hat im Laufe der Jahre einen erheblichen Bedeutungswandel erfahren. Historisch betrachtet beschreibt die Industrialisierung den Übergang von der Landwirtschaft und Manufaktur zur maschinellen und arbeitsteiligen Produktion in Fabriken.[44] Heute hingegen stehen die Anwendung moderner Informations- und Kommunikationstechnogien, Prozess- und Kundenorientierung sowie die Betrachtung der gesamten Wertschöpfungskette im Vordergrund.[45] Das Ziel jedes Industrialisierungsprozesses ist die Steigerung der Produktivität, wodurch die Stückkosten bei gleichem Einsatz gesenkt werden.[46] Zur Erreichung dieser Zielsetzung gilt es, eine Antwort auf politisch-gesellschaftliche, wirtschaftliche und technische Rahmenbedingungen zu finden.[47] So definieren BRENNER ET AL. vier methodische Grundprinzipien, auf denen die Industrialisierung aufbaut: Standardisierung und Automatisierung, Modularisierung, kontinuierliche Verbesserung und die Konzentration auf die Kernkompetenz.[48]

Das Grundprinzip der Standardisierung bezieht sich nicht nur auf das Produkt, sondern auch auf die meist automatisierten Produktionsprozesse, durch die die Fertigung beschleunigt und die Fehlerraten reduziert werden. Mit der Modularisierung wird es möglich, ein Gesamtsystem aus standardisierten Bausteinen zusammenzufügen. Die Module werden über standardisierte Baugruppen, Komponenten oder Einzelteile zusammengesetzt. Eine modulorientierte Produktion ermöglicht trotz der standardisierten Produktbausteine und Prozesse das Angebot

[44] Vgl. Kiely, R. (1998) Industrialization and development, S. 3; Piekenbrock, D. (2010) Gabler Kompakt-Lexikon Wirtschaft, S. 289; Brockhaus Enzyklopädie Online (2019) Industrialisierung, S. 1.

[45] Vgl. Bowen, D./Youngdahl, W. (1998) "Lean" service, S. 207 ff.; Betsch, O. (2005) Industrialisierung der Kreditwirtschaft, S. 57.

[46] Vgl. Herzwurm, G. (2008) Industrialisierung des Software-Managements, S. 21; Reinhart, G. (2017) Handbuch Industrie 4.0, S. 104.

[47] Vgl. Abolhassan, F. (2013) Der Weg zur modernen IT-Fabrik, S. 62.

[48] Vgl. Brenner, W./Resch, A. et al. (2009) Die Zukunft der IT in Unternehmen, S. 133 ff.

kundenindividueller Produkte.[49] Die kontinuierlichen Verbesserung ist ein Grundsatz, der vom Top-Management in der Unternehmenskultur manifestiert wird und in den einzelnen Unternehmensbereichen aktiv gelebt werden muss. Die Konzentration auf die eigenen Kernkompetenzen ist eine Reaktion auf den steigenden und internationalen Wettbewerbsdruck. Hierbei gilt es, die eigene Wertschöpfungstiefe hinsichtlich ineffizienter Tätigkeiten und Prozesse zu reduzieren und diese an geeignete bzw. spezialisierte Zulieferer zu vergeben.[50]

Vor diesem Hintergrund wird im Rahmen dieser Arbeit die **Industrialisierung** zunächst als Automatisierung der Produktion basierend auf technischem und organisatorischem Fortschritt mit dem Ziel signifikant sinkender Kosten für standardisierte Produkte definiert.

2.1.1.2 Produktion

Die Produktion stellt einen zentralen Teil der Industrialisierung dar und wird demnach im Folgenden beschrieben. Die Produktion wird in der Literatur als zielgerichteter[51] und kontinuierlich wertschöpfender[52] Transformationsprozess[53] definiert. Sie umfasst die systematische Erzeugung von physischen Produkten aus materiellen (Rohteile, Halbzeuge, usw.) und immateriellen Produktionsfaktoren (Patente, Lizenzen, usw.).[54] Aufgrund der Unterschiede der Merkmalsausprägungen wird auf die Erweiterung des Begriffes durch die Dienstleistungen im Rahmen dieser Arbeit verzichtet.[55] So beziehen sich die folgenden Verwendungen des Begriffs „Produktion“ ausschließlich auf die Erzeugung von physischen Produkten.

Die Produktion ist in einem systematischen Modell eines Produktionsunternehmens zwischen den Subsystemen Beschaffung und Vertrieb angeordnet und nimmt eine zentrale Funktion innerhalb der Unternehmensstruktur ein (vgl. Abbildung 2-1).[56]

---

49 Vgl. Waltl, H./Wildemann, H. (2015) Modularisierung der Produktion, S. 3 ff.

50 Vgl. Brenner, W./Resch, A. et al. (2009) Die Zukunft der IT in Unternehmen, S. 133 ff.; Abolhassan, F. (2013) Der Weg zur modernen IT-Fabrik, S. 4.

51 Vgl. Springer Fachmedien Wiesbaden GmbH (2014) Kompakt-Lexikon Wirtschaft, S. 446.

52 Vgl. Meier, C. (2013) Echtzeitfähige Produktionsplanung und und -regelung in der Auftragsabwicklung, S. 9.

53 Vgl. Tempelmeier, H./Günther, H.-O. (2016) Produktion und Logistik, S. 2.

54 Vgl. Tempelmeier, H./Günther, H.-O. (2016) Produktion und Logistik, S. 6.

55 Vgl. Wangenheim, S. v. (1998) Planung und Steuerung des Serienanlaufs komplexer Produkte, S. 12.

56 Vgl. Wiendahl, H.-P./Wiendahl, H.-H. (2020) Betriebsorganisation für Ingenieure, S. 26.

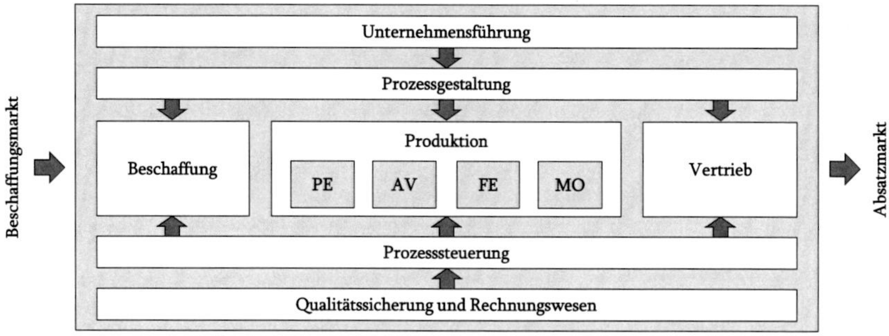

PE: Produktentwicklung; AV: Arbeitsvorbereitung; FE: Fertigung; MO: Montage

Abbildung 2-1: Einordnung der Produktion innerhalb der Unternehmensstruktur in Anlehnung an WIENDAHL[57]

Als zentrale Einheit in der Unternehmensstruktur verbindet die Produktion den Beschaffungsmarkt über die Beschaffung und den Absatzmarkt über die Distribution. In dieser Funktion besitzt die Produktion Schnittstellen sowohl zur Prozesssteuerung als auch zur Prozessgestaltung. Die Prozesssteuerung umfasst die inner- und überbetriebliche operative Steuerung von Terminen, Mengen und Kapazitäten, während die Prozessgestaltung die Prozesse Beschaffung, Produktion und Distribution aufeinander abstimmt. Die Produktion selbst setzt sich aus den Entitäten Entwicklung und Konstruktion, Arbeitsvorbereitung, Fertigung und Montage zusammen.[58] Die Integration der Entwicklung, einschließlich der Konstruktion, in die Produktion wird von WIENDAHL so begründet, dass sich seine Einordnung in die Unternehmensstruktur nach den Informationsflüssen im Unternehmen richtet und nicht nach den organisatorischen Einheiten.[59] Bei einer Strukturierung anhand von organisatorischen Einheiten wird die Entwicklung einschließlich der Konstruktion von der Produktion getrennt.[60] Eine Kollaboration bis hin zur Integration dieser beiden Entitäten ist ein erstrebenswertes Ziel, da die Entwicklung und Konstruktion ca. 25 % der Kosten verursachen, aber 70 % der späteren Herstellkosten festlegen. Durch einen Informationsaustausch in den

[57] Vgl. Wiendahl, H.-P./Wiendahl, H.-H. (2020) Betriebsorganisation für Ingenieure, S. 26.
[58] Vgl. Wiendahl, H.-P./Wiendahl, H.-H. (2020) Betriebsorganisation für Ingenieure, S. 24.
[59] Vgl. Wiendahl, H.-P./Wiendahl, H.-H. (2020) Betriebsorganisation für Ingenieure, S. 24.
[60] Vgl. Steimer, C./Aurich, J. (2016) Analysis of Information Interdependencies, S. 460.

frühen Phasen zwischen Produktentwicklung und Produktion, sowie durch ein hochiteratives Entwicklungsvorgehen, werden Produkte mit kürzeren Entwicklungszeiten und zu marktgerechten Kosten realisiert.[61]

Die Produktion beginnt mit der Konstruktion und Entwicklung. Gemäß der VDI 2221 (vgl. Kapitel 2.1.2.1) werden für die Transformation einer Produktidee zu einem Produkt die Phasen Planen, Konzipieren, Entwerfen und Ausarbeiten definiert.[62] Für eine erfolgreiche Umsetzung werden die Kundenanforderungen zu Beginn der Produktentwicklung aufgenommen, dokumentiert, klassifiziert und verfeinert.[63]

Anschließend wird in der Arbeitsvorbereitung sichergestellt, dass die nachfolgende Fertigung und Montage effizient gestaltet wird. Dafür werden alle Prozesse zur Planung, Steuerung und Überwachung der nachgelagerten Bereiche betrachtet. Dazu zählen unter anderem die Bereitstellung von erforderlichen Dokumenten, Betriebsmitteln und Qualitäts- wie auch Prüfplänen.[64] In der Fertigung werden aus den Materialien mit den Betriebsmitteln Halbzeuge oder physische Produkte gefertigt. Diese werden direkt extern veräußert oder anschließend intern in der Montage mit weiteren Einzelteilen zu komplexeren Baugruppen oder Produkten montiert.[65] Diese Produkte werden dann über die Distribution an den Kunden veräußert.

Vor diesem Hintergrund wird im Rahmen dieser Arbeit die **Produktion** als zielgerichteter und kontinuierlich wertschöpfender Transformationsprozess definiert. Ziel der Produktion ist die systematische Erzeugung von physischen Produkten aus materiellen und immateriellen Produktionsfaktoren.

2.1.1.3 Produktionsprozess

Produktionsprozesse stellen Prozesse der Weiterverarbeitung von Roh-, Hilfs- und Betriebsstoffen dar und gehen immer mit einer Wertschöpfung einher. Für die Transformation von physischen und immateriellen Produktionsfaktoren in physische Produkte, werden weitere Unterstützungsfaktoren, wie Fertigungs- und Montageanlagen, benötigt. Zudem stellt der Mensch einen weiteren unterstützenden Faktor dar. Die Prozesse in der Produktion werden in parallelen oder sequenziellen Prozessschritten

61 Vgl. Wiendahl, H.-P./Wiendahl, H.-H. (2020) Betriebsorganisation für Ingenieure, S. 117.
62 Vgl. Verein Deutscher Ingenieuere (2019) VDI 2221 Blatt 1, S. 50.
63 Eigene Darstellung in Anlehnung an Verein Deutscher Ingenieuere (2019) VDI 2221 Blatt 1, S. 34.
64 Vgl. Wiendahl, H.-P./Wiendahl, H.-H. (2020) Betriebsorganisation für Ingenieure, S. 189.
65 Vgl. Wangenheim, S. v. (1998) Planung und Steuerung des Serienanlaufs komplexer Produkte, S. 12.

ausgeführt. Die Ausführung dieser Prozessschritte geschieht in strukturierten Untergruppen, sogenannten Arbeitssystemen.[66] Abbildung 2-2 zeigt den beschriebenen Aufbau und die Zusammenhänge in Anlehnung an GÜNTHER.[67]

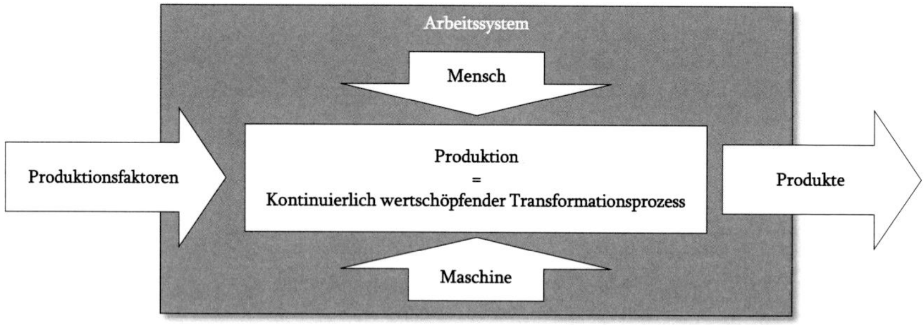

Abbildung 2-2: Elemente eines Arbeitssystems nach GÜNTHER[68]

Produktionsprozesse sind unterschiedliche Folgen von Arbeitsgängen, die von Arbeitssystemen, die durch die Zuordnung von Arbeitskräften und Betriebsmitteln definiert sind, an Arbeitsobjekten vollzogen werden. Mengen an Zwischen- und Endprodukten, die durch Produktionsprozesse erzeugt werden, werden in einem Arbeitsplan dokumentiert.[69]

Vor diesem Hintergrund werden im Rahmen dieser Arbeit **Produktionsprozesse** als Prozesse der Weiterverarbeitung von Roh-, Hilfs- und Betriebsstoffen verstanden, die mit einer Wertschöpfung einhergehen und in Arbeitssystemen erfolgen.

2.1.1.4 Produktionsprozessentwicklung

Die Produktionsprozessentwicklung (PPE) vereint die Planung, Gestaltung und Umsetzung von Produktionssystemen.[70] Zudem ist die PPE durch die Kollaboration mit der PE für eine fertigungs- und montagegerechte Entwicklung zuständig. In der nachgelagerten Serienproduktion realisieren die Produktionsprozessplaner produkt- und prozessseitige Anpassungen des Produktionssystems.[71] Die zentralen Aufgaben der PPE sind die technisch-wirtschaftliche Bewertung und Auswahl von Technologien

---

[66] Vgl. Wangenheim, S. v. (1998) Planung und Steuerung des Serienanlaufs komplexer Produkte, 6 f.

[67] Vgl. Tempelmeier, H./Günther, H.-O. (2016) Produktion und Logistik, S. 6.

[68] Eigene Darstellung in Anlehnung an Tempelmeier, H./Günther, H.-O. (2016) Produktion und Logistik, S. 6.

[69] Vgl. Tempelmeier, H./Günther, H.-O. (2016) Produktion und Logistik, S. 11.

[70] Vgl. Schneider, S. (2015) Agile Prozessplanung im Produktentstehungsprozess, S. 158.

[71] Vgl. Schneider, S. (2015) Agile Prozessplanung im Produktentstehungsprozess, S. 158f.

für die Fertigung und Montage sowie die Ausarbeitung von Technologieketten und Prozessfolgen. Als Technologieketten werden die produktionsmittelunabhängigen und abstrakten Verbindungen von Fertigungs- und Montagetechnologien verstanden. Durch Prozessfolgen werden den einzelnen Technologien definierte Betriebsmittel zugewiesen.[72] In die Umsetzung der Planungsaufgaben sind die Disziplinen Fertigung, Montage, Logistik und Layout involviert. Querschnittsaufgaben wie das Qualitätsmanagement werden in allen Disziplinen ausgeführt.[73]

Die **Produktionsprozessentwicklung** wird in dieser Arbeit als Vereinigung aus Planung, Gestaltung und Realisierung von Produktionssystemen definiert, indem Technologien ausgewählt, Technologieketten entwickelt und somit Fertigungs- und Montageprozesse in Kollaboration mit der Produktentwicklung zu entwickeln.

2.1.1.5 Produkt

In der Literatur sind unterschiedliche Sichtweisen vorzufinden, um ein Produkt zu beschreiben. Im Allgemeinen wird unter einem Produkt ein physisches Erzeugnis einer Fertigung verstanden. Damit einhergehend beschreibt der Duden das Produkt als ein durch menschliche Arbeit und aus bestimmten Stoffen hergestelltes Erzeugnis oder Ergebnis.[74] HERMANN UND HUBER stellen heraus, dass Produkte nicht zwingendermaßen physischer Natur sein müssen.[75] Dieser Ansicht folgt auch das Gabler-Wirtschaftslexikon, indem es ein Produkt als das Ergebnis einer Produktion sieht und als Sachziel eines Unternehmens definiert. Dieses wird innerbetrieblich als Vor- oder Zwischenprodukt genutzt oder veräußert. Dabei werden Produkte in die Kategorien physische Sachgüter, immaterielle Dienstleistungen und Energieleistungen eingeteilt.[76] Dienstleistungen unterscheiden sich von physischen Sachgütern vor allem durch die Immaterialität der Leistung, die nicht bestehende Lagerfähigkeit sowie die Parallelität von Erstellung und Verbrauch.[77] Durch die Unterschiede in den Eigenschaften entstehen diverse Anforderungen bei der Entwicklung von Dienstleistungen.

---

[72] Vgl. Rey, J./Grünebaum, D. et al. (2018) Hochiterative Planung von Fertigungstechnologien, S. 378.
[73] Vgl. Macke, N./Rulhoff, S. et al. (2011) Reference Planning Processes for Series Production, S. 107.
[74] Vgl. Bibliographisches Institut (2015) Duden, S. 1368.
[75] Vgl. Pfeiffer, W./Weiß, E. (2013) Produktmanagement, S. 4 - 5.
[76] Vgl. Springer Fachmedien Wiesbaden (2019) Gabler Wirtschaftslexikon.
[77] Vgl. Brentani, U. de (1991) Success Factors in Developing New Business Services, 37 ff.

In dieser Arbeit werden durch den Begriff „Produkt“ physische Sachgüter verstanden, da durch die Unterschiede eine gleichzeitige Betrachtung nicht zielführend ist.[78]

HERMANN UND HUBER definieren Produkte weiter als die Erfüllung von Kundenbedürfnissen.[79] Diese Bedürfnisse werden vom Produkt durch die Realisierung von Funktionen erfüllt.[80] MEFFERT ET AL. bestätigen diese Aussage, indem Produkte als ein Bündel von technisch-funktionalen Eigenschaften definiert werden.[81] Die genannten Definitionen zeigen, dass physische Produkte so konstruiert werden müssen, dass diese für den Kunden einen Wert besitzen.[82]

PONN UND LINDEMANN sehen die Notwendigkeit der Beschreibung von Produkten anhand der realisierten Funktionen, die zusätzlich durch den Produktespezifischen Aufbau aus den einzelnen Modulen, bestehend aus Bauteilen und Komponenten, beschrieben werden.[83] Somit lassen sich Produkte anhand einer hierarchischen Funktions- und Produktstruktur beschreiben.[84] ULRICH führt in diesem Zusammenhang den Begriff der Produktarchitektur ein. Die Produktarchitektur zeigt die Zusammenhänge zwischen den Funktionen und den physischen Bauteilstrukturen des Produktes.[85] GÖPFERT erweitert den Begriff der Produktarchitektur durch den Transformationsprozess. Wie in Abbildung 2-3 zu sehen, wird die Produktarchitektur durch die Funktions- und Produktstruktur beschrieben. Die Produktstruktur wird aus der Transformation der Funktionsstruktur hergeleitet.[86] Die Funktionsstruktur ist die funktionale Produktbeschreibung, welche hierarchisch aus Gesamtfunktionen, den Funktionen und den Teilfunktionen aufgebaut ist. Anhand der Struktur werden Abhängigkeiten und Wechselwirkungen dargestellt.[87] Die Produktstruktur beschreibt den physischen Aufbau des Produktes durch Baugruppen und Komponenten mitsamt Schnittstellen.[88]

---

78 Vgl. Wangenheim, S. v. (1998) Planung und Steuerung des Serienanlaufs komplexer Produkte, S. 12.
79 Vgl. Herrmann, A./Huber, F. (2013) Produktmanagement, S. 5.
80 Vgl. Kern, W. (1996) Handwörterbuch der Produktionswirtschaft.
81 Vgl. Meffert, H./Burmann, C. et al. (2019) Marketing, S. 362.
82 Vgl. Verein Deutscher Ingenieure e. V. (2017) VDI-Richtlinie 4520, S. 4.
83 Vgl. Ponn, J./Lindemann, U. (2011) Konzeptentwicklung und Gestaltung technischer Produkte, S. 141.
84 Vgl. Göpfert, J. (1998) Modulare Produktentwicklung, S. 73.
85 Vgl. Ulrich, K. (1995) The role of product architecture in the manufacturing firm, S. 419.
86 Vgl. Göpfert, J. (1998) Modulare Produktentwicklung, S. 91 f.
87 Vgl. Bender, B./Gericke, K. (2021) Pahl/Beitz Konstruktionslehre, S. 14 f.
88 Vgl. Schönsleben, P. (2020) Integrales Logistikmanagement, S. 28.

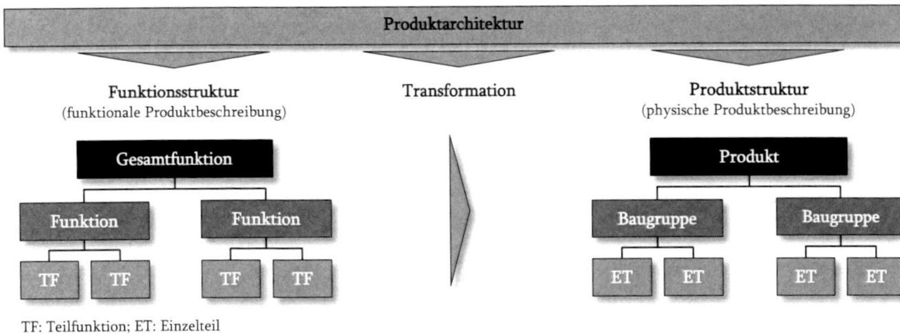

Abbildung 2-3: Elemente einer Produktarchitektur nach GÖPFERT[89]

Vor diesem Hintergrund wird in Rahmen dieser Arbeit ein **Produkt** als physisches Erzeugnis einer Produktion mit dem Ziel der Erfüllung von Kundenbedürfnissen verstanden. Es kann anhand seiner Funktions- und Produktstruktur dargestellt werden.

2.1.1.6 Systemische Produkte

Aufbauend auf dem Produktverständnis ist es von zentraler Bedeutung zu verstehen, welche Herausforderungen bei der Industrialisierung von Produkten bestehen. Diese sind nicht, ein standardisiertes Produkt zu industrialisieren, sondern ein Produkt in der notwendigen Bilanzhülle ganzheitlich und systemisch abzubilden, um eine *systemische Innovation* zu schaffen, die erfolgreich am Markt platziert wird. Dabei ist die Innovationswirkung *systemischer Produkte* relevant. Ein systemisches Produkt erfährt nicht nur durch unterschiedliche Hauptfunktionalitäten und Technologien Erfolg am Markt, sondern insbesondere durch den Nutzen, der für die Kunden durch das Produkt und dessen Umfeld entsteht.[90] So ist ein systemisches Produkt oft mit einem kundennahem Geschäftsmodell verbunden. Fahrzeuge der Firma Tesla stellen z.B. systemische Produkte dar, da eine eigenständige Ladesäuleninfrastruktur für die Fahrzeuge aufgebaut und somit ein zentraler Nutzen für die Kunden erzeugt wurde.

Als systemische Produkte werden hochiterativ entwickelte physische Produkte mit einer hohen Komplexität und Innovationswirkung gegenüber den Kunden verstanden. Die Komplexität entsteht maßgeblich durch unterschiedliche, sich ändernde und

[89] Eigene Darstellung in Anlehnung an Göpfert, J. (1998) Modulare Produktentwicklung, S. 75.

[90] Vgl. Schuh, G./Riesener, M. (2018) Produktkomplexität managen, S. 4 ff.

komplexe Kundenanforderungen.[91] Die von diesen Anforderungen abgeleitete Funktionsstruktur des Produktes zeichnet sich durch eine Vielzahl an Teilfunktionen aus. Insbesondere die Abbildung von komplexen Funktionen sowie die Unterschiede der Funktionen vergrößern die zu betrachtende Struktur. Als Ergebnis entsteht eine große und stark vernetzte Funktionsstruktur.[92] Analog zur Funktionsstruktur zeichnet sich die Produktarchitektur sowie Produktstruktur durch einen vergleichbaren Aufbau einer Vielzahl an Baugruppen und Komponenten aus und besteht häufig aus einem Zusammenspiel aus Software und Hardware. Die Strukturen und die Wechselwirkungen gleichen den Strukturen eines eigenen Systems, wodurch eine systemische Interaktion zwischen Funktions- und Produktstruktur entsteht. Die Entwicklungsaufgabe eines systemischen Produktes wird durch die Modularisierung erst umsetzbar.[93] Die Modularisierung und die benötigte Kollaboration über die Schnittstellen hinweg bedingen die Kommunikation von Informationsbedarfen und Teamarbeit in den Modulen selbst, sowie in den Schnittstellen zu anderen Modulen.[94] Folglich benötigt die Entwicklungsaufgabe systemischer Produkte eine strukturierte und beherrschbare Betrachtung und Steuerung der bidirektionalen Informationsbedarfe.

Zusammenfassend werden **systemische Produkte** als hochiterativ entwickelte physische Produkte mit einer hohen Komplexität und systemischen Zusammenspiel von Funktions- und Produktstruktur bezeichnet. Dabei stellen systemische Produkte für Kunden einen vielseitigen Nutzen durch eine klare Innovationswirkung dar.

2.1.1.7 Produktentstehung

Als Produktentstehung, oder auch Produkterstellung, wird der gesamte Vorgang der Erzeugung eines Produktes verstanden.[95] Dabei wird der Prozess der Produktentstehung als untergeordneter Teil des Produktlebenszyklus beschrieben, welcher einen Kernprozess eines Unternehmens abbildet.[96] Die Produktentstehung verläuft jedoch nicht in einem einzigen großen Schritt, sondern geschieht über die Summe vieler kleiner Schritte mit festgelegten Inhalten und Schnittstellen. Die so entstehende Abfolge

---

91 Vgl. Schuh, G./Riesener, M. (2018) Produktkomplexität managen, S. 15 ff.
92 Vgl. Verein Deutscher Ingenieuere (2019) VDI 2221 Blatt 1, S. 37.
93 Vgl. Verein Deutscher Ingenieuere (2019) VDI 2221 Blatt 1, S. 39 f.
94 Vgl. Verein Deutscher Ingenieuere (2019) VDI 2221 Blatt 1, S. 23.
95 Vgl. Ehrlenspiel, K./Meerkamm, H. (2017) Integrierte Produktentwicklung, S. 198.
96 Vgl. Eigner, M./Stelzer, R. (2013) Product Lifecycle Management, 9 f.

an Arbeitsschritten wird als Produktentstehungsprozess (PEP)[97] bezeichnet, der alle Teilergebnisse, von der Produktidee bis zum fertigen Produkt zusammenfasst.[98] Der PEP ist gemäß EHRLENSPIEL & MERKMAMM ein stark arbeitsteiliger Prozess, bei dem von der Produktplanung über die Konstruktion und Entwicklung sowie der Arbeitsvorbereitung, der Fertigung, der Montage und der Inbetriebnahme, bis zum Vertrieb und Service alle Abteilungen des Unternehmens beteiligt sind.[99] Die Produktentstehung bezweckt die Erstellung eines erfolgreichen, am Markt akzeptierten Produktes. Zusammenfassend beschreibt die **Produktentstehung** den kompletten Prozess von der Anforderungsaufnahme über sämtliche Unternehmensbereiche bis hin zur erfolgreichen Markteinführung des Produktes. Der Prozess erfolgt dabei nicht in einem einzelnen Schritt, sondern in vielen Einzelschritten.

2.1.1.8 Produktentwicklung

Die Produktentwicklung (PE) stellt einen Kernprozess der Produktentstehung dar. Dies begründet sich nach EHRLENSPIEL & MEERKAMM darin, dass in der PE alle produktbeeinflussenden Bereiche, wie der Kunde, die Produktion und der Vertrieb, zusammenwirken.[100] LINDEMANN beschreibt die PE als Prozess, in dem jeder Unternehmensbereich, von Marktanforderungen bis hin zur Abnahme der Entwicklungsergebnisse, durchlaufen wird.[101] Weiter benennt LENDERS die PE als ganzheitliche Unternehmensaufgabe von der Produktidee bis zur erfolgreichen Markteinführung.[102] Aus technischer Sicht wird die PE gemäß BÜRGEL ET AL. als Nutzung wissenschaftlicher und technischer Kenntnisse definiert, mithilfe derer die Entwicklung und Herstellung neuer Systeme, Materialien, Dienstleistungen und Produkte ermöglicht wird.[103] Weiter beschreiben FELDHUSEN & GROTE die wesentlichen Tätigkeiten der PE als Vorgang der Analyse und Synthese zum methodischen Umsetzen von Informationen.[104]

---

[97] Der Begriffzusatz „Prozess" ergibt sich aus der in der DIN EN ISO 9000 aufgeführten Definition, dass die Abfolge einer Vielzahl einzelner Schritte als Prozess zusammengefasst werden kann. Vgl. DIN Deutsches Institut für Normung e.V., DIN EN ISO 9000, 2015, S. 33.

[98] Vgl. Feldhusen, J./Grote, K.-H. (2013) Der Produktentstehungsprozess (PEP), S. 11.

[99] Vgl. Ehrlenspiel, K./Meerkamm, H. (2017) Integrierte Produktentwicklung, S. 198.

[100] Vgl. Ehrlenspiel, K./Meerkamm, H. (2017) Integrierte Produktentwicklung, S. 3.

[101] Vgl. Lindemann, U. (2009) Methodische Entwicklung technischer Produkte, S. 21.

[102] Vgl. Lenders, M. (2009) Beschleunigung der Produktentwicklung durch Lösungsraum-Management., S. 11.

[103] Vgl. Bürgel, H./Haller, C. et al. (1996) F-&-E-Management., S. 11.

[104] Vgl. Feldhusen, J./Grote, K.-H. (2013) Lösungsfindung., S: 285.

Vor diesem Hintergrund hat die **Produktentwicklung** als zentraler Teil der Produktentstehung die Aufgabe, durch die Anwendung wissenschaftlicher und technischer Erkenntnisse neue Produkte zu entwickeln oder bestehende Produkte zu verbessern, um einen spezifischen Kundennutzen zu erfüllen.

2.1.2 Grundlagen der Industrialisierung systemischer Produkte

Nachdem im vorangegangenen Kapitel die terminologischen Grundlagen im Kontext der Industrialisierung von hochiterativ entwickelten Produkten beschrieben wurden, werden im Folgenden die Grundlagen der Industrialisierung dargelegt. Diese werden in die beiden Bereiche der Produkt- und Produktionsprozessentwicklung unterteilt.

2.1.2.1 Grundlagen der Produktentwicklung

Plangetriebene Produktentwicklung

In der Literatur wird die plangetriebene PE mit zahlreichen alternativen Begriffen belegt, wie „sequentiell"[105], „deterministisch"[106], „klassisch"[107], „konventionell"[108] oder „traditionell"[109]. In der vorliegenden Arbeit werden diese Termini mit dem Begriff „plangetrieben" beschrieben. Dies ist darauf zurückzuführen, dass die Ansätze, die zu dieser Kategorie zählen, auf einer vorausschauenden und dokumentierten Planung basieren.[110] Ein grundlegendes Merkmal plangetriebener Vorgehen ist die Aufteilung der Entwicklungsaufgabe in verschiedene Arbeitsschritte.[111]

Bis in die 1980er Jahre fanden ausschließlich die plangetriebenen Entwicklungsansätze Verwendung in der industriellen Praxis.[112] Abbildung 2-4 zeigt plangetriebene Produktentwicklungsmethoden.[113]

---

105 Vgl. Moll, K.-R./Broy, M. et al. (2004) Erfolgreiches Management von Software-Projekten, S. 427.

106 Vgl. Hruschka, P. (2003) Agility, S. 401.

107 Vgl. Kusay-Merkle, U. (2018) Agiles Projektmanagement im Berufsalltag, S. 22.

108 Vgl. Diels, F./Riesener, M. et al. (2016) Methodology for the Suitability Validation of a Highly Iterative Product Development Approach, S. 513.

109 Vgl. Schmidt, T./Paetzold, K. (2016) Agilität als Alternative zu traditionellen Standards in der Entwicklung physischer Produkte, S. 255 ff.

110 Vgl. Boehm, B./Turner, R. (2003) Using risk to balance agile and plan- driven methods, S. 58.

111 Vgl. Garrido, J. (2012) Agile vs. Waterfall, S. 151.

112 Vgl. Špundak, M. (2014) Mixed Agile/Traditional Project Management Methodology, S. 941.

113 Vgl. Klein, T. (2016) Agiles Engineering im Maschinen- und Anlagenbau, S. 35.

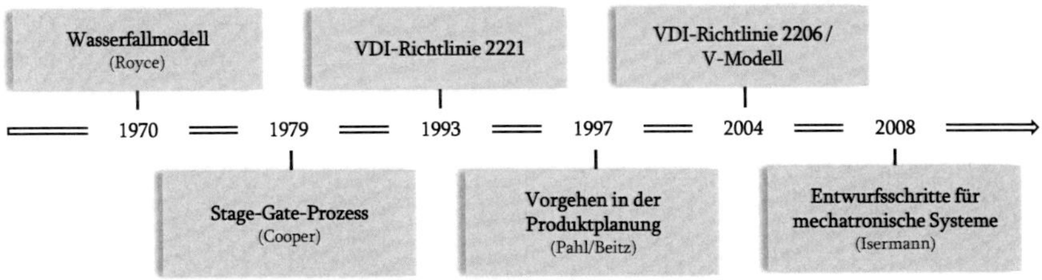

Abbildung 2-4: Plangetriebene Entwicklungsvorgehen nach KLEIN[114]

Heute bezieht sich eine Vielzahl der verwendeten plangetriebenen Vorgehen auf die in 1993 veröffentlichte und im Jahr 2019 überarbeitete Richtlinie VDI 2221. Wie in Abbildung 2-5 dargestellt, sieht die VDI-Richtlinie 2221 die plangetriebene Entwicklung in den vier Schritten Planen, Konzipieren, Entwerfen und Ausarbeiten vor, die wiederum in konkrete Arbeitsschritte und -ergebnisse heruntergebrochen werden.[115]

Ohne konkret auf die Arbeitsschritte einzugehen, ist erkennbar, dass dieser Produktentwicklungsansatz auf einer vollständigen Anforderungsliste basiert, welche innerhalb der vier Phasen in Konzepte und Entwürfe überführt wird.[116] Dabei werden in der Entwurfsphase Erprobungen sowie technisch-wirtschaftliche Bewertungen anhand von Mustern und Prototypen durchgeführt.[117] Aufgrund wissenschaftlicher Erkenntnisse und Erfahrungen in der Anwendung der VDI 2221-Richtlinie (vgl. Abbildung 2-5) wurde im November 2019 eine Neuauflage veröffentlicht.

In dieser aktualisierten Fassung wird weiterhin ein systematischer Ablauf der PE in logischen Phasen vorgestellt.[118] Der Ablauf wird hier im Gegensatz zur ursprünglichen Fassung stärker abstrahiert. Die modellhafte Formulierung von Zielen, Aktivitäten und Ergebnissen bietet ein Abstraktionslevel, auf dem die PE in Iterationen, parallelen

[114] Vgl. Royce, W. (1970) Managing the Development; Cooper, R. (1979) The Dimensions of; Verein Deutscher Ingenieuere (1993) VDI-Richtlinie 2221; Isermann, R. (2008) Mechatronische Systeme; Feldhusen, J./Grote, K.-H. (2013) Pahl/Beitz Konstruktionslehre; Eigene Darstellung in Anlehnung an Klein, T. (2016) Agiles Engineering im Maschinen- und Anlagenbau, S. 35; Verein Deutscher Ingenieuere (2021) VDI-Richtlinie 2206.

[115] Vgl. Verein Deutscher Ingenieuere (1993) VDI-Richtlinie 2221, S.9; Vgl. Verein Deutscher Ingenieuere (2019) VDI 2221 Blatt 1, S. 31.

[116] Vgl. Verein Deutscher Ingenieuere (1993) VDI-Richtlinie 2221, S. 9-12.

[117] Vgl. Schuh, G./Müller, J. et al. (2012) Gestaltung von Produktentwicklungsprozessen, S. 190.

[118] Vgl. Verein Deutscher Ingenieuere (2019) VDI 2221 Blatt 2, S. 2 f.

Ausführungen oder sonstigen Spezifikationen abhängig vom Kontext der Entwicklungsaufgabe gestaltet wird.[119] Dabei wird insbesondere eine kontinuierliche physische und virtuelle Absicherung der Entwicklung inklusive einer iterativen Verfeinerung und Ergänzung der Anforderungen für eine bessere Praxistauglichkeit vorgesehen.[120] Die Aktualisierung der VDI 2221-Richtlinie mit der Thematisierung von iterativen und generischen Modellen der PE zeigt die Adaption der ursprünglichen plangetriebenen Formulierung basierend auf den konkreten Rahmenbedingungen der PE in Richtung eines agilen Prozessverständnisses (vgl. Kapitel 2.3.1).

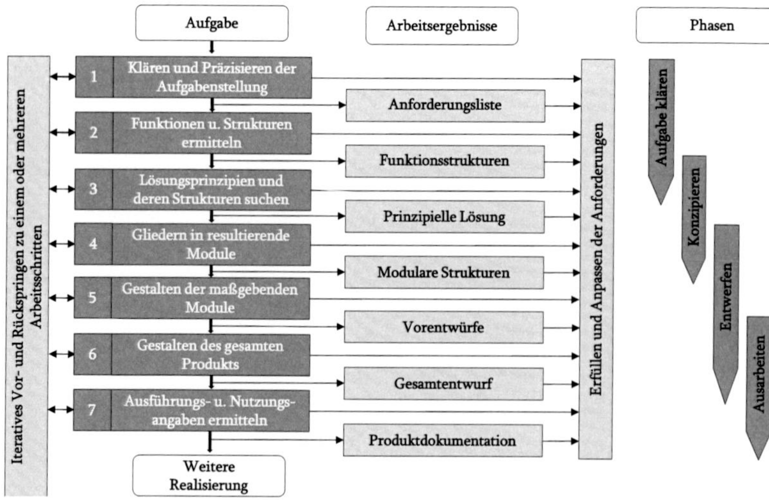

Abbildung 2-5: Vorgehensmodell nach VDI-Richtlinie 2221[121]

Das im Rahmen von plangetriebenen Entwicklungsansätzen am meisten verwendete Vorgehen stellt der Stage-Gate-Prozess nach COOPER dar.[122] Dieses Modell besteht aus Stufen (engl. States) und Meilensteinen (engl. Gates), wobei auf jede Stage ein Gate folgt (vgl. Abbildung 2-6).

---

[119] Vgl. Verein Deutscher Ingenieuere (2019) VDI 2221 Blatt 2., S. 3.

[120] Vgl. Verein Deutscher Ingenieuere (2018) VDI legt sein Standardwerk für Konstrukteure und Produktentwickler neu auf, S. 8-9.

[121] Eigene Darstellung in Anlehnung an Verein Deutscher Ingenieuere (1993) VDI-Richtlinie 2221, S. 9.

[122] Vgl. Cooper, R. (2016) Winning at new products, S. 148 ff.

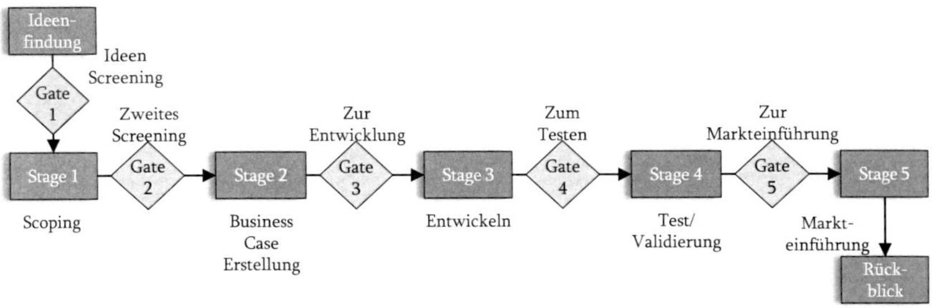

Abbildung 2-6: Exemplarischer Stage-Gate-Prozess nach COOPER[123]

In den Stages werden Aufgaben umgesetzt, die an dem jeweiligen Gate anhand von Qualitäts- und Reifegradanforderungen überprüft werden. Die Gates entscheiden über den Projektfortschritt und stellen Entscheidungspunkte für den Abbruch oder die Weiterführung des Projekts dar.[124] Der Prozess besteht aus den Phasen Ideenfindung, Scoping, Business Case Erarbeitung, Entwicklung, Test/Validierung sowie der Markteinführung.[125] Die Ziele und Anforderungen für den Entwicklungsprozess werden dabei von Beginn an festgelegt. Eine Überarbeitung der Projektziele und -anforderungen während des Entwicklungsprozesses ist nicht vorgesehen, da Änderungen bzw. Planabweichungen den Projektverlauf gefährden.[126] Daher ist die Validierung der Entwicklungstätigkeiten erst in der späten Entwicklungsphase vorgesehen, was ein zentrales Charakteristikum plangetriebener Entwicklungsansätze darstellt.

Aufgrund von veränderten Rahmenbedingungen, die von zunehmender Planungsunsicherheit und verstärkter Kundenintegration geprägt sind, sind plangetriebene Entwicklungsvorgehen meist nicht zielführend. Häufige Kritik bezieht sich auf die starke Vorabplanung. Ein lineares, starres und bürokratisches Vorgehen erschwert die Handhabung von innovativen und dynamischen Projekten.[127] Daraus resultieren Verzögerungen in dem Entwicklungsfortschritt durch sogenannte „Gate-Sperren“[128], welche die Adaptionsfähigkeit hinsichtlich einer frühen Kundenintegration zur Validierung

[123] Eigene Darstellung in Anlehnung an Cooper, R. (2016) Winning at new products, S. 149 f.

[124] Vgl. Cooper, R. (2016) Winning at new products, S. 148 ff.

[125] Vgl. Cooper, R. (2016) Winning at new products, S. 148 f.

[126] Vgl. Schuh, G. (2012) Innovationsmanagement, S. 166.

[127] Vgl. Cooper, R. (2016) Winning at new products, S. 20.

[128] Vgl. Verworn, B./Herstatt, C. (2014) Strukturierung und Gestaltung der frühen Phasen des Innovationsprozesses, S. 118.

von Entwicklungsergebnissen verhindern.[129] Ein rein plangetriebenes Entwicklungsvorgehen berücksichtigt das Risiko von sich ändernden Marktanforderungen während des Entwicklungsprozesses nicht ausreichend. Kundenbedürfnissen werden Produkte daher bei der Markteinführung häufig nicht mehr gerecht.[130] Zudem ist der Kunde zu Beginn des Projekts meist nicht in der Lage, seine Wünsche eindeutig zu verbalisieren, was zu Missverständnissen in der Anforderungsaufnahme führt. Eine Korrektur der Anforderungen und Zielsetzungen kann in späten Phasen meist nur unter hohem monetären und zeitlichen Aufwand durchgeführt werden.[131] Zusammenfassend werden die plangetriebenen Produktentwicklungsansätze im Kontext der vorliegenden Arbeit wie folgt definiert: Die plangetriebene Produktentwicklung zeichnet sich durch ein phasenorientiertes und sequenzielles Vorgehen aus, das aus Phasen der Entwicklung und Überprüfung besteht. Ausgehend von vorab bestimmten Projektzielen werden Anforderungen und Zeitpläne abgeleitet und den Phasen zugewiesen, wodurch insbesondere die Planung und Steuerung komplexer Projekte ermöglicht werden.

2.1.2.2 Grundlagen der Produktionsprozessentwicklung

Nach SCHNEIDER ET AL. wird die Produktionsprozessentwicklung[132] in drei Teile geteilt, entgegen der klassische Sicht der PPE, die aus dem Produktentstehungsprozess und der Herstellung besteht (vgl. Abbildung 2-7).

Die PPE nach SCHNEIDER fokussiert eine prozessplanungsorientierte Sicht und wird mit der Szenariobewertung, die bis zu 20 % der zeitlichen Kapazität beansprucht, initialisiert. Nachfolgend beginnt die Produktentstehungsprozessplanung, die bis zu 60 % der zeitlichen Kapazität benötigt. Abgeschlossen wird der Planungsprozess mit der Übergabe des definierten Prozesses an die Betreiber der Serienplanung (ca. 20 %).[133] SCHNEIDER ET AL. betrachten bei der Produktentstehungsplanung die Prozesse bis zur Serienreife des Produktes sowie den Produktionsprozess. Dabei besteht in der Produktentstehungsplanung ein Potenzial zur Reduktion der Fertigungs- und Entwicklungszeit. Die Effizienz des Planungsprozesses wird neben hohen kapazitiven

---

129 Vgl. Smith, P. (2007) Flexible product development, S. 2; Sandmeier, P. (2014) Extreme Innovation, S. 184.

130 Vgl. Feldhusen, J./Löwer, M. et al. (2009) Agile Methods for Design to Customer, S. 453 ff.

131 Vgl. Glenk, C./Dörnhöfer, A. et al. (2016) Topologieoptimierung in kleinen und mittelständischen Unternehmen, S. 243; Feldhusen, J./Löwer, M. et al. (2009) Agile Methods for Design to Customer, 453 f.

132 Im Kontext der Arbeit wird die von Schneider gewählte Bezeichnung der Produktionsprozessplanung synonym mit der Produktionsprozessentwicklung verwendet.

133 Vgl. Schneider, S. (2015) Agile Prozessplanung im Produktentstehungsprozess, S. 158.

Aufwänden und der Beeinflussung des zukünftigen Produktionssystems gestaltet.[134] In der Definition nach SCHNEIDER ET AL. wird die klassische Sicht auf den PEP um den Einbezug der Serienplanung erweitert.[135]

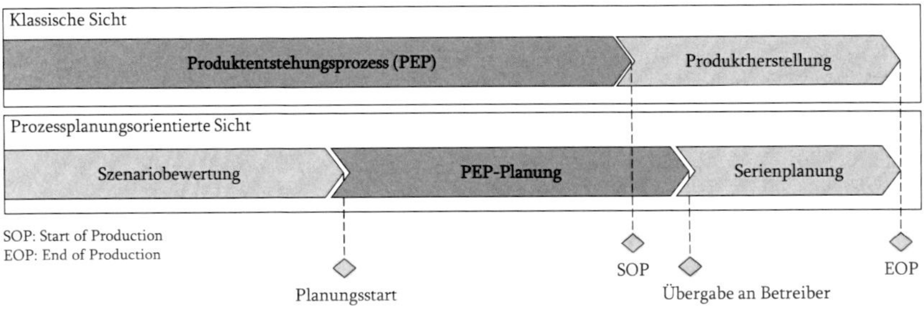

Abbildung 2-7: Prozessplanung im PEP nach SCHNEIDER ET AL.[136]

In der PPE wird nicht immer auf bestehende Technologien oder Prozesse zurückgegriffen. Durch innovative Merkmale der zu entwickelnden systemischen Produkte erfüllen vorhandene Produktionskapazitäten die Anforderungen nicht.[137] Diese Anforderungen führen zu Prozessinnovationen im Unternehmen.[138] Die Möglichkeit der Innovation wird in dieser Arbeit in den Begriff der PPE integriert, wodurch die in der Literatur häufig verwendeten Begriffe der Produktions- bzw. Prozessplanung und Produktionsentwicklung erweitert werden.[139]

In der Industrie haben sich sequenzielle Vorgehensweisen der Produkt- und Produktionsprozessentwicklung etabliert, integrierte Vorgehen sind in der Praxis bisher noch gängig.[140] Im Folgenden werden zunächst die sequenzielle Produkt- und Produktionsprozessentwicklung als Grundlage der derzeitigen Industrialisierung erläutert.

---

134 Vgl. Schneider, S. (2015) Agile Prozessplanung im Produktentstehungsprozess, S. 158 f.

135 Vgl. Schneider, S. (2015) Agile Prozessplanung im Produktentstehungsprozess, S. 158 f.

136 Eigene Darstellung in Anlehnung an Schneider, S. (2015) Agile Prozessplanung im Produktentstehungsprozess, S. 159.

137 Vgl. Jacob, A./Künneke, T. et al. (2018) Iterative Produktentwicklung und Produktionsplanung, S. 744.

138 Vgl. Winkler, H./Kaluza, B. (2008) Einsatz einer Wertschöpfungsrechnung zur Erfassung und Bewertung von Produkt- und Prozessinnovationen, S. 4.

139 Vgl. Vielhaber, M./Stoffels, P. (2014) Product Development vs. Production Development, S. 253; Schneider, S. (2015) Agile Prozessplanung im Produktentstehungsprozess, S. 158 f.

140 Vgl. Burggräf, P./Kampker, A. et al. (2014) Wirtschaftliche Industrialisierung automobiler Kleinserien, S. 185.

Sequenzielle Produkt- und Produktionsprozessentwicklung

Die sequenzielle PE und PPE zeichnet sich durch eine stringente Abfolge der Entwicklungsschritte aus. Diese beginnen erst, sobald der vorherige Schritt beendet ist.[141] Dabei gilt ein Entwicklungsschritt als beendet, sobald alle vorab definierten Ziele erreicht und die Ergebnisse dokumentiert an den nachfolgenden Schritt übergeben wurden.[142] Die PPE ist der PE nachgelagert.[143] Die PPE startet in der Regel erst, wenn die PE abgeschlossen ist oder einen hohen Detaillierungsgrad aufweist. Dementsprechend beginnt die PPE spät im übergeordneten PEP. Beide Entwicklungsdisziplinen agieren in der Regel autark und unabhängig voneinander.[144] In Abbildung 2-8 wird dieser Zusammenhang zwischen sequenzieller PE und PPE dargestellt.

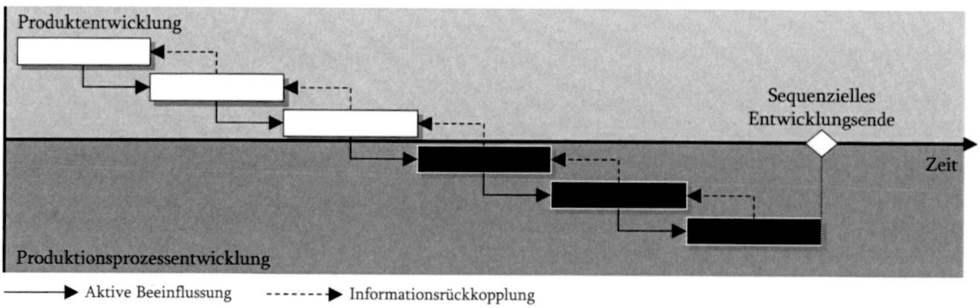

Abbildung 2-8: Sequenzielle PE und PPE nach KAMPKER ET AL.[145]

Die im Vorfeld stattfindende Strukturierung der Entwicklungsschritte und Definition von Schnittstellen erzeugen eine hohe Planungssicherheit und Ordnung.[146] Durch die zeitlich nachgelagerte PPE wird eine Planungsgrundlage geschaffen, auf deren Basis kostenintensive Investitionen für Maschinen und Anlagen getätigt werden. Jedoch bedingt dieses Vorgehen auch eine hohe Entwicklungszeit. Insbesondere die Potenziale der Kollaboration zwischen PE und PPE werden ungenügend berücksichtigt, wodurch keine fertigungs- und montagegerechte Entwicklung umgesetzt wird und so keine

[141] Vgl. Jakoby, W. (2019) Projektmanagement für Ingenieure, S. 122.

[142] Vgl. Aichele, C./Schönberger, M. (2015) IT-Projektmanagement, S. 31.

[143] Vgl. Burggräf, P./Kampker, A. et al. (2014) Wirtschaftliche Industrialisierung automobiler Kleinserien, S. 185.

[144] Vgl. Steimer, C./Fischer, J. et al. (2017) Model-based Design Process, S. 164.

[145] Eigene Darstellung in Anlehnung an Burggräf, P./Kampker, A. et al. (2014) Wirtschaftliche Industrialisierung automobiler Kleinserien, S. 185.

[146] Vgl. Jakoby, W. (2019) Projektmanagement für Ingenieure, S. 122.

Zeit- und Kostenpotenziale realisiert werden.[147] Eine Umsetzung der Fertigungs- und Montagegerechtheit erst in der PPE zu betrachten, ist mit erhöhten zeitlichen und finanziellen Aufwänden verbunden. Des Weiteren ist der Freiheitsgrad der PPE bereits eingeschränkt, da das Produkt größtenteils fertig entwickelt ist.[148]

Die sequenzielle PE und PPE eignet sich für Projekte, die eine hohe Ähnlichkeit zu Vorgängerprojekten und deren vorab definierten Phasenzielen aufweisen. Die Anforderungen werden während der Laufzeit des Projektes kaum angepasst, da andernfalls Aufwände für eine Neuplanung und -entwicklung anfallen. Projekte mit geringem Komplexitätsgrad eignen sich somit für ein sequenzielles Vorgehen.[149]

Aktuelle Entwicklungsprojekte zeigen die Schwachstellen der sequenziellen PE und PPE auf (vgl. Kapitel 1.1). Die kontinuierliche Integration der Kunden in den Entwicklungsprozess wird durch den weiteren Wandel von einem Verkäufer- zu einem Käufermarkt und durch die Globalisierung verstärkt.[150] Somit ist die Erfüllung der jeweiligen Kundenanforderungen entscheidend für den Markterfolg eines Produktes.[151] Des Weiteren entwickelt sich die schnelle Realisierung der Kundenanforderungen durch die verkürzten Innovations-[152] und Produktlebenszyklen[153] zu einem weiteren Erfolgsfaktor. STEIMER UND AURICH zeigen auf, dass die sequenzielle Entwicklung ungenügend vernetzt, ineffizient und ungeeignet für kollaborative Arbeitsweisen ist.[154] Die sequenzielle PE und PPE wird diesen Herausforderungen durch ihre starre, kosten- und zeitaufwändige Charakteristik nicht gerecht.

Aus den Differenzen zwischen Markt- und Kundenanforderungen sowie Eigenschaften der traditionellen PE und PPE haben sich alternative Herangehensweisen entwickelt. Die unabhängige Betrachtung von PE und PPE ist nicht weiter zielführend, wodurch eine integrierte Betrachtungsweise notwendig wird. Gemäß dem in Kapitel 2.1.1 vorgestellten Verständnis des Industrialisierungsbegriffes sind PE und PPE in

---

[147] Vgl. Burggräf, P./Kampker, A. et al. (2014) Wirtschaftliche Industrialisierung automobiler Kleinserien, S. 185.

[148] Vgl. Burggräf, P./Kampker, A. et al. (2014) Wirtschaftliche Industrialisierung automobiler Kleinserien, S. 184 f.

[149] Vgl. Kusay-Merkle, U. (2018) Agiles Projektmanagement im Berufsalltag, S. 22.

[150] Vgl. Schuh, G. (2012) Innovationsmanagement, S. 250.

[151] Vgl. Schuh, G. (2012) Innovationsmanagement, S. 236.

[152] Vgl. Eversheim, W. (2005) Integrierte Produkt- und Prozessgestaltung, S. 8.

[153] Vgl. Schuh, G. (2012) Innovationsmanagement, S. 250.

[154] Vgl. Steimer, C./Aurich, J. (2016) Analysis of Information Interdependencies, S. 462.

einer erfolgreichen Industrialisierung systemischer Produkte gemeinsam zu betrachten und nicht voneinander trennbar. Im folgenden Kapitel werden Ansätze der Industrialisierung und somit der integrierten PE und PPE vorgestellt.

2.2 Industrialisierung systemischer Produkte

Aufbauend auf der traditionellen Definition des Industrialisierungsbegriffs in Kapitel 2.1.1 wird in dem vorliegenden Kapitel der Industrialisierungsbegriff um die Anforderungen der heutigen Marktsituation (vgl. Kapitel 1.1) erweitert, um die Industrialisierung systemischer, hochiterativ entwickelter Produkte zu beschreiben. Weiterhin gilt, dass die Industrialisierung zunächst als Automatisierung der Produktion, basierend auf technischem und organisatorischem Fortschritt mit dem Ziel, signifikant sinkende Kosten für standardisierte Produkte zu erzielen, definiert ist.

In Bezug auf die Einordnung der Industrialisierungsphase in den PEP besteht keine einheitliche Definition der Industrialisierung (vgl. Kapitel 2.1.1). HOFBAUER ET AL. und WAGNER beschreiben die Industrialisierung als den Zeitabschnitt, der nach dem Abschluss der PE beginnt und über die Vorserie bzw. Mustererstellung bis einschließlich zur Serienproduktion andauert.[155] SCHUH ET AL. hingegen nehmen Abstand von dem Begriff der Industrialisierung. Demnach wird der Zeitraum von der abgeschlossenen PE bis zur vollen Produktionskapazität als Serienanlauf definiert und anhand der Vor- und Nullserie sowie der Produktionshochlaufphasen spezifiziert.[156] In der Vorserie werden unter seriennahen Bedingungen Prototypen in großer Stückzahl gefertigt, wobei nicht alle Teile mit Serienwerkzeugen hergestellt werden. Im Rahmen der Nullserie wird seriennah gefertigt, wobei alle Teile aus Serienwerkzeugen und -anlagen stammen. Mit dem Ende der Nullserie bzw. nach der Serienfreigabe beginnt mit dem Start of Production (SOP) der Produktionshochlauf, in dem das erste kundenfähige Produkt produziert wird. Das Ende des Serienanlaufs ist erreicht, sobald der Produktionsablauf stabil ist und die Planstückzahl bzw. -kapazität erreicht ist. [157] Abbildung 2-9 zeigt den Serienanlauf nach SCHUH ET AL.

[155] Vgl. Wagner, S. (2002) Lieferantenmanagement; Hofbauer, G. (2016) Lieferantenmanagement, S. 103.

[156] Vgl. Schuh, G./Stölzle, W. et al. (2008) Anlaufmanagement in der Automobilindustrie erfolgreich umsetzen, S. 1.

[157] Vgl. Schuh, G./Stölzle, W. et al. (2008) Anlaufmanagement in der Automobilindustrie erfolgreich umsetzen, S. 2; Hofbauer, G. (2016) Lieferantenmanagement, S. 106.

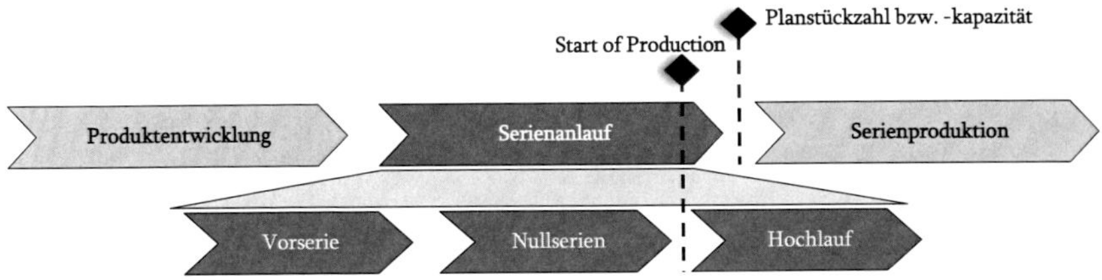

Abbildung 2-9: Phasen des Serienanlaufs nach SCHUH ET AL[158]

Die Gemeinsamkeit des bisherigen Industrialisierungsverständnisses und des Serienanlaufs basiert auf dem Start nach abgeschlossener PE, wobei ein Prototyp im Designstadium in die Serienproduktion überführt wird.[159] So findet die PPE klassischer Weise erst nach der PE statt.[160] Allerdings ist die Reduzierung der Time-to-Market aufgrund von kürzer werdenden Konjunkturzyklen und sich dynamisch ändernder Marktanforderungen ein entscheidender Erfolgsfaktor geworden (vgl. Kapitel 1.1).[161]

Eine rein sequenzielle Betrachtung von PE und PPE ist in diesem Zusammenhang zu zeitaufwändig, wohingegen ein integriertes Entwicklungsvorgehen hohes Reduzierungspotenzial hinsichtlich der Time-to-Market ermöglicht.[162] Dabei gilt es, die PE und PPE in kurzzyklischen Iterationsschritten mit der Erstellung verschiedenster Prototypen aufeinander abzustimmen. Entlang der Vor- und Nullserie gilt es, erste Investitionsentscheidungen hinsichtlich der Fertigungs- und Montageanlagen zu tätigen, womit der Gestaltungsraum in Bezug auf Produkt und Produktionsprozess zunehmend eingeschränkt wird. Mit dem Erreichen des SOP endet die PE. Abschließend wird der Produktionsprozess auf die geplante Stückzahl bzw. Kapazität ausgerichtet, wodurch auch der Produktionsprozess seine Serienreife erfährt. Zudem gilt es, die Grundsätze der Industrialisierung frühestmöglich in den ganzheitlichen Entwicklungsprozess zu integrieren. Im Idealfall bedeutet dies, dass der Industrialisierungs-

---

158 Eigene Darstellung in Anlehnung an Schuh, G./Stölzle, W. et al. (2008) Anlaufmanagement in der Automobilindustrie erfolgreich umsetzen, S. 2.

159 Vgl. Schuh, G./Stölzle, W. et al. (2008) Anlaufmanagement in der Automobilindustrie erfolgreich umsetzen, S. 2.

160 Vgl. Schuh, G. (2012) Innovationsmanagement, S. 355; Klein, T. (2016) Agiles Engineering im Maschinen- und Anlagenbau, S. 13.

161 Vgl. Bullinger, H.-J./Bading, A./et al. (1997) Forschungs- und Entwicklungsmanagement, S. 205; Hofbauer, G. (2016) Lieferantenmanagement, S. 101.

162 Vgl. Burggräf, P./Kampker, A. et al. (2014) Wirtschaftliche Industrialisierung automobiler Kleinserien, S. 185.

prozess unmittelbar nach der Produktidee beginnt und mit der Serienreife von Produkt und Produktionsprozess endet. Dieses Verständnis von Industrialisierung entspricht der Definition nach WLECKE ET AL.[163] und wird in dieser Arbeit übernommen.

Vor diesem Hintergrund wird im Rahmen dieser Arbeit die **Industrialisierung systemischer Produkte** als integrierte und hochiterative Entwicklung von Produkt und Produktionsprozess verstanden, um systemische Produkte schnell und kostenminimal zu entwickeln und herzustellen.

Abbildung 2-10 zeigt den Industrialisierungsprozess systemischer Produkte als Orientierung in dieser Arbeit.

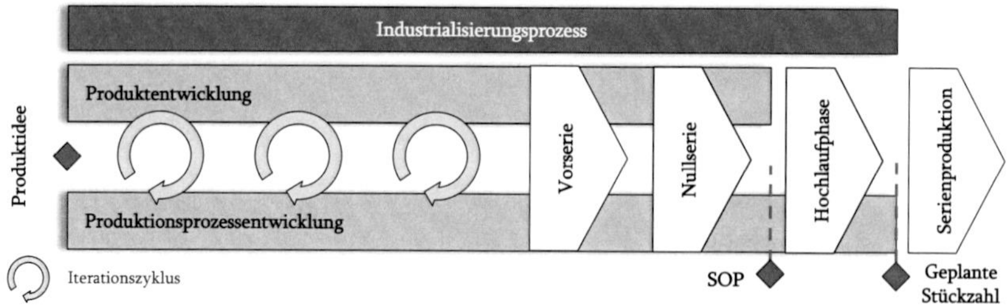

Abbildung 2-10: Industrialisierungsprozess systemischer Produkte nach WLECKE ET AL.[164]

Ein zentraler Bestandteil des in dieser Arbeit vorherrschenden Industrialisierungsverständnisses ist die integrierte PE und PPE, die im folgenden Unterkapitel beschrieben und bestehende Vorgehensweisen vorgestellt werden. Außerdem ist neben der Geschwindigkeit der Industrialisierung systemischer Produkte gleichwertig die kostenminimale Entwicklung und Herstellung ein zentraler Bestandteil der Industrialisierung systemischer Produkte. Demnach werden die Kostentreiber in der Industrialisierung hochiterativ entwickelter systemischer Produkte ebenfalls ausgeführt.

[163] Vgl. Wlecke, S./Prote, J.-P. et al. (2019) Concept for the industrialization of physical products in the highly iterative product development, S. 585.

[164] Eigene Darstellung in Anlehnung an Wlecke, S./Prote, J.-P. et al. (2019) Concept for the industrialization of physical products in the highly iterative product development, S. 585.

2.2.1 Integrierte Produkt- und Produktionsprozessentwicklung

Die Vorgehensweisen bei der sequenziellen PE und PPE erfüllen Forderungen nach einer schnellzyklischen und kundenorientierten Entwicklung nicht (vgl. Kapitel 2.1.2). Im Rahmen der heutigen Industrialisierung stellt die integrierte PE und PPE einen Lösungsansatz dar, der das Ziel hat, die Entwicklungszeiten bei vorgegebenen Kosten- und Qualitätszielen zu reduzieren.[165] In der Literatur wird diese Herangehensweise mit den beiden Begriffen *Simultaneous Engineering* und *Concurrent Engineering* beschrieben.[166] Beim Simultaneous Engineering (SE) werden die Aktivitäten der PE und PPE überlappend und parallel ausgeführt.[167] Beim Concurrent Engineering hingegen werden einzelne umfangreiche Aufgaben innerhalb beider Domänen auf mehrere Verantwortliche oder Gruppen aufgeteilt, die dann von diesen gleichzeitig ausgeführt werden.[168] Aufgrund des Fokus auf die reale Integration und Parallelisierung der Entwicklungsaufgaben wird im Folgenden das SE näher betrachtet.

Simultaneous Engineering bedeutet wörtlich übersetzt „gleichzeitige Ingenieurtätigkeit". SE legt den Fokus auf die Reduzierung der Markteinführungszeit (Time-to-Market), die erhöhte interdisziplinäre Kollaboration zwischen den Entwicklungsabteilungen sowie die Reduktion von Kosten bei gleichzeitiger Verbesserung der Qualität und baut auf den traditionellen Stage-Gate-Ansätzen (vgl. Kapitel 2.1.2.1) auf.[169] SE stellt ein ablauforganisatorisches Konzept zur Entwicklungsoptimierung dar, indem es frühestmöglich beginnende Entwicklungsaktivitäten zeitlich überlappen lässt, Anforderungen der nachfolgenden Aktivitäten von Anfang an inkludiert und den Kunden intensiv einbindet.[170] Folglich werden die PE und PPE sich zeitlich überschneidend ausgeführt.[171] Dennoch entstehen Herausforderungen bei der Umsetzung des SE. Die parallele Ausführung der Entwicklungsaktivitäten bedingt, dass Annahmen zu notwendigen Informationen oder Werten getroffen werden, die häufig noch nicht bekannt

---

165 Vgl. Jacob, A./Künneke, T. et al. (2018) Iterative Produktentwicklung und Produktionsplanung, S. 742.

166 Vgl. Eckstein, H./Eichert, J. et al. (2010) Prozessmodell zur Integration von Konstruktion und Montageplanung, S. 200 f.; Schuh, G./Müller, J. et al. (2012) Gestaltung von Produktentwicklungsprozessen, S. 237.

167 Vgl. Verein Deutscher Ingenieuere (2019) VDI 2221 Blatt 1, S. 26.

168 Vgl. Verein Deutscher Ingenieuere (2019) VDI 2221 Blatt 1, S. 26.

169 Vgl. Schlick, C./Bruder, R. et al. (2010) Arbeitswissenschaft, S. 486; Verein Deutscher Ingenieuere (2019) VDI 2221 Blatt 1, S. 26.

170 Vgl. Schuh, G./Müller, J. et al. (2012) Gestaltung von Produktentwicklungsprozessen, S. 236; Meis, J.-F. (2017) Produktionsseitiges Anforderungsmanagement, S. 118.

171 Vgl. Eversheim, W. (2005) Integrierte Produkt- und Prozessgestaltung, S. 8.

sind. Zusätzlich erhöhen sich der Kommunikations- und Koordinationsaufwand. Dementsprechend hat sich die Umsetzung in der Industrie kaum durchgesetzt.[172] Abbildung 2-11 stellt die integrierte PE und PPE in Anlehnung an KAMPKER ET AL. und SCHUH ET AL. dar. Anhand des Vergleichs der Endzeitpunkte von sequenzieller und integrierter Entwicklung wird das Potenzial der Reduktion der Time-to-Market durch ein integriertes Vorgehen verdeutlicht.

Bei der Durchführung von integrierten Ansätzen agieren bereichsübergreifende Teams selbstständig und verantworten sich direkt gegenüber der Leitung. Des Weiteren erfolgt die Integration der Systeme und Datenmodelle informationsorientiert, um Informationsverluste, unnötige Iterationsschleifen und Doppelarbeit zu vermeiden.[173]

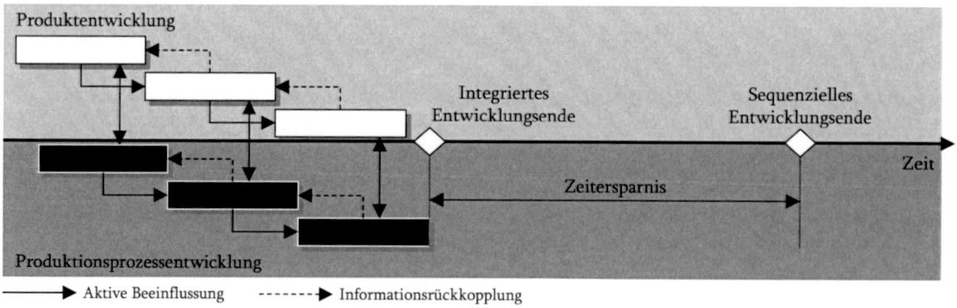

Abbildung 2-11: Integrierte Produkt- und Prozessplanung nach KAMPKER ET AL.[174] und SCHUH ET AL.[175]

Durch die Parallelisierung der PE und PPE steigen die Informationsbedarfe und Kommunikationsaufwände.[176] Vor allem in den frühen Phasen ist die Kollaboration der beiden Domänen erfolgsentscheidend, da auf diese Weise Potenziale der technischen Produktionsmöglichkeiten mit den Kundenanforderungen und der Produktidee abgestimmt werden.[177] Eine unzureichende Kommunikation führt während der PE und

[172] Vgl. Schlick, C./Bruder, R. et al. (2010) Arbeitswissenschaft, S. 487 f.

[173] Vgl. Schuh, G. (2012) Innovationsmanagement, S. 237 f.

[174] Eigene Darstellung in Anlehnung an Burggräf, P./Kampker, A. et al. (2014) Wirtschaftliche Industrialisierung automobiler Kleinserien, S. 185.

[175] Eigene Darstellung in Anlehnung an Schuh, G./Müller, J. et al. (2012) Gestaltung von Produktentwicklungsprozessen, S. 237.

[176] Vgl. Steimer, C./Aurich, J. (2016) Analysis of Information Interdependencies, S. 462 f.

[177] Vgl. Eversheim, W. (2005) Integrierte Produkt- und Prozessgestaltung, S. 8.

PPE zu einseitigen Optimierungen. Diese Optimierungen sind alleinstehend zwar vorteilhaft, bilden aber nicht das Gesamtoptimum ab.[178] Zusätzlich werden für die Parallelisierung der Entwicklungsaktivitäten Annahmen getroffen.[179] Diese Annahmen unterliegen Unsicherheiten. Eine intensive Kollaboration, der Austausch von Informationsbedarfen und die Betrachtung der Unsicherheit von Beginn bis zum Ende der Entwicklung ist somit nötig und im SE nicht ausreichend detailliert.

Insgesamt geht die integrierte PE und PPE auf die Kritikpunkte an der sequenziellen Entwicklung ein. Die Verkürzung der Time-to-Market wird hauptsächlich durch die Parallelisierung der PE und PPE erreicht. Durch die dafür benötigte Kollaboration werden die Qualität erhöht und späte Änderungen vermieden. Jedoch ist dies mit erhöhten Aufwänden für die Kommunikation, die Bestimmung und die Verarbeitung von Informationsbedarfen verbunden. Zusätzlich wird mit unsicheren oder unvollständigen Informationen gearbeitet. Diese Aufwände überwiegen in der Anwendung des SE häufig gegenüber den Vorteilen.

Mit den derzeitigen Weiterentwicklungen in der Produktentwicklung von plangetriebenen Ansätzen hin zu agilen und hochiterativen Produktentwicklungsvorgehen (vgl. Kapitel 2.3) sind die derzeitigen Ansätze der integrierten PE und PPE nicht mehr ausreichend für eine erfolgreiche Industrialisierung. Neben der Verkürzung der Time-to-Market, die durch solche integrierten Ansätze ermöglicht wird, ist ein weiterer zentraler Teil einer erfolgreichen Industrialisierung die Produkte auch kostenminimal auf dem Markt zu platzieren. Im folgenden Unterkapitel werden die relevanten Kostentreiber in der Industrialisierung und somit der integrierten PE und PPE beschrieben.

2.2.2 Kostentreiber in der Industrialisierung systemischer Produkte

Die Auseinandersetzung mit den Produkt- bzw. den Entwicklungskosten ist ein wesentlicher Bestandteil in der Industrialisierung. Da das übergeordnete Ziel eines Unternehmens die Realisierung und Maximierung des Gewinns ist, ist das Kostenmanagement ein wichtiger Aspekt in der PE und PPE.[180] Aufgrund der kontinuierlichen Veränderungen des Marktes und individueller Kundenbedürfnisse, die in den letzten Jahren immer weiter in den Vordergrund gerückt sind, während das Angebot jedoch

---

[178] Vgl. Schuh, G./Müller, J. et al. (2012) Gestaltung von Produktentwicklungsprozessen, S. 236 f.
[179] Vgl. Schlick, C./Bruder, R. et al. (2010) Arbeitswissenschaft, S. 487 f.
[180] Vgl. Ehrlenspiel, K./Lindemann, U. et al. (2013) Kostengünstig entwickeln und konstruieren, S. 8.

immer noch höher als die Nachfrage ist, sind nicht nur die Realisierung von kundenspezifischen Anforderungen, sondern auch die Einhaltung eines marktüblichen Preises wichtige Kriterien für den Erfolg eines Produktes.[181]

Alle Abteilungen und Aktivitäten im Unternehmen haben einen Einfluss auf Kosten im Industrialisierungsprozess.[182] KILGER definiert Kosten als „den bewerteten Verbrauch an Produktionsfaktoren […], der für den Betriebszweck anfällt, also für die Erstellung und den Absatz der im Produktionsprogramm einer Unternehmung vorgesehenen Wirtschaftsgüter sowie für die Aufrechterhaltung der hierfür erforderlichen Kapazitäten".[183] Laut BRONNER sind Kosten in der Betriebsrechnung der „wertmäßige produktionsbedingte Güterverzehr" oder der „wertmäßige, normale Verzehr von Gütern und Dienstleistungen zur Erstellung des Betriebsproduktes".[184]

Kosten bestehen aus einem Mengengerüst und einem Bewertungsgerüst. Während das Mengengerüst durch die verbrauchten Güter bestimmt wird (Anzahl, Kilogramm, Liter, Stunden, etc.), basiert das Bewertungsgerüst auf den Preisen der verbrauchten Güter in Abhängigkeit von ihrer Menge.[185] Vor diesem Hintergrund werden im Rahmen dieser Arbeit Kosten als Verbrauch an Produktionsgütern, um ein Produkt herzustellen, definiert. Um Kosten transparenter und analysierbar zu machen, werden sie hinsichtlich verschiedener Kriterien kategorisiert. Nachdem definiert ist, was Kosten sind und wann sie anfallen, werden verschiedene Möglichkeiten der Gliederung von Kosten präsentiert.

Insgesamt gibt es zahlreiche Möglichkeiten, Kosten in Kategorien aufzuteilen. Tabelle 2-1 zeigt Kostenkategorien mit möglichen Kostenbegriffen.

---

[181] Vgl. Bender, B./Gericke, K. (2021) Pahl/Beitz Konstruktionslehre, S. 943.

[182] Vgl. Ehrlenspiel, K./Lindemann, U. et al. (2013) Kostengünstig entwickeln und konstruieren, S. 165.

[183] Vgl. Kilger, W. (1987) Einführung in die Kostenrechnung, S. 8; Prote, J.-P. (2017) Verursachungsgerechte Bewertung von Standortalternativen in Produktionsnetzwerken, S. 65.

[184] Vgl. Bronner, A. (2008) Angebots- und Projektkalkulation, S. 6.

[185] Vgl. Plinke, W./Utzig, B. (2020) Industrielle Kostenrechnung, S. 23.

Tabelle 2-1: Strukturierungskriterien des Kostenbegriffs nach MUMM[186]

Kostenkategorien	Kostenbegriffe
Beschäftigungsabhängigkeit	- Fixe Kosten - Variable Kosten
Zurechnung auf Kostenträger	- Einzelkosten - Gemeinkosten
Verbrauchte Produktionsfaktoren	- Materialkosten - Personalkosten - Öffentliche Abgaben und Steuern
Einsatzmenge	- Vollkosten (-rechnung) - Teilkosten (-rechnung)
Zeitbezug	- Ist-Kosten - Normalkosten - Plankosten

Bei der Aufteilung in variable und fixe Kosten werden die Kosten in Bezug zu der Beschäftigungsabhängigkeit gesetzt. So verändern sich variable Kosten, wenn die Beschäftigung steigt oder fällt (z.B. Lohneinzelkosten).[187] Um während der Kostenrechnung eine Zurechenbarkeit auf Kostenträger, wie beispielsweise einzelne Produkte zu gewährleisten, werden Kosten in Einzel-(EK) und Gemeinkosten (GK) aufgeteilt. Bei Einzelkosten handelt es sich um Kosten, die bei der Erstellung direkt, also ohne eine Schlüsselung, auf Kostenträger bezogen werden – Beispiele sind Materialeinzelkosten (MEK) und Fertigungseinzelkosten (FEK). Gemeinkosten werden Kostenträgern wiederum nur indirekt zugerechnet.[188] Der Anteil der Gemeinkosten an den Gesamtkosten ist im Laufe der Zeit weiter gestiegen und erreicht Werte von bis zu 50 %.[189] Kosten werden auch den jeweils verbrauchten Produktionsfaktoren zugeordnet. So werden Herstellkosten in Material- und Fertigungskosten aufgeteilt. Anschließend erfolgt eine Aufteilung in Einzel- und Gemeinkosten.[190] MEK lassen sich aus dem Verbrauch des Materials selbst ermitteln. Materialgemeinkosten (MGK) sind beispielsweise Lagerkosten, Zinsen für gebundenes Kapital sowie Labor- oder Werkstoffprüfkosten.

---

186 Vgl. Mumm, M. (2008) Kosten- und Leistungsrechnung, S. 30.

187 Vgl. Horsch, J. (2015) Kostenrechnung, S. 26.

188 Vgl. Horsch, J. (2015) Kostenrechnung, S. 36; Plinke, W./Utzig, B. (2020) Industrielle Kostenrechnung, S. 35 - 36.

189 Vgl. Reischl, C. (2001) Simulation von Produktkosten in der Entwicklungsphase, S. 48; Reischl, C. (2001) Simulation von Produktkosten in der Entwicklungsphase, S. 52; Ehrlenspiel, K./Meerkamm, H. (2017) Integrierte Produktentwicklung, S. 870.

190 Vgl. Reischl, C. (2001) Simulation von Produktkosten in der Entwicklungsphase, S. 41.

Fertigungskosten setzen sich aus FEK, Fertigungsgemeinkosten (FGK) und Sondereinzelkosten der Fertigung (SEF) zusammen. FEK sind Fertigungskosten, die einzelnen Kostenträgern zugerechnet werden. FGK beinhalten Raumkosten und sonstige nicht direkt zurechenbare Kostenanteile. Kosten für spezielle Vorrichtung in der Fertigung werden den SEF zugerechnet.[191] Die FGK stellen mit etwa 30 % der Herstellkosten direkt nach den MEK den zweitgrößten Kostenblock dar.[192]

Um ein vollständiges Bild aufzuzeigen, werden die Kosten in einer Vollkostenrechnung über die Kostenträgerrechnung einem Kostenträger zugerechnet. Das ermöglicht den Vergleich zwischen Ausgaben und bildet die Grundlage für Entscheidungen. Selbstkosten werden in der Regel mittels einer Vollkostenrechnung bestimmt und enthalten sowohl Einzel- als auch Gemeinkosten. Selbstkosten ist der übergeordnete Kostenbegriff und stellt die Summe der werksinternen Kosten eines Produktes dar.[193]

In der Industrialisierung besteht durch das Zusammenspiel und das integrierte Entwicklungsvorgehen der beiden Domänen PE und PPE die Möglichkeit der Hebung von Kostenpotenzialen in der Entwicklung. Dafür ist notwendig, die Kostentreiber im Industrialisierungsprozess zu definieren. In dem nachfolgend dargestellten Ishikawa-Diagramm (vgl. Abbildung 2-12) sind die aus der Literatur identifizierten Kostentreiber für die Industrialisierung hochiterativ entwickelter Produkte abgebildet.[194]

Weitere Kostentreiber, die im Rahmen dieser Arbeit nicht weiter betrachtet werden, können beispielsweise in den Arbeiten von KURBEL und KLETTI nachvollzogen werden.[195] Da die Auswahl der Kostentreiber stark produkt- und branchenabhängig ist, kann diese Liste durch Methoden wie das Kosten-Benchmarking und betriebsinterne Workshops erweitert werden.

---

[191] Vgl. Reischl, C. (2001) Simulation von Produktkosten in der Entwicklungsphase, S. 41; Bronner, A. (2008) Angebots- und Projektkalkulation, S. 8 f.

[192] Vgl. Reischl, C. (2001) Simulation von Produktkosten in der Entwicklungsphase, S. 44.

[193] Vgl. Bronner, A. (2008) Angebots- und Projektkalkulation, S. 10.

[194] Vgl. Basel, T. (2009) Toyotas Erfolgsfaktoren in der PE, S. 950 ff.; Dombrowski, U./Quantschnig, M. (2009) Komponenten der Versorgungsstrategie, S. 474 ff.; Koppik, R./Meier, M. (2009) F&E-Produktivitätssteigerung, S. 1174 ff.; Isbruch, F./Batzlen, S. (2011) Prozesskostenrechnung, S. 525; Zernott, C./Niemand, S. (2011) Prozessorientiertes Design-to-Cost, S. 366 ff.; Ehrlenspiel, K./Meerkamm, H. (2013) Integrierte Produktentwicklung, S. 127; Kampker, A./Deutskens, C. et al. (2014) Value Engineering, S. 643; Spath, D./Westkämper, E./et al. (2017) Neue Entwicklungen in der Unternehmensorganisation, S. 250; Corsten, H./Gössinger, R./et al. (2018) Handbuch Produktions- und Logistikmanagement, S. 929; Optehostert, F. (2020) Kostenprognose, S. 2.

[195] Vgl. Bullinger, H.-J./Bading, A./et al. (1997) Forschungs- und Entwicklungsmanagement; Kletti, J. (2015) MES - Manufacturing Execution System; Kurbel, K. (2021) ERP und SCM.

Die Ermittlung der Kostentreiber wurde für die integrierte PE und PPE durchgeführt, wodurch sowohl Produktseitige als auch produktionsseitige Kostentreiber definiert sind. Auf Basis der Ergebnisse der systematischen Literaturrecherche (vgl. Kapitel 9.1) wurden die Kostentreiber in die Kategorien Konstruktion, Produkt, Materialwirtschaft, Produktion und Lebenszyklus als Haupteinflussfaktoren geclustert. Die detaillierten Kostentreiber sind auf den Pfeilen zu finden. Dabei werden sie dem Produkt (z.B. Geometrie), dem Produktionsprozess (z.B. Technologie) oder beiden (z.B. Stückzahl) zugeordnet. Gesamtkosten werden von den Kostentreibern stark beeinflusst.

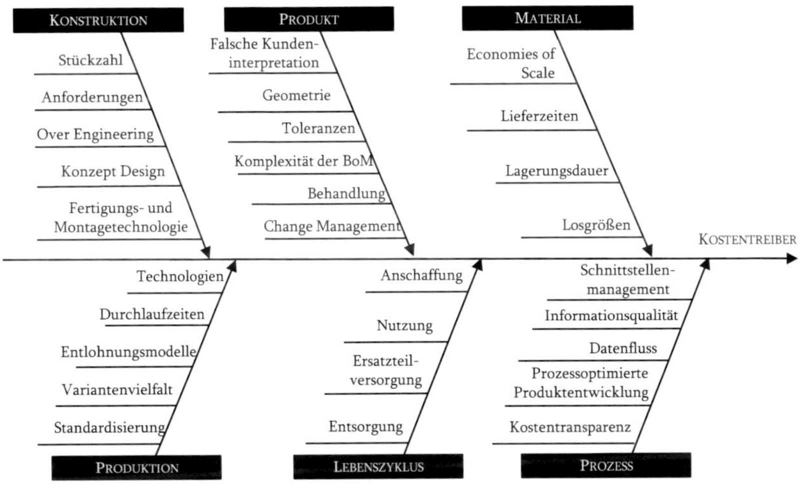

Abbildung 2-12: Relevanter Kostentreiber in der Industrialisierung

In dem vorliegenden Kapitel wurde die Industrialisierung als integriertes Zusammenspiel aus PE und PPE sowie relevante Kostentreiber in dem Kontext der Industrialisierung beschrieben und detailliert. In den vergangenen Jahren hat sich die PE jedoch gemäß der Marktanforderungen (vgl. Kapitel 1.1) zu einer agilen und hochiterativen Vorgehensweise weiterentwickelt. Die klassischen Ansätze der Industrialisierung sind dementsprechend nicht mehr anwendungsgerecht und müssen weiterentwickelt werden. Im Folgenden werden für diese Weiterentwicklung zunächst die hochiterative PE detailliert und bestehende Vorgehensweisen beschrieben.

2.3 Hochiterative Produktentwicklung

Als Reaktion auf die anhaltende Kritik an der rein plangetriebenen PE hinsichtlich mangelnder Flexibilität, fehlender Kundennähe und langer Entwicklungszeiten entstanden die agilen Entwicklungsvorgehen, welche im Folgenden erläutert werden. Dafür wird zunächst die agile PE erläutert und bestehende Ansätze vorgestellt. Da dieses Vorgehen hauptsächlich in der Softwareentwicklung angewendet wird, werden nachfolgend die in der Entwicklung physischer Produkte weiter verbreitete hochiterative PE erläutert und bestehende Ansätze vorgestellt.

2.3.1 Agile Produktentwicklung

Mit den Eigenschaften der agilen PE, die aus der Software-Entwicklung stammt, werden die Schwächen der plangetriebenen Entwicklungsvorgehen adressiert.[196] Das Wort „Agilität“ hat seinen Ursprung im Lateinischen. Das Adverb „agilis“ lässt sich mit „flink“ und „beweglich“ übersetzen. Der Duden definiert den Begriff „agil“ mit „von großer Beweglichkeit zeugend, regsam und wendig“.[197] Der Begriff wurde von Takeuchi und Nonaka erstmals im Jahre 1986 verwendet, die auf der Suche nach alternativen Prozessansätzen waren, um aufkommende dynamische Markt- und Kundenanforderungen schneller und flexibler in die PE zu integrieren.[198] Entgegen der etablierten Meinung, agile Produktentwicklungsprozesse basieren rein auf der Softwareentwicklung[199], betrachten Takeuchi und Nonaka den Begriff im Kontext der physischen PE und stellten grundlegende Richtlinien auf, die im Rahmen der heutigen Softwareentwicklung wiederzufinden sind.[200]

Die Nähe der agilen PE zu der Softwareentwicklung lässt sich auf die Unterzeichnung des „Agilen Manifests“ zurückführen (vgl. Abbildung 2-13).[201]

---

[196] Vgl. Ahmed-Kristensen, S., Daalhuizen, J. (2015) Pioneering the combined use of agile and stage-gate models, S. 2.

[197] Vgl. Duden (2022) "Agil".

[198] Vgl. Takeuchi, H./Nonaka, I. (1986) The New New Product Development Game, S. 137.

[199] Vgl. Conforto, E./Amaral, D. et al. (2016) The agility construct on project management theory, S. 661.

[200] Vgl. Diels, F. (2018) Indikatoren für die Ermittlung agil zu entwickelnder Produktumfänge, S. 58.

[201] Vgl. Beck, K./Beedle, M. et al. (2001) Manifest für Agile Softwareentwicklung, S. 1 ff.

Individuen und Interaktionen	*mehr als*	**Prozesse und Werkzeuge**
Funktionierende Software	*mehr als*	**umfassende Dokumentation**
Zusammenarbeit mit dem Kunden	*mehr als*	**Vertragsverhandlungen**
Reagieren auf Veränderung	*mehr als*	**das Befolgen eines Plans**

Abbildung 2-13: Leitsätze des Agilen Manifests nach BECK ET AL.[202]

Hier kamen 17 renommierte Softwareentwickler zusammen, um die essenziellen Werte der Agilität zu identifizieren.[203] Auf der Grundidee von TAKEUCHI UND NONAKA wurden Leitsätze beschlossen, die basierend auf beruflichen Erfahrungen eine erfolgreiche Durchführung von Entwicklungsprojekten im Kontext steigender Komplexität und Dynamik sicherstellen.[204] Diese Leitsätze stellen in der Softwareentwicklung ein übergeordnetes Rahmenwerk dar.[205] Um die Leitsätze zu operationalisieren und für die Gestaltung von Entwicklungsprozessen nutzbar zu machen, wurden die vier Leitsätze mit Hilfe von zwölf Prinzipien in Handlungsanweisungen konkretisiert. Dabei werden die konstituierenden Merkmale der agilen Entwicklung als *Kollaboration, Zeit, Kundenintegration* und *Flexibilität* aggregiert.[206] So stellt das Agile Manifest Rahmenbedingungen für das Vorgehen in agilen Entwicklungsprozessen dar. Allerdings sind die Leitsätze zu allgemein gefasst.[207]

Für die tatsächliche Umsetzung sind in der jüngsten Vergangenheit zahlreiche, dem Agilen Manifest entsprechende Vorgehensweisen entwickelt worden. Zu den in der Praxis am häufigsten angewendeten agilen Vorgehensweisen zählen Extreme Programming, Scrum und Kanban. Allerdings zeigen Studien deutlich, dass Scrum die industriell am häufigsten angewandte Methode ist.[208] Für einen Überblick werden in Abbildung 2-14 die grundlegenden agilen Entwicklungsvorgehen in einen zeitlichen Zusammenhang gesetzt, ehe der Scrum-Ansatz im Detail diskutiert wird.

---

202 Eigene Darstellung in Anlehnung an Beck, K./Beedle, M. et al. (2001) Manifest für Agile Softwareentwicklung, S. 1 ff.

203 Vgl. Kusay-Merkle, U. (2018) Agiles Projektmanagement im Berufsalltag, S. 54.

204 Vgl. Sandhaus, G./Knott, P. et al. (2014) Hybride Softwareentwicklung, S. 34; Cooper, R. (2016) Winning at new products, S. 25 ff.

205 Vgl. Hanser, E. (2010) Agile Prozesse, S. 10.

206 Vgl. Beck, K./Beedle, M. et al. (2001) Manifest für Agile Softwareentwicklung, 1 ff.

207 Vgl. Hanser, E. (2010) Agile Prozesse, S. 10.

208 Vgl. Komus, A./Kuberg, M. (2017) Status Quo Agile, S. 10.

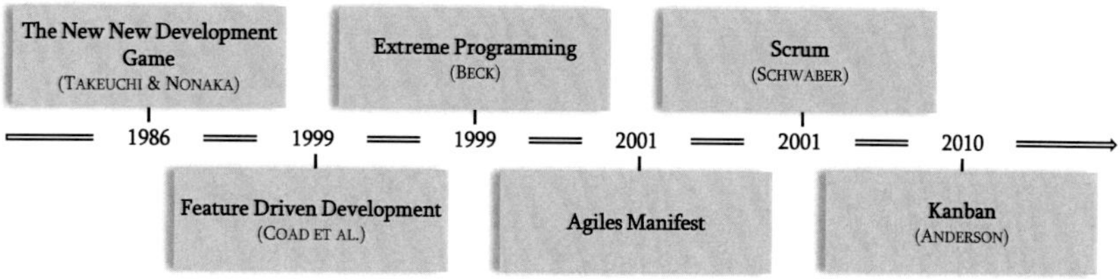

Abbildung 2-14: Agile Entwicklungsvorgehen[209]

Der Scrum-Ansatz nach SCHWABER ist der meist verbreitetste Ansatz zur agilen PE.[210] Die Ursprünge von Scrum gehen auf das Paper von TAKEUCHI & NONAKA mit dem Titel „The New New Product Development Game" im Jahr 1986 zurück[211] und wurden von SCHWABER & BEEDLE mit dem Buch „Agile Software Development with Scrum" in die Grundlage für das heutige Prozessverständnis der Scrum-Methodik überführt.[212]

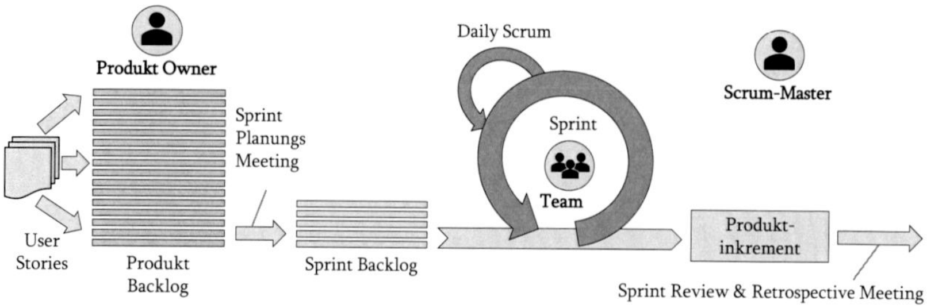

Abbildung 2-15: Scrum-Prozess[213]

Die Grundidee von Scrum besteht darin, die Komplexität von Entwicklungsprojekten durch eine agile Prozesssteuerung zu minimieren. Heutzutage findet der Scrum-Ansatz flächendeckend Einsatz in der Softwareentwicklung. Durch die festgelegten Rollen, Phasen und Werkzeuge für die agile Prozesssteuerung verschiedener Entwicklungsprojekte lässt sich der Scrum-Ansatz auch branchenübergreifend

---

209 Vgl. Takeuchi, H./Nonaka, I. (1986) The New New Product Development Game; Beck, K./Beedle, M. et al. (2001) Manifest für Agile Softwareentwicklung; Schwaber, K./Beedle, M. (2002) Agile software development with Scrum; Beck, K. (2003) Extreme programming explained; Anderson, D. (2010) Kanban; Chowdhury, A./Huda, M. (2011) Comparison between Adaptive; Eigene Darstellung in Anlehnung an Klein, T. (2016) Agiles Engineering im Maschinen- und Anlagenbau, S. 44f.

210 Vgl. Hanser, E. (2010) Agile Prozesse, S. 61.

211 Vgl. Takeuchi, H./Nonaka, I. (1986) The New New Product Development Game, S. 137.

212 Vgl. Schwaber, K./Beedle, M. (2002) Agile software development with Scrum, S. 1 ff.

213 Eigene Darstellung in Anlehnung an Schwaber, K. (2007) Agiles Projektmanagement mit Scrum, S. 6.

übertragen.[214] Der grundlegende Ansatz zur agilen Prozessteuerung gemäß Scrum ist in Abbildung 2-15 dargestellt.

In der Scrum-Methodik nach SCHWABER orientieren sich alle Vorgehensweisen an einem iterativen und inkrementellen Prozessrahmen, der mit der Sprintplanung, dem Sprint, dem Daily Scrum, sowie dem Sprint Review und der Retrospective in fünf Phasen eines Planungszeitraums aufgeteilt wird.[215] In der **Sprintplanung** werden zunächst Entwicklungsaufgaben und Anforderungen für den folgenden Planungszeitraum festgelegt.[216] Es wird davon ausgegangen, dass die Anforderungen zu Beginn eines Projektes meist unbekannt sind, aber im Laufe des Projekts mit Hilfe des Kunden ermittelt werden. Da die Anforderungen somit während des Entwicklungsprozesses konkretisiert und vervollständigt werden, wird das gesamte Projekt iterativ in kleinen Teilen (Inkrementen) umgesetzt.[217] Die einzelnen Iterationszyklen, in denen die definierten Entwicklungsaufgaben und Anforderungen in Produktfunktionen umgesetzt werden, werden als **Sprints**[218] bezeichnet, an deren Ende ein Produktinkrement vorgestellt wird.[219] Die Sprintlänge ist dabei festgelegt und jeder Sprint endet, unabhängig von der Erfüllung der Entwicklungsaufgaben, zu dem definierten Termin.[220] Während jedes Sprints trifft sich das gesamte Entwicklungsteam in einem **Daily Scrum**. Dieses Treffen dient der Transparenz, der Koordination der anstehenden Aufgaben sowie der systematischen Identifikation und Kommunikation von Hindernissen im Entwicklungsverlauf.[221] Abschließend findet nach jedem Sprint ein **Sprint Review** statt, in dem allen Stakeholdern die erarbeiteten Entwicklungsergebnisse vorgestellt werden, wodurch kontinuierliches Feedback und Validierungen in den Entwicklungsprozess integriert werden. Negatives Feedback wird als Änderungsbedarf für den nächsten Sprint aufgenommen.[222]

Stakeholder sind dabei unternehmensinterne Personen oder unternehmensexterne Personen, die von der Entwicklungsaufgabe betroffen, nicht aber an der Entstehung

---

[214] Vgl. Schwaber, K./Sutherland, J. (2020) The Scrum Guide, S. 4.
[215] Vgl. Schwaber, K. (2007) Agiles Projektmanagement mit Scrum, S. 6 ff.
[216] Vgl. Schwaber, K. (2007) Agiles Projektmanagement mit Scrum, S. 136 f.
[217] Vgl. Goll, J. (2015) Mit Scrum zum gewünschten System, S. 76.
[218] Vgl. Pichler, R. (2008) Scrum, 7f.; Hanser, E. (2010) Agile Prozesse, S. 61.
[219] Vgl. Pichler, R. (2008) Scrum, S. 7f.; Schwaber, K./Sutherland, J. (2020) The Scrum Guide, S. 7 f.
[220] Vgl. Pichler, R. (2008) Scrum, S. 86.
[221] Vgl. Pichler, R. (2008) Scrum, S. 83.
[222] Vgl. Schwaber, K. (2007) Agiles Projektmanagement mit Scrum, S. 139.

beteiligt sind.[223] Nach dem Sprint Review findet mit dem **Retrospective Meeting** ein internes Treffen mit Personen statt, die an der Entwicklung beteiligt sind, um den durchgeführten Sprint zu reflektieren und Verbesserungsmaßnahmen einzuleiten.[224] Auf dieser Basis werden weitere Sprints geplant und durchgeführt.[225]

Innerhalb der agilen Prozessteuerung sieht Scrum Werkzeuge vor, die den Entwicklungsprozess steuern. Mit Hilfe von User-Stories werden Anforderungen an das Produkt aus der Nutzer- bzw. Kundenperspektive beschrieben. User-Stories sind kurze Beschreibungen von Anwendungsfällen aus der Perspektive der jeweiligen Anspruchsgruppe. Eine häufig genutzte Art, User-Stories strukturiert und vergleichbar zu formulieren, ist nach KUSAY-MERKLE wie folgt aufgebaut:[226]

Als ______ (Kunde/Stakeholder) will ich ______ (eine gewünschte Funktion), damit ich ______ (Nutzenbeschreibung).

Weiter dienen sie dem Entwicklungsteam als informatorische Grundlage zur Planung und Priorisierung der Anforderungen an das Produkt.[227] Diese werden in einer Liste aus Anforderungen und Arbeitsergebnissen, die erbracht werden müssen, gesammelt, um das Projektziel zu erreichen – dem Produkt Backlog. Das Produkt Backlog wird kontinuierlich erweitert und steht für den Input von allen Beteiligten bereit.[228]

Innerhalb des Scrum-Prozesses gibt es drei zentrale Rollen. Der „Produkt Owner“ (PO) legt Ziele der Entwicklung und zu realisierende Inkremente fest. Der PO repräsentiert Erwartungen der Kunden, Mitarbeitenden und des Managements und hat die Verantwortung für das Projekt. Weitere Aufgaben sind, das Projekt inhaltlich zu steuern, Prioritäten zu setzen und Entscheidungen zu treffen. Üblicherweise werden zur Priorisierung die Kriterien Nutzen, Kosten und Risiko herangezogen.[229] Die Pflege des Produkt Backlogs obliegt ebenfalls der Verantwortung des PO.[230]

---

[223] Vgl. Pichler, R. (2008) Scrum, S. 169.

[224] Vgl. Schwaber, K. (2007) Agiles Projektmanagement mit Scrum, S. 9; Pichler, R. (2008) Scrum, S. 8.

[225] Vgl. Schwaber, K. (2007) Agiles Projektmanagement mit Scrum, S. 6 ff.

[226] Vgl. Kusay-Merkle, U. (2018) Agiles Projektmanagement im Berufsalltag, S. 108, 155.

[227] Vgl. Pichler, R. (2008) Scrum, S. 46; Kullmann/Longmuß et al. (2013) Agiles Projektmanagement in der Praxis der Produktentwicklung, S. 17.

[228] Vgl. Pichler, R. (2008) Scrum, S. 28; Kullmann/Longmuß et al. (2013) Agiles Projektmanagement in der Praxis der Produktentwicklung, S. 17.

[229] Vgl. Pichler, R. (2008) Scrum, S. 28; Kullmann/Longmuß et al. (2013) Agiles Projektmanagement in der Praxis der Produktentwicklung, S. 15; Kusay-Merkle, U. (2018) Agiles Projektmanagement im Berufsalltag, S. 37.

[230] Vgl. Kullmann/Longmuß et al. (2013) Agiles Projektmanagement in der Praxis der Produktentwicklung, S. 16.

Das Entwicklungs-Team (Team) organisiert sich selbst und erstellt die Produktinkremente. Das Team ist funktionsübergreifend und interdisziplinär besetzt. Außerdem fokussiert sich das Team ausschließlich auf ein bestimmtes Projekt, um hinsichtlich der kurzzyklischen Taktung möglichst flexibel zu sein. Das Team besitzt, ermöglicht durch flache Hierarchien, einen hohen Grad an Selbstorganisation.[231]

Der Scrum-Master (SM) sorgt dafür, dass das Team störungsfrei und produktiv arbeiten kann. Der SM identifiziert Verbesserungspotenziale, optimiert Arbeitsbedingungen, coacht das Team und ist verantwortlich für den Scrum-Prozess.[232] Die Projektleitung, Weisungsbefugnis oder inhaltliche Verantwortung liegen nicht im Verantwortungsbereich des SM.[233] Die Rolle der klassischen Projektleitung entfällt im Scrum-Prozess, da diese Verantwortung und Kompetenz auf die erläuterten Rollen und deren Zusammenarbeit verteilt werden.[234]

Zusammenfassend orientiert sich die agile Produktentwicklung an den Prinzipien des Agilen Manifests. Mit Hilfe von kurzen Entwicklungszyklen wird es möglich, sich, sogar zu späten Zeitpunkten im Projekt, schnell und flexibel an geänderte Anforderungen anzupassen. Im Vergleich zu plangetriebenen Vorgehen findet ein Wandel statt, der sich von hierarchischen und top-down getroffenen Entscheidungen entfernt und dafür flache Hierarchien innerhalb selbstorganisierter Teams einsetzt.

Die Kritik an agilen Entwicklungsvorgehen besteht in der stark eingeschränkten Übertragbarkeit auf physische Produkte. Weiter wird die Richtigkeit der Annahmen, welche auf dem agilen Manifest basieren, kritisiert, denn die Umsetzung von Agilität ist äußerst ressourcenintensiv. Während der Bearbeitung sollen die Mitarbeitenden nicht über mehrere Standorte verteilt sein, sondern möglichst eng zusammenarbeiten, damit der intensive Kommunikationsbedarf schnell gedeckt wird.[235] Zudem setzen agile Entwicklungsvorgehen durch die flachen Hierarchien ein hohes Maß an Selbstorganisation voraus. Dazu wird eine erfahrene Belegschaft benötigt.[236]

Trotz der erfolgreichen Anwendung agiler Entwicklungsmethoden innerhalb der Softwareentwicklung hat sich bisher eine vollständige Übertragung der agilen

---

231 Vgl. Kusay-Merkle, U. (2018) Agiles Projektmanagement im Berufsalltag, S. 37.

232 Vgl. Schwaber, K. (2007) Agiles Projektmanagement mit Scrum, S. 7.

233 Vgl. Kullmann/Longmuß et al. (2013) Agiles Projektmanagement in der Praxis der Produktentwicklung, S. 16; Kusay-Merkle, U. (2018) Agiles Projektmanagement im Berufsalltag, S. 37.

234 Vgl. Kusay-Merkle, U. (2018) Agiles Projektmanagement im Berufsalltag, S. 37.

235 Vgl. Turk, D./France, R. et al. (2002) Limitations of Agile Software Processes, S. 44.

236 Vgl. Jeromin, J./Jourdan, G. et al. (2018) Leadership in Organisationen mit reduzierten Hierarchien, S. 27.

Prinzipien auf die Entwicklung physischer Produkte nicht durchgesetzt.[237] Wesentlicher Unterschied ist, dass die Annahme von nahezu konstanten Änderungskosten über den Entwicklungsprozess bei physischen Produkten nicht zutrifft.[238] Der Code der Software kann beliebig oft inkrementalisiert werden und die Änderung des Codes ist hauptsächlich an Humankapital gebunden.[239] Bei physischen Produkten ist eine Inkrementalisierung nur bis zu einem bestimmten Grad möglich. Zudem sind die Produktänderungen nicht nur an Humankapital, sondern auch an entsprechende Fertigungsanlagen gebunden. Demnach führen Änderungen zu späten Zeitpunkten in der Entwicklung physischer Produkte zu höheren Kosten- und Zeitaufwänden als in der Softwareentwicklung.[240] Ebenfalls problematisch stellt sich die Erstellung von Produktinkrementen in kurzen Zeitabständen bzw. Sprints dar, denn die Erzeugung eines funktions- und verkaufsfähigen Produktes[241] am Ende jedes 30-tägigen[242] Entwicklungssprints ist in der Regel nicht möglich.[243]

Mit dem inkrementellen und iterativen Vorgehen ermöglicht die agile PE eine kundennahe und schnellere Entwicklung und reagiert somit auf die Kritik in Bezug auf plangetriebene Vorgehen. Allerdings besteht auch Kritik an den rein agilen Vorgehensweisen. Eine unangepasste Anwendung auf physische Produkte ist nicht möglich, weshalb eine Kombination zwischen plangetriebenen und agilen Vorgehensweisen für die Entwicklung physischer, systemischer Produkte nötig wird. Dies wird mit der hybriden PE adressiert und im Folgenden erläutert.

---

[237] Vgl. Biedermann, W./Diepold, K. et al. (2012) Entscheidungsstrategien zur Festlegung und Priorisierung von Änderungen, S. 143.

[238] Vgl. Turk, D./France, R. et al. (2002) Limitations of Agile Software Processes, S. 44.

[239] Vgl. Kettunen, P. (2009) Adopting key lessons from agile manufacturing to agile software product development, S. 411f.; Ahmed-Kristensen, S., Daalhuizen, J. (2015) Pioneering the combined use of agile and stage-gate models, S. 3.

[240] Vgl. Feldhusen, J./Grote, K.-H. (2013) Pahl/Beitz Konstruktionslehre, S. 754; Ehrlenspiel, K./Meerkamm, H. (2017) Integrierte Produktentwicklung, S. 802.

[241] Vgl. Cooper, R. (2014) What's Next?: After Stage-Gate, S. 25.

[242] Vgl. Schwaber, K. (2007) Agiles Projektmanagement mit Scrum, S. 8.

[243] Vgl. Biedermann, W./Diepold, K. et al. (2012) Entscheidungsstrategien zur Festlegung und Priorisierung von Änderungen, S. 143; Diels, F. (2018) Indikatoren für die Ermittlung agil zu entwickelnder Produktumfänge, S. 4.

2.3.2 Hybride Produktentwicklung

Der Begriff hybrid stammt vom lateinischen Wort *hybrida*, welches „Mischling“ bedeutet, ab.[244] Der Duden definiert den Begriff „hybrid“ als „aus Verschiedenartigen zusammengesetzt“ bzw. „von zweierlei Herkunft“.[245] Diese Eigenschaften werden von HABERMANN auf das Projektmanagement übertragen. Unter hybridem Projektmanagement ist das Kombinieren von zwei unterschiedlichen Technologien oder Methoden zu einem System zu verstehen. Dabei sind die beiden Methoden oder Technologien jeweils unabhängig voneinander anwendbar.[246]

Die Kombination der beiden vorangehenden Vorgehen mag zunächst nicht sinnvoll erscheinen, da die plangetriebene und die agile PE auf gegensätzlichen Sichtweisen beruhen. Den wesentlichen Unterschied stellen dabei das Verständnis von Änderungen sowie der Umgang mit Unsicherheiten dar (vgl. Abbildung 2-16).[247]

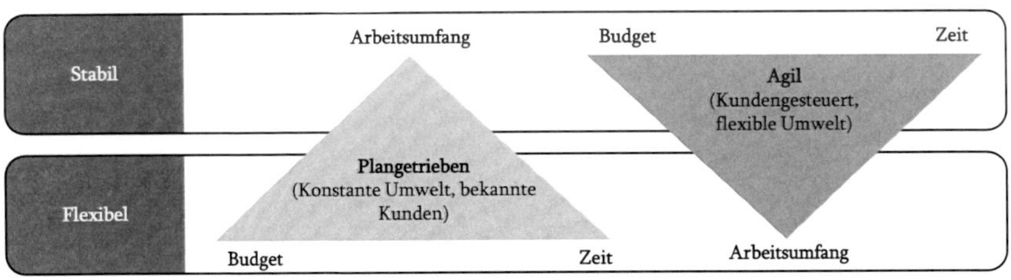

Abbildung 2-16: Sichtweisen zwischen plangetriebener und agiler PE nach COOPER[248]

Für die plangetriebene PE stellt eine stabile und sich nicht wandelnde Umwelt die Grundlage dar. So müssen Produktanforderungen vorhersehbar und die Kunden leicht einschätzbar sein.[249] Jede Änderung stellt eine Abweichung des Plans dar und wirkt sich auf die Effizienz des Projekts aus.[250] Die agile PE stellt von Beginn an die Kunden- und Marktanforderungen in das Zentrum des Projekts.[251] Die Hauptaufgabe hybrider

[244] Vgl. PONS GmbH (2021) Online-Wörterbuch.

[245] Vgl. Bibliographisches Institut GmbH (2021) Duden: hybrid.

[246] Vgl. Habermann, F. (2013) Hybrides Projektmanagement, S. 97.

[247] Vgl. Cooper, R./Sommer, A. (2018) Agile–Stage-Gate for Manufacturers, S. 23.

[248] Eigene Darstellung in Anlehnung an Cooper, R./Sommer, A. (2018) Agile–Stage-Gate for Manufacturers, S. 23.

[249] Vgl. Boehm, B./Turner, R. (2004) Balancing agility and discipline, S. 51.

[250] Vgl. Patzak, G./Rattay, G. (2014) Projektmanagement, S. 674.

[251] Vgl. Ahmed-Kristensen, S., Daalhuizen, J. (2015) Pioneering the combined use of agile and stage-gate models, S. 9.

Prozesse besteht also darin, eine Balance zwischen Stabilität und Flexibilität zu schaffen. Durch diese Balance werden neben der Fokussierung auf die Kunden auch das Budget und die Zeit berücksichtigt und eine Transparenz geschaffen.[252]

Die Zusammenführung ist nur praktikabel, wenn eine prinzipielle oder situationsbedingte Hierarchie zwischen den beiden Teilsystemen festgelegt ist.[253] AHMED-KRISTENSEN ET AL. definieren hybride Entwicklungsmethoden für physische Produkte als die Kombination von plangetrieben und agilen Ansätzen.[254] Innerhalb dieser Arbeit wird der Begriff „hybride Entwicklung" nach der Definition von AHMED-KRISTENSEN ET AL. verstanden. So werden die hybriden Entwicklungsverfahren als eine Kombination aus Planorientierung und Agilität zur Entwicklung physischer Produkte angesehen, deren Ausprägungen projektspezifisch anzupassen sind.

Die Erkenntnis der Notwendigkeit von hybriden Entwicklungsvorgehen setzt sich in der industriellen Anwendung zunehmend durch. Aus der in regelmäßigen Zeitabständen erhobenen Studie von KOMUS UND AYELT geht dies ebenfalls hervor. 2020 gaben 43 % der befragten Unternehmen an, dass sie hybride Entwicklungsmethoden einsetzen.[255] Die übergeordnete Herausforderung innerhalb der hybriden PE besteht in der Auswahl des richtigen Verhältnisses zwischen Agilität und Planorientierung. Nachfolgend werden unterschiedliche Ansätze der hybriden PE vorgestellt.

BOEHM ET AL. entwickeln eine Methode, die mit quantitativen Angaben Projekten eine agile oder plangetriebene Tendenz zuordnet (vgl. Abbildung 2-17). Je zentraler die Bewertung ausfällt, desto besser eignen sich agile Methoden. Bei einer nach außen orientierten Bewertung eigenen sich plangetriebene Ansätze. Bei der exemplarischen Einordnung der Projekte wird deutlich, dass eine Zuordnung zu einer rein agilen oder plangetriebenen Vorgehensweise nicht möglich ist. Folglich wird die Notwendigkeit von hybriden Ansätzen weiter verdeutlicht.[256]

---

[252] Vgl. Cooper, R./Sommer, A. (2016) The Agile-Stage-Gate Hybrid Model, S. 513.

[253] Vgl. Habermann, F. (2013) Hybrides Projektmanagement, S. 97 f.

[254] Vgl. Ahmed-Kristensen, S., Daalhuizen, J. (2015) Pioneering the combined use of agile and stage-gate models, S. 1.

[255] Vgl. Komus, A./Kulberg, M. (2020) Status Quo (Scaled) Agile, S. 11.

[256] Vgl. Boehm, B./Turner, R. (2003) Using risk to balance agile and plan- driven methods, S. 57 ff.

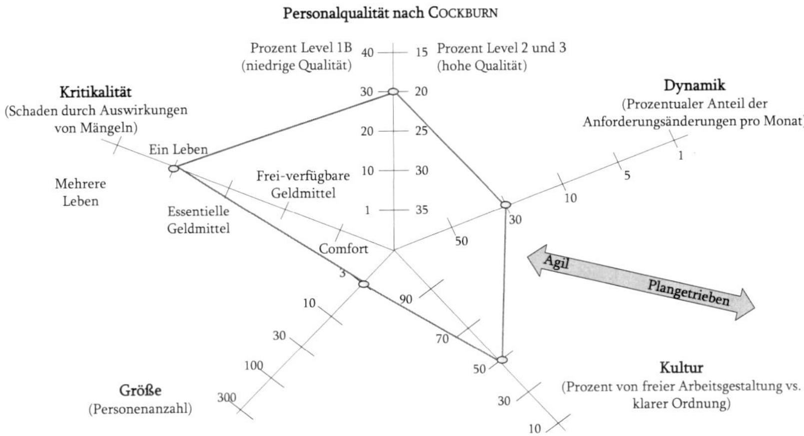

Abbildung 2-17: Quantitative Einordnung eines Projekts nach BOEHM ET AL.[257]

Eines der am häufigsten angewendeten hybriden Entwicklungsverfahren ist der Agile-Stage-Gate-Prozess nach SOMMER & COOPER. Dieser baut auf dem vorausgehend beschriebenen Stage-Gate-Prozess (vgl. Kapitel 2.1.2.1) auf, die einzelnen Phasen zwischen den Kontrollpunkten werden dabei in Arbeitspakete (AP) unterteilt und mittels Scrum (vgl. Kapitel 2.3.1) ausgeführt.[258]. Bei der Durchführung dieser hybriden Methode werden die Vorteile des Stage-Gate-Prozesses (Fokus, Struktur und Kontrolle) mit denen des agilen Scrum-Verfahrens (Flexibilität, Wandlungsfähigkeit, Produktivität und Geschwindigkeit) kombiniert.[259] Abbildung 2-18 zeigt den Ablauf des Agile-Stage-Gate-Prozesses in Anlehnung an SOMMER ET AL.

[257] Eigene Darstellung in Anlehnung an Boehm, B./Turner, R. (2003) Using risk to balance agile and plan-driven methods, S. 57 ff.

[258] Vgl. Sommer, A./Hedegaard, C. et al. (2015) Improved Product Development Performance through Agile/Stage-Gate Hybrids, S. 34 ff.

[259] Vgl. Wiendahl, H.-P./ElMaraghy, H. et al. (2007) Changeable Manufacturing, S. 786; Cooper, R./Sommer, A. (2018) Agile–Stage-Gate for Manufacturers, S. 17.

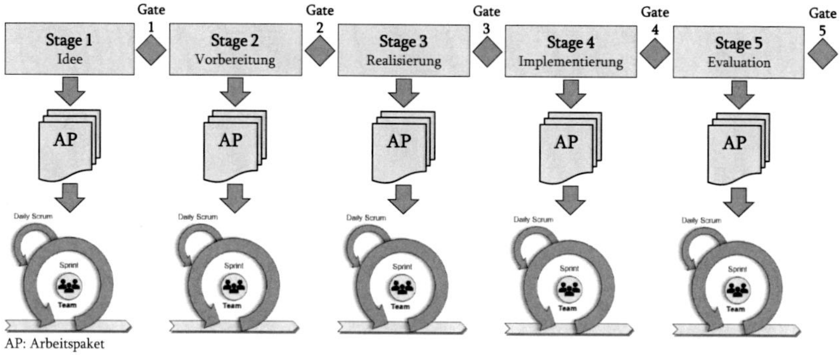

Abbildung 2-18: Agiler Stage-Gate-Prozess in Anlehnung an SOMMER ET AL[260]

Zusammenfassend wird das Verständnis hybrider Produktentwicklungsansätze im Kontext der vorliegenden Arbeit wie folgt definiert. Die hybride Produktentwicklung beschreibt die Kombination aus plangetriebenen und agilen Vorgehen. Der plangetriebene und agile Anteil ist projektspezifisch zu definieren, um eine Balance zwischen Stabilität und Flexibilität zu schaffen. Hybride Methoden werden bereits erfolgreich für die Entwicklung von physischen Produkten eingesetzt.[261]

2.3.3 Hochiterative Produktentwicklung

Um eine Abgrenzung zu ermöglichen, führen SCHUH ET AL. den Begriff der „hochiterativen Produktentwicklung", kurz HIPE, für die Entwicklung physischer Produkte ein.[262] Hochiterativ entwickelte systemische Produkte stellen also Produkte dar, die durch den Einsatz der HIPE entwickelt wurden.

Innerhalb der kurzzyklischen Iterationsschleifen werden verschiedene funktionsfähige Prototypen erstellt, mit denen kundenseitiges Feedback gesammelt wird. Diese Rückmeldungen dienen als Grundlage für die nächste Iterationsschleife. Durch dieses Vorgehen wird der Reifegrad des Produktes sukzessiv gesteigert und eine Erfüllung

[260] Eigene Darstellung in Anlehnung an Sommer, A./Hedegaard, C. et al. (2015) Improved Product Development Performance through Agile/Stage-Gate Hybrids, S. 40.

[261] Vgl. Sommer, A./Hedegaard, C. et al. (2015) Improved Product Development Performance through Agile/Stage-Gate Hybrids, S. 43; Cooper, R./Sommer, A. (2018) Agile–Stage-Gate for Manufacturers, S. 25.

[262] Vgl. Diels, F./Rudolf, S. et al. (2015) Highly Iterative Product Development Process, S. 532 ff.

der Kundenbedürfnisse abgesichert.[263] Dabei werden die Prototypen als Demonstratoren für einzelne oder mehrere Merkmale genutzt und flexibel innerhalb der Entwicklung erstellt.[264] Bei der Umsetzung der HIPE gibt es zwei Möglichkeiten der Integration der stark iterativen Zyklen, wie in Abbildung 2-19 dargestellt. Einerseits werden die einzelnen Arbeitspakete der Phasen durch eigenständige, hochiterative Teilprozesse abgebildet. Andererseits werden die hochiterativen Zyklen als Teilprozesse der übergeordneten Entwicklungsprozesse integriert. Die am Ende der Phase befindlichen Meilensteine sind für das Vorgehen obligatorisch. Alle Prozesse und Sprints sind auf die Meilensteine ausgerichtet und die Inhalte und die Art der Sprints zwischen den Meilensteinen frei gewählt.[265]

Die Flexibilität und die fortlaufende Integration der Kunden der HIPE führen zu steigenden Planungsaufwänden. Änderungen eines Merkmals werden nur unter der Berücksichtigung der Wechselwirkungen zu anderen Merkmalen umgesetzt.[266] Diese Aufwände müssen berücksichtigt und bewältigt werden, um die Vorteile der plangetriebenen und agilen Entwicklung zu nutzen. Zusammenfassend wird das Verständnis hochiterativer Produktentwicklungsansätze im Kontext der vorliegenden Arbeit wie folgt definiert.

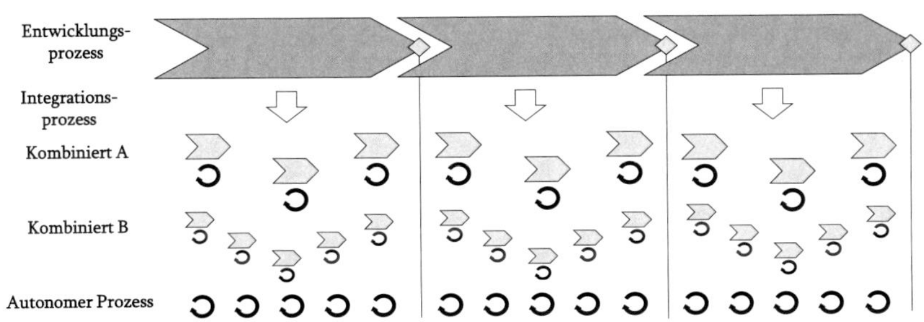

Abbildung 2-19: HIPE nach DIELS ET AL.[267]

[263] Vgl. Schuh, G./Zeller, V. et al. (2017) Generative Stücklistenerstellung in der manuellen Montage, S. 392.

[264] Vgl. Kampker, A./Förstmann, R. et al. (2016) Prototypen im agilen Entwicklungsmanagement, S. 72.

[265] Eigene Darstellung in Anlehnung an Diels, F./Rudolf, S. et al. (2015) Highly Iterative Product Development Process, S. 537 f.

[266] Vgl. Rey, J./Grünebaum, D. et al. (2018) Hochiterative Planung von Fertigungstechnologien, S. 378.

[267] Vgl. Diels, F./Rudolf, S. et al. (2015) Highly Iterative Product Development Process, S. 538.

Zusammenfassend zeichnet sich die **hochiterative Produktentwicklung** durch ein kurzzyklisches, iteratives Vorgehen aus, das sowohl agile als auch plangetriebene Methoden nutzt, um ein physisches Produkt hinsichtlich der Gesamtzielsetzung des Projekts zu entwickeln. Im Ergebnis erzeugt jeder Iterationszyklus einen Prototyp, um eine kontinuierliche Steigerung des Produktreifegrads zu erreichen.

Übereinstimmend werden in den agilen und hochiterativen Ansätzen der PE aufbauend auf dem **agilen Manifest** folgende konstituierende Merkmale identifiziert.

Interdisziplinäre Kollaboration und autonome Teams: Teams werden aus konkret ausgewählten, kompetenten und interdisziplinären Teams zusammengesetzt, die in einer kontinuierlichen Interaktion zusammenarbeiten.[268] Die Teams werden ihrer Verantwortung im Rahmen der Prinzipien der selbstorganisierten und funktionsübergreifenden Zuständigkeiten gerecht.[269] Die Teams haben die Eigenverantwortung über die Priorisierung ihrer Aufgaben sowie über die Planung und Zielerreichung innerhalb des jeweiligen Sprints.[270] Die Aufteilung der Entwicklungsaufgabe in kleine, überschaubare Arbeitspakete ermöglicht die eigenverantwortliche Durchführung dieser durch hochiterativ arbeitende Teams mit fünf bis acht Mitarbeitenden.[271]

Kurzzyklisches, iteratives Vorgehen: NONAKA & TAKEUCHI beschreiben, dass ein iteratives, dynamisches Trial-and-Error-Prinzip ein kurzzyklisches Vorgehen ermöglicht. Dazu ist ein hochadaptives Unternehmensumfeld notwendig.[272] Eine erhöhte Iterationsfrequenz bei agilen Vorgehensweisen bietet verbesserte Möglichkeiten, Kundenfeedback einfließen zu lassen. Kurze Sprintzyklen sind ein Kernelement der HIPE.[273]

Kontinuierliche Integration der Kundenbedürfnisse: Kundenanforderungen werden durch die Aufnahme von Kundenbedürfnissen im Markt sowie eine schnelle Reflexion dieser identifiziert.[274] Die Kundenzufriedenheit wird durch die Realisierung und

---

[268] Vgl. Takeuchi, H./Nonaka, I. (1986) The New New Product Development Game, S. 139 f.

[269] Vgl. Schwaber, K./Beedle, M. (2002) Agile software development with Scrum, S. 1 ff.

[270] Vgl. Karlstrom, D./Runeson, P. (2005) Combining Agile Methods with Stage-Gate Project Management, S. 46 f.; Cooper, R./Sommer, A. (2016) The Agile-Stage-Gate Hybrid Model, S. 516.

[271] Vgl. Diels, F./Rudolf, S. et al. (2015) Highly Iterative Product Development Process, S. 534.

[272] Vgl. Takeuchi, H./Nonaka, I. (1986) The New New Product Development Game, S. 145.

[273] Vgl. Karlstrom, D./Runeson, P. (2005) Combining Agile Methods with Stage-Gate Project Management, S. 47.

[274] Vgl. Takeuchi, H./Nonaka, I. (1986) The New New Product Development Game, S. 143.

Bewertung von Funktionen sowie einer anschließenden Validierung durch den Kunden gesteigert.[275] Die Integration der Kunden ist ein zentraler Befähiger und dynamischer Treiber für ein iteratives Vorgehen.[276]

Reaktion auf Veränderung: Das iterative Vorgehen bietet im Vergleich zu traditionellen Methoden die Möglichkeit, frühzeitig auf Veränderungen zu reagieren. Die schnelle, iterative und inkrementelle Freigabe von Konzepten und Prototypen ermöglicht es, ein frühestmöglich Kundenfeedback sicherzustellen, um dies im folgenden Sprint mit einzufließen zu lassen.[277]

In dem vorliegenden Kapitel wurde die agile, hybride und hochiterative PE als Weiterentwicklung der plangetriebenen Produktentwicklungsvorgehen beschrieben und bestehende Ansätze erläutert. Konstituierende Merkmale der hochiterativen Produktentwicklung wurden abgeleitet und bilden die Grundlage des bestehenden Verständnisses der HIPE. In Kombination mit dem vorab definierten Verständnis der Industrialisierung systemisch entwickelter Produkte (vgl. Kapitel 2.2) als integrierte Entwicklung von Produkten und Produktionsprozessen entsteht ein Zielkonflikt aus den bisherigen Ansätzen der integrierten PE und PPE (vgl. Kapitel 2.2.1). Ansätze wie das SE erfüllen zwar teilweise die bereits genannten Vorteile eines integrierten Vorgehens, haben sind aber bereits in plangetriebenen Entwicklungsvorgehen nicht in der Praxis durchgesetzt und sind außerdem nicht für die Anwendung in der hochiterativen Entwicklung ausgelegt Dies ist jedoch für die kontinuierliche Adaption von Änderungen entlang des gesamten Entwicklungsprozesses elementar. Dieser Konflikt resultiert in verschiedenen Herausforderungen der Industrialisierung hochiterativ entwickelter Produkte, die im folgenden Kapitel ausgeführt werden.

2.4 Herausforderungen in der Industrialisierung hochiterativ entwickelter Produkte

In den vorangegangenen Kapiteln 2.1 bis 2.3 wurden zahlreiche Einzelherausforderungen in der Industrialisierung hochiterativ entwickelter Produkte adressiert. Angelehnt an diese Erkenntnisse werden in diesem Kapitel die zentralen Herausforderungen herausgearbeitet.

---

[275] Vgl. Schwaber, K./Beedle, M. (2002) Agile software development with Scrum, S. 7.
[276] Vgl. Cooper, R./Sommer, A. (2016) The Agile-Stage-Gate Hybrid Model, S. 517.
[277] Vgl. Cooper, R./Sommer, A. (2016) The Agile-Stage-Gate Hybrid Model, S. 517.

Die Produktion innerhalb eines Unternehmens ist ein hochdynamisches System, das nur überlebensfähig ist, wenn es in der Lage ist, sich an seine Umgebung anzupassen. Starre Systeme oder Vorgehen, wie die rein plangetriebene PE und PPE, sind dazu nicht fähig. Derzeitige Megatrends wie Digitalisierung, Globalisierung und der stetig voranschreitende technologische Wandel stellen produzierende Unternehmen vor neue Herausforderungen (vgl. Kapitel 1.1). Zunehmender Innovationsdruck bei der gleichzeitigen Forderung nach kürzeren Entwicklungszeiten setzt die produzierende Industrie zunehmend unter Druck.[278] In Bezug auf systemische Produktinnovationen zeigt sich, dass nicht nur die sich *kontinuierlich ändernden Kundenanforderungen* getroffen werden müssen, sondern auch *zum richtigen Zeitpunkt* sowie zu einem *marktfähigen Preis* angeboten werden müssen.[279] Demnach sind eine möglichst kurze Time-to-Market, kosteneffiziente Produktionsprozesse sowie die kundenzentrierte Entwicklung erfolgsentscheidende Kriterien.[280]

Um diese übergeordneten Ziele zu erreichen, besteht die Notwendigkeit, den Industrialisierungsprozess agiler, flexibler und integrierter zu gestalten.[281] Für diese Zielstellung ergeben sich drei zentrale Herausforderungen (vgl. Abbildung 2-20).

Für die Integration der sich ändernden Kundenanforderungen wurden in der PE bereits agile und hochiterative Ansätze (vgl. Kapitel 2.3) entwickelt. Diese sind aber aufgrund der bisher *lastenheftbasierten, kundenunabhängigen Entwicklungsvorgehen*, der fehlenden hochiterativen Produktionsprozessentwicklung und Integration beider Domänen bisher nicht mit einem ganzheitlichen Industrialisierungsprozess vereinbar. Dadurch ist derzeitig eine unzureichende *Kundenintegration im gesamten Industrialisierungsprozess* (vgl. Kapitel 2.4.1) festzustellen.[282] Weiter ist die Entwicklungsge-

[278] Vgl. Accenture (Christina Raab/Moritz Hagenmüller et al. (2022) Innovationsdruck und Wertewandel, S. 9; Kirchhoff, J. (2022) Innovation statt Markteingriff.

[279] Vgl. Ehrlenspiel, K./Kiewert, A. et al. (2020) Kostengünstig Entwickeln und Konstruieren, S. 1 - 2.

[280] Vgl. Schuh, G./Prote, J.-P. et al. (2020) Concept for the cost prognosis in the industrialization of highly iteratively developed physical products, S. 99 ff.; Schuh, G./Gützlaff, A. et al. (2022) Agile and Continuous Cost Analysis and Forecasting in the HIP³D.

[281] Vgl. Westkämper, E./Löffler, C. (2016) Strategien der Produktion, S. 50; Wlecke, S./Prote, J.-P. et al. (2019) Concept for the industrialization of physical products in the highly iterative product development, S. 583 ff.

[282] Vgl. Wlecke, S./Prote, J.-P. et al. (2019) Concept for the industrialization of physical products in the highly iterative product development, S. 583.

schwindigkeit von zentraler Bedeutung, um ein Produkt erfolgreich am Markt zu platzieren.[283] Durch die in der Praxis vorherrschenden *sequenziellen Entwicklungsvorgehen* (vgl. Kapitel 2.1.2) werden meist keine Geschwindigkeitspotenziale gehoben. Integrierte Ansätze (vgl. Kapitel 2.2.1) bieten zwar Möglichkeiten, Entwicklungszeiten zu reduzieren, sind aber nicht auf kundenzentrierte, hochiterative Vorgehen ausgelegt.[284] Dementsprechend ist eine mangelnde *Entwicklungsgeschwindigkeit in der Industrialisierung hochiterativer Produkte* (vgl. Kapitel 2.4.2) festzustellen. Letztlich ist durch die zumeist *sequenzielle und unabhängige Industrialisierung eine fehlende Transparenz über Kostenpotenziale in der Industrialisierung* (vgl. Kapitel 2.4.3) zu identifizieren. Gerade aber das kostenminimale Entwickeln eines Produktes trägt zentral zur Marktfähigkeit und somit zum Erfolg eines Produktes bei.[285]

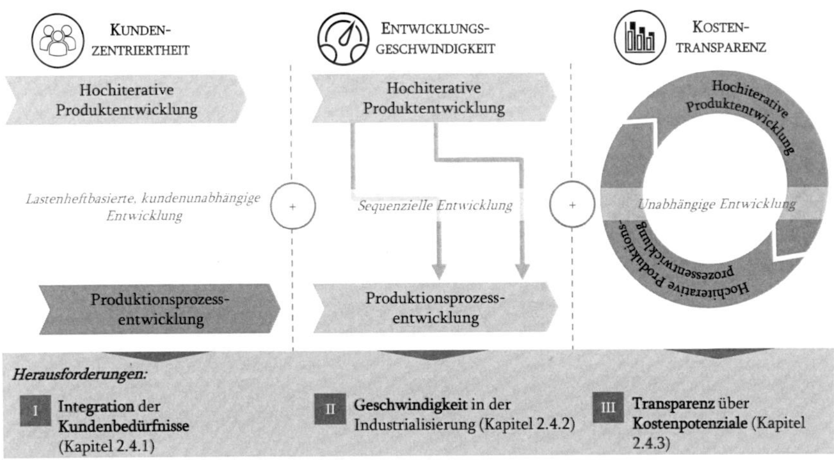

Abbildung 2-20: Herausforderung in der Industrialisierung hochiterativ entwickelter Produkte

Im Folgenden werden die drei zentralen Herausforderungen detailliert und mittels Literatur und Erfahrungen der Autorin aus zahlreichen Industrieberatungsprojekten sowie dem begleitenden Forschungsprojekt vertieft.

---

283 Vgl. Wlecke, S./Gützlaff, A. et al. (2021) Reducing Time-To-Market in the HIP³D, S. 601 ff.

284 Vgl. Steimer, C./Aurich, J. (2016) Analysis of Information Interdependencies, S. 460; Gaubinger, K. (2021) Hybrides Innovationsmanagement für den Mittelstand in einer VUCA-Welt, S. 57.

285 Vgl. Bender, B./Gericke, K. (2021) Pahl/Beitz Konstruktionslehre, S. 944.

2.4.1 Integration der sich ändernden Kundenbedürfnisse in den gesamten Industrialisierungsprozess

Die Veränderungen angebotsorientierter Massenmärkte hat innerhalb der deutschen Industrie zu einer Fokussierung auf die nachfrageorientierte Produktion individueller und kundenspezifischer Produkte geführt.[286] In dem Zusammenhang erfolgt bislang keine ausreichende *Integration des Kunden und dessen Anforderungen in den Entwicklungsprozess.*[287] Um die sich während des Entwicklungsprozesses ändernden Kundenanforderungen aufzunehmen und zu realisieren, wurde die hochiterative Entwicklung physischer Produkte als zielführend identifiziert (vgl. Kapitel 2.3). Durch ein kurzzyklisches Entwicklungsvorgehen werden kontinuierlich verschiedene funktionsfähige Prototypen erstellt. Die Bewertung der einzelnen Prototypen fließt in die Entwicklung des jeweils folgenden Prototyps ein, sodass die Kundenanforderungen am Ende der PE bestmöglich getroffen werden und die *Innovationswirkung des systemischen Produktes* (vgl. Kapitel 2.1.1) den Kundennutzen erhöht.[288] Späte Änderungen von Kundenanforderungen führen zu einer hohen Planungsunsicherheit für die derzeit nachgelagerte PPE.[289] Dies schließt die Möglichkeit aus, frühzeitige und übergreifende Investitionsentscheidungen für Produktionsanlagen zu treffen. Die sich ändernden Kundenanforderungen führen, selbst zu späten Zeitpunkten in der Entwicklung, zusätzlich zu radikalen Produktänderungen, was sich in einer Erhöhung der Entwicklungszeit sowie der Produktkosten widerspiegelt.[290] Insgesamt ist die Verankerung der Innovationswirkung als klare Anforderung in der Industrialisierung hochiterativ entwickelter Produkte eine zentrale Herausforderung in der Praxis.

Somit wird die Kundenintegration, insbesondere der sich kontinuierlich ändernden Kundenanforderungen, in den Industrialisierungsprozess unzureichend berücksichtigt und es fehlt an der Aufnahme und systematischen Integration der sich kontinuierlich ändernden Kundenanforderungen in den gesamten Entwicklungsprozess von

---

[286] Vgl. Westkämper, E./Löffler, C. (2016) Strategien der Produktion, S. 35; Mayer, H. (2020) Innovation Due To Covid, S. 1.

[287] Zwettler, M. (2022) Was ist eigentlich Produktentwicklung?, S. 10.

[288] Kirchhoff, J. (2022) Innovation statt Markteingriff.

[289] Vgl. Rey, J. (2020) Methodik zur hochiterativen Gestaltung von Fertigungsprozessfolgen, S. 49.

[290] Vgl. Schuh, G./Gützlaff, A. et al. (2022) Agile and Continuous Cost Analysis and Forecasting in the HIP³D.

der Produktidee bis zum Start of Production. Dies führt zu nicht marktfähigen, systemischen Produkten, deren Innovationswirkung entweder nicht für die Kunden identifizierbar ist, die zu spät im Markt platziert werden oder zu teuer sind.[291] Weiter besteht der Industrialisierungsprozess systemischer Produkte aus der integrierten PE und PPE (vgl. Kapitel 2.1.1). Dementsprechend gilt es für eine zielführende Kundenintegration, die *hochiterative Produktionsprozessentwicklung abzuleiten*, was bisher in der Theorie und Praxis noch nicht stattgefunden hat (vgl. Kapitel 2.2).[292] Insbesondere fehlt es an einem iterativ gestalteten, hochiterativen Referenzprozess, der die hochiterative Produkt- und Produktionsprozessentwicklung in einem methodischen Rahmen verbindet. Dies bestätigen auch Erfahrungen der Autorin aus dem in Kapitel 1 genannten Forschungsprojekt, in dem die hochiterative Vorgehensweis zur Entwicklung der Produktionsprozesse eine zentrale Herausforderung darstellte. Mit dieser fehlenden hochiterativen Produkt- und Produktionsprozessentwicklung geht außerdem die mangelnde Geschwindigkeit in der Industrialisierung hochiterativ entwickelter Produkte einher, die im kommenden Abschnitt detailliert wird.

Zusammenfassend ist die unzureichende Integration der Kundenbedürfnisse eine zentrale Herausforderung der Industrialisierung hochiterativ entwickelter Produkte.

2.4.2 Geschwindigkeit in der Industrialisierung hochiterativ entwickelter Produkte

Trends wie die Digitalisierung und Globalisierung verstärken die Volatilität der Märkte. Die Anforderungen an Produkte sowie Einflussfaktoren sind im stetigen Wandel. So werden Innovations- und Produktlebenszyklen immer kürzer. Insgesamt sind Unternehmen einem erhöhten Innovations- und Wettbewerbsdruck ausgesetzt und müssen neue Produkte in stetig sinkender Time-to-Market produzieren.[293]

Die herkömmliche Industrialisierung läuft in der Praxis *meist lastenheftbasiert, sequenziell, kundenunabhängig und plangetrieben ab* und wird zumeist als ineffizient

[291] Vgl. Schuh, G./Gartzen, T. et al. (2017) Enabling Agility in Product Development, S. 342; Bender, B./Gericke, K. (2021) Pahl/Beitz Konstruktionslehre, S. 944.

[292] Vgl. Gaubinger, K. (2021) Hybrides Innovationsmanagement für den Mittelstand in einer VUCA-Welt, S. 57.

[293] Vgl. Gaubinger, K. (2021) Hybrides Innovationsmanagement für den Mittelstand in einer VUCA-Welt, S. 57.

charakterisiert.[294] Zwar sind Ansätze zur integrierten PE und PPE wie SE (vgl. Kapitel 2.2.1) entwickelt worden und liefern vielversprechende Ideen, aber keiner von ihnen konnte industriell etabliert werden.[295] Gründe dafür sind der hohe Kommunikationsaufwand, eine bloße Integration der unterschiedlichen Prozesse in späte Entwicklungsphasen sowie der Mangel an fundierten Methoden zur Umsetzung.[296] Außerdem stehen die bestehenden integrierten Ansätze in einem Zielkonflikt zu der hochiterativen Entwicklung, die aber für die kontinuierliche Integration der Kundenanforderungen (vgl. Kapitel 2.4.1) steht.[297] Somit fehlt es an einer anwendungsfähigen *Integration der hochiterativen Produkt- und Produktionsprozessentwicklung, um so der mangelnden Geschwindigkeit der Industrialisierung hochiterativ entwickelter systemischer Produkte entgegenzuwirken.* Die zentrale Herausforderung stellt dabei insbesondere ein systematisches, ganzheitliches Vorgehen für die Integration der HIPE und HIPPE, die auf eine iterative Art und Weise über die gesamte Entwicklungsdauer umgesetzt wird.

Anknüpfend an die bisher genannten Ausführungen stellen REINHART UND MEIS weitere Defizite der bisherigen integrierten PE und PPE heraus. Neben dem fehlenden Wissen über die Produktionsstrategie fehlt es an Methoden zur Erhebung produktionsseitiger Anforderungen. Zudem ist die Produktionsplanung nur unzureichend in frühe Konzeptentscheidungen des Entwicklungsprozesses eingebunden.[298] Darüber hinaus werden wichtige Aufgaben nicht betrachtet. Gründe dafür sind einerseits der erhöhte Zeitdruck, andererseits gegenüberstehende Zielsysteme der Beteiligten. Die Erhöhung des Zeitdrucks führt dazu, dass häufig zwischen zeitlich dringenden und aus Projektsicht wichtigen Aktivitäten entschieden werden muss. Somit werden wichtige Aufgaben nur unzureichend bearbeitet, wodurch die Entwicklungszeit im Gegensatz zu sequentiellen Ansätzen nur geringfügig verkürzt wird.[299] Gerade aber die Geschwindigkeit, in der ein neues Produkt auf dem Markt platziert wird, ist ein

[294] Vgl. Steimer, C./Aurich, J. (2016) Analysis of Information Interdependencies, S. 462.

[295] Zwettler, M. (2022) Was ist eigentlich Produktentwicklung?, S. 10.

[296] Vgl. Steimer, C./Aurich, J. (2016) Analysis of Information Interdependencies, S. 462.

[297] Vgl. Wlecke, S./Prote, J.-P. et al. (2019) Concept for the industrialization of physical products in the highly iterative product development, S. 586.

[298] Vgl. Reinhart, G./Meis, J. (2012) Requirements Management as a Success Factor for Simultaneous Engineering, S. 222; Gaubinger, K. (2021) Hybrides Innovationsmanagement für den Mittelstand in einer VUCA-Welt, S. 57.

[299] Vgl. Steinhäußer, T. (2018) Methode zur Reifebewertung, S. 32 - 33.

entscheidender Wettbewerbsvorteil.[300] Eine Parallelisierung und Integration der PE und PPE ist jedoch mit einer Vielzahl von *wechselseitigen Wirkbeziehungen zwischen beiden Domänen* verbunden.[301] Insbesondere ist die Richtung, Analyse und *Transparenz über diese Wirkbeziehungen über die Gesamte Entwicklungsdauer* in der Praxis nicht vorhanden, da sie mit hohen Aufwänden in der Identifikation und Pflege insbesondere in der hochiterativen Produktentwicklung verbunden ist[302], was aus den Erfahrungen der Autorin in zahlreichen Industrieberatungsprojekten sowie dem begleitenden Forschungsprojekt bestätigt wird. Zumeist wird mehr als die Hälfte der Kapazitäten in einem Projekt oder Arbeitspaket für die Identifikation von Informationen und Daten und deren Abhängigkeiten untereinander benötigt, was auf die fehlende Transparenz in den Projekten oder Unternehmen zurückzuführen ist.

Zusammenfassend stellt also die mangelnde Geschwindigkeit in der Industrialisierung hochiterativ entwickelter Produkte eine zentrale Herausforderung dar.

2.4.3 Transparenz über Kostenpotenziale in der Industrialisierung

Neben der Kundenintegration und der verkürzten Time-to-Market sind die Kosten, zu denen ein Produkt am Markt platziert wird, relevant für eine erfolgreiche Industrialisierung.[303] In der Industrialisierung hochiterativ entwickelter Produkte stellen insbesondere die Planung und Analyse von Kosten eine zentrale Herausforderung dar, da viele Änderungen auch zu späten Entwicklungszeitpunkten maßgebliche Einflüsse auf alle Wechselwirkungen zwischen den Domänen haben.[304] Gleichzeitig stellen die Analyse und Planung von Kosten in den frühen Entwicklungsphasen eine Herausforderung dar, da viele Informationen nicht bekannt und unter hoher Unsicherheit angenommen werden.[305] Bei integrierten Entwicklungsprozessen, die für die Industrialisierung hochiterativ entwickelter Produkte gefordert sind, sind außerdem *komplexe und bidirektionale Informationsasymmetrien* zu finden, weshalb Kostenanalysen

---

[300] Vgl. Dolgui, A./Petroodi, S. et al. (2019) Workforce planning and assignment in mixed-model assembly lines as a factor of line, S. 2746; Mayer, H. (2020) Innovation Due To Covid, S. 1; Gaubinger, K. (2021) Hybrides Innovationsmanagement für den Mittelstand in einer VUCA-Welt, S. 57.

[301] Vgl. Wlecke, S./Gützlaff, A. et al. (2021) Reducing Time-To-Market in the HIP³D, S. 603.

[302] Vgl. Rey, J./Grünebaum, D. et al. (2018) Hochiterative Planung von Fertigungstechnologien, S. 378.

[303] Vgl. Gaubinger, K. (2021) Hybrides Innovationsmanagement für den Mittelstand in einer VUCA-Welt, S. 57.

[304] Vgl. Schuh, G./Prote, J.-P. et al. (2020) Concept for the cost prognosis in the industrialization of highly iteratively developed physical products, S. 99 ff.

[305] Vgl. Bender, B./Gericke, K. (2021) Pahl/Beitz Konstruktionslehre, S. 967.

nicht durchgeführt werden oder auf ungenauen Werten basieren.[306] Für die erfolgreiche Industrialisierung hochiterativ entwickelter Produkte fehlt es in der Praxis insbesondere an einheitlichen Werkzeugen und Methoden, um die bidirektionalen Informationsasymmetrien systematisch und kontinuierlich zu identifizieren und bewerten.

Eine frühe Kalkulation und Überwachung der Kosten sind unabdingbar, da bereits ein großer Teil der späteren Herstellkosten während der Entwicklung festgelegt werden (vgl. Kapitel 2.2.2). Es ist ersichtlich, dass, obwohl die Entwicklung und Konstruktion insgesamt einen kleinen Teil der Kosten verursachen, bis zu 70 % der späteren Selbstkosten des Produktes festgelegt werden. Von diesen 70 % sind wiederum 28 % auf die Produktion und die Herstellkosten zurückzuführen, die mit zahlreichen Informationsasymmetrien verbunden sind.[307] Diese möglichst frühe Ermittlung von Produkt- und Produktionskosten stellt für viele Unternehmen ein Problem dar, ist aber notwendig, um Kostensenkungspotenziale zu identifizieren.[308] Insgesamt werden die Themen der agilen Entwicklung und speziell der hochiterativen und integrierten Produkt- und Produktionsprozessentwicklung selten in Kombination mit einer Kostenrechnung behandelt. Eine präzise, kontinuierliche und agile *Prognose und Analyse von Kosten* bereits in der Entwicklungsphase ist jedoch notwendig, um Wirtschaftlichkeitsziele zu erreichen und ebenso die Time-to-Market zu verkürzen.[309] Die Erfahrungen der Autorin unterstreichen auch diese Herausforderung. Im begleitenden Forschungsprojekt konnte insbesondere zu Beginn des Projektes keine Aussagen über Kosten, oder auch Kostenabschätzungen, getroffen werden. Es fehlt an einheitlichen Berechnungslogiken, einem Vorgehen und damit einhergehenden Werkzeugen, die für die Umsetzung greifbar gemacht werden.

Zusammenfassend fehlt es somit an einer übergreifenden Transparenz über Kostenpotenziale in der Industrialisierung hochiterativ entwickelter Produkte.

2.5 Handlungsbedarf aus der Praxis

Wie in Kapitel 1.1 dargelegt, ist die Industrialisierung hochiterativ entwickelter systemischer Produkte notwendig. Mit der in Kapitel 1.2 definierten Zielstellung, diese

[306] Vgl. Schuh, G./Gützlaff, A. et al. (2022) Agile and Continuous Cost Analysis and Forecasting in the HIP³D.
[307] Vgl. Schuh, G./Prote, J.-P. et al. (2020) Concept for the cost prognosis in the industrialization of highly iteratively developed physical products, S. 100.
[308] Vgl. Ehrlenspiel, K./Kiewert, A. et al. (2020) Kostengünstig Entwickeln und Konstruieren, S. 1 - 2.
[309] Vgl. Schuh, G./Gützlaff, A. et al. (2022) Agile and Continuous Cost Analysis and Forecasting in the HIP³D.

Industrialisierung integriert, schnell und kostenminimal zu gestalten, ergibt sich ein Zielkonflikt zwischen der Industrialisierung, also der integrierten Produkt- und Produktionsentwicklung, und den hochiterativen Entwicklungsvorgehen. In den Kapiteln 2.2 und 2.3 wurde dies im Rahmen von Grundlagen der Industrialisierung systemsicher Produkte und der hochiterativen Produktentwicklung herausgearbeitet. Vor diesem Hintergrund wurden in Kapitel 2.4 die Herausforderungen der Industrialisierung hochiterativ entwickelter systemischer Produkte aufgezeigt. Derzeit werden Kundenanforderungen nur teilweise in den Entwicklungsprozess integriert, zumeist nur in den frühen Phasen der Entwicklung. Späte Änderungen werden teilweise oder nicht berücksichtigt oder führen zu hohen Aufwänden und Kosten in der Umsetzung. Gerade dies bietet die Gefahr, Produkte zu entwickeln, die keine Innovationswirkung für Kunden haben und somit am Markt scheitern.

Lösungen zur verstärkten Integration von Kundenbedürfnissen werden zumeist nur in der PE genutzt, nicht aber im gesamten Industrialisierungsprozess, da meist sequenzielle und unabhängige Entwicklungen von Produkt und Produktionsprozess in der Praxis genutzt werden. Dadurch ist die Entwicklungsgeschwindigkeit der heutigen Industrialisierung zu langsam. Lösungen zur Geschwindigkeitserhöhung bieten integrierte Entwicklungsansätze, die jedoch nicht mit der HIPE korrespondieren und somit nicht anwendbar sind. Außerdem sind starke Wechselwirkungen zwischen den Domänen der PE und PPE vorhanden, über die keinerlei Transparenz besteht. Wird also integriert entwickelt, sind die Auswirkungen auf die einzubeziehenden, sich ändernden Kundenanforderungen nicht bekannt, wodurch keine zielrichtete Industrialisierung stattfindet. Letztlich müssen Produkte ebenfalls zu marktkonformen Preisen industrialisiert werden. Durch die sequenzielle Entwicklung werden die Kostenpotenziale zumeist nicht gehoben. Die Vielzahl an Kosten wird in der Produktentwicklung unabhängig von der Produktion festgelegt, obwohl der Großteil der Kosten in der Produktion anfallen. Aufbauend auf den Wechselwirkungen in der integrierten Entwicklung sind bei der Kostenanalyse zahlreiche bidirektionale Informationsasymmetrien vorhanden, die die Kostenanalyse über den gesamten Entwicklungszeitraum erschweren. In der integrierten und hochiterativen Entwicklung fehlt es nahezu vollständig an Kostentransparenz, Kostenanalysen und -prognose, weshalb viele Entwicklungsprojekte schon zu Beginn scheitern.

Herausforderung	Inhalte
Integration der Kundenbedürfnisse	• Integration von sich ändernden Kundenanforderungen über die gesamte Entwicklungsdauer • Innovationswirkung entwickelter Produkte • Ableitung der hochiterativen Produktionsprozessentwicklung
Geschwindigkeit in der Industrialisierung	• Transparenz über wechselseitige Wirkbeziehungen in der Produkt- und Produktionsprozessentwicklung • Integration der hochiterativen Produkt- und Produktionsprozessentwicklung
Transparenz über Kostenpotenziale	• Identifikation und Bewertung von komplexen, bidirektionalen Informationsasymmetrien • Kontinuierliche und agile Kostenanalyse und -prognose

Abbildung 2-21: Herausforderungen in der Praxis

Die Herausforderungen in der Praxis (vgl. Abbildung 2-21) werden in Kapitel 3 als Anforderungen an bestehende Lösungsansätze verwendet, um das Forschungsdefizit herzuleiten. Aus den Herausforderungen aus der Praxis und dem Forschungsdefizit ergeben sich die Anforderungen an die im Rahmen dieser Arbeit entwickelten Methodik in Kapitel 4.

3 Bestehende Ansätze zur Industrialisierung hochiterativ entwickelter Produkte

In dem vorliegenden Kapitel werden bestehende, ausgewählte Ansätze zur Industrialisierung hochiterativ entwickelter Produkte vorgestellt, die einen Fokus auf die integrierte PE und PPE legen, da dies die zentrale Charakteristik der Industrialisierung systemischer Produkte (vgl. Kapitel 2.2) darstellt. In Kapitel 3.1, 3.2 und 3.3 werden relevante Ansätze im Themenfeld der Industrialisierung hochiterativ entwickelter Produkte vorgestellt, die basierend auf zwei systematischen Literaturrecherchen (SLR) (Vgl. Kapitel 9.1 und 9.2) identifiziert wurden und somit einen Querschnitt des aktuellen Forschungsstandes darstellen. Die im vorliegenden Kapitel dargelegten Ansätze bilden keine überschneidungsfreie Darstellung der Theorie dar, da sie aus den Ergebnissen der SLR stammen und diejenigen Ansätze als relevant identifiziert wurden, die die höchste Ausprägung hinsichtlich der Anforderungserfüllung dieser Arbeit abbilden. Da der Objektbereich der vorliegenden Arbeit hochiterativ entwickelte Produkte vorsieht, werden relevante Ansätze im Bereich der hochiterativen Entwicklungsvorgehen in Kapitel 3.2 vorgestellt. Viele Unternehmen befinden sich in der Praxis weiterhin in der Anwendung klassischer Entwicklungsmethoden, die trotz dessen relevante Ansätze für die Industrialisierung und somit Anknüpfungspunkte für diese Arbeit darstellen. Diese Ansätze werden vorangehend in Kapitel 3.1 vorgestellt. Zuletzt wird auf weitere Ansätze in Kapitel 3.3 eingegangen, die die Themenfelder der Industrialisierung, PE und PPE oder HIPE losgelöst voneinander betrachten, aber Anknüpfungspunkte für die vorliegende Arbeit liefern. Abschließend werden die Ansätze mit den Anforderungen, die sich aus den Herausforderungen aus Kapitel 2.4 ergeben, in Kapitel 3.4 verglichen und bewertet, bevor ein Forschungsdefizit und Handlungsbedarf in Kapitel 3.5 herausgearbeitet werden. Neben den in diesem Kapitel betrachteten Vorgehen existiert eine Vielzahl von Ansätzen im Bereich der Industrialisierung hochiterativ entwickelter Produkte, die innerhalb einer systematischen Literaturrecherche identifiziert wurden[310]. Diese Ansätze bieten jedoch keine Methoden und Modelle zur konkreten Integration hochiterativ gestalteter PE und PPE mit dem Fokus auf Kundenzentriertheit, Entwicklungsgeschwindigkeit und Kostentransparenz und werden teilweise bereits in Kapitel 2.2 beschrieben. Im Rahmen dieser Arbeit werden sie nicht weiter erörtert, sondern stellen potenzielle Methoden zur Herleitung unterschiedlicher Lösungselemente (vgl. Kapitel 4.3) dar.

3.1 Ansätze aus dem Kontext der klassischen Entwicklung

Im Kontext der Industrialisierung systemischer Produkte existieren Ansätze der klassischen Entwicklung, die die Herausforderungen aus Kapitel 2.4 adressieren, vermehrt integriert gestaltet sind und die Ziele der Kundenzentriertheit, Geschwindigkeitsreduktion und Kostenreduktion teilweise betrachten. Diese werden folgend vorgestellt.

3.1.1 Ansatz nach Gausemeier et al.

Gausemeier et al. stellen ein generisches Prozessmodell für die integrierte Entwicklung von mechatronischen Produkten und Produktionssystemen von der Idee bis zur Serienreife vor (vgl. Abbildung 3-1).[311] Die übergeordnete Entwicklung findet dabei in drei Zyklen statt. In dem ersten Zyklus werden mögliche Produktdesigns aus Erfolgspotenzialen mit Hilfe von der Szenariotechnik abgeleitet. In dem zweiten Zyklus wird ein virtuelles Produkt entwickelt, bevor in dem dritten Zyklus die virtuelle Produktion entwickelt wird.[312] Dabei werden die Hauptphasen des konzeptionellen Designs des Produktes in vier Phasen und die des Produktionssystems in drei Phasen aufgeteilt, aufeinander abgestimmt und synchronisiert.[313] Während der produktseitigen Planung und Klärung der Entwicklungsaufgabe werden Szenarien entwickelt, die die Funktionalität des zu entwickelnden Systems detaillieren. Das

[310] Beispiele für Ansätze im Bereich der Industrialisierung hochiterativ entwickelter Produkte sind Vgl. Anderl, R./Rezaei, M. (2009) Unterstützung von Concurrent Design und SE; Eckstein, H./Eichert, J. et al. (2010) Prozessmodell zur Integration von Konstruktion und Montageplanung; Nagel, J. (2011) Risikoorientiertes Anlaufmanagement; Larman, C./Vodde, B. (2017) Large-Scale Scrum; Leffingwell, D. (2018) Scaled Agile Framework; Rey, J./Grünebaum, D. et al. (2018) Hochiterative Planung von Fertigungstechnologien; Thompson, M./Juel Jespersen, I. et al. (2018) Design for manufacturing; Garzaniti, N./Fortin, C. et al. (2019) Toward a Hybrid Agile Product Development Process.

[311] Vgl. Gausemeier, J. (2011) Integrative development of product and production system, S. 773.

[312] Vgl. Gausemeier, J. (2011) Integrative development of product and production system, S. 774.

[313] Vgl. Gausemeier, J. (2011) Integrative development of product and production system, S. 773 f.

Ergebnis dieser Phase ist eine Liste mit dokumentierten Produktanforderungen. In dem Konzeptdesign auf Systemebene werden die wichtigsten Funktionen aus der Anforderungsliste extrahiert und eine Funktionshierarchie abgeleitet. Aufbauend werden mögliche Lösungsalternativen entwickelt, um ein erstes Produktmodell zu spezifizieren.[314] Im Konzeptdesign auf Modulebene wird das System in einzelne Module zerlegt. Da sich die ausgewählten Technologien für das Produkt und die Produktionstechnologien gegenseitig beeinflussen, findet dies in Abstimmung mit der produktionsseitigen Planung und Klärung der Entwicklungsaufgabe statt.[315]

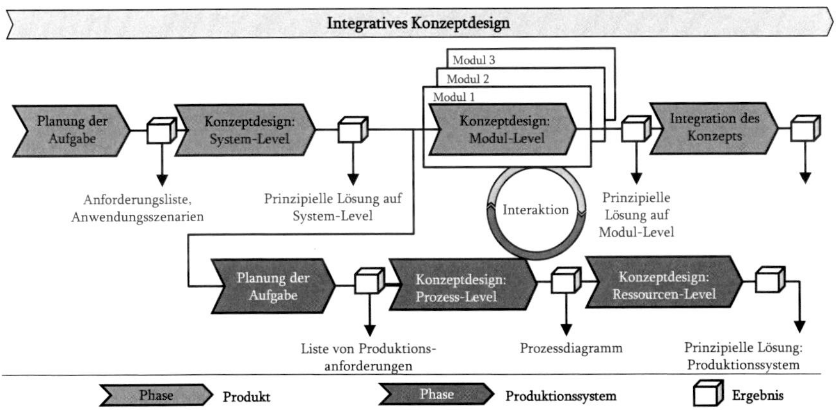

Abbildung 3-1: Integrative PE und PPE nach GAUSEMEIER[316]

Anschließend werden die Produktstruktur analysiert, zu fertigende Systemelemente identifiziert und deren strukturelle Verbindung festgelegt. Nachdem produktionsseitig die Aufgaben geklärt und geplant sind, folgt das Konzeptdesign auf Prozessebene. Die Auswahl geeigneter Fertigungs- und Montagetechnologien erfolgt in Abstimmung mit der PE. Während der produktseitigen Konzeptintegration werden die Lösungen der einzelnen Module in ein Gesamtmodell integriert. Anschließend folgt das Konzeptdesign auf Ressourcenebene.[317] Die Zuordnung der Ressourcen zu Technologien verläuft anhand von Produktionsanforderungen, wodurch alternative Ressourcenkombinationen abgeleitet werden. Diese Kombinationen werden während

[314] Vgl. Gausemeier, J. (2011) Integrative development of product and production system, S. 774.

[315] Vgl. Gausemeier, J. (2011) Integrative development of product and production system, S. 774.

[316] Eigene Darstellung in Anlehnung an Vgl. Gausemeier, J. (2011) Integrative development of product and production system, S. 777.

[317] Vgl. Gausemeier, J. (2011) Integrative development of product and production system, S. 775.

der Konkretisierung des Produktionssystems ausgewählt und bewertet. Somit stellt das Ende dieser Phase eine prinzipielle Lösung des Produktionssystems dar.[318]

3.1.2 Ansatz nach KAMPKER ET AL.

KAMPKER ET AL. entwickeln eine Methode zur integrierten Produkt- und Prozessentwicklung basierend auf produktionsseitigen Anforderungen, die aus Restriktionen der Produktionsprozesse abgeleitet werden. Ziel der Methode ist die Vermeidung von Iterationsschleifen zwischen Produkt- und Produktionsplanungsbereichen, um Zeit und Kosten von Serienanläufen zu minimieren.[319] Dafür wird ein Standardisierungsansatz mittels der dreischrittigen Methode, der sogenannten Modularen Produktionsarchitektur (MPA), vorgestellt.[320] Im ersten Schritt werden Produkt- und Prozesstypen bestimmt. Dafür werden die Produktgruppen und die zugehörigen Produktionsschritte identifiziert, welche durch eine MPA abgebildet werden. Anschließend werden die Prozessschritte im gesamten Produktlebenszyklus identifiziert, die potenziell Anforderungen an das Produkt stellen.[321] Anschließend werden im zweiten Schritt Best-Practice Prozesse innerhalb des Unternehmens identifiziert. Diese Identifikation wird mit Hilfe von Experteninterviews durchgeführt, in denen die unterschiedlichen Implementierungen der Prozesse und die Auswahl der Fertigungsmittel analysiert und verglichen werden. Darauf aufbauend wird eine Bewertung bezüglich des Standardisierungspotenzials durchgeführt. Als Konsequenz werden die einzelnen bewerteten Prozesse zu einer Abfolge aus den Best-Practices verkettet. Ist das benötigte Wissen nicht intern vorhanden, wie bei disruptiven Inventionen, wird externes Wissen bspw. durch ein Benchmarking in den Prozess integriert.[322] Im letzten Schritt der vorgestellten Methode werden Parametergrenzen für die jeweiligen Best-Practice-Prozesse in Form von Anforderungen aufgenommen. Anhand von Grenzen werden Anforderungen der Prozesse an das Produkt abgeleitet. Folglich wird durch die Integration der produktionsseitigen Anforderungen im frühen PEP der Gestaltungsspielraum gesenkt, um die Entwicklungszeit mithilfe der vermiedenen Iterationsschleifen zu senken.[323]

[318] Vgl. Gausemeier, J. (2011) Integrative development of product and production system, S. 775.
[319] Vgl. Kampker, A./Burggräf, P. et al. (2014) Integrated Product and Process Development, S. 111.
[320] Vgl. Kampker, A./Burggräf, P. et al. (2014) Integrated Product and Process Development, S. 109.
[321] Vgl. Kampker, A./Burggräf, P. et al. (2014) Integrated Product and Process Development, S. 111.
[322] Vgl. Kampker, A./Burggräf, P. et al. (2014) Integrated Product and Process Development, S. 112.
[323] Vgl. Kampker, A./Burggräf, P. et al. (2014) Integrated Product and Process Development, S. 112 f.

3.1.3 Ansatz nach VIELHABER ET AL.

VIELHABER ET AL. entwickeln ein Prozessmodell, das die integrierte PE und PPE beschreibt.[324] Das Modell basiert auf einem Vergleich und einer Analyse verschiedener Prozesse, Methoden und IT-Tools aus der PE und PPE.[325] Dabei werden Diskrepanzen identifiziert, die eine Integration der PE und PPE verhindern.[326] Um die von der Praxis geforderte Parallelisierung der PE und PPE im Sinne des SEs zu ermöglichen[327], ist die Synchronisation aller beschriebenen Perspektiven notwendig. Dafür wird eine gemeinsame Terminologie für domänenübergreifende Prozesse und Methoden gefordert. Anschließend werden die Prozessmodelle der einzelnen Domänen anhand übergeordneter Meilensteine abgeglichen und aufeinander abgestimmt. Darauf aufbauend entwickeln VIELHABER ET AL ein integriertes Prozessmodell mit harmonisierten Prozessen, Methoden und kompatiblen oder integrierten Tool/IT-Setups.[328]

Das Prozessmodell startet mit der integrierten Planungsphase des Produktes und des Produktionsprozesses. Die nachfolgenden Prozessschritte werden durch ein Anforderungsmanagement gesteuert, bevor die Prozessschritte domänenspezifisch aufgeteilt werden. Die beiden Prozessströme finden in der Systemebene wieder zusammen und enden in einem zukünftigen Produktrelease.[329] Der Ansatz ist hauptsächlich auf konzeptioneller Ebene beschrieben und eröffnet einen Ausblick auf die Detaillierung des integrierten Änderungsmanagements[330], des integrierten Toleranzmanagements und der Lebenszyklus-Energieeffizienz Optimierung[331].

3.1.4 Ansatz nach STEIMER & AURICH

STEIMER & AURICH analysieren die informatorischen Abhängigkeiten zwischen den frühen Phasen der PE und Produktionssystemplanung.[332] Dafür werden domänenspezifische Ansätze für die Entwicklung und Planung analysiert, bevor relevante Informationsbedarfe und deren Abhängigkeiten systematisch identifiziert werden.

[324] Vgl. Vielhaber, M./Stoffels, P. (2014) Product Development vs. Production Development, S. 252.
[325] Vgl. Vielhaber, M./Stoffels, P. (2014) Product Development vs. Production Development, S. 254 f.
[326] Vgl. Vielhaber, M./Stoffels, P. (2014) Product Development vs. Production Development, S. 255.
[327] Vgl. Vielhaber, M./Stoffels, P. (2014) Product Development vs. Production Development, S. 255.
[328] Vgl. Vielhaber, M./Stoffels, P. (2014) Product Development vs. Production Development, S. 256.
[329] Vgl. Vielhaber, M./Stoffels, P. (2014) Product Development vs. Production Development, S. 256.
[330] Vgl. Vielhaber, M./Stoffels, P. (2014) Product Development vs. Production Development, S. 256.
[331] Vgl. Vielhaber, M./Stoffels, P. (2014) Product Development vs. Production Development, S. 257.
[332] Vgl. Steimer, C./Aurich, J. (2016) Analysis of Information Interdependencies, S. 462.

Anschließend wird ein Konzept für die Informationsrückführung aus der Produktionssystemplanung in die frühe Phase der PE hergeleitet und validiert.[333] Zur Beschreibung der informatorischen Abhängigkeiten wird ein Kategorisierungssystem mit fünf Klassen vorgeschlagen (vgl. Abbildung 3-2).[334]

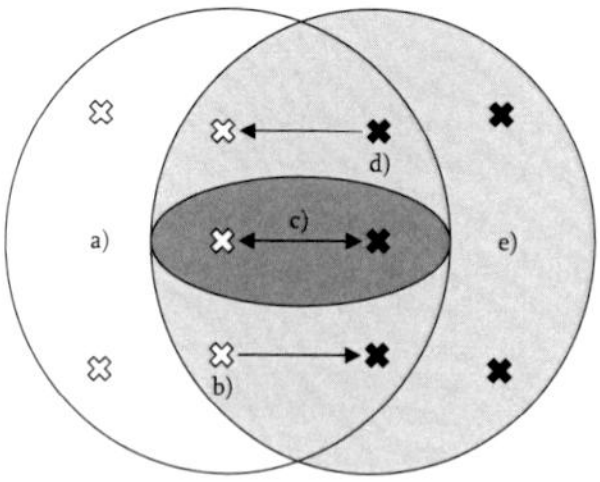

	Klasse	Beispiel
a)	Prozessinterne Informationen von PE für PE	Die Hauptfunktionen des Produkts sind Kühlen u. Wärmen
b)	Informationen von PE mit Einfluss auf den PPE (Input PPE)	Oberfläche muss härter werden → Prozess f. Härtesteigerung nötig
c)	Informationen von PE und PPE mit Einfluss aufeinander (Interaktion nötig)	Versch. Einzelteildesigns benötigen untersch. Fertigungstechnologien
d)	Information von PPE mit Einfluss auf die PE (Input PE)	Ziel ist eine Massenfertigung → Metallwerkzeuge konstruieren
e)	Informationen von PPE für PPE	Anstatt Förderbänder werden automat. gesteuerte Vehikel benötigt

PE: Produktentwicklung PPE: Produktionsprozessentwicklung

Abbildung 3-2: Klassifikation der Informationsflüsse nach STEIMER UND AURICH[335]

Beginnend mit dem Produktionsplanungsprozess und der Produktionsprogrammplanung werden Informationen von der PE (Klasse b) in Bezug auf die Produkttypen, Quantitäten und Herstellkosten benötigt, um die Betriebsfähigkeit des Produktionssystems zu definieren.[336] Auf Basis dieser Informationen werden die wirtschaftlichste Fertigungsart, das effizienteste Fertigungsprinzip, Abmessungen und Strukturen des Produktionssystems abgeleitet. Am Ende des Konzeptdesigns wird die Produktarchitektur definiert, wodurch die Hauptfunktionen, die wesentlichen Merkmale und die Produktstruktur bestimmt werden. Zusätzlich entscheidet sich an diesem Punkt, welche Teile durch kostengünstige Massenproduktion hergestellt werden und welche durch kostenintensive Sonderfertigung die Individualisierung des Produktes fördern. Die entwickelte Modulstruktur beeinflusst maßgeblich die Montagefolge sowie die Materialflüsse.[337] Die PE startet mit der Sammlung der Anforderungen der Interessensgruppen einschließlich des Produktionssystems. Zudem werden unter Berücksichtigung der vorhandenen Technologien, Prozesse, Maschinen und Ressourcen nicht umsetzbare Produkteigenschaften identifiziert.[338]

[333] Vgl. Steimer, C./Aurich, J. (2016) Analysis of Information Interdependencies, S. 463.

[334] Vgl. Steimer, C./Aurich, J. (2016) Analysis of Information Interdependencies, S. 463.

[335] Eigene Darstellung in Anlehnung an Steimer, C./Aurich, J. (2016) Analysis of Information Interdependencies, S. 463.

[336] Vgl. Steimer, C./Aurich, J. (2016) Analysis of Information Interdependencies, S. 464.

[337] Vgl. Steimer, C./Aurich, J. (2016) Analysis of Information Interdependencies, S. 464.

[338] Vgl. Steimer, C./Aurich, J. (2016) Analysis of Information Interdependencies, S. 464 f.

3.1.5 Ansatz nach STOFFELS ET AL.

Der Ansatz von STOFFELS ET AL. beschreibt aufbauend auf vorherigen Forschungsergebnissen ein Prozessmodell zur Integration von PE und PPE mit dem Ziel einer energieeffizienten Produktion.[339] Durch den generischen Aufbau kann das Prozessmodell auf andere Zielsetzungen, wie Kosten- oder Zeiteffizienz, adaptiert werden (vgl. Abbildung 3-3).[340] Die Planungsphase der PE und PPE eröffnet das Prozessmodell, in dem relevante Informationen zwischen den Domänen ausgetauscht werden. Mit den ermittelten Produkt- und Produktionsspezifikationen werden die ersten Meilensteine (MP1, M1) erreicht. Auf Basis dieser Anforderungen werden in der Konzeptphase disziplinspezifische Produkt- und Anlagenlösungen entwickelt.[341] Lösungen mit dem Potenzial, die Zielerreichung beider Disziplinen zu gewährleisten, werden in einem Prozessschritt, dem integrierten Konzeptdesign, im Hinblick auf spezifische Randbedingungen analysiert und bewertet. Sobald die Anforderungen beider Disziplinen umgesetzt sind, wird die Konzeptphase mit dem Erreichen der Meilensteine MP2 und M2 beendet. Sofern das entwickelte Konzept nicht den zuvor bestimmten Anforderungen entspricht, erfolgt eine Iteration der durchgeführten Prozessschritte.[342]

Während des Komponentendesigns findet die Detailkonstruktion der Komponenten des Produktes sowie des Produktionsprozesses statt. Die möglichen Konstruktionselemente und Produktionsmitteleigenschaften werden dem integrierten Komponentendesign übermittelt und bewertet, was eine optimale Kombination erzeugt, die den Anforderungen entspricht.[343] Der dritte Meilenstein (MP3, M3) wird erreicht, sobald die Komponenten beider Disziplinen definiert sind. Falls die Komponenten beider Disziplinen nicht aufeinander abgestimmt werden, wird das integrierte Konzeptdesign erneut durchgeführt.[344] In der Systemintegrationsphase werden die Lösungen in ein disziplinspezifisches Gesamtsystem überführt. Die integrierte Systembewertungsphase ermöglicht eine Gesamtbewertung beider Systeme. Das Ergebnis stellt schließlich das entwickelte Produkt und Produktionssystem dar (Meilenstein MP4, M4).[345]

[339] Vgl. Stoffels, P./Vielhaber, M. (2016) Decision Support in Product and Production Development, S. 532.
[340] Vgl. Stoffels, P./Vielhaber, M. (2016) Decision Support in Product and Production Development, S. 533.
[341] Vgl. Stoffels, P./Vielhaber, M. (2016) Decision Support in Product and Production Development, S. 532.
[342] Vgl. Stoffels, P./Vielhaber, M. (2016) Decision Support in Product and Production Development, S. 532.
[343] Vgl. Stoffels, P./Vielhaber, M. (2016) Decision Support in Product and Production Development, S. 532.
[344] Vgl. Stoffels, P./Vielhaber, M. (2016) Decision Support in Product and Production Development, S. 532 f.
[345] Vgl. Stoffels, P./Vielhaber, M. (2016) Decision Support in Product and Production Development, S. 533.

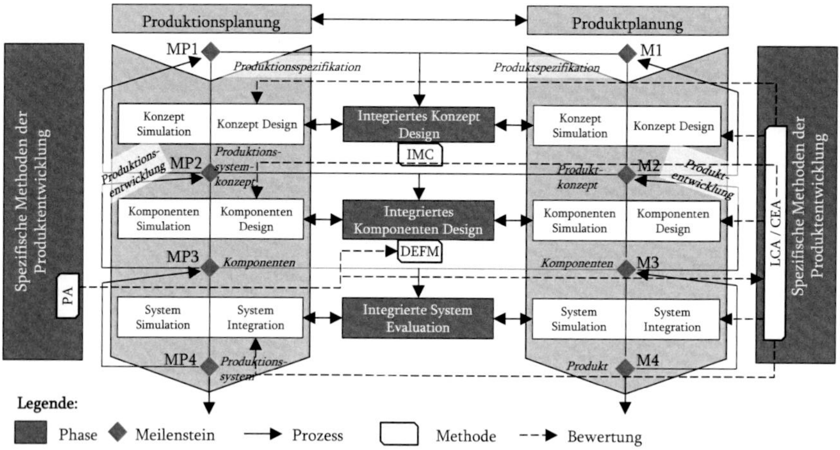

Abbildung 3-3: Integrierte PE und PPE nach STOFFELS ET AL.[346]

3.1.6 Ansatz nach MÜLLER ET AL.

In dem Ansatz von MÜLLER ET AL. wird durch eine frühzeitige Betrachtung von Lebenszykluskosten eine optimierte Entscheidungsgrundlage in dem Produktentwicklungsprozess dargestellt. Die Kalkulation findet in der integrierten PE und PPE mittels eines digitalen Fabrikmodells bereits zu einem frühen Zeitpunkt statt, um Abläufe zu parallelisieren.[347] Zunächst werden produktseitig Produktionsanforderungen formuliert und abgestimmt. Die Abstimmung fokussiert sich dabei auf die Ebene des Gesamtproduktes und wird über die Baugruppenebene zur Bauteilebene detailliert. So werden bspw. Fügefolgen, Aufnahmekonzepte und Referenzpunkte definiert. Simultan werden durch die Produktionsplanung Prozess- und Fertigungskonzepte erarbeitet. Nach Erstellung eines groben Konzeptes werden Produkt und Produktion in einer Feinkonzeption weiter geschärft. Aufgrund einer frühzeitigen Formulierung der Produktionsanforderungen wird durch die Produktionsplanung innerhalb des Grobkonzeptes Einfluss auf die produktionsgerechte Produktgestaltung genommen.[348] Die

[346] Eigene Darstellung in Anlehnung an Stoffels, P./Vielhaber, M. (2016) Decision Support in Product and Production Development, S. 533.

[347] Vgl. Müller, A./Demke, N. et al. (2018) Lebenszykluskostenbewertungen zur frühzeitigen Produktbeeinflussung im PEP, S. 246.

[348] Vgl. Müller, A./Demke, N. et al. (2018) Lebenszykluskostenbewertungen zur frühzeitigen Produktbeeinflussung im PEP, S. 247.

Konzepte werden für eine ganzheitliche Planung, Realisierung, Steuerung und kontinuierliche Verbesserung in einem digitalen Fabrikmodell abgebildet. Dies umfasst digitale Modelle, Methoden und Werkzeuge, die ein durchgehendes Datenmanagement und aufbauende Kostenanalysen ermöglichen. Die Genauigkeit der Ergebnisse hängt dabei stets von der Qualität der Eingangsdaten ab. Insbesondere in der frühen Konzeptphase sind diese häufig nicht vorhanden und müssen für eine Kostenanalyse generiert werden. Dabei wird z.B. auf Projekte von Vorgängerprodukten zurückgegriffen, um so nicht nur Kostenanalysen, sondern auch -prognosen zu ermöglichen.[349] Die Berücksichtigung realitätsnaher Folgekosten auf Basis der Datengrundlage aus der digitalen Fabrik ermöglicht die Simulation verschiedener Handlungsalternativen in der Produktionsplanung. Dadurch werden wirtschaftlich bewertete Lösungsalternativen auf Grundlage von produktionstechnischem Wissen und Erfahrungen bereitgestellt.[350]

3.2 Ansätze aus dem Kontext der agilen und hochiterativen Entwicklung

Für die zielgerichtete Industrialisierung hochiterativ entwickelter, systemischer Produkte werden folgend die relevanten Ansätze der integrierten PE und PPE vorgestellt, die hochiterative und agile Vorgehensweisen nutzen, um die Integration umzusetzen.

3.2.1 Ansatz nach SCHNEIDER ET AL.

SCHNEIDER ET AL. stellen eine fünfphasige Methodik zur agilen Prozessplanung im PEP vor (vgl. Abbildung 3-4). Für die Adaption agiler Ansätze innerhalb der Prozessplanung wird durch einen systemtheoretischen Vergleich die Übertragbarkeit agiler Methoden der Softwareindustrie auf die Prozessentwicklung sichergestellt. Als Basis für die Übertragung wird folglich die Scrum-Methodik genutzt.[351]

---

349 Vgl. Müller, A./Demke, N. et al. (2018) Lebenszykluskostenbewertungen zur frühzeitigen Produktbeeinflussung im PEP, S. 247.

350 Vgl. Müller, A./Demke, N. et al. (2018) Lebenszykluskostenbewertungen zur frühzeitigen Produktbeeinflussung im PEP, S. 248.

351 Vgl. Schneider, S./Fallböhmer, M. et al. (2012) Agile Prozessplanung im PEP, S. 160 f.

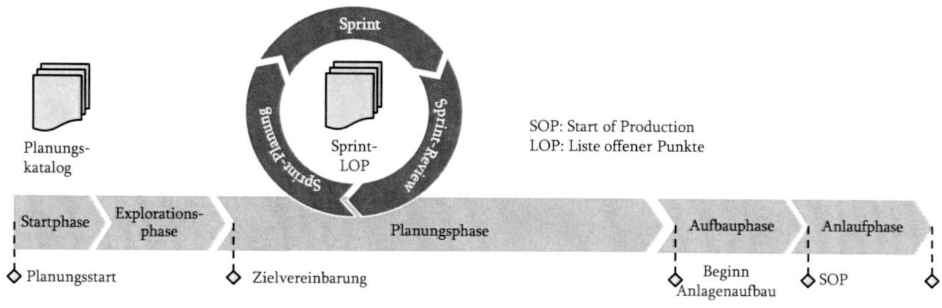

Abbildung 3-4: Agile Prozessplanung im PEP nach SCHNEIDER ET AL.[352]

In der Startphase werden Projektstandards, wie Länge der Planungsiterationen und Planungswerkzeuge, festgelegt. Zudem wird eine erste Version des Planungskatalogs erstellt, in dem die zu planenden Funktionen aufgelistet und priorisiert werden. In der anschließenden Explorationsphase wird das angestrebte Produktionssystem hinsichtlich der Planungsparameter skizziert und mit bestehenden Referenzmodellen verglichen. Um möglichst viele unterschiedliche Sichtweisen zu integrieren, werden interdisziplinäre Teams gebildet.[353] Die Planungsphase ist durch ein inkrementelles Entwicklungsvorgehen geprägt und wird in gleichlangen Sprints durchgeführt.[354] Innerhalb dieser Planungsiterationen erfolgt die eigentliche Prozessplanung. Die Sprintziele werden in einer Sprint-LOP (Liste offener Punkte) aufgenommen und werden während eines Sprints nicht verändert. Zum Ende jedes Durchlaufs müssen alle Punkte dieser Liste abgearbeitet sein. Die Planungsphase endet, sobald die Anforderungen des Kunden erfüllt sind und die Anlage bestellt wird. Innerhalb der Aufbauphase erfolgen die Errichtung der Produktionsanlage sowie die Einleitung von geeigneten Maßnahmen zur Prozessoptimierung. Das Ende der Aufbauphase mündet in den SOP, der gleichzeitig den Beginn der Anlaufphase darstellt. In der Anlaufphase wird ein bestmöglicher Anlauf realisiert, in dem kontinuierliche Verbesserungen bis zum Erreichen der Serienproduktionsreife fester Bestandteil sind.[355]

---

[352] Eigene Darstellung in Anlehnung an Schneider, S./Fallböhmer, M. et al. (2012) Agile Prozessplanung im PEP, S. 161.

[353] Vgl. Schneider, S./Fallböhmer, M. et al. (2012) Agile Prozessplanung im PEP, S. 161.

[354] Vgl. Schneider, S./Fallböhmer, M. et al. (2012) Agile Prozessplanung im PEP, S. 161.

[355] Vgl. Schneider, S./Fallböhmer, M. et al. (2012) Agile Prozessplanung im PEP, S. 161 f.

3.2.2 Ansatz nach Wiktorsson

Der Ansatz von Wiktorsson beschreibt eine integrierte PE und PPE anhand einer iterativ angelegten Doppelhelix. Zudem wird das Produktionssystem in Form des aktuellen Equipments und bestehender Prozesse berücksichtigt.[356] Es werden zwei Schlüsselcharakteristika in der Entwicklung eines Produktionssystems identifiziert.[357] Die erste Schlüsselcharakteristik bezieht sich auf die designorientierte Struktur der Analyse und Synthese, die durch drei generische und iterative Phasen abgebildet werden: Anforderungsanalyse, alternative Synthese und alternative Analyse.[358] In der Anforderungsanalyse werden der Anforderungsrahmen und Spezifikationen festgelegt. Als alternative Synthese werden Visualisierungen, Erfahrungen oder Best-Practices eingesetzt, um die Anforderungen und Lösungen bewertbar zu machen.[359]

Die zweite Schlüsselcharakteristik ist die Berücksichtigung von wiederverwendbaren Strukturen durch eine formalisierte Spezifikation des Prozesses während der Entwicklung.[360] Dafür werden die Anforderungen einer Neugestaltung in Bezug auf jedes Systemlevel durch vier Elemente beschrieben und in der Phase der Anforderungsanalyse verankert. Diese Elemente werden durch die funktionalen Anforderungen, die internen und externen Randbedingungen und Erfolgsfaktoren beschrieben.[361] Entlang eines fünfstufigen PPEs, vom Vorbereitungsdesign über die Implementierung zum Anlauf, werden die Phasen iterativ durchgeführt. Für einen effizienten Aufbau des Produktionssystems ist die Synchronisation der PE-Helix mit der PPE-Helix notwendig. Dafür sind die Informationen zwischen Produkt und Produktion zu integrieren, worauf allerdings nicht weiter eingegangen wird.[362]

3.2.3 Ansatz nach Gartzen et al.

Gartzen et al. präsentieren eine systematische Methode, um Unsicherheiten in der agilen PE und PPE graduell zu reduzieren.[363] Dafür wird die agile Entwicklung mit Prototypen genutzt, um so die Unsicherheiten zu vermindern und eine erfolgreiche

[356] Vgl. Wiktorsson, M. (2014) Consideration of Legacy Structures, S. 28.
[357] Vgl. Wiktorsson, M. (2014) Consideration of Legacy Structures, S. 26.
[358] Vgl. Wiktorsson, M. (2014) Consideration of Legacy Structures, S. 27.
[359] Vgl. Wiktorsson, M. (2014) Consideration of Legacy Structures, S. 28.
[360] Vgl. Wiktorsson, M. (2014) Consideration of Legacy Structures, S. 27 f.
[361] Vgl. Wiktorsson, M. (2014) Consideration of Legacy Structures, S. 30.
[362] Vgl. Wiktorsson, M. (2014) Consideration of Legacy Structures, S. 31.
[363] Vgl. Gartzen, T. (2016) Target-oriented Prototyping in HIPD, S. 19.

Industrialisierung von Innovationen zu befähigen.[364] Zur Gestaltung der Prototypen ist eine Priorisierung von Kundenanforderungen notwendig.[365] Es wird ein analytischer, informationsorientierter Ansatz vorgestellt, der das Ausmaß der Unsicherheit kontinuierlich berücksichtigt. Die Bewertung des Verhältnisses von Nutzen und Aufwand, das mit der Umsetzung der Anforderungen verbunden ist, stellt die Basis für das entwickelte Priorisierungskonzept dar.[366] Die Unsicherheiten werden in die drei Kategorien Markt, Produkttechnologie und Produktionstechnologie eingeordnet. Zur Marktunsicherheit werden Unsicherheiten hinsichtlich der Zielmärkte, der Kundenanforderungen und des Markpotenzials gezählt. Die produkttechnologische Unsicherheit betrachtet Unsicherheiten bezüglich des Produktes, vor allem in Bezug auf Entwicklungskosten und seine technische Machbarkeit. Die produktionstechnologische Unsicherheit bezieht sich auf Unsicherheiten im Produktionsprozess hinsichtlich Produktionsalternativen und -kosten. Angelehnt an das Scrum-Verfahren wird im ersten Schritt des Verfahrens ein Produkt-Backlog mit den Kundenanforderungen angelegt.[367] Die Basis für die Priorisierung des Backlogs stellt der Quotient aus Reduktion der Unsicherheit und investierenden Ressourcen für den Prototypenbau dar. Die Reduktion der Unsicherheit wird anhand vorher festgelegter Zielgrößen in den Priorisierungsdimensionen quantifiziert. Darüber hinaus wird als Priorisierungsregel eingeführt, dass zunächst Marktunsicherheiten, anschließend Produktunsicherheiten und abschließend Produktionsunsicherheiten reduziert werden sollen.[368]

3.2.4 Ansatz nach SCHUH ET AL.

SCHUH ET AL. entwickeln einen Gestaltungsrahmen, um das Änderungsmanagement (Engineering Change Management – ECM) effizient und adaptiv zu gestalten und somit die hochiterative Entwicklung physischer Produkte zu befähigen.[369] Neben den Herausforderungen des ECM werden die Anforderungen eines dynamischen Prototypenprozesses identifiziert und systematisch kategorisiert. Die Herausforderungen

---

[364] Vgl. Gartzen, T. (2016) Target-oriented Prototyping in HIPD, S. 21.
[365] Vgl. Gartzen, T. (2016) Target-oriented Prototyping in HIPD, S. 19.
[366] Vgl. Gartzen, T. (2016) Target-oriented Prototyping in HIPD, S. 22.
[367] Vgl. Gartzen, T. (2016) Target-oriented Prototyping in HIPD, S. 22.
[368] Vgl. Gartzen, T. (2016) Target-oriented Prototyping in HIPD, S. 22.
[369] Vgl. Schuh, G./Gartzen, T. et al. (2017) Enabling Agility in Product Development, S. 342.

werden in die Kategorien Kommunikationswege, Prozesse, Rollen sowie Datenstrukturen eingeteilt.[370] Innerhalb der Kommunikationswege wird die mangelhafte Zugänglichkeit zu inhaltsbezogenen Daten genannt, während hinsichtlich der Prozesse und Rollen unklare Rollen und Verantwortlichkeiten sowie zu starre und ineffiziente Prozesse als herausfordernd identifiziert werden. Herausforderungen der Datenstruktur sind die Sicherstellung qualitativ hochwertiger, digitalisierter Geometriedaten sowie die Aufhebung der Intransparenz und Inkonsistenz des Datenmanagements.[371] Aufbauend werden Anforderungen für einen dynamischen Prototypenprozess in drei Phasen identifiziert. Diese Anforderungen verändern sich innerhalb der verschiedenen Phasen abhängig von dem Produktreifegrad. Je höher der Produktreifegrad fortschreitet, desto weniger Agilität ist in den Anforderungen abgebildet. Um die Herausforderungen zu lösen, stellen SCHUH ET AL. einen dreigeteilten Gestaltungsrahmen vor.

Die Teilung erfolgt auf Basis von aufeinander aufbauenden Reifegradphasen. In der ersten Phase werden digitale Mockups und erste Prototypen erstellt. Anschließend werden in der zweiten Stufe funktionale Prototypen erarbeitet. Abschließend werden in der dritten Phase Vorserien- und Serienprototypen gefertigt.[372] Mit steigender Produktreife gewinnen transaktionale Systeme, wie Enterprise-Ressource-Planning-Systeme (ERP), an Bedeutung. Bei der Implementierung eines ERP-Systems muss die Datenstruktur ein konsistentes Datenmanagement zwischen den Systemen gewährleisten. Um dies zu ermöglichen, müssen Äquivalenzbeziehungen zwischen den Objekten der Konstruktionsstückliste, der Fertigungsstückliste und der Prozesspläne ermittelt werden. Ausgehend von der Produktstruktur werden so die Auswirkungen einer Änderung bis hin zu den benötigten Ressourcen identifiziert und bewertet.[373]

3.2.5 Ansatz nach STEIMER ET AL.

STEIMER ET AL. beschreiben einen modellbasierten Referenzplanungsprozess mit dem Ziel, die Produktionssystemplanung in frühe Phasen der PE zu integrieren. Mit Hilfe des Model-based-System-Engineering-Ansatzes und der Modellierungssprache SysML wird ein Vorgehensmodell und eine Beschreibungssystematik vorgestellt.[374]

---

[370] Vgl. Schuh, G./Gartzen, T. et al. (2017) Enabling Agility in Product Development, S. 344.
[371] Vgl. Schuh, G./Gartzen, T. et al. (2017) Enabling Agility in Product Development, S. 344 f.
[372] Vgl. Schuh, G./Gartzen, T. et al. (2017) Enabling Agility in Product Development, S. 345.
[373] Vgl. Schuh, G./Gartzen, T. et al. (2017) Enabling Agility in Product Development, S. 346.
[374] Vgl. Steimer, C./Fischer, J. et al. (2017) Model-based Design Process, S. 163.

Die Aktivitäten in der PE werden durch ein iteratives Vorgehen mit den anderen Disziplinen innerhalb des PEPs verknüpft. Die zweiteilige Prozessstruktur, bestehend aus dem disziplinübergreifenden Systemdesign und dem disziplinspezifischen Design, wird mit einem V-Modell beschrieben, in dem Iterationen innerhalb des Systementwurfs ermöglicht werden (vgl. Abbildung 3-5). Das Systemdesign für die Produktionssystemplanung ist in vier Ebenen unterteilt. Einzelne Schritte werden so lange wiederholt, bis das geforderte Detaillierungsniveau erreicht ist.[375]

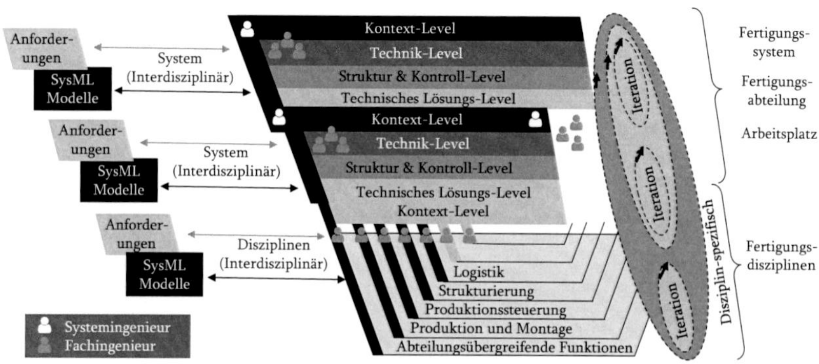

Abbildung 3-5: Iteratives V-Modell der Produktionssystemplanung[376]

Die erste Ebene stellt das Kontext-Level dar, in dem die Systemgrenzen festgelegt und die notwendigen Anforderungen beschrieben werden. Zur Auslegung des Produktionssystems werden aus den beschriebenen Anforderungen Anwendungsfälle abgeleitet, die das zu fertigende Produktportfolio definieren.[377] Im Fertigungstechnik-Level wird der Produktionsprozess technisch spezifiziert und nach dem Materialfluss strukturiert.[378] Auf der Ebene des Struktur- und Steuerungslevels werden die Struktur des Produktionssystems und die Definition der Steuerungslogik bestimmt. Mit der Strukturierung wird eine erste Grobstruktur erstellt, wodurch Materialflüsse der Produktbauteile abgebildet werden, die bereits eine Zuordnung der Ressourcen je Prozessschritt beinhalten. Anschließend findet die Definition der Steuerungsmechanismen für die Grobstruktur statt. Auf der Ebene des technischen

---

[375] Vgl. Steimer, C./Fischer, J. et al. (2017) Model-based Design Process, S. 164.
[376] Eigene Darstellung in Anlehnung an Steimer, C./Fischer, J. et al. (2017) Model-based Design Process, S. 165.
[377] Vgl. Steimer, C./Fischer, J. et al. (2017) Model-based Design Process, S. 165.
[378] Vgl. Steimer, C./Fischer, J. et al. (2017) Model-based Design Process, S. 165 f.

Lösungslevels erfolgen die Definition aller technischen Subsysteme des Fertigungssystems sowie die Definition der jeweiligen Anforderungen und Schnittstellen.[379]

3.2.6 Ansatz nach JACOB ET AL.

JACOB ET AL. entwickeln ein Ablaufmodell zur integrierten und iterativen Produkt- und Prozessentwicklung von der Produktidee bis zum Produktentwurf.[380] Dieses basiert auf vorherigen Arbeiten der Autoren[381], in denen bestehende Ansätze der Technologieplanung um eine iterative Vorgehensweise erweitert wurden.[382]

Im ersten Schritt des Modells werden die grundlegenden Aufgaben und Anforderungen der internen und externen Kunden definiert, ehe daraus eine Anforderungsliste erstellt wird.[383] Diese Liste dient als Grundlage für die benötigten Funktionen des Produktes, woraus eine Wirkstruktur, bestehend aus unterschiedlichen Wirkprinzipien, abgeleitet wird.[384] Anschließend wird die Wirkstruktur auf einzelne Komponenten projiziert. Eine Integration der Komponenten bildet eine prinzipielle Lösung des zu entwickelnden Produktes. Alle entwickelten Umsetzungsalternativen werden während der Konzeption mit einem bewertungsmethodischen Vorgehen bewertet. Lässt sich eine Tendenz zu einer Fertigungsalternative identifizieren, werden die Alternativen reduziert und anschließend von den Kunden bewertet.[385] Die Bewertung findet hinsichtlich unterschiedlicher Parameter, wie z.B. der Fertigungskosten, dem technologischen Reifegrad oder des Risikos, statt. Sobald die Anforderungen der Kunden erfüllt sind, endet die iterative Erstellung einer prinzipiellen Lösung und das Produkt wird modularisiert. Die Modularisierung wird genutzt, um wechselseitige Wirkbeziehungen zwischen Produkt und Produktion zu analysieren und so Restriktionen sowie Abhängigkeiten für die Entwicklung frühzeitig zu berücksichtigen.[386] Mit der Parametrisierung der Produktmodule werden

[379] Vgl. Steimer, C./Fischer, J. et al. (2017) Model-based Design Process, S. 166.

[380] Vgl. Jacob, A./Künneke, T. et al. (2018) Iterative Produktentwicklung und Produktionsplanung, S. 742.

[381] Vgl. Jacob, A./Windhuber, K. et al. (2018) Planning, Evaluation and Optimization of Product Design and Manufacturing Technology Chains.

[382] Vgl. Jacob, A./Künneke, T. et al. (2018) Iterative Produktentwicklung und Produktionsplanung, S. 742.

[383] Vgl. Jacob, A./Künneke, T. et al. (2018) Iterative Produktentwicklung und Produktionsplanung, S. 742 f.

[384] Vgl. Jacob, A./Künneke, T. et al. (2018) Iterative Produktentwicklung und Produktionsplanung, S. 743.

[385] Vgl. Jacob, A./Künneke, T. et al. (2018) Iterative Produktentwicklung und Produktionsplanung, S. 744.

[386] Vgl. Jacob, A./Künneke, T. et al. (2018) Iterative Produktentwicklung und Produktionsplanung, S. 744.

verschiedene Fertigungstechnologien hinsichtlich ihrer Anwendbarkeit bewertet. Aufgrund der Möglichkeit, viele unterschiedliche Fertigungstechnologien anzuwenden, erfolgt eine iterative Produkt- und Technologieanpassung. Mit dem Abschluss der Optimierungsiterationen entsteht ein Produktgesamtentwurf, woraus eine finale Technologiekette abgeleitet wird, die gleichzeitig die Grundlage für die Betriebsmittelplanung darstellt.[387]

3.2.7 Ansatz nach MOLITOR

MOLITOR entwickelt einen Prozess einer stufenweisen, bedarfsorientierten Gestaltung von Planungsaufwänden der Montageablaufplanung durch eine technologiebasierte Datenerfassung. Insgesamt werden drei Lösungsmodule hergeleitet.

In dem ersten Lösungsmodul wird ein Datenmodell zur Gestaltung des digitalen Informationsschattens beschrieben.[388] Dafür werden aus dem Referenzplanungsprozess der Montageablaufplanung nach EVERSHEIM[389] Informationsbedarfe in den Disziplinen Montage-, Kosten- und Prüfplanung systematisch ermittelt. Die Tätigkeiten werden durch die Aufteilung in Planer- und Werker-Module strukturiert.[390] Auf Basis der jeweiligen Informationsbedarfe werden relevante Datenbedarfe abgeleitet und in ein Datenmodell zur Konzeption des digitalen Informationsschattens überführt.[391]

Das zweite Lösungsmodul beinhaltet die technologiebasierte Datenerfassung in der manuellen Montage zur Dokumentation der Tätigkeiten und automatischen Erstellung des Montageplans.[392] Dafür werden zunächst Technologien zur Datenerfassung ausgewählt[393], bevor das Konzept der Leitbaugruppen erläutert wird. Das Konzept des Leitbauteils führt die Betrachtung einer Baugruppe anhand eines konstituierenden Merkmals ein, welches es ermöglicht, die verbundenen und virtuell verknüpften Bauteile durch ausgewählte Technologien zu bestimmen. Abschließend wird der Montagerekorder gestaltet, um den digitalen Informationsschatten zu visualisieren.[394]

---

[387] Vgl. Jacob, A./Künneke, T. et al. (2018) Iterative Produktentwicklung und Produktionsplanung, S. 744 f.
[388] Vgl. Molitor, M. (2019) Generative Montageablaufplanung in der HIPE, S. 91.
[389] Vgl. Eversheim, W. (2002) Organisation in der Produktionstechnik, S. 18.
[390] Vgl. Molitor, M. (2019) Generative Montageablaufplanung in der HIPE, S. 95.
[391] Vgl. Molitor, M. (2019) Generative Montageablaufplanung in der HIPE, S. 96.
[392] Vgl. Molitor, M. (2019) Generative Montageablaufplanung in der HIPE, S. 133 - 153.
[393] Vgl. Molitor, M. (2019) Generative Montageablaufplanung in der HIPE, S. 97.
[394] Vgl. Molitor, M. (2019) Generative Montageablaufplanung in der HIPE, S. 98.

In dem dritten Lösungsmodul wird das Prozessmodell zur generativen Montageablaufplanung abgeleitet und beschrieben.[395] Die reifegradbasierte Klassifikation der Prototypen ermöglicht die bedarfsorientierte Konzeption der Planung.[396] Die ABC-Klassifizierung der Prototypen ermöglicht die Entscheidung, ob hochiterativ oder plangetrieben vorgegangen wird.[397]

3.2.8 Ansatz nach Rey

Rey definiert eine Methodik zur hochiterativen Bewertung und Gestaltung von Fertigungsprozessfolgen unter Berücksichtigung von Unsicherheit. Die Methodik setzt sich aus drei Hauptschritten zusammen.[398] Im ersten Schritt werden unter Verwendung der Evidenztheorie nach Dempster-Shafer[399] unsichere Bauteilinformationen zusammengestellt. Dafür werden zuerst die Struktur und die Merkmale des Bauteils sowie die vorliegenden Informationen modelliert. Die Modellierung des Bauteils basiert auf der Aufnahme von Kundenanforderungen, die in Funktionen, Teilfunktionen und Effekte unterteilt werden, bevor die Bauteilmerkmale abgeleitet werden.[400] Die Einzelinformationen werden aggregiert sowie hinsichtlich ihrer Unsicherheit bewertet und bilden die Grundlage für den zweiten Schritt, in dem unsichere Fertigungsprozessfolgen abgeleitet werden.[401] Zuerst werden aus den Fertigungsprozessen die geeigneten Prozessfolgen abgeleitet, indem geeignete Technologieketten vorausgewählt und Alternativen erzeugt werden. Diese ermöglichen eine Modellierung der Einflüsse von Fertigungsprozessen auf Zwischen- und Endzustände der Bauteilmerkmale. Zur Beschreibung der Einflüsse von Fertigungsprozessen auf Bauteilmerkmale werden Wechselwirkungen sowohl zwischen Fertigungsprozessen, Bauteilmerkmalen als auch untereinander analysiert.[402] Anschließend wird die Robustheit der Fertigungsprozesse innerhalb der Prozessfolge hinsichtlich zukünftiger Bauteiländerungen bewertet. Die Robustheit, verknüpft mit der Informationsunsicherheit, wird für die

[395] Vgl. Molitor, M. (2019) Generative Montageablaufplanung in der HIPE, S. 154 - 180.
[396] Vgl. Molitor, M. (2019) Generative Montageablaufplanung in der HIPE, S. 99 f.
[397] Vgl. Molitor, M. (2019) Generative Montageablaufplanung in der HIPE, S. 173.
[398] Vgl. Rey, J. (2020) Methodik zur hochiterativen Gestaltung von Fertigungsprozessfolgen, S. 50.
[399] Vgl. Dempster, A. (1967) Upper and Lower Probability Inferences; Shafer, G. (2021) A Mathematical Theory of Evidence.
[400] Vgl. Rey, J. (2020) Methodik zur hochiterativen Gestaltung von Fertigungsprozessfolgen, S. 56.
[401] Vgl. Rey, J. (2020) Methodik zur hochiterativen Gestaltung von Fertigungsprozessfolgen, S. 51 f.
[402] Vgl. Rey, J. (2020) Methodik zur hochiterativen Gestaltung von Fertigungsprozessfolgen, S. 84.

Bewertung der Planungssicherheit der Prozessfolge benötigt.[403] Der letzte Schritt umfasst die Entwicklung einer Methodik zur hochiterativen Bewertung von Fertigungsprozessfolgen.[404] Dafür werden die alternativen Prozessfolgen kontinuierlich in Sprints des hochiterativen Entwicklungsprozesses bewertet. Zu den Bewertungszeitpunkten werden Prototypen erstellt, um die Unsicherheit zu reduzieren. Durch die Aggregation der Informationen an den wirtschaftlich und technologisch kritischen Stellen der Prozessfolgen wird eine Reduzierung der Entwicklungszeit ermöglicht.[405]

3.3 Weitere Ansätze zur Industrialisierung hochiterativ entwickelter Produkte

Neben den vorgestellten Ansätzen, existieren weitere Ansätze, die sich dem Thema der Industrialisierung hochiterativ entwickelter Produkte aus unterschiedlichen Perspektiven nähern und den Querschnitt des Forschungsstands aus der SLR hinsichtlich Überschneidungsfreiheit und Vollständigkeit komplettieren.

Aus der Produktentwicklungsperspektive kommend stellen THOMPSON ET AL. einen Gestaltungsrahmen mit phasenspezifischen Bewertungsindikatoren vor, um die Produktivität und Produktqualität im PEP zu messen und zu verbessern. Durch die Analyse von Komplexitätstreibern und der Expertenbewertung des Produktdesigns durch Prozessexperten werden der Design for Manufacturing-Ansatz spezifiziert und eine schnellere Time-to-Market in der PE realisiert.[406] WELGE ET AL. entwickeln einen Ansatz zur Integration agiler Methoden in Produktentwicklungsprozesse. Der Entwicklungsprozess orientiert sich an Meilensteinen aus traditionellen Entwicklungsvorgehen und integriert einzelne agile Methoden in den Prozess. Dabei werden Projektinhalte im Entwicklungsprozess durch die iterative Nutzung des Feature Driven Development-Ansatzes mit dem Fokus auf die Kundenintegration angepasst. Mit der Einführung von Release-Zyklen werden Kosten- und Entwicklungszeitziele getrackt.[407]

Mit dem Fokus der PPE definieren RULHOFF ET AL. einen durchgängigen Referenzplanungsprozess für die Serienproduktion, der in den PEP eingeordnet wird und die

[403] Vgl. Rey, J. (2020) Methodik zur hochiterativen Gestaltung von Fertigungsprozessfolgen, S. 76.
[404] Vgl. Rey, J. (2020) Methodik zur hochiterativen Gestaltung von Fertigungsprozessfolgen, S. 52.
[405] Vgl. Rey, J. (2020) Methodik zur hochiterativen Gestaltung von Fertigungsprozessfolgen, S. 104.
[406] Vgl. Thompson, M./Juel Jespersen, I. et al. (2018) Design for manufacturing, S. 118 f.
[407] Vgl. Welge, M./Friedrich, C. et al. (2013) Integration von agilen Methoden, S. 341 ff.

Schnittstellen zwischen PE und PPE fokussiert. Mit Meilensteinen und iterativ durchlaufenden Reifegradphasen wird ein Referenzprozess vorgestellt, auf dem anschließend viele der vorab vorgestellten Ansätze aufbauen und der konkrete Anknüpfungspunkte für diese Arbeit bietet.[408] In ihrer Veröffentlichung thematisieren BRANDL ET AL. die Integration von agilen Methoden in Stage-Gate-basierte Innovationsprozessmodelle und überführen diese in einen Gestaltungsrahmen. Dabei bauen sie auf dem Manufacturing Innovation Management auf und entwickeln dies weiter zu einem konzeptionellen Hybrid Innovation Framework. In den entwickelten sieben zusammenhängenden Systemen werden Themen der Agilitätsbewertungen, Aufbauorganisation, Skalierung, Innovationsprozesse, Ressourcen, Werkzeuge und des Controllings betrachtet, wodurch eine Plattform entsteht, die ein Zielsystem mit der optimalen Balance zwischen Agilität und Planungsorientierung beschreibt. Die Aufteilung der Systeme und damit betrachteten Themengebiete bildet einen relevanten Anknüpfungspunkt für die operative Umsetzung von Methodiken im Bereich dieser Arbeit.[409]

Aus der integrierten PE und PPE kommend stellen ANDERL ET AL. eine integrative Gesamtlösung zur informationstechnischen, kommunikativen und administrativen Unterstützung von SE vor. Analog zum Produktdatenmanagement wird ein Fabrikdatenmanagementsystem aufgesetzt, um die technischen und organisatorischen Prozessketten der Fabrikplanung zu unterstützen und zu harmonisieren. Die Entwicklung eines semantischen Fabrikmodells dient der Integration von domänenspezifischen Anwendungssystemen und der Koordinierung der aufgabenübergreifenden Informationsakquisition und -verbreitung. Das Kernmodell bildet die Grundlage für das Änderungsmanagement zur Unterstützung von parallelen und iterativen Prozessen und betrachtet insbesondere die informatorischen Herausforderungen im Themenbereich der integrierten Entwicklung.[410] Einen weiteren Ansatz aus der integrierten Perspektive stellen GARZANITI ET AL. vor und beschreiben einen hybriden Produktentwicklungsprozess, bei dem agile Arbeitsweisen in einen plangetriebenen Stage-Gate-Prozess integriert werden. Der Produktentwicklungsprozess wird dabei in drei Schichten unterteilt, die die Koordination der Entwicklung, die Aufbau- und Ablauforganisation sowie die (Informations-) Schnittstellen zwischen den Domänen fokussieren.[411]

---

[408] Vgl. Macke, N./Rulhoff, S. et al. (2011) Reference Planning Processes for Series Production, S. 105 - 110.
[409] Vgl. Brandl, F./Kagerer, M. et al. (2018) A Hybrid Innovation Management Framework, S. 1154 ff.
[410] Vgl. Anderl, R./Rezaei, M. (2009) Unterstützung von Concurrent Design und SE, S. 22 ff.
[411] Vgl. Garzaniti, N./Fortin, C. et al. (2019) Toward a Hybrid Agile Product Development Process, S. 191 ff.

Die vorgestellten weiteren Ansätze stellen interessante Anknüpfungspunkte für den Themenkomplex der hochiterativen und integrierten Produkt- und Produktionsprozessentwicklung, erfüllen aber nur einen minimalen Teil der Anforderungen.

3.4 Bewertung der ausgewählten Ansätze

Zur Bewertung der Ansätze werden die in Kapitel 2.4 hergeleiteten Herausforderungen aus der Praxis als Anforderungen an die vorgestellten Lösungskonzepte verwendet. Die Bewertung (vgl. Abbildung 3-6) erfolgt mit Harvey Balls, die den jeweiligen Erfüllungsgrad eines Ansatzes bezüglich einer Anforderung darstellen.

○ nicht erfüllt
◔ kaum erfüllt
◑ teilweise erfüllt
◕ nahezu erfüllt
● voll erfüllt

		Kunden-zentriertheit			Entwicklungs-geschwindigkeit		Kosten-transparenz	
		Integration von sich ändernden Kundenanforderungen über die gesamte Entwicklungsdauer	Innovationswirkung der entwickelten Produkte	Ableitung einer hochiterativen Produktionsprozessentwicklung	Transparenz über wechselseitige Wirkbeziehungen	Integration der hochiterativen Produkt- und Produktionsprozessentwicklung	Identifikation und Bewertung von Informationsasymmetrien	Agile und kontinuierliche Kostenanalyse und -prognose
Klassische Ansätze	GAUSEMEIER ET AL. (2011)	○	◔	◔	◔	◔	◑	○
	KAMPKER ET AL. (2014)	◔	◑	○	◔	◑	◔	◔
	VIELHABER ET AL. (2014)	◔	○	○	◔	◑	◔	◔
	STEIMER & AURICH (2016)	◔	○	○	◕	◔	◕	○
	STOFFELS ET AL. (2016)	◔	◔	◔	◕	◕	○	◔
	MÜLLER ET AL. (2018)	◔	○	○	◔	◑	○	◕
Agile Ansätze	SCHNEIDER ET AL. (2012)	◔	○	◑	◔	◔	○	○
	WIKTORSSON (2014)	◔	○	◕	○	◑	○	◔
	GARTZEN ET AL. (2016)	◕	●	◑	◑	◔	○	○
	SCHUH ET AL. (2017)	◕	◕	◑	○	◕	◑	○
	STEIMER ET AL. (2017)	◔	○	●	◑	◕	◔	○
	JACOB ET AL. (2018)	◑	◕	◑	◑	◑	○	◔
	MOLITOR (2019)	◕	○	◑	◑	◑	◔	◑
	REY (2020)	◔	◔	◑	◕	◑	◑	◕

Abbildung 3-6: Bewertungsübersicht der bestehenden Ansätze

Integration von sich ändernden Kundenanforderungen über die gesamte Entwicklungsdauer

Es zeigt sich, dass keiner der Ansätze alle Anforderungen vollständig erfüllt. Nachfolgend werden entlang der einzelnen Anforderungen die Ansätze mit hohem Erfüllungsgrad hervorgehoben und Defizite in Hinblick auf den Erfüllungsgrad beschrieben.

Viele der vorgestellten klassischen Ansätze berücksichtigen nicht explizit die Kundenzentriertheit, sondern konzipieren Lösungen, die die Dimensionen der Entwicklungsgeschwindigkeit und Kostentransparenz adressieren. KAMPKER ET AL. und

MÜLLER ET AL. berücksichtigen sich ändernde Kundenanforderungen als Motivation für die Entwicklung der Lösung, meist beschränkt auf die frühen Phasen des Entwicklungsprozesses.[412] STEIMER UND AURICH nutzen Kundenanforderungen für die Entwicklung erster Konzeptideen, nicht aber auf eine systematische Weise oder über den gesamten Entwicklungszeitraum.[413] Lediglich der Ansatz von VIELHABER ET AL. betrachtet den gesamten Entwicklungsprozess, integriert aber keine sich ändernden Kundenanforderungen. Die Ansätze von GAUSEMEIER und STOFFELS ET AL. berücksichtigen Kundenanforderungen nicht, jedoch stellen STOFFELS ET AL. ihr Prozessmodell in den Kontext von nachhaltigen Produkten, womit Kundenanforderungen implizit aufgegriffen werden.[414]

Die vorgestellten agilen Ansätze berücksichtigen Kundenanforderungen stärker als die klassischen Ansätze und bieten konkrete Anknüpfungspunkte zur vollständigen Erfüllung der vorgestellten Anforderungen. SCHUH ET AL. nutzen das entwickelte Änderungsmanagement, um sich ändernde Anforderungen über die gesamte Entwicklungsdauer zu integrieren.[415] Kundenzentriertheit ist ein konkreter Fokus in dem von GARTZEN ET AL. vorgestellten Ansatz. Sich ändernde Kundenanforderungen werden in technische Spezifikationen übersetzt und so während des Entwicklungsprozesses berücksichtigt.[416] Es wird jedoch nicht expliziert, inwiefern dies geschieht. MOLITOR berücksichtigt Kundenanforderungen sowohl zu Beginn für die Projektplanung[417], als auch für die Validierung und Bewertung der Prototypen[418]. Somit werden sich ändernde Kundenanforderungen über die Entwicklungsdauer integriert, jedoch nur im Bereich der Montageplanung und Produktentwicklung. In dem Ablaufmodell nach JACOB ET AL. werden Kundenanforderungen von internen wie externen Kunden zu

[412] Vgl. Kampker, A./Burggräf, P. et al. (2014) Integrated Product and Process Development, S. 109; Müller, A./Demke, N. et al. (2018) Lebenszykluskostenbewertungen zur frühzeitigen Produktbeeinflussung im PEP, S. 246.

[413] Vgl. Steimer, C./Aurich, J. (2016) Analysis of Information Interdependencies, S. 461.

[414] Vgl. Stoffels, P./Vielhaber, M. (2016) Decision Support in Product and Production Development, S. 530.

[415] Vgl. Schuh, G./Gartzen, T. et al. (2017) Enabling Agility in Product Development, S. 343.

[416] Vgl. Gartzen, T. (2016) Target-oriented Prototyping in HIPD, S. 22.

[417] Vgl. Molitor, M. (2019) Generative Montageablaufplanung in der HIPE, S. 168.

[418] Vgl. Molitor, M. (2019) Generative Montageablaufplanung in der HIPE, S. 177.

Beginn iterativ aufgenommen, jedoch nur bis zum Entwurf der prinzipiellen Lösung.[419] Die weiteren betrachteten Ansätze nennen die Kundenzentralität als relevanten Bestandteil der Motivation[420], oder abstrahieren Kundenanforderungen zu grundsätzlichen Bauteilanforderungen, die mit Unsicherheiten und Änderungspotenzialen belegt werden[421]. Keiner der vorgestellten Ansätze konzipiert aber die *Aufnahme und systematische Integration der sich kontinuierlich ändernden Kundenanforderungen in den gesamten Entwicklungsprozess von der Produktidee bis zum Start of Production von Produkt und Produktion* vollständig. Dies stellt aber eine zentrale Anforderung für die Praxis dar, damit die Industrialisierung hochiterativ entwickelter Produkte nicht nur punktuell kundenzentriert, sondern *über den gesamten Entwicklungsprozess kundenzentriert* abläuft.

Innovationswirkung der entwickelten Produkte

Die Innovationswirkung der entwickelten Produkte wird zumeist in den vorgestellten Ansätzen vernachlässigt. Vereinzelte Ansätze, insbesondere aus dem agilen Kontext, stechen jedoch heraus und liefern spannende Anknüpfungspunkte für die Zielsetzung dieser Arbeit. Die Innovationswirkung des Produktes steht im Ansatz nach GARTZEN ET AL. sowohl im Fokus der Motivation[422] als auch der Konzeption der Methode, indem die entwickelten Lösungen anhand von Produkt-, Prozess- und Marktunsicherheiten in Innovationskategorien klassifiziert und dementsprechend bewertet und weiterentwickelt werden[423]. SCHUH ET AL. sowie JACOB ET AL. berücksichtigen vermehrt, dass es von zentraler Bedeutung ist, eine Innovation schnell auf den Markt zu bringen, um Kundenanforderungen zu entsprechen, und spannen somit den Bogen zu der Anforderungsdimension der Entwicklungsgeschwindigkeit.[424] Produkt- und Produktionsinnovationen werden im MPA-Ansatz von KAMPKER ET AL. berücksichtigt und durch Flexibilität die Priorisierung dieser ermöglicht. Auch disruptive Innovationen, die eine Wirkung gegenüber den Kunden haben, werden im Ansatz berücksichtig. Es wird jedoch nicht ausdetailliert, inwiefern die Innovationswirkung gegenüber den

[419] Vgl. Jacob, A./Künneke, T. et al. (2018) Iterative Produktentwicklung und Produktionsplanung, S. 742 f.

[420] Vgl. Schneider, S./Fallböhmer, M. et al. (2012) Agile Prozessplanung im PEP, S. 158; Steimer, C./Fischer, J. et al. (2017) Model-based Design Process, S. 163.

[421] Vgl. Rey, J. (2020) Methodik zur hochiterativen Gestaltung von Fertigungsprozessfolgen, S. 50.

[422] Vgl. Gartzen, T. (2016) Target-oriented Prototyping in HIPD, S. 19.

[423] Vgl. Gartzen, T. (2016) Target-oriented Prototyping in HIPD, S. 22.

[424] Vgl. Schuh, G./Gartzen, T. et al. (2017) Enabling Agility in Product Development, S. 342; Jacob, A./Künneke, T. et al. (2018) Iterative Produktentwicklung und Produktionsplanung, S. 742.

Kunden im Entwicklungsprozess relevant ist.[425] Die restlichen Ansätze berücksichtigen die Innovationswirkung unzureichend und fokussieren somit die Kunden nicht. Keiner der vorgestellten Ansätze berücksichtigt die Innovationswirkung der entwickelten Produkte für die Konzeption der Lösung ausreichend. Gerade für den Markterfolg ist die *Innovationswirkung* jedoch von zentraler Bedeutung. Es fehlt den bestehenden Ansätzen insbesondere daran, diese *als klare Anforderung in der Industrialisierung hochiterativ entwickelter Produkte* zu verankern.

Ableitung einer hochiterativen Produktionsprozessentwicklung

Hinsichtlich einer systematischen Ableitung einer hochiterativen PPE geben die klassischen Ansätze wenig Aufschluss. Bis auf GAUSEMEIER ET AL. und STOFFELS ET AL. berücksichtigt keiner der klassischen Ansätze diese Anforderung. GAUSEMEIER ET AL. sehen in ihrem Ansatz vor, Produktionssystemalternativen systematisch zu entwickeln, bewerten und priorisieren[426], STOFFELS ET AL. sehen in der PPE klare Iterationen vor, um eine anforderungsgerechte Entwicklung zu ermöglichen[427].

Die agilen Ansätze fokussieren diesen Aspekt deutlich klarer. So ist das von STEIMER ET AL. vorgestellte V-Modell iterativ angelegt und ermöglicht die systematische Produktionssystementwicklung durch die Aufnahme und Modellierung von Informationen mittels MBSE und SysML.[428] WIKTORSSON entwickelt eine hochiterative PPE, in der die Synthese verschiedener Alternativen einen zentralen Bestandteil ausmacht und einen konkreten Anknüpfungspunkt für die vorliegende Arbeit darstellt. Der Prozess wird jedoch nicht systematisch abgeleitet und ist eher auf konzeptioneller Ebene beschrieben.[429] Die Konzeption einer hochiterativen PPE durch das Aufstellen unterschiedlicher Szenarien findet sich außerdem in dem Ansatz nach SCHNEIDER ET AL.[430]. Weitere Ansätze nutzen systematisch aufkommende Iterations- und Rückschleifen für die PPE, wie der Ansatz nach GARTZEN ET AL., in dem alle Tätigkeiten agil und abhängig vom Unsicherheitsgrad priorisiert werden, um einen Entwicklungsfortschritt zu erzielen. Auf dieser abstrakten Ebene bleibt der Ansatz jedoch und detailliert die hochiterative PPE nicht weiter aus.[431] Die Ansätze nach SCHUH ET AL. und

[425] Vgl. Kampker, A./Burggräf, P. et al. (2014) Integrated Product and Process Development, S. 111 ff.
[426] Vgl. Gausemeier, J. (2011) Integrative development of product and production system, S. 775.
[427] Vgl. Stoffels, P./Vielhaber, M. (2016) Decision Support in Product and Production Development, S. 533.
[428] Vgl. Steimer, C./Fischer, J. et al. (2017) Model-based Design Process, S. 163.
[429] Vgl. Wiktorsson, M. (2014) Consideration of Legacy Structures, S. 27 f.
[430] Vgl. Schneider, S./Fallböhmer, M. et al. (2012) Agile Prozessplanung im PEP, S. 158.
[431] Vgl. Gartzen, T. (2016) Target-oriented Prototyping in HIPD, S. 23.

MOLITOR legen die PPE an einem reifegradbasierten Prototypenprozess aus.[432] Der Ansatz von SCHUH ET AL. ist dabei nur bedingt hochiterativ gestaltet, lässt aber Rückschleifen zu. Der Ansatz von MOLITOR ist zwar hochiterativ angelegt, begrenzt sich aber auf die Montageablaufplanung und umfasst somit nicht die gesamte PPE. Insgesamt wird deutlich, dass keiner der vorgestellten Ansätze eine hochiterative PPE über den gesamten Entwicklungszeitraum systematisch ableitet. Um die Industrialisierung hochiterativ entwickelter Produkte systematisch abzuleiten, fehlt es an einem *iterativ gestalteten Referenzprozess, der die hochiterative Produkt- und Produktionsprozessentwicklung* in einem methodischen Rahmen verbindet und Mechanismen und Werkzeuge nutzt, um diesen Prozess zu detaillieren und anwendbar zu machen.

Transparenz über wechselseitige Wirkbeziehungen

In beinahe allen vorgestellten Ansätzen wird eine Transparenz über wechselseitige Wirkbeziehungen zwischen der PE und PPE erzeugt. In den klassischen Ansätzen stechen insbesondere die Arbeiten von STEIMER UND AURICH sowie STOFFELS ET AL. heraus. In der Analyse von STEIMER UND AURICH wird durch ein Kategorisierungssystem eine Möglichkeit entwickelt, diese Transparenz zu erzeugen. Die Wechselwirkungen werden anhand verschiedener Phasen identifiziert und aus der Produktionssystemplanung in die PE systematisch zurückgeführt.[433] STOFFELS ET AL. entwickeln eine Korrelationsmatrix innerhalb des PEPs, auf der das Prozessmodell für die integrierte Entwicklung aufbaut.[434] Dies wird übergeordnet im PEP betrachtet, nicht weiter detailliert und die Richtungen der Wirkbeziehungen werden nicht unterschieden. In dem von VIELHABER ET AL. vorgestellten Ansatz werden durch eine systematische Analyse und einen Vergleich von Prozessen, Methoden und IT-Tools Diskrepanzen identifiziert, wodurch implizit auch die Wirkbeziehungen beider Domänen analysiert werden. Durch die integrative Ausführung beider Domänen werden Wechselwirkungen über Meilensteine synchronisiert, aber nicht systematisch aufgenommen.[435]

In den vorgestellten Ansätzen aus dem Kontext der agilen Entwicklung sticht hinsichtlich der Transparenz über wechselseitige Wirkbeziehungen der Ansatz nach REY

---

[432] Vgl. Schuh, G./Gartzen, T. et al. (2017) Enabling Agility in Product Development, S. 345; Molitor, M. (2019) Generative Montageablaufplanung in der HIPE, S. 93.

[433] Vgl. Steimer, C./Aurich, J. (2016) Analysis of Information Interdependencies, S. 465; Steimer, C./Aurich, J. (2016) Analysis of Information Interdependencies, S. 463.

[434] Vgl. Stoffels, P./Vielhaber, M. (2016) Decision Support in Product and Production Development, S. 532.

[435] Vgl. Vielhaber, M./Stoffels, P. (2014) Product Development vs. Production Development, S. 256.

heraus. Durch die Aufnahme der Informationsbedarfe wird eine Transparenz über die Wechselwirkungen zwischen Bauteilmerkmal und Fertigungstechnologie hergestellt und durch die iterative Bewertung und Priorisierung von Fertigungsfolgen für die Optimierung des Ergebnisses genutzt.[436] Ausschließlich der *Betrachtungsumfang umfasst nicht die gesamte PE und PPE von Idee bis zum SOP*. JACOB ET AL. berücksichtigen Wechselwirkungen zwischen Produkt und Fertigungsketten insbesondere durch die Modularisierung.[437] Es wird kein systematisches Vorgehen zur Dokumentation der Wechselwirkungen vorgestellt, die Erkenntnisse aus den Wechselwirkungen werden jedoch für die Optimierung von Produkt und Produktionsreihenfolge berücksichtigt, was in Bezug auf die *Anwendbarkeit* des Vorgehens nicht ausreichend ist. Die weiteren Ansätze berücksichtigen die wechselseitigen Wirkbeziehungen eher implizit. Durch die Modellierung in SysML-Modellen sowie die Nutzung von MBSE dokumentieren STEIMER ET AL. alle relevanten Informationen in der integrierten Entwicklung.[438] Im Ansatz von MOLITOR werden durch die Aufnahme der Informationsbedarfe und deren Analyse Rückschlüsse auf wechselseitige Wirkbeziehungen zwischen Produktmodulen und Montageabläufen gezogen. Dies ist jedoch auf den Betrachtungsbereich der Montageablaufplanung restriktiert.[439] Fast alle bestehenden Ansätze identifizieren also wechselseitige Wirkbeziehungen als relevanten Aspekt bei der Industrialisierung hochiterativ entwickelter Produkte. Diese aber in einem Prozess klar zu verorten, Methoden und Vorgehensweisen einheitlich zu definieren, wie diese *Wechselwirkungen identifiziert und analysiert werden, fehlt insbesondere in Bezug auf die Anwendbarkeit auf die gesamte Entwicklungsdauer*.

Integration der hochiterativen PE und PPE

Alle vorgestellten Ansätze betrachten die prozessuale Integration der PE und PPE gemäß der Zielstellung der Arbeit. Auch wenn in den klassischen Ansätzen der hochiterative Kontext meist fehlt, werden Anknüpfungspunkte für die in dieser Arbeit entwickelten Lösung identifiziert.

[436] Vgl. Rey, J. (2020) Methodik zur hochiterativen Gestaltung von Fertigungsprozessfolgen, S. 84.
[437] Vgl. Jacob, A./Künneke, T. et al. (2018) Iterative Produktentwicklung und Produktionsplanung, S. 744.
[438] Vgl. Steimer, C./Fischer, J. et al. (2017) Model-based Design Process, S. 164.
[439] Vgl. Molitor, M. (2019) Generative Montageablaufplanung in der HIPE, S. 95.

Im Rahmen der klassischen Ansätze schlagen STOFFELS ET AL. aufbauend auf einer Korrelationsmatrix Methoden vor, die für die Durchführung der im integrierten Prozessmodell beschriebenen Schritte ausgewählt werden.[440] Außerdem werden Erkenntnisse aus den jeweiligen Entwicklungsphasen zurückgeführt. In dem modularen und integrativen Ansatz nach KAMPKER ET AL. werden die PE und PPE prozessual integriert, was konkrete Anknüpfungspunkte, wie die Rückführungen von Anforderungen aus der Produktion an das Produkt, bietet.[441] Der Ansatz nach MÜLLER ET AL. sieht eine produktionsgerechte Produktgestaltung vor, geht aber nicht detailliert auf die verwendeten Methoden ein, außer die der digitalen Fabrik, in der verschiedene Alternativen modelliert werden. Somit wird eine prozessuale Integration implizit umgesetzt, aber nicht explizit beschrieben.[442]

Die Ansätze aus dem Kontext der agilen Entwicklung liefern mehr Anknüpfungspunkte. Die Integration von PE und PPE nach SCHUH ET AL. wird durch abstrakte Prozesse, Rollen und datenbasierte Methoden gestaltet, wodurch die Entwicklung und das Änderungsmanagement parallel durchgeführt werden.[443] Das Modell nach STEIMER ET AL. nutzt vorgestellte Methoden und Modellierungen für die prozessuale Integration. Meist werden jedoch Produktfunktionen und -anforderungen vorgegeben und das Produktionssystem anschließend ausgelegt. Durch die lösungsunabhängige Dokumentation ermöglicht das Modell jedoch weitaus mehr, indem auch spätere Ideen entwickelten Lösungen zugeordnet werden.[444] Die Doppelhelix nach WIKTORSSON integriert die beiden Domänen mit einem entwickelten Prozess, dessen Schritte aber nicht im Detail beschrieben werden.[445] Die weiteren Ansätze integrieren die beiden Entwicklungsdomänen z.B. durch Rückschleifen[446] oder entwickelte komplexe Methodiken[447]. Jedoch beschreibt keiner der Ansätze ein systematisches, ganzheitliches Vorgehen für die Integration der HIPE und HIPPE, die auf eine iterative

---

[440] Vgl. Stoffels, P./Vielhaber, M. (2016) Decision Support in Product and Production Development, S. 533 f.

[441] Vgl. Kampker, A./Burggräf, P. et al. (2014) Integrated Product and Process Development, S. 111.

[442] Vgl. Müller, A./Demke, N. et al. (2018) Lebenszykluskostenbewertungen zur frühzeitigen Produktbeeinflussung im PEP, S. 247.

[443] Vgl. Schuh, G./Gartzen, T. et al. (2017) Enabling Agility in Product Development, S. 347.

[444] Vgl. Steimer, C./Fischer, J. et al. (2017) Model-based Design Process, S. 165.

[445] Vgl. Wiktorsson, M. (2014) Consideration of Legacy Structures, S. 31.

[446] Vgl. Jacob, A./Künneke, T. et al. (2018) Iterative Produktentwicklung und Produktionsplanung, S. 744.

[447] Vgl. Molitor, M. (2019) Generative Montageablaufplanung in der HIPE, S. 91; Rey, J. (2020) Methodik zur hochiterativen Gestaltung von Fertigungsprozessfolgen, S. 51.

Art und Weise *über die gesamte Entwicklungsdauer* umgesetzt wird. Um die Industrialisierung hochiterativ entwickelter Produkte prozessual zu beschreiben, wird klar, dass es an einem methodischen Rahmen, einem *Referenzprozess* fehlt, der diese Integration beschreibt und gleichzeitig durch ein *Management-Framework* für die Anwender handhabbar gestaltet.

Identifikation und Bewertung von bidirektionalen Informationsasymmetrien

In den klassischen Ansätzen ist die Lösung von STEIMER UND AURICH herauszustellen, die die Wechselwirkungen zwischen beiden Domänen durch ein Kategorisierungssystem identifizieren und anhand von realen und erforderlichen Informationsflüssen bewerten. Dadurch werden Asymmetrien festgestellt und weiterverarbeitet.[448] Dies geschieht jedoch nur in den frühen Phasen der Entwicklung und Planung und nicht über den gesamten Prozess hinweg. VIELHABER ET AL. analysieren keine Wechselwirkungen oder Informationen explizit, stellen jedoch klar heraus, dass Wechselwirkungen in der integrierten Entwicklung vorhanden und bidirektional asymmetrisch sind.[449] GAUSEMEIER ET AL. thematisieren die informatorischen Abhängigkeiten von PE und Produktionsplanung sobald das Produkt in einzelne Module unterteilt worden ist, was einen konkreten Ansatz für die Industrialisierung hochiterativ entwickelter Produkte darstellt.[450]

Im Kontext der agilen Entwicklungsvorgehen nehmen SCHUH ET AL. konkrete relevante Informations- und Datenbedarfe auf und verbinden diese mit Datenquellen, wodurch Informationsasymmetrien identifiziert, nicht aber bewertet werden.[451] In dem Referenzplanungsprozess nach STEIMER ET AL. werden alle Schritte in SysML-Modellen abgebildet, wodurch Informationsbedarfe strukturiert und lösungsunabhängig dokumentiert werden.[452] Dadurch wird die Identifikation von Informationsasymmetrien ermöglicht, wenn auch die Autoren darauf nicht explizit eingehen. Die Informations- und Datenbedarfe werden in der Methodik nach MOLITOR systematisch aufgenommen und in einem UML-Datenmodell strukturiert.[453] Auf Informationsasymmet-

[448] Vgl. Steimer, C./Aurich, J. (2016) Analysis of Information Interdependencies, S. 464.
[449] Vgl. Vielhaber, M./Stoffels, P. (2014) Product Development vs. Production Development, S. 255.
[450] Vgl. Gausemeier, J. (2011) Integrative development of product and production system, S. 774.
[451] Vgl. Schuh, G./Gartzen, T. et al. (2017) Enabling Agility in Product Development, S. 345.
[452] Vgl. Steimer, C./Fischer, J. et al. (2017) Model-based Design Process, S. 164.
[453] Vgl. Molitor, M. (2019) Generative Montageablaufplanung in der HIPE, S. 96.

rien zwischen den Domänen wird nicht explizit eingegangen, sie könnten aber aufbauend auf dem Ansatz identifiziert und bewertet werden. REY nimmt basierend auf den identifizierten Informationsbedarfen einhergehende Unsicherheiten auf und kombiniert diese anhand der identifizierten Wechselwirkungen.[454] Dieser Schritt wird aber in der untersuchten Arbeit nicht explizit durchgeführt. Für die erfolgreiche Industrialisierung hochiterativ entwickelter Produkte fehlt es in der Literatur insbesondere an einheitlichen *Werkzeugen und Methoden in einem Management-Framework*, um die bidirektionalen Informationsasymmetrien systematisch und kontinuierlich zu identifizieren und bewerten.

Agile und kontinuierliche Kostenanalyse und -prognose

Keiner der vorgestellten Ansätze erfüllt die Anforderungen an eine Ermöglichung und Durchführung einer agilen und kontinuierlichen Kostenanalyse und -prognose vollständig. Im Rahmen der Ansätze aus der klassischen Entwicklung ist der Ansatz von MÜLLER ET AL. in den Vordergrund zu stellen. Der Ansatz ist auf die Lebenszykluskostenbewertung in der integrierten PE und PPE fokussiert. Verschiedene Produkt- und Produktionsprozessalternativen werden dabei über den gesamten Lebenszyklus hinsichtlich anfallender Kosten sowie Folgekosten analysiert und prognostiziert. Außerdem werden aus dieser Kostentransparenz proaktive Handlungsempfehlungen für die Alternativen erzeugt, das Vorgehen ist lediglich nicht iterativ.[455] Weitere klassische Ansätze berücksichtigen Kosten entweder nicht, behaupten, dass Kosten durch den Einsatz der Methode reduziert werden[456], oder sehen Kosten als Optimierungskriterium an, um bestehende Produkt- und Produktionskonzepte weiterzuentwickeln[457].

Im Kontext der agilen Ansätze erfüllt der Ansatz von REY die Anforderung am weitgehendsten. Innerhalb der iterativen Methodik werden kontinuierlich wirtschaftliche Sensitivitätsanalysen durchgeführt und Herstellstückkosten unter Unsicherheit berechnet.[458] Damit findet eine agile Kostenanalyse statt, deren Ergebnisse aktiv in die Entwicklung zurückgespielt werden. Durch die Analyse der Kosten unter Unsicherheiten und die Analyse der Robustheit der Kosten und Fertigungsprozessfolgen, wird

[454] Vgl. Rey, J. (2020) Methodik zur hochiterativen Gestaltung von Fertigungsprozessfolgen, S. 51.

[455] Vgl. Müller, A./Demke, N. et al. (2018) Lebenszykluskostenbewertungen zur frühzeitigen Produktbeeinflussung im PEP, S. 246.

[456] Vgl. Kampker, A./Burggräf, P. et al. (2014) Integrated Product and Process Development, S. 111.

[457] Vgl. Vielhaber, M./Stoffels, P. (2014) Product Development vs. Production Development, S. 256; Stoffels, P./Vielhaber, M. (2016) Decision Support in Product and Production Development, S. 533.

[458] Vgl. Rey, J. (2020) Methodik zur hochiterativen Gestaltung von Fertigungsprozessfolgen, S. 104 ff.

ein konkreter Anknüpfungspunkt für eine agile Kostenprognose gesetzt.[459] In dem Ansatz von MOLITOR sind Kosten durchgängig im Betrachtungsfokus. Es werden eine Kostenplanung und -kalkulation im ersten Modul vorgesehen[460], Kostensätze im Montagerekorder berechnet und ausgegeben[461] und ein kontinuierliches Kostentracking konzipiert.[462] Eine konkrete Kostenprognose wird nicht erwähnt. In weiteren Ansätzen werden Kostenanalysen mitlaufend bewertet[463], teilweise werden jedoch nur einzelne Kostenarten, wie z.B. Fertigungskosten[464], betrachtet. In Bezug auf die erfolgreiche Industrialisierung hochiterativ entwickelter Produkte sind die hier vorgestellten Ansätze nicht ausreichend. Es fehlt an einheitlichen Berechnungslogiken, einem Vorgehen und damit einhergehenden Werkzeugen, die in einem Management-Framework für die Industrialisierung hochiterativ entwickelter Produkte eingeordnet und somit für die Umsetzung greifbar gemacht werden.

3.5 Forschungsdefizit und Handlungsbedarf

Aus den Kapiteln 3.1, 3.2 und 3.3 wird ersichtlich, dass zahlreiche Lösungsansätze für die Industrialisierung hochiterativ entwickelter Produkte existieren. Im Abgleich mit dem in Kapitel 2.5 hergeleiteten Handlungsbedarf aus der Praxis wird jedoch in Kapitel 3.4 deutlich, dass die Ansätze zwar teilweise in einzelnen Aspekten praktikable Lösungen und Anknüpfungspunkte bieten, in Summe aber die für die Industrialisierung notwendige Aspekte nicht oder nicht ausreichend adressieren. Defizite bestehen insbesondere in dem kundenzentrierten, iterativen Vorgehen über die gesamte Entwicklungszeit und in der konsequenten Umsetzung einer parallelen und integrierten Entwicklung zur Erhöhung der Entwicklungsgeschwindigkeit und Kostentransparenz. Die vorgestellten Prozessmodelle von GAUSEMEIER ET AL. und STOFFELS ET AL. stellen eine Grundlage für die Integration von Produkt- und Produktionsprozessentwicklung bereit und betrachten eine Vielzahl der adressierten Anforderungen. Jedoch mangelt es bei den Ansätzen zum einen an der Kundenzentriertheit, da die Modelle nicht iterativ ausgelegt sind, und zum anderen einer konsequenten Kollaboration zwi-

[459] Vgl. Rey, J. (2020) Methodik zur hochiterativen Gestaltung von Fertigungsprozessfolgen, S. 89 ff.
[460] Vgl. Molitor, M. (2019) Generative Montageablaufplanung in der HIPE, S. 109.
[461] Vgl. Molitor, M. (2019) Generative Montageablaufplanung in der HIPE, S. 179.
[462] Vgl. Molitor, M. (2019) Generative Montageablaufplanung in der HIPE, S. 170.
[463] Vgl. Wiktorsson, M. (2014) Consideration of Legacy Structures, S. 30.
[464] Vgl. Jacob, A./Künneke, T. et al. (2018) Iterative Produktentwicklung und Produktionsplanung, S. 744.

schen den Domänen. Trotz dessen zeigt sich, dass die *Referenzmodellentwicklung einen relevanten Teil zur Erfüllung der Anforderungen* darstellt. Der Ansatz von SCHUH ET AL. betrachtet ein ganzheitliches Änderungsmanagement in Bezug auf Produkt- und Produktionsprozessentwicklung und entwickelt Prozesse, Methoden und Rollen, die die integrierte Entwicklung untermauern. Durch den vorgeschlagenen reifegradbasierten Prototypenprozess werden die einzelnen Aufgaben im Änderungsmanagement systematisch strukturiert, ebenso wie im Ansatz von MOLITOR. Dieser beschränkt sich jedoch auf die Montageablaufplanung und ist somit nicht weit genug gefasst, um die Zielstellung der Industrialisierung hochiterativ entwickelter Produkte zu lösen. Der Ansatz nach REY erfüllt als einziger der vorgestellten Ansätze alle Anforderungen zu Teilen, da der Betrachtungsfokus auf die Gestaltung von Fertigungsprozessfolgen und die Vernachlässigung von weiten Teilen der Produktionsprozessentwicklung reduziert ist.

Die vorgestellten Ansätze beziehen sich häufig nur auf die frühen Phasen des Entwicklungsprozesses oder einen Teil der Produktionsprozessentwicklung und sind daher im Rahmen der Anforderungen aus der Praxis nicht ausreichend detailliert. Darüber hinaus sind viele der vorgestellten Ansätze auf einzelne Fragestellungen der Industrialisierung, wie z.B. die Kundenintegration, die Analyse von informatorischen Abhängigkeiten und Wechselwirkungen oder die Kostenanalyse und -prognose begrenzt. Die Forderung nach einer Lösung, die die Anforderungen nach Kundenzentriertheit, Entwicklungsgeschwindigkeit und Kostentransparenz differenziert betrachtet und vollständig erfüllt, bleibt ebenfalls als Forschungsdefizit bestehen. Weiter werden laufend Prozesse, Methoden und Werkzeuge angedacht, die zur Durchführung der Methodiken genutzt werden sollen, es wird jedoch nicht darauf eingegangen, inwiefern diese Prozesse genau ablaufen, welche Methoden oder Werkzeuge wann oder von wem genutzt werden oder wie die vorgeschlagenen Prozesse ablaufen und getrackt werden. Übergeordnet fehlt es den Ansätzen also an einem *systematisch hergeleiteten Referenzprozess für die Industrialisierung hochiterativ entwickelter Produkte von der Produktidee bis zum Start of Production, der durch ein Management-Framework* mit Prozessen, Werkzeugen und Rollen anwendbar detailliert ist.

Damit ergeben sich in Hinblick auf die in Kapitel 1.2 formulierte Zielsetzung dieser Arbeit folgende Anforderungen aus der Theorie:

- Entwicklung eines iterativ gestalteten Referenzprozesses zur Industrialisierung hochiterativ entwickelter Produkte
- Anwendbarkeit des Referenzprozesses auf die gesamte Entwicklungsdauer von der Produktidee bis zum SOP sowie auf die gesamte PPE
- Aufbau eines Management-Frameworks zur Durchführung des entwickelten Referenzprozesses

4 Konzeption der Methodik

Dieses Kapitel dient zur Konzeption des Referenzprozesses für die Industrialisierung hochiterativ entwickelter Produkte. Durch die hochiterative und integrierte Gestaltung der PE und PPE soll eine beschleunigte, kosteneffiziente und kundenzentrierte Entwicklung von erfolgreichen Innovationen ermöglicht werden. Dafür fasst Kapitel 4.1 die inhaltlichen und formalen Anforderungen an die Methodik zusammen. Kapitel 4.2 stellt die Kernidee der Arbeit vor. Daraus folgt die Entwicklung des Lösungskonzepts, das in Kapitel 4.3 beschrieben wird. In Kapitel 4.4 werden letztlich die zentralen Elemente des Konzepts und die damit einhergehenden Potenziale zusammengefasst.

4.1 Anforderungen an die Industrialisierung hochiterativ entwickelter Produkte

Zur zielgerichteten Konzeption des Lösungsansatzes dienen inhaltliche und formale Anforderungen. Die inhaltlichen Anforderungen beschreiben die Aufgabenstellung, die durch die Methodik zu lösen ist. Sie ergeben sich aus der in Kapitel 1.2 dargestellten Zielstellung, dem Handlungsbedarf aus der Praxis aus Kapitel 2.4 sowie dem Handlungsbedarf aus der Theorie in Kapitel 3.5. Die formalen Anforderungen dienen zur Sicherstellung der Richtigkeit und Anwendbarkeit der erarbeiteten Methodik.

4.1.1 Inhaltliche Anforderungen

Aus dem **Ziel der Arbeit**, einen anwendungsorientierten Referenzprozess für die Industrialisierung hochiterativ entwickelter Produkte zur kundenzentrierten, schnellen und kosteneffizienten Industrialisierung zu entwickeln, lassen sich drei Anforderungen ableiten: Die erste Anforderung besteht in dem Aufbau einer Methodik für anwendungsorientierte Referenzprozesse für die Industrialisierung. Daraus resultiert, dass das Ergebnis dieser Arbeit ein generischer Referenzprozess sein soll, der sich auf spezifische Entwicklungsobjekte und -aufgaben anwenden lässt. Aus dem Ziel der

Kundenzentrierung leitet sich ab, dass die Methodik iterativ ablaufen muss, um so jederzeit sich ändernde externe Kundenanforderungen, sowie interne, aus der integrativen Entwicklung stammende Anforderungen, aufzunehmen und zu verarbeiten. Mit dem Ziel der Reduktion der Entwicklungszeit und der kostenminimalen Entwicklung geht einher, dass der Referenzprozess aufwandsorientiert ausgelegt sein soll.

Die **Anforderungen aus der Praxis** leiten sich aus den Herausforderungen ab, die mit einer erfolgreichen Platzierung einer Innovation auf dem Markt einhergehen. Diese unterteilen sich in die Integration sich ändernder Kundenbedürfnisse, der Geschwindigkeit der Industrialisierung sowie der Transparenz über Kostenpotenziale und wurden bereits in Kapitel 3.3 zur Bewertung der bestehenden wissenschaftlichen Ansätze herangezogen. Sie sollen eine kundenzentrierte, schnelle und kostenminimale Industrialisierung hochiterativ entwickelter Produkte gewährleisten. Dafür sind die Parallelisierung, Kollaboration und Integration der beiden Entwicklungsdomänen hin zu einer hochiterativen und integrierten Produkt- und Produktionsprozessentwicklung (HIP^{3}E) notwendig. Die Anforderungen sind in Abbildung 4-1 zusammengefasst (vgl. Anforderungen i-vii).

Dazu müssen zunächst die Voraussetzungen geschaffen werden, um die Kundenzentriertheit sowie die Kosten- und Geschwindigkeitsziele zu erreichen. Diese bestehen darin, neben der HIPE ebenfalls die Produktionsentwicklung hochiterativ zu gestalten. Dadurch werden die Kundenanforderungen kontinuierlich in den Entwicklungsprozess integriert. Weiter gilt es, die nun beide hochiterativen Prozesse vollständig zu parallelisieren zur Erhöhung der Geschwindigkeit von einer Invention zur Innovation. Dies geht mit der Erzeugung von Transparenz über wechselseitige Wirkbeziehungen in der parallelen, reifegradbasierten Entwicklung von Produkt und Produktionsprozessen einher.

Integration von Kundenbedürfnissen entlang des gesamten Entwicklungsprozesses: Für eine langfristig umsetzbare Integration von Kundenbedürfnissen in der Industrialisierung hochiterativ entwickelter Produkte bedarf es einer Beschreibung der Implikationen auf den bestehenden Industrialisierungsprozess (vgl. Kapitel 2.2) und damit einhergehend die Beschreibung der Integration der sich ändernden Kundenanforderungen über den gesamten Entwicklungsprozess (i). Aufbauend darauf ist es notwendig, die Innovationswirkung der entwickelten Produkte zu berücksichtigen (ii), um die Marktfähigkeit sicherzustellen. Abschließend gilt es für die umfängliche Integration der Kundenanforderungen, nicht nur die PE, sondern im Industrialisierungsprozess ebenfalls die PPE hochiterativ zu gestalten. Daher ist eine systematische Ableitung eines Konzepts für eine HIPPE (iii) erforderlich.

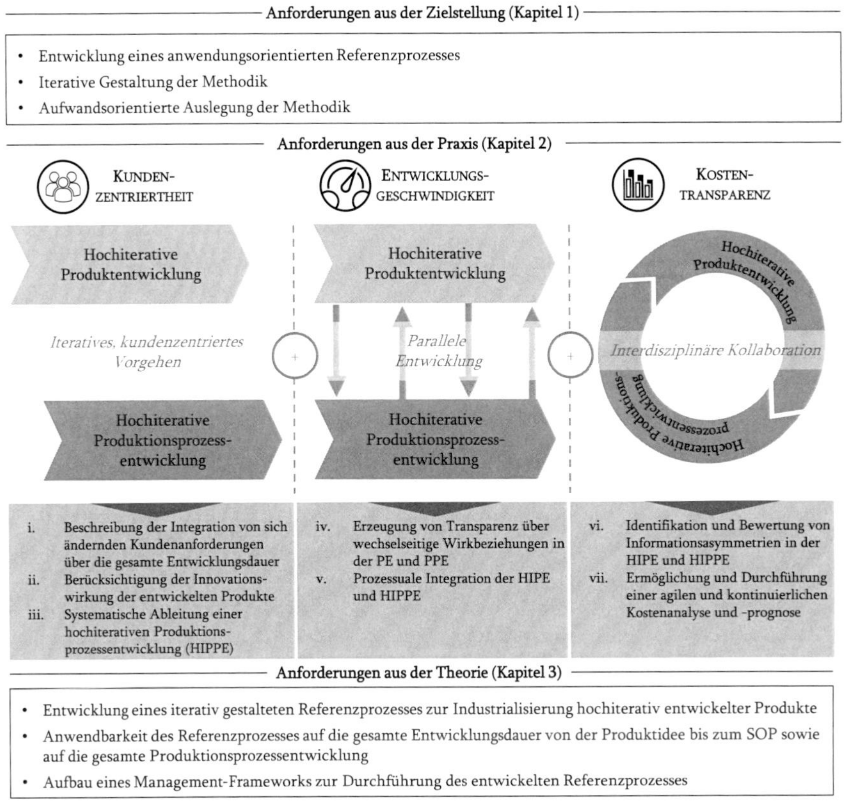

Abbildung 4-1: Inhaltliche Anforderungen an die Methodik

Systematische Erhöhung der Geschwindigkeit in der Industrialisierung: Um darüber hinaus nicht nur kundenzentrierte Produkte auf den Markt zu bringen, sondern diese schnell zu industrialisieren, muss eine Transparenz über die wechselseitigen Wirkbeziehungen zwischen der PE und PPE geschaffen werden (iv). Darauf aufbauend gilt, die prozessuale Integration der beiden Domänen hin zur HIP³E zu schaffen (v).

Auflösung der komplexen, bidirektionalen Informationsasymmetrien zur Erzeugung von Transparenz über Kostenpotenziale: Für einen erfolgreichen Markteintritt bedarf es neben der Kundenzentrierung und der hohen Geschwindigkeit von Idee zu Einführung ebenfalls einer kostenminimalen Industrialisierung. Um das zu ermöglichen ist, es relevant, zunächst die komplexen und bidirektionalen Inforamtionsasymmetrien zwischen beiden Domänen zu identifizieren und zu bewerten (vi). Auf dieser Basis müssen eine agile und kontinuierliche Kostenanalyse und -prognose ermöglicht werden (vii), um alle Kostenpotenziale im gesamten Entwicklungsprozess aufzudecken und dadurch das Produkt und die Produktion kostenminimal zu gestalten.

Die in Kapitel 3 vorgestellten Ansätze liefern bereits Vorarbeiten zu den genannten Anforderungen. Im Kern fehlt es den Methoden an einem generischen Referenzprozess, der es ermöglicht, die integrierte Entwicklung bei gleichzeitiger Sicherstellung der Anwendbarkeit im gesamten Entwicklungsprozess hochiterativ zu gestalten. Zwar gibt es Ansätze, die Teilaspekte dieser Anforderungen betrachten, allerdings vernachlässigen diese zumeist die Anforderung der Anwendbarkeit in der gesamten PE und PPE. Dieser Aspekt soll durch den Aufbau eines Management-Frameworks adressiert werden, das die konkrete Durchführung der HIP³E inklusive Rollen, Werkzeuge, Key Performance Indikatoren (KPI's) und Leitlinien unterstützt. Aus den gesammelten Aspekten ergeben sich die in Kapitel 3.5 hergeleiteten **Anforderungen aus der Theorie**.

4.1.2 Formale Anforderungen

Methodiken sind als System zusammengehöriger Modelle, Methoden und Hilfsmittel zur Lösung einer konkreten Aufgabenstellung definiert.[465] Gute Modelle zeichnen sich gemäß PATZAK durch die Erfüllung der nachfolgenden Anforderungen aus, die im Rahmen dieser Arbeit als formale Anforderungen gestellt werden.[466]

Empirische Richtigkeit: Das Modell soll einen möglichst hohen Bezug zur Realität aufweisen. Dies wird durch eine gute Übereinstimmung zwischen Modellverhalten und Beobachtungen des realen Systems realisiert. Abhängig von der Bandbreite der als richtig zugelassenen Aussagen wird die Genauigkeit bestimmt. Die Sicherheit beschreibt die Wahrscheinlichkeit, dass getroffene Aussagen in der Realität zutreffen.

---

[465] Vgl. Laufenberg, L. (1996) Methodik zur integrierten Projektgestaltung für die situative Umsetzung des Simultaneous Engineering, S. 6 f.

[466] Vgl. Patzak, G. (1982) Systemtechnik - Planung komplexer innovativer Systeme, S. 309 f.

Formale Richtigkeit: Das Modell soll grundsätzlich in sich widerspruchsfrei sein und gleichzeitig nach Möglichkeit quantitativ Ergebnisse liefern. Relevant dabei ist, dass die Aussagen wiederholbar und nachprüfbar sind.

Produktivität: Das Modell soll zweckbezogen sein und somit inhaltlich und formal verarbeitbare Antworten auf spezifische Fragestellungen liefern.

Handhabbarkeit und geringer Aufwand: Die Anwendung des Modells und Interpretation der Ergebnisse sollen benutzerfreundlich gestaltet sein. Gleichzeitig ist der Aufwand für die Erstellung und Durchführung des Modells möglichst gering zu halten.

Die ersten drei Anforderungen stehen mit der Handhabbarkeit und dem geringen Aufwand in einem Konflikt. Modelle stellen grundsätzlich einen Kompromiss der genannten Anforderungen dar.[467] Gleichzeitig stellt der geringe Aufwand auch eine inhaltliche Anforderung an die Methodik dar.

4.2 Kernidee der Arbeit

Drei wesentliche Lösungshypothesen bestimmen die Konzeption einer Methodik zur Industrialisierung hochiterativ entwickelter Produkte.

Kundenintegration durch eine konsequent hochiterative und hypothesenbasierte Lösung

Zur durchgängigen Kundenintegration in den Entwicklungsprozess systemischer Produkte bedarf es einer konsequent ausgeführten hochiterativen Entwicklungsmethodik (vgl. Kapitel 2.4.1). Hochiterative Entwicklungsvorgehen sind in der Theorie und Praxis bereits verbreitet und durch zahlreiche Ansätze vertreten (vgl. Kapitel 2.3). Da diese Ansätze aber zumeist nicht konsequent umgesetzt und häufig rein auf die PE bezogen werden, gilt es zu zeigen, warum trotzdem eine hochiterative Lösung notwendig ist und wie dies zu der geforderten Kundenintegration führt. Häufig erhöht ein agiles Vorgehen die Komplexität der Entwicklungsaufgabe, da im Gegensatz zu einem sequenziellen Ansatz häufig keine Entscheidungen unter Unsicherheit getroffen werden und der Lösungsraum kontinuierlich größer wird (vgl. Kapitel 2.1.2). Dass hochiterative Ansätze flexibler sind und dass sie die vorherrschende Komplexität einer Entwicklungsaufgabe sogar reduzieren, ist z.B. im Bereich der Himmelsmechanik zu sehen. In der Störungstheorie werden Gestaltungs- und Auslegungsaufgaben von

[467] Vgl. Patzak, G. (1982) Systemtechnik - Planung komplexer innovativer Systeme, S. 310.

Flugzeugen in Probleme erster, zweiter und dritter Ordnung zerlegt. Mit diesem Prinzip wird sichergestellt, dass der Schwerpunkt in einer Entwicklungsaufgabe stets auf dem relevanten notwendigen Detaillevel liegt und Detailbetrachtungen erst vorgenommen werden, wenn die Funktionalitäten oder vorangehende Anforderungen sichergestellt werden.[468] Um hochiterative Entwicklungsmethodiken in der Praxis erfolgreich umzusetzen und eine kontinuierliche Kundenintegration sicherzustellen, gilt es, analog zur Störungstheorie eine neue Vollständigkeit zu definieren. Entwicklungsfortschritte müssen insbesondere im hochiterativen Kontext auf Basis hoher Unsicherheiten erzielt werden, was entgegen der menschlichen Natur ist. Bei der hochiterativen Entwicklung ist es notwendig, den Umfang der Probleme und Prototypen auf ein Detaillevel anzupassen, auf dem Entscheidungen getroffen werden. Bei der sequenziellen Entwicklung wird kein Entwicklungsfortschritt erzielt, wenn Informationen fehlen, obwohl die Detailinformationen zu diesem Zeitpunkt der Entwicklung eigentlich nicht relevant sind. Mit der neu definierten Vollständigkeit in Anlehnung an die Störungstheorie und einem hochiterativen und hypothesenbasierten Entwicklungsvorgehen wird diese Herausforderung aufgelöst und der Mehrwert der hochiterativen Ansätze wird gehoben. Die Entwicklungsaufgabe wird in Probleme erster, zweiter und höherer Ordnungen unterteilt, um zunächst das systemische Produkt gesamtheitlich auszulegen, bevor Lösungen auf das Zehntel genau definiert werden. Damit geht eine neue Vollständigkeit einher, mit der allen beteiligten Ressorts der Anspruch auf die klassische Vollständigkeit entzogen wird und Hypothesen eingeführt werden. Somit wird jede Entscheidung begründbar gemacht, auch wenn bestimmte Informationen nicht vorliegen und Unsicherheiten bestehen. Mittels des hochiterativen und hypothesenbasierten Entwicklungsvorgehens werden somit die Wissenslücke vorzeitig geschlossen, Unsicherheiten überwunden und gleichzeitig unterschiedliche Veränderungen von innen und außen einbezogen.

Erhöhung der Geschwindigkeit (Time to Market) durch eine integrierte Lösung

Die Industrialisierung systemischer Produkte ist nur durch die Kombination aus PE und PPE möglich (vgl. Kapitel 2.1.1). Durch den hochiterativen Ansatz wird eine Kundenintegration ermöglicht, die auf dem Ansatz der HIPE aufbaut (vgl. Kapitel 2.3). Mit dem Ziel der Industrialisierung wird gleichzeitig eine hochiterative Produktions-

[468] Vgl. Holmes, M. (2013) Introduction to Perturbation Methods, S. 1 ff.

prozessentwicklung (HIPPE) (Vgl. Kapitel 5.1.1) notwendig, um so auch allen Aspekten der Industrialisierung gerecht zu werden. Weder die HIPE noch die HIPPE sind ohne die Integration der anderen Disziplin durchzuführen mit dem Ziel, ein systemisches Produkt erfolgreich zu industrialisieren. Die derzeitigen Grenzen der HIPE lassen sich darin begründen, dass zwar die PE hochiterativ gestaltet wird, anschließend jedoch ein Design Freeze folgt, auf dem die PPE aufbaut. Jegliche Synergien zwischen PE und PPE werden somit vernachlässigt und Anforderungen einseitig von der PE vorgegeben. Rückfragen oder Herausforderungen sowie Änderungen an bestehenden Annahmen führen zu einem aufwendigen und langsamen Änderungsmanagement, bei dem die PE reaktiv mit kleinem Spielraum Änderungen vornimmt (vgl. Kapitel 2.4.2). Daher ist die Integration der hochiterativen und hypothesenbasierten PE und PPE notwendig, um diese Synergien zu schöpfen und gleichzeitig die Geschwindigkeit der Entwicklung zu erhöhen. Durch ein hypothesenbasiertes Vorgehen werden so komplexe bidirektionale Zusammenhänge systematisch aufgenommen, unterschiedliche Kombinationen geprüft und nicht darstellbare Konzepte schnell verworfen – gemäß dem Prinzip „fail fast – learn faster“. Die hochiterative und integrierte Produkt- und Produktionsprozessentwicklung (HIP³E) stellen somit die zentrale Lösungshypothese im Rahmen der Industrialisierung hochiterativ entwickelter Produkte dar.

Transparenz über Kosten durch die Nutzung von Synergien mittels einer kollaborativen Lösung

Durch die hochiterative, hypothesenbasierte und integrierte Produkt- und Produktionsprozessentwicklung wird die Kostenanalyse im Vergleich zu klassischen, sequenziellen Entwicklungsprojekten deutlich komplexer (vgl. Kapitel 2.4.3). Der Ansatz der hypothesenbasierten Entwicklung ermöglicht es jedoch, eine Transparenz über Unsicherheiten und Annahmen im gesamten Entwicklungsprozess zu schaffen. Dies ist über die kollaborative Integration der beiden Entwicklungsdomänen der PE und PPE möglich. Basierend auf der neu definierten Vollständigkeit werden alle relevanten Datenpunkte zu allen gleichzeitig hochiterativ entwickelten, integrierten Produkt- und Produktionsprozesshypothesen aufgenommen. Mit der Analyse der Wechselwirkungen zwischen den Hypothesen werden Kosten identifiziert, analysiert und Trends erkannt. Somit wird eine Transparenz über Kosten in frühen Entwicklungsphasen geschaffen und Designentscheidungen werden frühzeitig für eine kostenminimale Industrialisierung berücksichtigt. Aufgrund der wachsenden Komplexität der Hypothesen über den Entwicklungsverlauf, die mögliche Vielzahl an Hypothesen und den damit einhergehenden Datenmengen sowie Analyseaufgaben ist diese Kostentransparenz nur durch ein digitales Unterstützungssystem zu erzielen.

4.3 Grobkonzept für die Industrialisierung hochiterativ entwickelter Produkte

Das Grobkonzept der Arbeit gliedert sich in vier Modelle, die schrittweise die zur Durchführung der HIP³E erforderlichen Elemente sowie den Referenzprozess herleiten.[469] Für die Industrialisierung hochiterativ entwickelter Produkte ist die Durchführung der HIP³E anhand eines Referenzprozesses, der in einem Management-Framework eingebettet ist notwendig, um den vielseitigen Herausforderungen und Anforderungen aus der Zielsetzung, Praxis und Industrie zu begegnen und eine anwendbare Lösung für Unternehmen zu entwickeln. Der Referenzprozess ist in das St. Galler Management-Modell nach RÜEGG-STÜRM ET AL.[470] eingegliedert (vgl. Abbildung 4-2). Der Referenzprozess unterteilt sich demnach in einen normativen Orientierungsprozess, einen strategischen Entwicklungsprozess und einen operativen Koordinationsprozess und wird durch ein übergreifendes Management-Framework ummantelt.

Der normative Orientierungsprozess dient zur Klärung der normativen Grundlagen der organisationalen Tätigkeit. Des Weiteren gilt der normative Orientierungsprozess als zentraler Bezugspunkt für die Legitimierung der organisationalen Wertschöpfung. Dafür werden Gestaltungsrichtlinien vorgegeben, die beschreiben, auf welche Weise die strategischen und operativen Entscheidungsprozesse einer Organisation im Unternehmen ablaufen. Im Zuge der HIP³E wird dafür zunächst die HIPPE beschrieben, bevor die Gestaltungsrichtlinien für die integrierte und hypothesenbasierte Entwicklung im Rahmen der HIP³E hergeleitet werden. Das zugrundeliegende Beschreibungsmodell wird in Kapitel 4.3.1 detailliert.

---

[469] Folgende Vorarbeiten und Konzeptideen der Autorin verdeutlichen den Weg der Lösungskonzeption: Vgl. Wlecke, S./Prote, J.-P. et al. (2019) Concept for the industrialization of physical products in the highly iterative product development; Schuh, G./Prote, J.-P. et al. (2020) Concept for the cost prognosis in the industrialization of highly iteratively developed physical products; Schuh, G./Guetzlaff, A. et al. (2021) Management Framework for the HIP³D; Wlecke, S./Gützlaff, A. et al. (2021) Reducing Time-To-Market in the HIP³D; Schuh, G./Gützlaff, A. et al. (2022) Agile and Continuous Cost Analysis and Forecasting in the HIP³D.

[470] Vgl. Rüegg-Stürm, J./Grand, S. (2020) Das St. Galler Management-Modell, S. 76 f.

Der strategische Entwicklungsprozess definiert die langfristige Ausrichtung einer Organisation. Im Hinblick auf sich ändernde Kundenanforderungen sowie durch das Aufkommen neuer Entwicklungstrends fokussiert dieser Prozess eine ausgeprägte Reaktionsfähigkeit auf Veränderungen jeglicher Art. In Bezug auf die HIP³E wird der strategische Anteil dieses Prozesses durch die Parallelisierung der HIPE und HIPPE systemischer Produkte eingeschränkt und das Reifegradmodell der HIP³E mit dem Ziel der Reduktion der Time-to-Market sowie die damit einhergehenden Wechselwirkungen erklärt. Das Erklärungsmodell wird in Kapitel 4.3.2 detailliert.

Der operative Koordinationsprozess beschreibt die operativ ablaufenden Tätigkeiten im Unternehmen. Dazu zählen bspw. die unmittelbare Bewältigung und Stabilisierung des Alltagsgeschäfts mit direktem Bezug zur effizienten Nutzung knapper Ressourcen. Im Kontext der HIP³E ist ein Entscheidungsmodell zur Kollaboration notwendig, um verschiedene Priorisierungs- und Abstimmungsprozesse mit verschiedenen Entscheidungen im Prozess zu definieren und so eine Kostentransparenz und -reduktion zu ermöglichen. Neben der Kollaboration sind somit auch eine kontinuierliche und agile Kostenanalyse und -prognose mit in den Koordinationsprozess einzubinden. Das Konzept des Entscheidungsmodells wird in Kapitel 4.3.3 detailliert.

Schließlich wird in einem Management-Framework die Durchführung der vorab hergeleiteten Elemente im HIP³E Referenzprozess aufgezeigt und mit einem Rollenmodell, KPIs, Werkzeugen und Gestaltungsrichtlinien auf prozessualer Ebene verbunden. Das Konzept des Gestaltungsmodells wird in Kapitel 4.3.4 detailliert.

Im Folgenden werden die Teilmodelle der HIP³E für die Industrialisierung hochiterativ entwickelter Produkte charakterisiert und der Zusammenhang der Teilaspekte zum Gesamtzusammenhang der Arbeit hergestellt. Die einzelnen Modelle werden in Kapitel 5 ausführlich dargestellt.

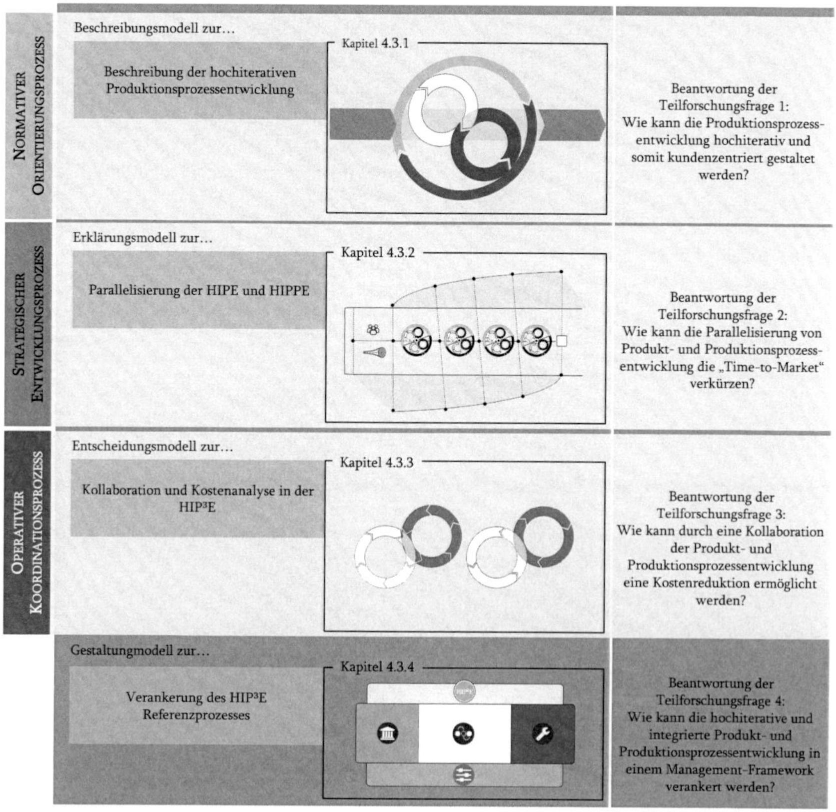

Abbildung 4-2: Grobkonzept für die Industrialisierung hochiterativ entwickelter Produkte

4.3.1 Beschreibung der HIP³E

Die Herleitung und Identifikation der Merkmale der HIPPE bilden die methodische Grundlage für die HIP³E mit dem Ziel der erfolgreichen Industrialisierung hochiterativ entwickelter Produkte. Dabei gilt es, deren Merkmale aufbauend auf den Charakteristika der HIPE zu identifizieren, anzupassen und auf den Betrachtungsbereich der PPE zu erweitern. Um die PPE hochiterativ und kundenzentriert zu gestalten, wird neben den Merkmalen ein Gestaltungsrahmen benötigt, der aus Gestaltungsrichtlinien für die Industrialisierung hochiterativ entwickelter Produkte besteht. Der Abschnitt ist daher in zwei Teilbereiche gegliedert, die Herleitung der Merkmale zur

Beschreibung der HIPPE und der Ableitung des normativen Orientierungsprozesses der HIP³E (vgl. Abbildung 4-3).

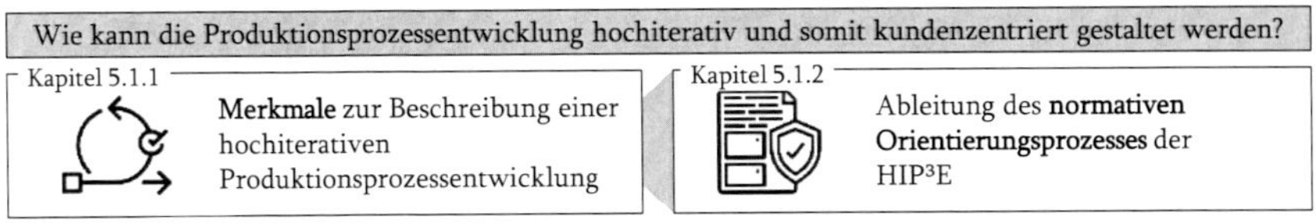

Abbildung 4-3: Konzept zur hochiterativen und kundenzentrierten Produktionsprozessentwicklung

Im ersten Schritt werden die **Merkmale** zur Beschreibung einer HIPPE mittels einer **systematischen Literaturrecherche** hergeleitet. Die identifizierten Merkmale werden so bestimmt, dass die im Rahmen der HIP³E folgende Integration und Kollaboration der PE und PPE berücksichtigt wird. Anschließend wird ein **Gestaltungsrahmen** auf Basis der Merkmale hergeleitet, der **aus Gestaltungsrichtlinien** für eine Industrialisierung hochiterativ entwickelter Produkte sowie des übergeordneten, **normativen Orientierungsprozesses** besteht. Dafür werden die Merkmale der HIPE und HIPPE miteinander verwoben und ausgehend auf diesen sowie den Gestaltungsrichtlinien der Gestaltungsrahmen abgeleitet. Die Gestaltungsrichtlinien sowie der normative Orientierungsprozess sind dabei generisch gestaltet, um auf jegliche Entwicklungsaufgabe systemischer Produkte angewendet und individualisiert zu werden.

4.3.2 Reifegradmodell für die HIP³E

Im nächsten Schritt erfolgt die Entwicklung des Reifegradmodells für die HIP³E. Dafür gilt es zunächst, auf Basis der neu definierten Vollständigkeit im Kontext der HIP³E (vgl. Kapitel 4.2) mittels einer systematischen Analyse der HIPE und HIPPE notwendige Reifegradstufen zu identifizieren. In der anschließenden Herleitung und Ausdetaillierung des Reifegradmodells werden die Reifegradstufen durch eine Interaktionsebene verbunden, in der die Wechselwirkungen zwischen den Entwicklungsdomänen erklärt und das Vorgehen im Modell mit einem Methodenkatalog detailliert werden. Das Konzept des Reifegradmodells ist in Abbildung 4-4 dargestellt.

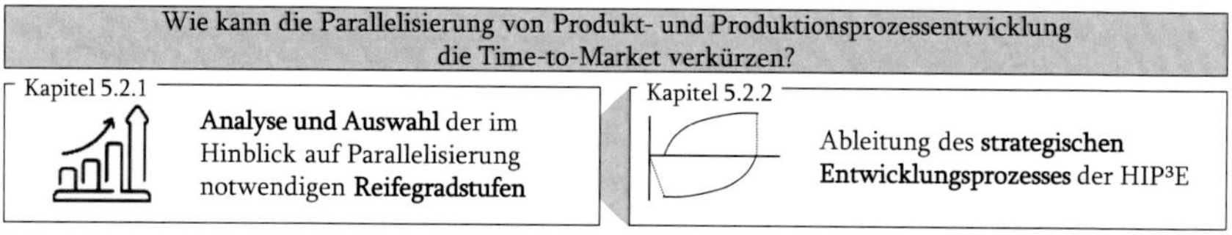

Abbildung 4-4: Konzept des Reifegradmodells für die HIP³E

Für die Analyse und Auswahl der in Hinblick auf die Parallelisierung notwendigen Reifegradstufen werden die Grundlagen der Industrialisierung (vgl. Kapitel 2.1.2), insbesondere die hochiterativen Ansätze, genutzt und mit dem Gestaltungsrahmen der HIP³E (vgl. Kapitel 4.3.1) verbunden. Dabei wird der Betrachtungsumfang von der Produktidee bis zum SOP festgelegt. Die Perspektive der PE wird gemäß der HIPE anhand von verschiedenen **Prototypen** beschrieben. Entlang der unterschiedlichen Prototypen wird die **Produktreife** gesteigert. Die PPE wird gleichzeitig zur PE vorangetrieben. Dafür werden **Freiheitsgrade** für die HIPPE definiert, die mit zunehmender Entwicklung reduziert werden, um die Produktion immer weiter zu spezifizieren.

Das **Reifegradmodell** der HIP³E integriert die beiden Entwicklungsdomänen der HIPE und HIPPE durch eine Interaktionsebene im **strategischen Entwicklungsprozess**. Hier werden die **Wechselwirkungen** zwischen den einzelnen Entwicklungsdisziplinen identifiziert und transparent zusammengeführt, wodurch eine Nachverfolgbarkeit ermöglicht wird. Auf diese Weise wird ein zeitgleiches und integriertes Entwicklungsvorgehen realisierbar und die Time-to-Market wird durch frühzeitig einzuleitende Maßnahmen reduziert. Sind die Ziele der Entwicklungsphasen nicht erreicht oder haben sich Kundenanforderungen während der Entwicklung geändert, werden zielgerichtete **Iterationen** durchgeführt. Innerhalb der Entwicklungsphasen werden **Methoden** identifiziert, um die notwendigen Ergebnisse zu erzielen.

4.3.3 Kollaboration und agile Kostenanalyse und -prognose in der HIP³E

Der Gestaltungsrahmen der HIP³E und das Reifegradmodell aus den vorangegangenen Abschnitten bilden die Grundlage für die Ableitung des operativen Koordinationsprozesses in der HIP³E. Ein zentraler Bestandteil des hypothesenbasierten Ansatzes der HIP³E stellt die Priorisierung von Tätigkeiten im Sinne der neuen Vollständigkeit dar, um hochiterative Vorgehensmodelle zum Erfolg zu führen. Daher folgt in einem zweiten Schritt die Modellierung von Priorisierungsregeln im Kollaborationsprozess. Abschließend wird auf Basis der Wechselwirkungsanalysen aus dem Reifegradmodell und den abgeleiteten Informationsbedarfen (vgl. Kapitel 4.3.2) eine Methode zur agilen Analyse und Prognose von Kosten in der HIP³E entwickelt. Mit diesen drei Schritten wird die Teilforschungsfrage beantwortet, wie durch eine Kollaboration der PE und PPE eine Kostenreduktion ermöglicht wird (vgl. Abbildung 4-5).

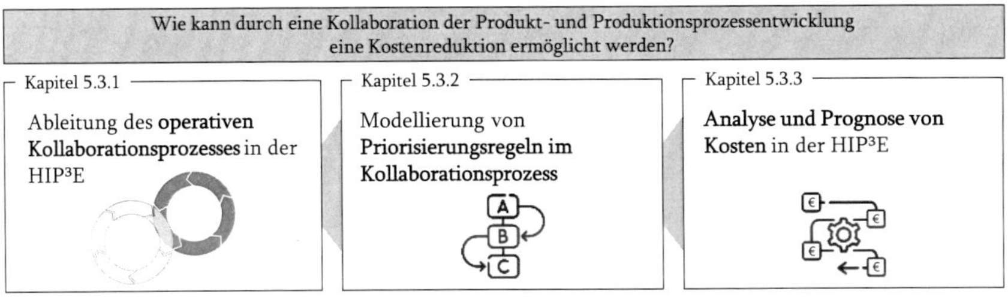

Abbildung 4-5: Konzept für die Kollaboration und agile Kostenanalyse und -prognose in der HIP³E

In dem Reifegradmodell der HIP³E werden die Entwicklungsphasen über Reife- und Freiheitsgrade beschrieben. Um einen parallelen Ablauf und eine Kollaboration sicher zu stellen, werden die einzelnen Entwicklungszyklen mittels des Reifegrads des Produktes und des Freiheitsgras des Produktionsprozesses aufeinander abgestimmt und ein **Kollaborationsprozess** als **operativer Koordinierungsprozess** als Werkzeug genutzt. Der Kollaborationsprozess wird auf Basis bestehender Methoden abgeleitet und auf die HIP³E adaptiert. Die **Schritte** und **Aktivitäten** im Kollaborationsprozess werden beschrieben und in den Entwicklungs- und Validierungsperspektiven detailliert.

Weiter wird die **Priorisierung**, die sich auf die drei Elemente **zeitliche Kritikalität, Informationsqualität und Kosten** bezieht, im Kollaborationsprozess detailliert. Da das Vorgehen durch den hochiterativen und hypothesenbasierten Ansatz Komplexität aufweist, werden **Priorisierungsregeln** für Hypothesen in der HIP³E modelliert. Dabei werden unterschiedliche Methoden zugrunde gelegt und auf die HIP³E adaptiert.

Da die kostenminimale Entwicklung im Vordergrund der HIP³E steht, wird zusätzlich zur kostenseitigen Priorisierung von Aufgaben im letzten Schritt, aufbauend auf der Detaillierung des Kollaborationsprozesses, eine Methodik zur agilen Kostenanalyse und -prognose in der HIP³E entwickelt. Die Methodik basiert auf der hochiterativen Entwicklung von Hypothesen, analysiert neben den Kosten auch Informationen über Kostentreiber und -potenziale und beinhaltet eine Analyse der Robustheit von Hypothesen. Auf Grundlage dessen wird die Möglichkeit geschaffen, kostenbasiert kontinuierliche Handlungsempfehlungen abzuleiten und übergreifend Produkt- und Produktionshypothesen zu priorisieren. Dabei dient der strategische Entwicklungsprozess (vgl. Kapitel 4.3.2) als Betrachtungsrahmen für die Methodik. Die Methodik wird erstmals nach Abschluss der initialen Aufnahme angewandt.

4.3.4 Management-Framework zur Verankerung der HIP³E

Die Herausforderung bei der Durchführung der Prozesse in der HIP³E besteht in der Vielzahl an Hypothesen und Entwicklungsmöglichkeiten, die in Betracht gezogen werden. Weiter werden vielseitige Kompetenzen in der Belegschaft benötigt, um die HIP³E mit allen Abhängigkeiten und Methoden durchzuführen. Um diesen Herausforderungen zu begegnen, wird ein Gestaltungsmodell in Form eines Management-Frameworks entwickelt. Dies basiert auf dem Gesamtreferenzprozess der HIP³E, der die relevanten Gestaltungselemente zusammenfasst. Um Unternehmen zu befähigen, die Prozesse und Methoden mit geeigneten Werkzeugen durchzuführen, werden die benötigten Rollen im Unternehmen abgeleitet und beschrieben, bevor eine Ablauf- und Aufbauorganisation für die HIP³E hergeleitet und beschrieben wird. Mit diesen drei Schritten wird die Teilforschungsfrage beantwortet, wie die HIP³E in einem Managementprozess verankert wird (vgl. Abbildung 4-6).

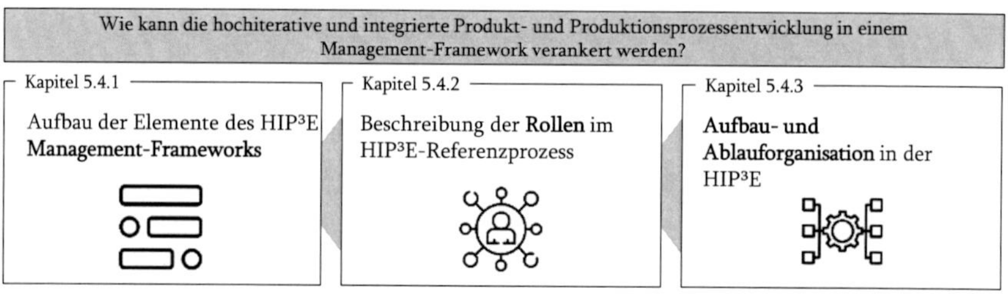

Abbildung 4-6: Konzept für das Management-Framework zur Verankerung der HIP³E

Im ersten Schritt werden, basierend auf den Modellen aus Kapitel 4.3.1, Kapitel 4.3.2 und Kapitel 4.3.3, alle relevanten **Elemente** des Gestaltungsmodells aggregiert und in einen **Referenzprozessrahmen** eingeordnet. Dieser beinhaltet die Gestaltungsrichtlinien, Prozesse und Werkzeuge aus den o.g. Kapiteln. Um die Komplexität dieser Elemente für ein Unternehmen beherrschbar zu machen, werden weitere Elemente, wie notwenige Rollen und KPIs auf Basis bestehender agiler Methoden identifiziert, der HIP³E angepasst und im Management-Framework eingeordnet.

Im zweiten Schritt werden das Rollenelement detailliert, die notwendigen Rollen für die HIP³E basierend auf existierenden **Rollen** im Kontext der Industrialisierung identifiziert und für die spezifischen Anforderungen an die HIP³E erweitert. Insbesondere in Folge der auftretenden Wechselwirkungen zwischen den Domänen benötigt es **Verantwortlichkeiten**, die eine stetige Kommunikation innerhalb dieser fördern und einen Informationsaustausch sicherstellen. Für alle Rollen werden Steckbriefe erarbeitet, in denen die Zugehörigkeiten zu Prozessen, Verantwortlichkeiten, Aufgaben, sowie zu nutzende Werkzeuge und zu trackende KPIs detailliert werden.

Im letzten Schritt wird aufbauend auf den Rollenbeschreibungen die **Aufbau- und Ablauforganisation** in der HIP³E entwickelt und beschrieben. Somit wird aufgezeigt, wie ein Unternehmen HIP³E Teams aufbaut und so den entwickelten Referenzprozess durchläuft. Die dafür notwendigen Abhängigkeiten zwischen Rollen in der Aufbauorganisation werden dem normativen Orientierungsprozess, dem strategischen Entwicklungsprozess sowie dem operativen Koordinationsprozess zugeordnet. Anschließend wird die Ablauforganisation in Anlehnung an die Scrum-Methodik mit einer Terminstruktur inklusive zu beantwortender Leitfragen in den Terminen aufgebaut.

4.4 Zwischenfazit

In Kapitel 4 wurde das Grobkonzept der Methodik des Referenzprozesses zur Industrialisierung hochiterativ entwickelter Produkte vorgestellt. Dazu wurden zunächst die Anforderungen aus Theorie und Praxis zusammengefasst, die sich aus den Kapiteln 1 bis 3 im Hinblick auf die Zielstellung der Arbeit ergeben.

Im Anschluss wurden die Kernideen der vorliegenden Arbeit dargestellt, auf deren Basis die Lösungsbausteine der Methodik basieren: Kundenintegration durch eine konsequent hochiterative und hypothesenbasierte Lösung, Erhöhung der Time-to-Market durch eine integrierte Lösung und Transparenz über Kosten durch die Nutzung von Synergien mittels einer kollaborativen Lösung.

Die Methodik setzt sich aus vier Lösungsbausteinen zusammen, durch welche die Herausforderungen aus der Zielstellung und der Praxis adressiert werden. Der Zusammenhang ist in Abbildung 4-7 dargestellt. Die Potenziale der Methodik sind Folgende:

- Ein Modell zur Beschreibung der HIP³E erlaubt eine kontinuierliche Integration der Kunden in den gesamten Industrialisierungsprozess.
- Mittels der Parallelisierung der HIP³E werden die Entwicklungszeit systemischer Produkte reduziert.
- Durch die agile Kostenanalyse und -prognose innerhalb des Entscheidungsprozesses in der Kollaboration der HIP³E wird die Komplexität des hypothesenbasierten Vorgehens mittels des entwickelten Softwaretools unterstützt.
- Das Management-Framework mit seinem Aufbau-, Ablauf- und Rollenmodell basiert auf der in der Praxis verbreitetsten agilen Methode, dem Scrum-Prozess. Durch die Adaption auf die HIP³E wird die Anwendbarkeit des Referenzprozesses in der Praxis sichergestellt.

Im nachfolgenden Kapitel 5 erfolgt die Detaillierung der einzelnen Lösungselemente der vorgestellten Methodik.

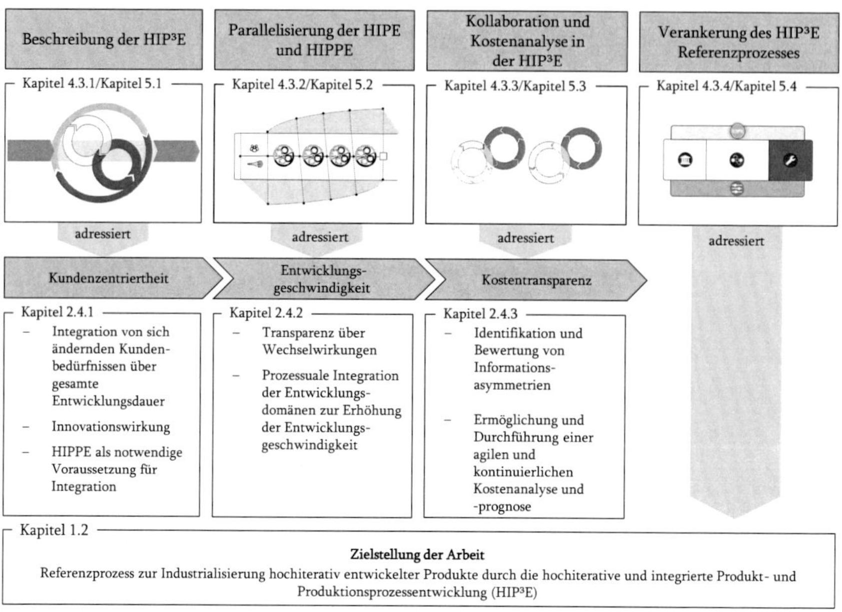

Abbildung 4-7: Elemente der HIP³E und adressierte Herausforderungen

5 Detaillierung der Methodik

Kapitel 5 dient zur Detaillierung des in Kapitel 4.3 beschriebenen Grobkonzepts. Es ist gemäß der im Grobkonzept beschriebenen Modellstruktur aufgebaut (vgl. Abbildung 5-1). In Kapitel 5.1 wird der normative Orientierungsprozess zur Beschreibung der HIP³E vorgestellt. Kapitel 5.2 stellt das Reifegradmodell zur Integration der HIPE und HIPPE vor. Dafür werden Reifegradstufen identifiziert, denen Methoden für den strategischen Entwicklungsprozess zugeordnet werden. Kapitel 5.3 präsentiert eine Methode zur Kollaboration in der HIP³E durch den operativen Koordinationsprozess, in der Entscheidungen innerhalb der HIP³E systematisiert werden. Dafür wird eine Methode zur agilen Kostenanalyse und -prognose entwickelt und vorgestellt. Kapitel 5.4 stellt schließlich den Zusammenhang der einzelnen Elemente in einem Management-Framework unter Berücksichtigung von Rollen und Verantwortlichkeiten vor. Abschließend wird in Kapitel 5.5 ein Zwischenfazit zum Detailkonzept gezogen.

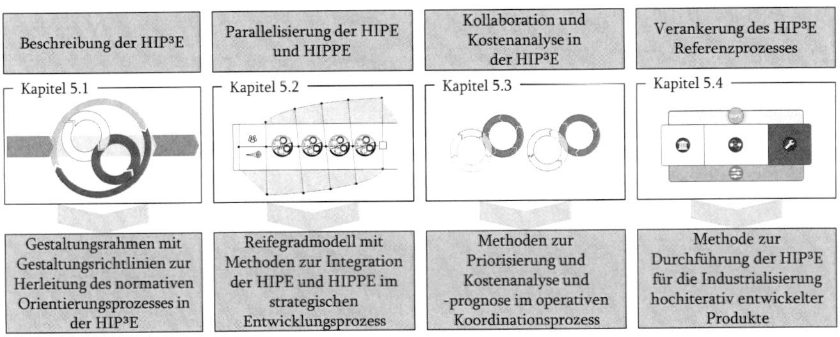

Abbildung 5-1: Gliederungsübersicht der Gestaltungsmethodik zur Industrialisierung hochiterativ entwickelter Produkte

5.1 Beschreibung der HIP³E

Für eine schnelle und kostenminimale Industrialisierung hochiterativ entwickelter, systemischer Produkte ist es von zentraler Bedeutung, neben der HIPE auch die HIPPE zu beschreiben. Um aufbauend auf dem bestehenden Verständnis der HIPE (vgl. Kapitel 2.3) die HIPPE systematisch abzuleiten, werden zunächst mittels einer SLR die relevanten Merkmale identifiziert. Da die HIPE und HIPPE in der Industrialisierung hochiterativ entwickelter Produkte nicht unabhängig voneinander existieren können (vgl. Industrialisierungsverständnis aus Kapitel 2.2), werden anschließend diese Merkmale in einen übergeordneten Gestaltungsrahmen überführt, der die HIP³E mit Gestaltungsrichtlinien beschreibt (vgl. Abbildung 5-2).

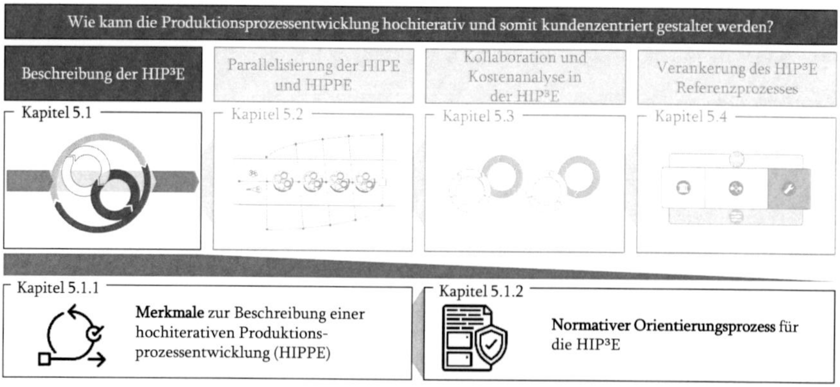

Abbildung 5-2: Übersicht der Elemente zur Beschreibund der HIPPE

5.1.1 Merkmale der hochiterativen Produktionsprozessentwicklung

Die Realisierung der HIP³E (vgl. Kapitel 4.2) impliziert die Beschreibung der HIPPE. Dafür werden die Merkmale der der HIPE aus dem agilen Manifest (vgl. Kapitel 2.3.1) als Basis genutzt und durch die Durchführung einer SLR um den Betrachtungsbereich der HIPPE erweitert. Das Vorgehen der SLR ist im Anhang in Kapitel 9.1 zu finden. Dabei wurden 66 relevante Textabschnitte identifiziert (vgl. Abbildung 9-3) dargestellt und eine umfangreiche Analyse der identifizierten Textabschnitte durchgeführt, um die Merkmale der HIPPE zu identifizieren. Die Anwendbarkeit agiler und hochiterativer Methoden und Charakteristika auf die PPE (vgl. Kapitel 2.1.2.2) wird auf Basis des agilen Manifests (vgl. Kapitel 2.3.1) und der daraus abgeleiteten konstituierenden Merkmale agiler Vorgehensweisen (vgl. Kapitel 2.3.1 und 2.3.3) analysiert. Die bestehenden Ansätze (vgl. Kapitel 3) sowie weitere identifizierte Literatur aus der SLR (vgl. Kapitel 9.2) der sequenziellen und integrierten PPE (vgl. Kapitel 2.1.2.2 und 2.2.1) werden anhand der Aufgaben der PPE *Planung, Gestaltung und Umsetzung*[471] (vgl. Kapitel 2.1.1.4) mit den konstituierenden Merkmalen agiler Vorgehensweisen (*Kollaboration, Zeit, Kunde, Flexibilität*) bewertet. Damit die Gesamtentwicklung des Industrialisierungsprozesses betrachtet wird, sind zudem die Berücksichtigung der PE und PPE von zentraler Bedeutung. Der Einfluss agiler Methoden ist hierbei entlang des gesamten Industrialisierungsprozesses integriert zu betrachten.

Im Folgenden werden die Ergebnisse der SLR über die sequenzielle und integrierte PPE analysiert. Die Ausprägungen der Übertragbarkeit der agilen Kriterien auf die sequenzielle und integrierte Entwicklung sind in Abbildung 5-3 dargestellt.

Aufgaben der Produktionsprozessentwicklung

	Konstituierende Merkmale agiler Vorgehensweisen	Planung		Gestaltung		Umsetzung	
		Produkt	Produktions-prozess	Produkt	Produktions-prozess	Produkt	Produktions-prozess
Sequentielle Ansätze	Kollaboration	teilweise erfüllt	kaum erfüllt	kaum erfüllt	teilweise erfüllt	nicht erfüllt	kaum erfüllt
	Zeit	nicht erfüllt	nicht erfüllt	nicht erfüllt	nicht erfüllt	nicht erfüllt	nicht erfüllt
	Kundenintegration	teilweise erfüllt	kaum erfüllt	nicht erfüllt	nicht erfüllt	nicht erfüllt	nicht erfüllt
	Flexibilität	teilweise erfüllt	kaum erfüllt	kaum erfüllt	nicht erfüllt	nicht erfüllt	nicht erfüllt
Integrierte Ansätze	Kollaboration	nahezu erfüllt	nahezu erfüllt	teilweise erfüllt	nahezu erfüllt	nicht erfüllt	nicht erfüllt
	Zeit	teilweise erfüllt	teilweise erfüllt	teilweise erfüllt	teilweise erfüllt	nicht erfüllt	nicht erfüllt
	Kundenintegration	nahezu erfüllt	kaum erfüllt	kaum erfüllt	nicht erfüllt	nicht erfüllt	nicht erfüllt
	Flexibilität	teilweise erfüllt	kaum erfüllt	teilweise erfüllt	kaum erfüllt	nicht erfüllt	nicht erfüllt

Legende: nicht erfüllt, kaum erfüllt, teilweise erfüllt, nahezu erfüllt

Abbildung 5-3: Einfluss agiler Merkmale auf die bestehenden Ansätze der PPE

Sequenzielle Produkt- und Produktionsprozessentwicklung

Im Bereich der sequenziellen PE und PPE wird kein iteratives Vorgehen verfolgt. Entwicklungsprozesse werden entlang vorgegebener Meilensteine durchgeführt, die langfristig geplant werden. In Bezug auf das konstituierende Merkmal der Zeit findet über alle Aufgaben keine kurzzyklische Entwicklung statt.

---

[471] Vgl. Schneider, S./Fallböhmer, M. et al. (2012) Agile Prozessplanung im PEP, S. 158.

Die Integration der Kundenbedürfnisse findet in plangetriebenen Entwicklungsprozessen ausschließlich zu Beginn der *Planung* eines Entwicklungsvorhabens statt, indem mit den Kunden die Ziele des Entwicklungsvorhabens definiert und festgesetzt werden. Anschließend wird zunächst das Produkt entwickelt, bevor anhand der Spezifikationen der PE der Produktionsprozess entwickelt wird, welcher wiederum die Grundlage für die Technologieplanung liefert.[472] Durch diese Entkopplung ist nur eine mittlere Kollaboration zwischen PE und PPE in der Planungsphase der PE und eine geringe Kollaboration PPE gegeben. In der Planungsphase ist eine Reaktion auf geänderte Kundenbedürfnisse unter hohem Zeit- und Ressourcenaufwand noch im Produkt möglich, wodurch eine mittlere Flexibilität möglich ist, die PPE berücksichtigt Kundenintegration und Flexibilität nachgelagert, und ist somit minimal möglich.

In der *Gestaltung* und *Umsetzung* des Entwicklungsprojekts ist eine Änderung der Spezifikationen auf Basis der Kundenanforderungen nicht mehr möglich. Dies führt dazu, dass das entwickelte Endprodukt bei Übergabe an den Kunden nicht mehr den geänderten Anforderungen des Kunden entspricht. Kollaboratives und interdisziplinäres Arbeiten findet somit nur insofern statt, dass die erarbeiteten Parameter eines Entwicklungsprozesses zu Beginn der Planungsphase an den Nächsten übergeben werden und die nachgelagerten Prozesse dadurch mit den vorangegangenen kollaborieren. Die PPE kollaboriert dabei verstärkt mit der PE in der Gestaltung, weniger in der Umsetzung – die Wirkrichtung der Kollaboration ist aber von der PPR auf die PE fokussiert, weshalb die PE als weniger kollaborativ eingestuft wird. Weitere abteilungsübergreifende Arbeit und Kommunikation findet nur bei Übergabe der Parameter statt. In der Gestaltung sind nur noch Veränderungen am Produkt denkbar, wodurch eine geringe Flexibilität entsteht. Ab dem Zeitpunkt der Umsetzung hält die sequenzielle PPE keine Flexibilität mehr bereit.

Integrierte Produkt- und Produktionsprozessentwicklung

Hybride Produktionsprozessentwicklungsvorhaben wie SE (vgl. Kapitel 2.3.2) haben die Integration des PE und PPE zur Optimierung der Entwicklung zum Ziel.

Sowohl in der *Planungs-*, als auch in der *Gestaltungsphase* wird durch die schrittweise Integration der PPE in die PE das Kriterium der Kollaboration nahezu erfüllt. Lediglich die PE ist hinsichtlich der Gestaltung vorgebend gegenüber der PPE, wodurch nur eine teilweise Erfüllung der Kollaboration gegeben ist. Diese Integration führt zu

[472] Vgl. Schneider, S. (2015) Agile Prozessplanung im Produktentstehungsprozess, S. 6.

einem früheren Markteintritt und damit zu einer Fokussierung der Time-to-Market, wodurch das Zeitkriterium teilweise erfüllt wird – eine kurzzyklische Entwicklung wird aber noch nicht vorgenommen. Integrierte Ansätze treiben die Integration zweier sequenzieller Planungsdisziplinen voran, daher werden weitere Zeitpotenziale durch eine iterative Entwicklung nicht realisiert. Mit Hilfe der Integration von PE und PPE werden kundenseitige Änderungsanfragen hinsichtlich der PE schneller und einfacher berücksichtigt. Ebenso werden Änderungen in PE und PPE von Kundenseite umgesetzt. So werden in der Planungsphase sowohl das Kunden-, als auch das Flexibilitätskriterium adressiert. In der Umsetzung ist dies insbesondere hinsichtlich der PPE beschränkt aufgrund von getätigten Investitionsentscheidungen.

Die konstituierenden Merkmale agiler Vorgehensweisen werden in der *Umsetzung* im Zuge integrierter Entwicklungsvorgehen nicht betrachtet, daher bieten sie keine vollständige Betrachtung des Industrialisierungsprozess.[473]

Damit erfüllen integrierte Entwicklungsvorgehen zusammenfassend bereits Kriterien agiler Entwicklungsmethoden zumindest teilweise und werden als Vorstufe einer HIPPE verstanden. Die Ergebnisse der SLR zeigen, dass agile Kriterien auf sequenzielle Ansätze der PPE kaum anwendbar sind. Dies führt dazu, dass Kunden lediglich zu Beginn der Entwicklung eingebunden werden. Die Betrachtung eines sequenziellen Ansatzes der PPE für die Anwendung agiler Kriterien ist daher nicht zielführend.

In integrierten Produktionsprozessentwicklungsmethoden, wie dem Concurrent Engineering oder SE, werden bereits einige agile Kriterien adressiert. Da das Concurrent Engineering jedoch zwei sequenzielle Entwicklungsprozesse verbindet, werden die agilen Kriterien nicht vollständig betrachtet. Es stellt aufgrund der Produkt- und Produktionsintegration eine Vorstufe zu einer agilen Entwicklungsmethode dar.

[473] Vgl. Schuh, G. (2012) Innovationsmanagement, S. 237.

Übertragbarkeit der agilen Kriterien auf die Produktionsprozessentwicklung

Aus der Analyse der bestehenden Ansätze aus Kapitel 2 und 3 sowie den Ergebnissen der SLR wurde die Übertragbarkeit der konstituierenden Merkmale agiler Vorgehensweisen auf den Industrialisierungsprozess analysiert.[474] Dies ist notwendig, um die Grundlage für die Industrialisierung hochiterativ entwickelter Produkte zu schaffen, die aus einer HIPE und einer HIPPE besteht. Die detaillierten Analyseergebnisse sind im Anhang in Tabelle 9-3, Tabelle 9-4, Tabelle 9-5, Tabelle 9-6 zu finden.

Zusammenfassend werden die agilen Kriterien in der Planungs- und Gestaltungsphase vollständig auf die HIPPE im Kontext der Industrialisierung übertragen. In der Umsetzung werden deutlich weniger agile Kriterien übertragen da viele Entscheidungen bereits getroffen sind, Produkte einen gewissen Reifegrad erreicht haben und Produktionsprozesse in ihren Freiheitsgraden eingeschränkt sind. Durch die Einführung einer Minimum Viable Series Production (MVSP) (vgl. Kapitel 5.1.2) wird auch die Umsetzung agil gestaltet, indem zunächst die minimale Maschinenanzahl mit optimaler Auslastung aufgebaut und verprobt wird, um in der Umsetzung Änderungen aus Produkt- und Produktionsprozesssicht zuzulassen. Somit wird der Ramp-Up hochiterativ gestaltet. Die hergeleiteten Merkmale der HIPPE sind in Abbildung 5-4 gesammelt.

Die Notwendigkeit für einen hochiterativen Ansatz zur PPE ist folglich gegeben, da die identifizierten agilen Kriterien nicht vollständig in bestehende PPE-Methoden integriert werden. Um dies zu realisieren, wird im Folgenden die Übertragbarkeit der agilen Kriterien auf den gesamten Industrialisierungsprozess analysiert.

---

[474] Vgl. Balakirsky, S. (2015) Ontology based action planning and verification for agile manufacturing; Scheuermann, C./Verclas, S. et al. (2015) Agile Factory; Schneider, S. (2015) Agile Prozessplanung im Produktentstehungsprozess; Ali, A./Ahmed, W. et al. (2016) AgiFlex System: An; Bellmann, A./Schneider, S. et al. (2016) Enhanced predictability of agile procedures; Brettel, M./Klein, M. et al. (2016) The Relevance of Manufacturing Flexibility; Atiq Ur Rehman, M. (2017) Determination of relative importance of agility enablers; Klein, T./Berg, J. et al. (2017) Automatisierungsgerechte Montageplanung; Bauer, H./Brandl, F. et al. (2018) Vorgehen zur individuellen Gestaltung der Änderungsauswirkungsanalyse in der Produktion; Fritzsche, A. (2018) Implications of agile manufacturing; Jacob, A./Künneke, T. et al. (2018) Iterative Produktentwicklung und Produktionsplanung; Beller, C./Rosemary, F. et al. (2019) Guidelines for a More Agile New Technologies Employment; Bertling, M./Caroli, H. et al. (2019) The Minimal Viable Production System (MVPS); Burggräf, P./Dannapfel, M. et al. (2019) Agile Montage; Molitor, M. (2019) Generative Montageablaufplanung in der HIPE; Rauch, E./Spena, P. et al. (2019) Axiomatic design guidelines; Wulfsberg, J. (2019) Production at the Leading Edge of Technology; Kumar, R./Singh, K. et al. (2020) A combined AHP and TOPSIS approach.

	Planung	Gestaltung	Umsetzung
Kollaboration	- Integration der PE und PPE - Prototypenbasierte Entwicklung & Validierung - Hypothesenbasiertes Vorgehen - Digitale Wissensdatenbank	- Wissenstransfer mit internen und externen Beteiligten - Kontinuierliches Durchlaufen von Entwicklungs- und Validierungsphasen	- Integrierte Betrachtung von Produkt, Produktionsprozess und Technologie im Aufbau einer prototypischen Serienproduktion (MVSP)
Flexibilität	- Kontinuierliche Einarbeitung von Änderungsanfragen in Produkt- und Produktionsprozess-entwicklung	- Einsatz flexibler Technologien - Gestaltung der Produktionsprozess-entwicklung über Freiheitsgrade	- Aufbau einer prototypischen Serienproduktion (MVSP)
Zeit	- Kurzzyklische und hochiterative Sprints - Interdisziplinäre, autonome Teams	- Kurzzyklische und hochiterative Sprints - Einsatz von Simulationen in der Produktionsprozess-entwicklung	- Kurzzyklische Validierung der Konzepte in der MVSP
Kunde	- Durchgehende Orientierung und Reaktion an sich ändernden Kundenanforderungen - Kontinuierliche Aufnahme von Kundenanforderungen	- Kontinuierliche Aufnahme und Reaktion von Anforderungen interner wie externer Kunden	- Abbildung von Änderungen der Kundenanforderungen in der MVSP

Abbildung 5-4: Merkmale der HIPPE

Aufbauend auf den hergeleiteten und übertragenen Merkmalen der HIPPE in Kombination mit dem vorliegenden Industrialisierungsverständnis, dass die PE und PPE nicht unabhängig voneinander betrachtet werden, ist es nicht zielführend, die HIPPE alleinstehend zu beschreiben. Der Fokus der HIP³E liegt auf der Entwicklung von PE und PPE und bezieht sich somit hauptsächlich auf die Phasen der Planung und Gestaltung. Die Umsetzung wird über den Aufbau der MVSP nicht weiter betrachtet, da die Entwicklung zu dem Zeitpunkt hauptsächlich abgeschlossen ist. Im Folgenden werden aufbauend auf den Merkmalen der HIPE und der HIPPE die Gestaltungsrichtlinien der HIP³E entwickelt und der normative Orientierungsprozess abgeleitet.

5.1.2 Normativer Orientierungsprozess für die HIP³E

Die HIP³E beschreibt ein Entwicklungsvorgehen für systemische Produkte (vgl. Kapitel 2.1.1.6). Bei diesem Vorgehen werden hochiterativ und integriert das Produkt und der zugehörige Produktionsprozess gemeinsam entwickelt. Zum besseren Verständnis der HIP³E bedarf es einer Beschreibung ihrer Gestaltungsrichtlinien (GR) und Formulierung eines Leitbilds, an denen sich Unternehmen orientieren.

5.1.2.1 Gestaltungsrichtlinien der HIP³E

Die Gestaltungsrichtlinien (GR) der HIP³E werden anhand der Ergebnisse der SLR für die HIPPE (vgl. Kapitel 5.1.1) sowie der konstituierenden Merkmale der HIPE (vgl. Kapitel 2.3.1 und 2.3.3) abgeleitet. Die HIP³E wird durch sechs GR (vgl. Abbildung 5-5) beschreiben. Diese GR bilden die Grundlage für das Verständnis der HIP³E und ermöglichen die Gestaltung des normativen Orientierungsprozesses, der das übergeordnete Prozessvorgehen der HIP³E im Referenzprozess und zugehörigen Management-Framework (vgl. Kapitel 5.4) darstellt.

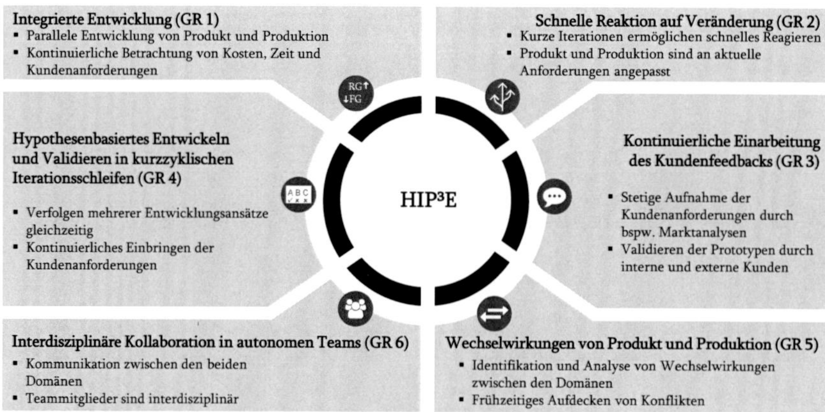

Abbildung 5-5: Gestaltungsrichtlinien der HIP³E

Die **integrierte Entwicklung (GR 1)** ist eine der insgesamt sechs Gestaltungsrichtlinien der HIP³E und gliedert sich in die parallelisierte Entwicklung von Produkt und Produktionskonzept sowie die kontinuierliche Betrachtung der Zieldimensionen Kosten, Zeit und Kundenanforderungen (vgl. Kapitel 1.2). Die Notwendigkeit des integrierten Entwickelns rührt daher, dass eine Verkürzung der Time-to-Market sowie eine Einsparung der Entwicklungskosten durch die HIP³E angestrebt werden. Kundenanforderungen, die durch ein integriertes Vorgehen in der PE identifiziert werden, werden somit direkt in die PPE eingebracht. Diese Integration resultiert im Aufkommen von bidirektionalen Abhängigkeiten, die es in der HIP³E zu identifizieren und verfolgen gilt. Aufgrund der hohen Komplexität der Entwicklung systemischer Produkte bedarf es dafür datenbasierter Werkzeuge, was ein kontinuierliches Informationstracking (vgl. Kapitel 5.4.1) für die erfolgreiche Anwendung der HIP³E notwendig macht.

Das integrierte Entwickeln ermöglicht durch eine gestiegene Flexibilität innerhalb der Entwicklung eine **schnelle Reaktion auf Veränderungen (GR 2)**. Damit geht einher, dass die Entwicklung in kurzzyklischen Iterationen abläuft, um die Produkt- und Produktionskonzepte schnell an aktuelle, geänderte Anforderungen anzupassen. Das schnelle Reagieren und Handeln ist angesichts der Herausforderungen von sich verändernden Kundenanforderungen wettbewerbsentscheidend und führt zur Einsparung von Entwicklungszeit und -kosten. Dies ist darin begründet, dass bereits in frühen Phasen der Entwicklung eingegriffen wird und dementsprechend wenige Änderungen in späteren Phasen aufkommen, die deutlich kostenintensiver sind. Das integrierte Entwickeln und die dadurch entstandene Flexibilität ermöglichen es, Produkte kundennah zu entwickeln und dadurch die spätere Akzeptanz am Markt zu erhöhen.

Die Reaktion auf Veränderungen ist eng verbunden mit der **kontinuierlichen Einbindung des Kundenfeedbacks (GR 3)**. Die Einbindung der Kundenwünsche sowie die Beachtung der sich ändernden Kundenanforderung während der Entwicklungszeit stellt eine der Prinzipien im Agilen Manifest (vgl. Kapitel 2.3.1) dar und wird analog in der HIP³E angewendet. Die Aufnahme der Anforderungsveränderungen in Bezug auf die Produktfunktionalitäten sowie den Produktionsprozess erfolgt kontinuierlich. Zusätzlich zur Aufnahme der Kundenanforderungen durch Marktanalysen oder Umfragen sieht das hochiterative Vorgehen die Einbindung des Kunden in die Validierung von Prototypen vor. Aus der PE kommend steht dem Kunden ein funktionsfähiger Prototyp für die Validierung zur Verfügung. Die Validierung des Produktionsprozesses erfolgt indessen durch unternehmensinterne Kunden, z.B. mittels Simulationen oder Experteninterviews. Dabei ist es entscheidend, die Veränderungen im Zuge der Validierungsergebnisse zu identifizieren und zu analysieren – insbesondere in Bezug auf die Beeinflussung der Entwicklung, der Entwicklungskosten sowie der Entwicklungszeit. Folglich ist zu analysieren, ob eine Veränderung unter Umständen zu Konflikten zwischen PE und PPE führt. Durch das kontinuierliche Feedback von unternehmensinternen und externen Kunden wird das Produkt bei gleichzeitiger Optimierung des Produktionsprozesses in kürzerer Zeit und mit geringeren Kosten entwickelt.

Aus diesem Grund erfolgt die Entwicklung und Validierung innerhalb der HIP³E kurzzyklisch und **hypothesenbasiert (GR 4)**. Ein hypothesenbasiertes Entwickeln bietet die Möglichkeit, bereits zu Beginn verschiedene Varianten der Kundenanforderungen in Form von Hypothesen für Produkt- und Produktionskonzepte zu berücksichtigen und zu verfolgen. Zur Unterstützung des hypothesenbasierten Entwickelns ist ein umfängliches IT-System erforderlich (vgl. HIP³E-Softwaretool in Kapitel 6.1), das alle Hypothesen auf dem jeweiligen Aggregationslevel sammelt, Wechselwirkungen zwischen Hypothesen und innerhalb der Domänen identifiziert und Kosten analysiert und prognostiziert (vgl. Kapitel 5.3.3). Das hypothesenbasierte Arbeiten ist mit Unsicherheiten behaftet. Aus diesem Grund ist eine Bestimmung der Informationsunsicherheit erforderlich, damit diese in den Hypothesenvergleich aufgenommen und analysiert werden (vgl. Kapitel 5.3.1). Die Unsicherheiten werden durch das Aufnehmen des Kundenfeedbacks sowie durch die Erkenntnisse der Validierung verringert und kontinuierlich in den Hypothesen konkretisiert. Diese werden zur Identifizierung der zu verfolgenden Hypothesen kontinuierlich verglichen und analysiert.

Da der Produktionsprozess stark von der PE abhängig ist und Veränderungen bzw. Restriktionen bzgl. der PPE die PE beeinflussen und vice versa, treten zwischen den Domänen starke Abhängigkeiten und Wechselwirkungen auf. Der Umgang mit den **Wechselwirkungen zwischen Produkt und Produktionsprozess (GR 5)** ist die zentrale Herausforderung in der HIP³E. Aufgrund dessen werden diese Wechselwirkungen über den gesamten Entwicklungsprozess identifiziert und analysiert sowie Konflikte aufgezeigt, damit ein zielorientierter Entwicklungsprozess gewährleistet wird.

Zur Realisierung eines hypothesenbasierten und iterativen Entwicklungs- und Validierungsvorhabens ist es notwendig, eine entsprechende Organisation im Unternehmen zu schaffen und somit das **Arbeiten in interdisziplinär arbeitenden autonomen Teams (GR 6)** zu ermöglichen. Bei der Entwicklung von systemischen Produkten ist es unabdingbar, die Wechselwirkungen zwischen mechanischen, elektronischen und informationsverarbeitenden Komponenten der Produkte sowie mit produktionstechnischen Randbedingungen zu betrachten. Demnach ist eine effiziente Kommunikation zwischen den einzelnen Fachbereichen und Kooperation der verantwortlichen Fachleute erforderlich. Es ist von zentraler Bedeutung, bereits zu Projektbeginn unterschiedliche Sichtweisen der Domänen interdisziplinär zusammenzuführen.

Zusammenfassend sind die GR der HIP³E als Erweiterung der konstituierenden Merkmale der HIPE und HIPPE zu verstehen und bilden die Grundlage für die systematische Ableitung für den normativen Orientierungsprozess.

5.1.2.2 Normativer Orientierungsprozess der HIP³E

Aufbauend auf den GR wird der normative Orientierungsprozess der HIP³E abgeleitet, der das übergeordnete Prozessvorgehen beschreibt. Dafür wurden alle GR zugrunde gelegt und darauf aufbauend sechs Prozessschritte identifiziert, die in einen Zusammenhang gebracht wurden, um die GR prozessual zu verankern. Die Ableitung des normativen Orientierungsprozesses ist in Vorarbeiten der Autorin detailliert.[475] Das dient dazu, den Prozessbeteiligten ein Leitbild für die HIP³E zu vermitteln und abzubilden, wie das Vorgehen der HIP³E übergeordnet abläuft. Dafür werden die Gestaltungsrichtlinien als Input genutzt, um ein sechsschrittiges Vorgehen zu entwickeln (vgl. Abbildung 5-6), das im Folgenden erläutert wird.

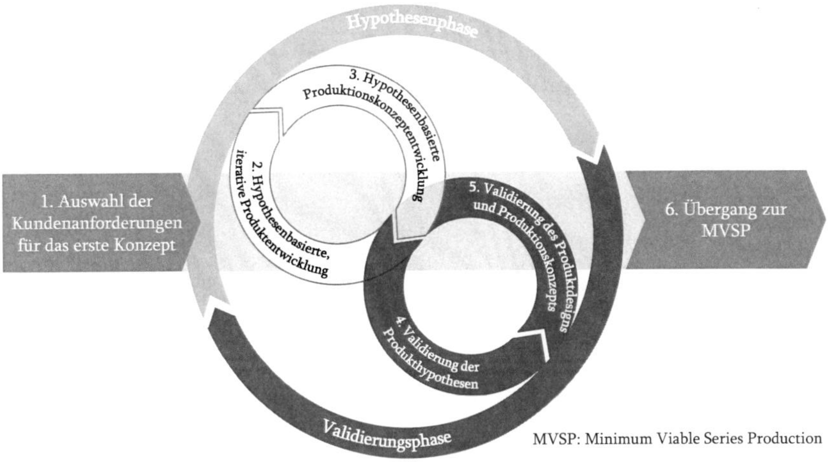

Abbildung 5-6: Normativer Orientierungsprozess der HIP³E

Der normative Orientierungsprozess der HIP³E umfasst die hochiterative und integrierte Entwicklung sowie die Validierung für marktfähige Produkte, die schnell, kosteneffizient und kundenzentriert entwickelt werden. Um den Herausforderungen des Marktes gerecht zu werden, werden im **ersten Schritt die Kundenbedürfnisse ermittelt**, um eine erste Konzeptidee für das Produkt zu generieren. Bei der Entwicklung gilt es, ein Optimum aus den Zielen der Verkürzung der Time-to-Market, der Senkung

[475] Vgl. Wlecke, S./Prote, J.-P. et al. (2019) Concept for the industrialization of physical products in the highly iterative product development.

der Entwicklungskosten sowie der Erfüllung der Kundenwünsche über die Entwicklungsdauer zu erzielen. Dazu gehören neben den Eigenschaften des Produktes auch die für das Produktionskonzept relevanten Informationen wie Planmengen, SOP und Zielkosten, die für eine erfolgreiche, kosteneffiziente und schnelle Markteinführung erreicht werden müssen. Die Kundenanforderungen stellen demnach den Input für die erste Hypothesenphase dar und entwickeln sich über die Iterationen weiter, da sich die Kundenbedürfnisse während der Entwicklung ändern.

Auf Basis der Anforderungen wird die erste Produktidee generiert und in die **Hypothesenphase** überführt. In dieser Phase werden entsprechend den Kundenanforderungen Hypothesen für kreative Produktlösungen und Produktionsprozesse entwickelt. Die Hypothesenphase gliedert sich in eine produkt- und produktionsprozessbezogene Phase. Beginnend mit der Erstellung von produktbezogenen und produktionsprozessbezogenen Hypothesen werden verschiedene Lösungsansätze zur Erfüllung der Kundenanforderungen in dem **zweiten Schritt** generiert. Eine Produkthypothese besteht aus einer Konstruktionsstückliste (Bill of Materials – BOM), die je nach Reifegrad der Idee unterschiedliche Aggregationslevel hat und die über die Entwicklungszeit je nach Problemordnung (vgl. Kapitel 4.2) ausdetailliert wird. Eine Produktionshypothese beinhaltet einen Wertstrom, der unterschiedliche Detaillierungsgrade sowie genutzte Technologien über die Zeit erfährt. Jeder Eintrag einer Hypothese wird bei der Erstellung bzgl. ihrer inhaltlichen Genauigkeit sowie einer Kostenindikation bewertet.

Anschließend startet die **hypothesenbasierte, iterative Entwicklung des Produktionskonzeptes im dritten Schritt**. Beide Phasen werden integriert durchgeführt, um somit die Abhängigkeiten innerhalb der Produktmodule und Produktionsprozesse sowie die Wechselwirkungen zwischen beiden Entwicklungsströmen zu identifizieren und analysieren (vgl. Kapitel 5.2.2). In dem normativen Orientierungsprozess werden die Wechselwirkungen lediglich als Information betrachtet, in den weiteren Teilprozessen dienen sie zur Entscheidungsfindung (vgl. Kapitel 5.3.2). In der HIP³E werden die Hypothesen ausdetailliert, Kombinationen von Produkt- und Produktionshypothesen geprüft und deren KPIs analysiert. Der strategische Entwicklungsprozess (vgl. Kapitel 5.2.2) sowie der operative Koordinationsprozess (vgl. Kapitel 5.3.1) detaillieren das Vorgehen der hypothesenbasierten, integrierten und hochiterativen Entwicklung.

Im **vierten Schritt** werden gemäß den aufgestellten Anforderungen, abhängig vom Reifegrad der Produkthypothese und dem Freiheitsgrad der Produktionshypothese, unterschiedliche Arten von Prototypen bzw. Wertschöpfungstiefen der Produktion in der **Validierungsphase** getestet. Die vorherige Entwicklungsphase, die Analyse der Wechselwirkungen und der Entscheidungsprozess im operativen Koordinationsprozess (vgl. Kapitel 5.3) stellen sicher, dass nur Prototypen erstellt werden, die anforderungsgerecht entwickelt sind. Prototypen werden abhängig von der jeweilig betrachteten Problemordnung zunächst auf Komponentenebene und dann auf Gesamtproduktebene erstellt (vgl. Kapitel 4.2), um einzelne Funktionen und schließlich die Gesamtfunktionalität zu testen. Die Ergebnisse der Validierung werden für die Spezifikation der Fertigungs- und Montageausrüstung im strategischen Entwicklungsprozess verwendet (vgl. Kapitel 5.2.2). Die Verbindung zwischen Entwicklungs- und Validierungsphase ist entscheidend für die Beschleunigung des Industrialisierungsprozesses.

Nachdem die führenden Hypothesen des Produktes und **Produktionsprozesses** detailliert wurden, wird dieses Konzept **im Hinblick auf den Ramp-Up-Umfang im fünften Schritt validiert**, der im Anforderungssatz definiert und in jedem Iterationszyklus spezifiziert wurde. Dies wird durch Rapid-Prototyping-Ansätze und mögliche Ramp-Up-Szenarien realisiert, wobei das Produkt mit Fokus auf die Serienproduktion entwickelt wird. Hypothesen, die sich nicht auf die geforderte Stückzahl und Kosten skalieren lassen, werden eliminiert und in nachfolgenden Entwicklungsiterationen nicht mehr berücksichtigt. Beide Validierungsphasen finden beginnend mit der Produktvalidierung, getrennt voneinander statt (vgl. Schritt 4), da eine nicht validierbare Produkthypothese nicht verfolgt wird. Bei validierten Produkthypothesen findet die Validierung des Produktionsprozesses statt. Alle Ergebnisse aus der Validierungsphase fließen in neue Iterationen der hypothesenbasierten Produkt- und Produktionsprozessentwicklung und -optimierung ein. In jedem Iterationszyklus werden die sich ändernden Kundenanforderungen berücksichtigt. Dieses Vorgehen ermöglicht die kontinuierliche Verbesserung der Produktreife bei gleichzeitiger Berücksichtigung von Freiheitsgraden im Produktionsprozess bis zu einem späten Stadium.

Die vorangehenden fünf Schritte werden so lange hochiterativ durchlaufen, bis die Produktreife den Kundenanforderungen entspricht. Die Freiheitsgrade in der PPE werden fortlaufend reduziert, was in späten Entwicklungsstadien möglich ist, da mit Rapid-Prototyping-Ansätzen die Hochlaufmöglichkeiten entlang des gesamten Entwicklungsprozesses ohne starre Fertigungsbedingungen definiert, bewertet und validiert werden. An diesem Punkt enden die iterativen Entwicklungszyklen und es beginnt der Übergang in den **Aufbau der Minimum Viable Series Production (MVSP) im sechsten Schritt**. Die MVSP stellt ein auslastungsoptimiertes Produktionssystem dar, in dem die minimale Anzahl an Produktionsequipment genutzt wird. Um die Vorserien-Prototypen unter Serienbedingungen herzustellen, bedarf es Investitionen in Maschinen, Anlagen und Personal. Eine direkte Umsetzung der vorläufig vollständig geplanten Serienproduktion birgt hohe finanzielle Risiken, da jederzeit noch Änderungen durch die HIP³E ergeben. Aufgrund dessen wird die MVSP errichtet. Mit der MVSP wird es möglich, die Produktionsmittel zunächst unter minimalem Investitionsaufwand zu testen, um anschließend bestmögliche Investitionsentscheidungen für die gesamte Serienproduktion im Ramp-Up zu treffen.

5.2 Reifegradmodell für die HIP³E

Um den in Kapitel 5.1 vorgestellten normativen Orientierungsprozess hinsichtlich der Zieldimension der Verkürzung der Time-to-Market zu detaillieren, wird ein Reifegradmodell für die HIP³E entwickelt, in dem die HIPE und HIPPE parallel ablaufen. Dafür werden zunächst Reifegradstufen ausgewählt, die für die Parallelisierung erforderlich sind. Abschließend wird das Reifegradmodell für die HIP³E als strategischer Entwicklungsprozess entwickelt und detailliert (vgl. Abbildung 5-7).

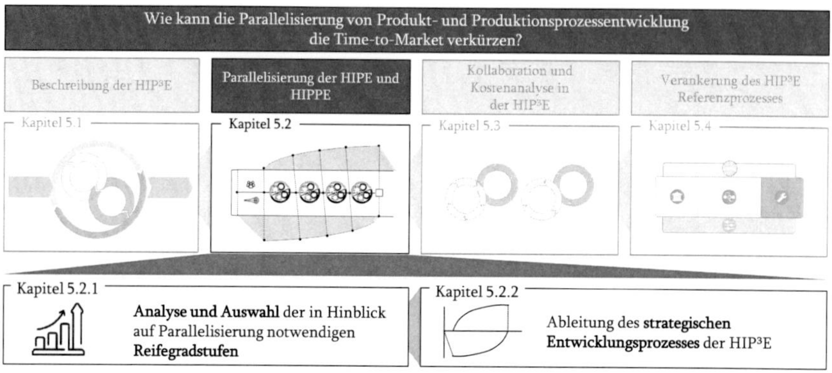

Abbildung 5-7: Übersicht der Elemente zur Parallelisierung der HIPE und HIPPE

5.2.1 Analyse und Auswahl von Reife- und Freiheitsgradstufen

Um die HIPE und die HIPPE in einem strategischen Entwicklungsprozess zu parallelisieren, gilt es, das vorliegende Industrialisierungsverständnis (vgl. Kapitel 2.2) zu Grunde zu legen und von der Produktidee bis zum SOP die Parallelisierung anzulegen.

Die Grundlage für die Parallelisierung der HIPE und HIPPE stellt die HIPE nach DIELS ET AL. (vgl. Kapitel 2.3) dar, die um die Definition unterschiedlicher Prototypen in Anlehnung an EVERSHEIM ET AL.[476] und SCHUH ET AL.[477] erweitert wird. Mithilfe von holistischen Prototypen werden die Ergebnisse der PE und PPE schrittweise validiert. Bei dieser Entwicklung bestätigt das Entwicklungsteam und vor allem der Kunde Produktinkremente schnell. Da das integrierte und hochiterative sowie hypothesenbasierte Vorgehen kundenzentriert auf unterschiedlichste Branchen und systemische Produkte angewendet werden soll, ist es von zentraler Bedeutung, diese Prototypenebenen zu abstrahieren und von Produktkonzepten unterschiedlicher Ordnungsgröße zu sprechen (vgl. Kapitel 4.2). Durch diese werden die zu validierenden Aspekte der HIPE und HIPPE gemäß den Problematiken der verschiedenen Phasen aufgenommen. Entlang der unterschiedlich fortgeschrittenen Produktkonzepte, die mit Prototypen validiert werden, wird die Produktreife stetig gesteigert und das Kundenfeedback anhand der Prototypen kontinuierlich in den Entwicklungsprozess integriert.

Die PPE wird möglichst gleichzeitig zur PE vorangetrieben. Mit zunehmender Entwicklung werden dort analog zu den Produktreifegraden Freiheitsgrade innerhalb der PPE eingeführt und stetig reduziert, um die Produktion kontinuierlich zu spezifizieren. Diese Freiheitsgrade sind hinsichtlich der Problemordnung des spezifischen Projekts analog zu den Produktreifegraden individuell anpassbar. Gemäß der Analyse der von EVERSHEIM ET AL. und SCHUH ET AL. definierten Reifegrade wurden für die HIP³E ebenfalls die Reifegrade und die Freiheitsgrade der HIP³E abgeleitet, die somit die Anzahl der Phasen im strategischen Entwicklungsprozess vorgeben.

Die Reifegrade und Freiheitsgrade ermöglichen das Aufteilen des Entwicklungsprozesses anhand konkreter, empfohlener Standardaktivitäten sowie zur Entscheidung des Fortschreitens im Prozess (vgl. Kapitel 5.3.2). Um die Phasen des Reifegradmodells genauer zu beschreiben, werden Standardaktivitäten für die HIP³E, welche aus Standardaktivitäten der HIPE und HIPPE bestehen, abgeleitet. Diese wurden hinsichtlich der HIPE aus der bestehenden Theorie identifiziert und hinsichtlich der HIP³E adaptiert. Für die HIPPE bilden die GR sowie das abgeleitete Verständnis der Freiheitsgrade (vgl. Kapitel 5.2.2.1) die Grundlage für die abgeleiteten Standardaktivitäten. Diese sind allgemein gehalten, um die Übertragung auf Branchen, Unternehmen und

[476] Vgl. Eversheim, W. (1996) Organisation in der Produktionstechnik, S. 227.
[477] Vgl. Schuh, G. (2012) Innovationsmanagement, S. 217 ff.

Produkte zu ermöglichen. Die vorgestellten Aktivitäten sind dabei nicht obligatorisch, sondern dienen zum besseren Verständnis der Entwicklungsphasen.

Phase 0: Initiales Annahmenset der HIP³E

Das einleitende Ereignis stellt die Produktidee dar. Mit ihr wird die Produktart bestimmt. Es werden Produktfunktionen abgeleitet, die eine bestimmte Anzahl von Funktionen sowie mögliche Zielgruppen im Kundenspektrum bestimmen. Damit wird das initiale Annahmenset für die PPE definiert. In dem Annahmenset werden die einzelnen Produktionsziele, wie Stückzahl pro Jahr und Zielkosten, zusammengefasst.

Phase 1: Prototyp und Produktionskonzept 1. Grades

Nach der initialen Aufnahme von Kundenanforderungen und des Annahmesets bezieht sich die erste Phase auf die Erstellung eines ersten holistischen Prototyps. Die Prototypen der ersten Phase sind in der Regel Einzelanfertigungen und müssen nur bedingt maßhaltig sein. Ziel ist die Validierung der relevanten Problemstellungen in der ersten Entwicklungsphase, um einen funktionstüchtigen Prototyp zu erzeugen, der z.B. optische und technische Anforderungen erfüllt. Diese Prototypen werden verwendet, um beispielsweise Designstudien für Marktanalysen durchzuführen.

Das Produktionskonzept ersten Grades stellt ein übergreifendes Produktionskonzept dar, das beispielsweise durch eine Clusterung von Produktfunktionen erreicht wird. Auf Basis der Abhängigkeiten zwischen Funktionen (FU) werden Funktionscluster gebildet und zu Modulen (MO) zusammengefasst. Die Schnittstellen zwischen MO werden verwendet, um BOM bzw. Engineering Bill of Materials (eBOM) zu erstellen. Die produkt- und prozessseitigen Informationen werden genutzt, um die Wertschöpfungstiefe auf Modulebene zu bestimmen und geeignete Modullieferanten (Tier-1-Lieferanten) auszuwählen und einzubinden.

Phase 2: Prototyp und Produktionskonzept 2. Grades

In der zweiten Phase wird ein weiterentwickelter holistischer Prototyp erstellt. Dieser betrachtet eine weitere Detaillierungsebene des Prototyps ersten Grades und validiert die Probleme zweiten Grades. Der Prototyp zweiten Grades detailliert die Wirkungsweise des geplanten Produktes mit allen FU. Lebensdauer, Werkstoffe und Geometrie spielen beim Funktionsprototypen eine untergeordnete Rolle. Um die Produktfunktionen abzubilden, wird das Produkt bis auf Einzelteilebene konstruiert.

Parallel zur PE wird das Produktionskonzept weiter detailliert und z.B. bis auf die Einzelteilebene weiter heruntergebrochen. Über die Interaktion zwischen HIPE und HIPPE werden den Einzelteilen (ET) potenzielle Fertigungsketten (FK) zugewiesen. Zusätzlich werden nötige Betriebsmittel und der Personalbedarf abgestimmt. Anhand der potenziellen Fertigungskosten und Montagestrukturen sowie der hypothesenbasierten Produktstruktur werden mögliche Produktionspläne auf ET-basis erstellt.

Phase 3: Prototyp und Produktionskonzept 3. Grades

In der dritten Phase wird die HIPE anhand des Prototyps dritten Grades validiert und das Produktionskonzept hinsichtlich der Wertschöpfungstiefe der Produktion bis auf Rohmaterialebene detailliert. Ziel ist, dass der Prototyp dritten Grades dem finalen Endprodukt hinsichtlich des Werkstoffs und des eingesetzten Fertigungsverfahrens möglichst ähnlich ist. Dabei wird er in größerer Stückzahl gefertigt, um Funktionsanalysen durchzuführen, die Dauerbelastbarkeit zu überprüfen und das Konzept der Serienfertigung zu validieren. Die Werkstoffe werden auf ET-Ebene festgelegt und die Produktstruktur ist am Ende der Phase hinsichtlich der MO, Baugruppen (BG) und ET vollständig bestimmt.

Wie in der HIPE werden auch in der HIPPE die Serienwerkstoffe festgelegt. Innerhalb der HIPPE werden, abhängig von Lieferzeiten, spätestens Entscheidungen bzgl. der Zulieferer für ET oder BG getroffen. Alle Teile mit höheren Lieferzeiten wurden gemäß der Problemklassifikation bereits in den vorangehenden Phasen betrachtet. Weiter wird für jedes ET eine FK festgelegt. So werden am Phasenende Änderungen nur noch in den definierten FK umgesetzt.

Phase 4: Prototyp und Produktionskonzept 4. Grades

In dieser Phase wird die MVSP aufgestellt, die es ermöglicht, Produktionsmittel mit geringen Investitionen zu testen und dadurch die bestmöglichen Investitionsentscheidungen für die Großserie zu treffen. Dabei basiert die MVSP auf den Ergebnissen aller holistischen Prototypen und definiert die Produktion so weit, dass diese im Nachgang direkt hochskaliert werden. Gleichzeitig wird aus der Phase für die Serienproduktion gelernt und Anpassungen im Rahmen der Freiheitsgrade werden vorgesehen. Der Prototyp vierten Grades wird je nach Branche und systemischem Produkt in einer Stückzahl von 500 mit den Verfahren, Werkzeugen und Werkstoffen der späteren Serie hergestellt und auf seine Tauglichkeit hin getestet.[478]

Ziel ist es, eine minimale Anzahl an Betriebsmitteln für die MVSP zur Verfügung zu stellen. Es werden Maschinen bis zur maximalen Ausbringung optimiert, Planzeiten festgelegt und Fehlerraten reduziert. Zusätzlich werden Probleme vor dem SOP erkannt und Mitarbeitende qualifiziert. Bei einem erfolgreichen Anlauf der MVSP wird die Produktion durch eine Steigerung der Skalierung in die Serie überführt. Abbildung 5-8 stellt die Standardaktivitäten der HIP³E übergeordnet dar.

Prototypen 1. Grades	**Prototypen 2. Grades**	**Prototypen 3. Grades**	**Prototypen 4. Grades**
• Holistische Prototypen mit Fokus auf der äußeren Erscheinung und Abmaßen • Bestimmung der Modularisierung und der hypothesenbasierten Schnittstellen • Erstellung der eBOM • Lösen von Problemen 1. Art	• Holistische Prototypen mit Fokus auf der Realisierung der grundlegenden Funktionen • Konstruktion bis auf Einzelteilebene • Bestimmung von Baugruppen • Hypothesenbasierte Produktstruktur • Lösen von Problemen 2. Art	• Holistische Prototypen mit dem Fokus auf der Festlegung des Serienwerkstoffs • Sicherstellung Dauerbelastbarkeit • Vollständige Bestimmung der Produktstruktur • Lösen von Problemen 3. Art	• Holistische Prototypen mit Fokus auf der Herstellung aus Serienteilen und unter Serienbedingungen • Produktoptimierungen innerhalb der Produktionsfreiheitsgrade • Lösen von Problemen 4. Art
Produktionskonzepte 1. Grades	**Produktionskonzepte 2. Grades**	**Produktionskonzepte 3. Grades**	**Produktionskonzepte 4. Grades**
• Hypothesenbasierte Montageplanung auf Modulebene • Technologiescouting und Zuordnung zu Modulen • Bestimmung von potenziellen Fertigungsketten je Modul • Make-or-Buy Entscheidungen bezüglich der Module • Erstellung der Fertigungsstückliste • Lösen von Problemen 1. Art	• Zuordnung der Fertigungsketten zu den Einzelteilen der Serienproduktion • Hypothesenbasierte Montageplanung auf Baugruppen- und Einzelteilebene • Bestimmung des hypothesenbasierten Produktionsplans • Lösen von Problemen 2. Art	• Make-or-Buy Entscheidungen bezüglich der Baugruppen und Einzelteile • Bestimmung geeigneter Fertigungsketten für jedes Einzelteil • Bestimmung der internen Produktionsstruktur • Lösen von Problemen 3. Art	• Errichtung der Minimum Viable Series Production • Prozessparameter für Planzeiten auslegen • Mitarbeitende trainieren • Fehlerrate reduzieren • Festlegung des Montageablaufs bis auf Einzelteilebene • Lösen von Problemen 4. Art

Abbildung 5-8: Übersicht der Standardaktivitäten in der HIP³E

Phasenübergreifend: Transparenz über die Konsequenzen von Veränderungen

Innerhalb der HIP³E existieren vielseitige Abhängigkeiten zwischen der HIPE und HIPPE, die im strategischen Entwicklungsprozess in der Interaktionsebene (vgl. Kapitel 5.2.2) beschrieben und in Matrizen überführt, wodurch eine durchgängige Transparenz ermöglicht wird. Weiter sind die Abhängigkeiten durch Matrizen leicht zu digitalisieren, wodurch die Basis für ein digitales Monitoring gelegt wird.

[478] Die Anzahl der zu produzierenden Prototypen ist aus der Praxiserfahrung der Autorin abgeleitet und wurde im Rahmen des begleitenden Forschungsprojektes bestätigt. Dieser Wert kann unternehmens- und projektspezifisch angepasst werden.

5.2.2 Strategischer Entwicklungsprozess der HIP³E

Für die Gestaltung des strategischen Entwicklungsprozesses der HIP³E, werden die HIPE und HIPPE basierend auf Produktreife- (vgl. Formel 5-1) und Prozessfreiheitsgraden (vgl. Formel 5-3) parallelisiert. Für den strategischen Entwicklungsprozess werden die beiden Entwicklungsperspektiven in einer Interaktionsebene verbunden (vgl. Abbildung 5-9).

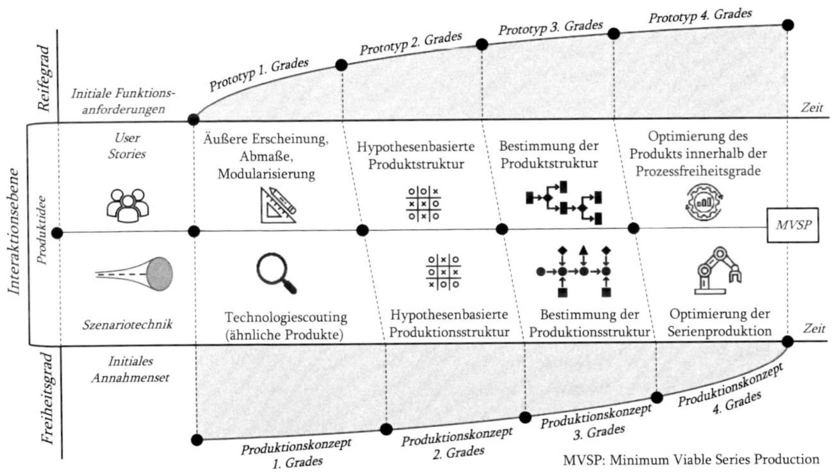

Abbildung 5-9: Strategischer Entwicklungsprozess der HIP³E

Hier werden die Wechselwirkungen zwischen den Entwicklungsdisziplinen betrachtet und zusammengeführt. Auf diese Weise wird ein zeitgleiches und integriertes Entwicklungsvorgehen realisierbar, wodurch die Time-to-Market hauptsächlich reduziert wird. Sind die Ziele der Entwicklungsphasen nicht erreicht bzw. aufeinander abgestimmt oder haben sich Kundenanforderungen während der Entwicklung geändert, werden innerhalb der Phasen zielgerichtete Iterationen (vgl. normativer Orientierungsprozess aus Kapitel 5.1) durchgeführt. Der Zusammenhang zwischen dem normativen Orientierungsprozess und dem strategischen Entwicklungsprozess ist in Abbildung 5-29 zu sehen. Innerhalb der Phasen werden Methoden angewendet, um die notwendigen Ergebnisse zu erzielen. Die Beschreibung der Entwicklungsphasen erfolgt aus der Interaktionsebene. Die Ergebnisse einer Phase bilden die Grundlage für die nächste Phase. Dies ist in der HIP³E essenziell, da die Ergebnisse zur Weiterentwicklung und Verwerfung der Hypothesen (vgl. Kapitel 5.3) benötigt werden.

5.2.2.1 Initiales Annahmenset der HIP³E

In der ersten Phase des strategischen Entwicklungsprozesses werden **initiale Funktionsanforderungen** aufgenommen und ein **initiales Annahmenset** entwickelt. Im normativen Orientierungsprozess ist dies dem ersten Schritt zuzuordnen. Zur **kundenzentrierten Ermittlung der unterschiedlichen Funktionsanforderungen** nach KANO wird die Struktur der User-Stories (vgl. Kapitel 2.3.1) gezielt erweitert. Die Grundlagen des Kano Modells werden nachfolgend eingeführt:

Für die Aufnahme von Produktfunktionen ist die Unterscheidung der Anforderungen nach **KANO** möglich. Dabei werden die Funktionsarten der Grund-, Leistungs- und Begeisterungsfunktion unterschieden. Bei Grundfunktionen handelt es sich um implizit geforderte Funktionen der Kunden. Diese Art Funktion wird von Kunden nicht kommuniziert, sondern als selbstverständlich vorausgesetzt. Die Erfüllung dieser Funktionen führt zu keiner Erhöhung der Kundenzufriedenheit, während eine unzureichende Erfüllung zu einer hohen Unzufriedenheit führt. Eine Leistungsfunktion wird eingefordert. Je höher der Erfüllungsgrad der Funktion ist, desto höher ist die Zufriedenheit. Begeisterungsfunktionen sind implizit. Anders als bei Grundfunktionen werden die Begeisterungsfunktionen von Kunden nicht erwartet. Eine Erfüllung dieser Funktionen führt zu einer überproportionalen Zufriedenheit.[479]

Zur workshopbasierten Bestimmung kundenzentrierter Funktionsanforderungen wird die Methode der User-Stories genutzt (vgl. Kapitel 2.3.1). Zur differenzierten Ermittlung der verschiedenen Funktionsarten werden diese mit Bezugsworten verknüpft. Leistungsfunktionen werden mit dem Satzfragment „ich will" verknüpft. Eine Verknüpfung der Begeisterungsfunktionen mit dem Satzfragment „wünsche ich" sorgt für eine erkennbare Differenzierung zu Leistungsfunktionen. Für die Ermittlung der Grundfunktionen wird der Fokus auf Vorgängerprodukte gelegt. Aufgrund dessen werden die Grundfunktionen und nicht durch externe Kundeninterviews und Fragebögen erfasst, sondern unternehmensintern. Funktionsartübergreifend werden unternehmensintern Analysen von Konkurrenzprodukten durchgeführt. Abbildung 5-10 fasst die Strukturen der spezifizierten User-Stories zur kundenzentrierten Aufnahme der Funktionsarten zusammen.

---

[479] Vgl. Kano N./Seraku N. et al. (1984) Attractive Quality and must-be quality, S. 39 ff.

Spezifikation der Interessensgruppen:	
Als Kunde ______ (männlich/weiblich) ______ (Alter)	
Leistungsfunktionen:	**Begeisterungsfunktionen:**
1. .... **will ich** ______ (Funktion), um ______ (Begründung). 2. .... **will ich** ______ (Funktion), um ______ (Begründung).	1. .... **wünsche ich mir** ______ (Funktion), um ______ (Begründung). 2. .... **wünsche ich mir** ______ (Funktion), um ______ (Begründung).
Grundfunktionen über Vorgängerprodukte:	**Funktionsübergreifende Konkurrenzbetrachtung:**
1. Unser **Vorgängerprodukt** hat ______ (Funktion), um ______ (Begründung). 2. Unser **Vorgängerprodukt** hat ______ (Funktion), um ______ (Begründung).	1. Der **Konkurrent** ______ (Name) bietet ______ (Funktion) und hat dadurch den Vorteil ______. 2. Der **Konkurrent** ______ (Name) bietet ______ (Funktion) und hat dadurch den Vorteil ______.

Abbildung 5-10: Erweiterung der User-Stories zur Funktionsbestimmung

Die aufgenommenen Funktionen entsprechen in der Regel Hauptfunktionen. Zur Realisierung von Hauptfunktionen sind untergeordnete Funktionen zu definieren, um die Funktionsstruktur bzw. funktionale Produktbeschreibung zu erstellen.

Da in Abhängigkeit der Anzahl an aufgenommenen User-Storys die Funktionsanzahl sehr groß sein kann, wird je Hypothese eine Auswahl getroffen. Aufgrund der starken Unzufriedenheit im Falle des Verzichts werden alle Grundfunktionen umgesetzt. Für die Leistungs- und Begeisterungsfunktionen wird hypothesengebunden eine Auswahl getroffen. Dabei darf die Anzahl der Leistungs- und Begeisterungsfunktionen nicht zu gering sein, da nur durch diese Markterfolg erzielt wird. Im Rahmen dieser Arbeit wird eine Verteilung von 70 % Grund-, 20 % Leistungs- und 10 % Begeisterungsfunktionen empfohlen[480]. Die Verhältnisse der Funktionen zueinander sind unternehmens-, produkt- und entwicklungsabhängig anzupassen.

Nach der Auswahl der umzusetzenden Funktionen werden diese den jeweiligen Phasen des strategischen Entwicklungsprozesses zugeordnet, um durch die Gewichtung einen Reifegrad als Schwellenwert für die jeweilige Phase zu berechnen. Erreicht der aktuelle Reifegrad in der Phase den Schwellenwert, wird mit der Validierung begonnen. Die Phasen werden aus Produktsicht durch die Prototypen beschrieben.

---

[480] Die Abschätzung basiert auf Erfahrungswerten der Autorin, die im Rahmen von Industrie- sowie Forschungsprojekten erlangt wurden. Diese Werte können unternehmens- und projektspezifisch angepasst werden.

Die Bestimmung der **Reifegrade als Schwellenwerte** der Phasen wird über die zugeordneten und gewichteten Funktionen durchgeführt. Die Gewichtung der einzelnen Funktion orientiert sich an der Kategorisierung nach KANO. Über die Auswahl ist die Umsetzung aller Grundfunktionen und einiger Leistungs- und Begeisterungsfunktionen gesichert. Daher richtet sich die Berechnung des Reifegrads nach der Erhöhung der Kundenzufriedenheit durch Funktionserfüllung. Der Reifegrad beginnt bei 0 % und wird im Verlauf der Entwicklung auf 100 % gesteigert. Der Zuwachs des Reifegrads der Phase berechnet sich wie in Formel 5-1 dargestellt.

Dabei werden Grundfunktionen mit einem Punkt bewertet, Leistungsfunktionen mit drei Punkten und Begeisterungsfunktionen mit fünf Punkten. Diese Bewertung leitet sich aus dem Verhältnis der Funktionen zueinander und der Erhöhung der Kundenzufriedenheit ab und wird je nach unternehmerischer Ausrichtung oder zu entwickelndem Produkt angepasst.

Formel 5-1: Berechnung des Zuwachses des Reifegrads

$$Zuwachs\ des\ Reifegrads = \frac{\sum Punktzahl\ der\ Funktionen\ der\ Phase}{\sum Punktzahl\ aller\ Funktionen\ des\ Produktes}$$

$$SW_{RG} = (\sum ZU_{RGV} + Zuwachs\ der\ aktuellen\ Phase) * 100\ \%$$

mit ZU_{RGV} Zuwachs des Reifegrads der vorherigen Phasen

SW_{RG} Schwellenwert des Reifegrads der aktuellen Phase

Die Ausnahme für die Berechnung der Schwellenwerte ist der Prototyp vierten Grades. Da die Produktfunktionen vor diesem schon realisiert sind und Funktionen nur noch im Bereich der Maschinenfreiheitsgrade optimiert werden, wird in dieser Phase nur die Erfüllung der Aktivitäten betrachtet. Die Schwellenwerte der anderen Phasen bleiben während der gesamten Entwicklung konstant. Änderungen der Gewichtung oder neu geforderte Funktionen werden in der Berechnung des aktuellen Reifegrads während der Entwicklungszyklen im Projektverlauf berücksichtigt. Nach der Durchführung der initialen Aufnahme durch die PE liegen die umzusetzenden Funktionen mit Gewichtung und deren Zuordnung sowie die Schwellenwerte der Phasen vor.

Während die Funktionsbestimmung kundenzentriert durchgeführt wird, gilt es, die Produktionsziele zu identifizieren und in unterschiedliche Szenarien für das **initiale Annahmenset** zu überführen, um zeitgleich mit der HIPE auch die HIPPE zu starten. Dabei werden Einflussfaktoren auf das Unternehmensumfeld, in dem das systemische Produkt entwickelt und produziert wird, identifiziert. Zur Erzeugung möglichst breit gefächerter Zukunftsszenarien empfiehlt es sich, Experten aus verschiedenen Bereichen, z.B. dem Management sowie der PE und PPE, einzubeziehen.

Zunächst werden die für das Unternehmen relevanten Trends identifiziert. Um die Trends zu bestimmen, werden Zukunftsstudien, internes Expertenwissen, Kundenbefragungen oder die abgewandelten User-Stories verwendet. Mit diesen Informationen und dem aktuellen Status Quo des Unternehmens hinsichtlich PE und PPE werden Einflussfaktoren identifiziert. Dazu eignen sich Kreativitätstechniken, wie z.B. Brainstormings. Zur Unterstützung des Kreativitätsprozesses werden Einflussbereiche (z.B. *Wettbewerbsfähigkeit, Beschaffungs- und Flächenplanung sowie allgemeine Einflüsse der Umwelt*) auf das Unternehmen spezifiziert.

Jeder Einflussbereich wird, wie im Anhang detailliert, durch unterschiedliche Kategorien beschrieben und katalogisiert (vgl. Abbildung 9-5, Abbildung 9-6, Abbildung 9-7). Bei der Spezifizierung der Einflussbereiche besteht kein Anspruch auf Vollständigkeit. Vielmehr soll den Anwendern eine Grundlage gegeben werden, die während der Nutzung projektabhängig erweitert wird. Auf diese Weise wird der Katalog der spezifizierten Einflussbereiche kontinuierlich weiterentwickelt, wodurch das dynamische Unternehmensumfeld sowie neue Kundentrends einbezogen werden. Während der Aufnahme der Einflussfaktoren ist zu beachten, dass jeder Einflussfaktor mehrere Entwicklungsmöglichkeiten hat, die es unabhängig voneinander aufzunehmen gilt. So wird jeder Einflussfaktor systematisch durchdacht, was eine mögliche Fehlinterpretation einzelner Einflussfaktoren reduziert.

Das Ergebnis der diskutierten Einflussbereiche ist eine dokumentierte Liste von potenziellen Einflussfaktoren. Diese Listen gilt es bezüglich der Produktionsziele zu analysieren und zu bewerten. Dabei werden die Einflussfaktoren mit den Produktionszielen verknüpft. Mögliche Produktionsziele sind beispielsweise *Zielpreis, geplante Stückzahlen, SOP* und der *Automatisierungsgrad.*

Die Zuordnung der Einflussfaktoren zu den Produktionszielen erfolgt matrixbasiert. So werden die Abhängigkeiten zwischen den Einflussfaktoren (EF) und Produktionszielen in einer Domain Mapping Matrix (DMM)[481] aufgenommen. Um den Aufwand zur Erzeugung der Zukunftsszenarien effizient zu gestalten, werden die Schlüsselfaktoren hinsichtlich der jeweiligen Produktionsziele bestimmt. In diesem

[481] Vgl. Schäppi, B. (2005) Handbuch Produktentwicklung, S. 124.

Zusammenhang wird der paarweise Vergleich in Form einer Relevanzmatrix angewendet. Anhand der Zeilensumme (ZS) wird die Relevanz jedes Einflussfaktors relativ zu den anderen Einflussfaktoren bestimmt. Über die Gewichtung der Relevanzsummen wird jedem Einflussfaktor ein prozentualer Wert zugeordnet. Die Gewichtung g_i der Einflussfaktoren wird gemäß Formel 5-2 durchgeführt:

Formel 5-2: Berechnung des Gewichtung der Einflussfaktoren

$$g_i = \frac{ZS_i}{\sum_{i=1}^{EF} ZS_i}$$

mit g_i Gewichtung des Einflussfaktors

ZS_i Zeilensumme der Einflussfaktoren

Auf Basis der Relevanzsumme werden die Schlüsselfaktoren identifiziert. Zur Auswahl der Schlüsselfaktoren stehen unterschiedliche Methoden zur Verfügung. Eine Möglichkeit stellt die ABC-Analyse[482] dar. Hierbei werden die gewichteten Prozentwerte nach absteigender Bedeutung geordnet und addiert. Über die kumulierte Prozentsumme lassen sich die Einflussfaktoren in die Klassen A (75 %), B (20 %), und C (5 %) einteilen. Die Einflussfaktoren der Klasse A besitzen die größte Bedeutung, weshalb sie als Schlüsselfaktoren in die Szenarioentwicklung einbezogen werden. Über die Klassen B und C ist anschließend anwendungsspezifisch zu entscheiden. Mit den identifizierten Schlüsselfaktoren werden die Zukunftsszenarien erstellt. Ein Szenario ist so kurz und prägnant wie möglich in Prosa zu formulieren.[483] Anschließend legt die Unternehmensführung die einzelnen Produktionsziele für das Projekt vorläufig fest. Die Gesamtheit aller Produktionsziele stellt das initiale Annnahmenset der Produktionsprozessentwicklung dar. Abbildung 5-11 illustriert beispielhaft den Zusammenhang der Relevanzmatrix für ein Produktionsziel. Durch die Darstellung in Matrizenform wird die Methode übersichtlich, erweiterbar und leicht zu digitalisieren.

---

[482] Vgl. Dickie, H. (1951) ABC Inventory Analysis, S. 92 - 94.

[483] Vgl. Gausemeier, J./Fink, A. et al. (1996) Szenario-Management, S. 19.

Relevanzmatrix der Einflussfaktoren

Zielpreis	EF1	EF2	EF3	EF4	EF5	EF6	EF7	Relevanzsumme ZS_i	Gewichtung g_i in %	Rang
EF1		2	2	2	2	2	2	12	29%	1
EF2	0		1	2	2	2	1	8	19%	2
EF3	0	1		0	0	0	0	1	2%	6
EF4	0	0	2		0	0	0	2	4%	5
EF5	0	0	2	2		1	2	7	17%	3
EF6	0	0	2	2	0		0	4	10%	4
EF7	0	1	2	2	1	2		8	19%	2
							Σ	42	100%	

Legende:
0 = unwichtiger 1 = gleichwichtig 2 = wichtiger; EF: Einflussfaktor

ABC-Analyse

	Gewichtung g_i in %	Kumulierte Summe in %	Klasse	Schlüsselfaktor
EF1	29%	29%	A	Ja
EF2	19%	48%	A	Ja
EF7	19%	67%	A	Ja
EF5	17%	84%	A	Ja
EF6	10%	94%	B	Nein
EF4	4%	98%	C	Nein
EF3	2%	100%	C	Nein

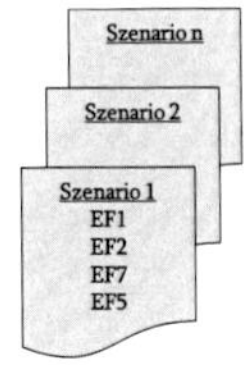

Abbildung 5-11: Relevanzmatrix für die Szenarienerstellung

Das Ergebnis des initialen Annahmensets für die Produktionsprozessentwicklung ist die Zusammenfassung der einzelnen Produktionsziele. Die Produktionsziele dienen als Grundlage, auf die alle weiteren Industrialisierungsschritte ausgerichtet werden. Während des gesamten Entwicklungsprozesses gilt es, die Produktionsziele hinsichtlich ihrer Schlüsselfaktoren zu überwachen und wenn nötig zu aktualisieren. Das Fortschreiten in den Phasen des strategischen Entwicklungsprozesses orientiert sich anhand der Schwellenwerte. Nachdem gezeigt wurde, wie die Schwellenwerte des Reifegrads berechnet werden, wird im Folgenden gezeigt, wie die **Schwellenwerte des Freiheitsgrads** berechnet werden. Zur Berechnung der Freiheitsgrade als Schwellenwert für die einzelnen Phasen wird eine Abschätzung der zeitlichen Dauer der Phasen benötigt. Diese erfolgt auf Grundlage des bestimmten SOPs und der Abschätzung der Dauer der Phasen. Die prozentualen Anteile der Phasen an der Gesamtdauer werden anhand der Standardaktivitäten abgeleitet. Diese sind spezifisch für das jeweilige Produkt unter Berücksichtigung der Unternehmenseinflüsse zu bestimmen. Im Rahmen dieser Arbeit wird anhand der Anzahl der generischen Standardaktivitäten eine Verteilung von 10 % für die erste Phase, 30 % für die zweite Phase, 40 % für die dritte und 20 % für die vierte Phase angenommen.[484]

Die Zuordnung der Freiheitsgrade zu den Phasen basiert auf der Rückdatierung der FK der einzelnen MO. Dabei erfolgt die Berechnung des Freiheitsgrads erst nach dem Produktionskonzept ersten Grades, da vorher MO und mögliche FK noch nicht bestimmt sind. In dem Produktionskonzept ersten Grades werden während der Modu-

[484] Die Abschätzung des Zeitanteils der Phasen wurde auf Basis von Erfahrungswissen der Autorin aus Industrie- und Forschungsprojekten abgeleitet und kann unternehmens- und projektspezifisch angepasst werden.

larisierung des Produktes durch die HIPE von der HIPPE potenzielle Fertigungstechnologien und FK für jedes MO gebildet (vgl. Abbildung 5-8). Somit werden nur FK bestimmt, aber keine Einschränkung des Freiheitsgrads vorgenommen. Auch die weiteren Aufgaben innerhalb der Entwicklung und Validierung des Produktionskonzepts ersten Grades schränken den Freiheitsgrad nicht ein. Folglich wird in dieser Phase im Gegensatz zum Reifegrad der PE nur der Abschluss der einzelnen Aktivitäten betrachtet. Nach dieser Phase liegt eine Anzahl an potenziellen FK für jedes MO vor. Diese bestehen aus verketteten Fertigungstechnologien. Für die benötigten Maschinen der Fertigungstechnologien existieren Vorlaufzeiten bestehend aus den Zeiten für Bestellung, Lieferung und Aufbau. Dabei bestimmt die Fertigungstechnologie mit der höchsten Vorlaufzeit den spätesten Zeitpunkt für die Entscheidung. Sind diese Zeiten bestimmt, liegen für die MO die spätesten Zeitpunkte der Kaufentscheidungen für die jeweiligen FK vor. Somit wird für die MO anhand der FK mit der geringsten Vorlaufzeit der Zeitpunkt der spätesten Entscheidung für eine FK des MOs definiert. Die Entscheidung für eine FK schränkt den Freiheitsgrad ein. Vor der Entscheidung für die FK mit der geringsten Vorlaufzeit wird sich in Hypothesen für Alternativen entschieden. Die Reduktion des Freiheitsgrads als Schwellenwert berechnet sich gemäß Formel 5-3. Dabei startet der Freiheitsgrad bei 100 % und wird im Verlauf der Entwicklung auf 0 % gesenkt.

Formel 5-3: Berechnung der Reduktion des Freiheitsgrads

$$Reduktion\ des\ Freiheitsgrads = \frac{\sum Zu\ bestimmende\ Module\ der\ Phase}{\sum Module\ des\ Produkts}$$

$$SW_{FG} = 100\,\% - (\sum RD_{FGV} + \text{Reduktion der aktuellen Phase}) * 100\,\%$$

mit RD_{FGV} Reduktion des Freiheitsgrads der vorherigen Phasen

SW_{FG} Schwellenwert des Freiheitsgrads der aktuellen Phase

Vergleichbar zur HIPE werden auch die Schwellenwerte der HIPPE nicht im Verlauf geändert, sondern eine Änderung bezüglich der FK wird in der aktuellen Berechnung in der jeweiligen Phase berücksichtigt.

Nach Abschluss der initialen Aufnahme der HIPE und HIPPE sind die Grundlagen für den Start und den Ablauf der Entwicklungsphasen gelegt. Zur Detaillierung ist das Ablaufdiagramm zur Erstellung des initialen Annahmensets in Abbildung 5-12 dargestellt. Die Entwicklung wird mit der ersten Phase und den Entwicklungszyklen eingeleitet. Je nach Schwellenwerterreichung wird in die Validierungszyklen übergegangen, bevor die nächste Phase begonnen wird.[485]

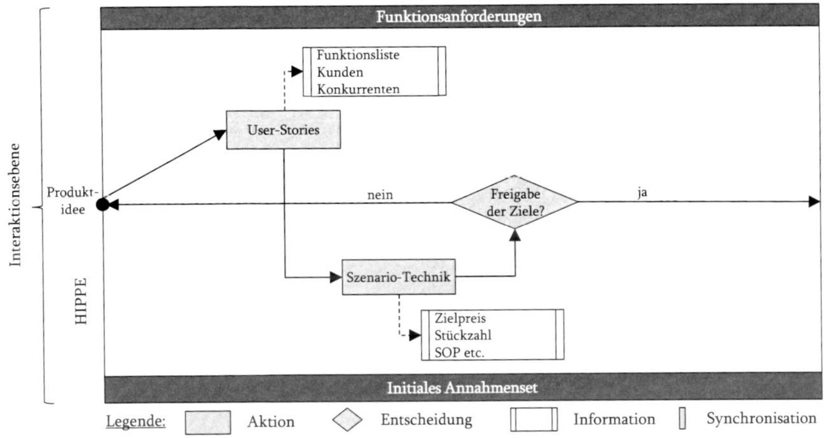

Abbildung 5-12: Ablaufdiagramm zu Erstellung des initialen Annahmensets

5.2.2.2 Prototyp und Produktionskonzept ersten Grades

Nach der Aufnahme der Funktionsanforderungen und der Ableitung des initialen Annahmensets befindet sich der strategische Entwicklungsprozess in der Hypothesen- und Validierungsphase des normativen Orientierungsprozesses. Alle folgenden Schritte (vgl. Abbildung 5-13) werden für jede Hypothese innerhalb der Entwicklungs- und Validierungsphase durchlaufen.

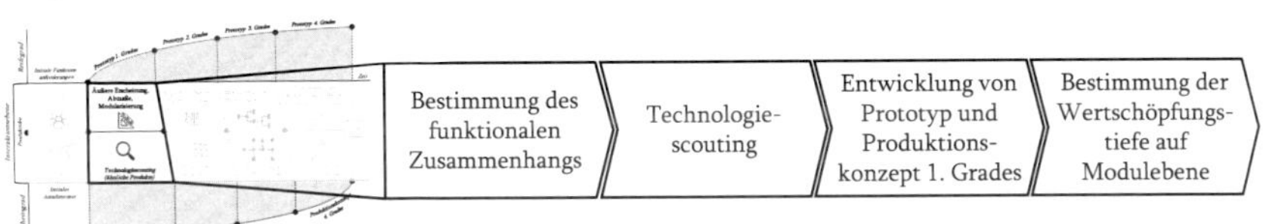

Abbildung 5-13: Prototyp und Produktionskonzept ersten Grades

Auf Basis der identifizierten Funktionsanforderungen startet die Bestimmung der Abhängigkeiten zwischen den Funktionen, um Funktionscluster zu definieren. Zur

[485] Detaillierung des Fortschreitens in der HIP³E wird im operativen Koordinationsprozess in Kapitel 5.3 detailliert beschrieben.

Bestimmung der Abhängigkeiten zwischen den Funktionen (FU) werden die FU in eine Matrix eingetragen, die Abhängigkeiten bestimmt und geclustert. Die Clusteranalyse hat das Ziel, MO zu bilden, die funktionsseitig möglichst unabhängig voneinander sind.[486] Nach Bestimmung der funktionsübergreifenden MO werden die Abhängigkeiten bzw. Schnittstellen oder Verbindungselemente (VE) zwischen den MO festgelegt. In die Schnittstellenbestimmung werden Mitarbeitende der Montage integriert. Ihre Erfahrungen im Umgang mit bestimmten VE werden genutzt, um potenziellen Montageproblemen von Beginn an entgegen zu wirken. Bei der Bestimmung der Schnittstellen werden die einzelnen MO in eine Matrix eingetragen (vgl. Abbildung 5-14). Die Anzahl der Abhängigkeiten zu anderen Modulen wird als Maß für den Änderungsaufwand interpretiert. So werden die Verantwortlichen über den Änderungsbedarf in Kenntnis gesetzt und entscheiden gemeinschaftlich über eine möglichst effiziente Umsetzung der Änderung.

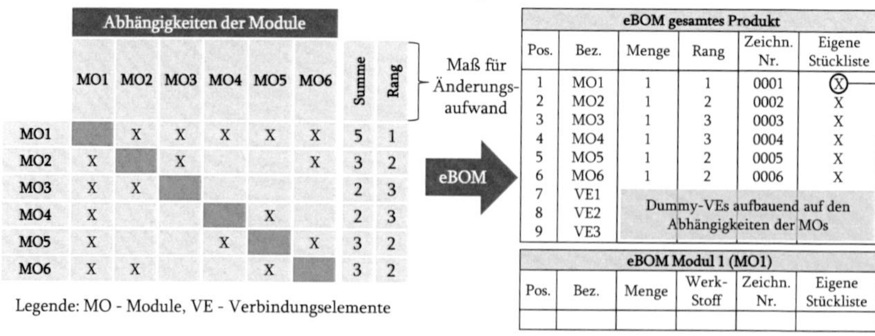

Abbildung 5-14: Schnittstellen zwischen Modulen und Überführung in eBOM

Nachdem die zu entwickelnden MO und potenziellen VE identifiziert wurden, werden diese in die eBOM eingetragen. Da die einzelnen MO noch nicht bestimmt sind, handelt es sich dabei zunächst um Dummies in den jeweiligen Hypothesen, die im Laufe der Industrialisierung kontinuierlich spezifiziert werden. Unsicherheiten und mögliche Abschätzungen in den Hypothesen werden über die Iterationen im normativen Orientierungsprozess verkleinert. Die eBOMs sind baukastenartig aufgebaut, was den Vorteil bietet, dass mehrfach verwendete MO oder BG nur einmal zu dokumentieren sind, wodurch Redundanzen in der Erfassung und Pflege der Daten

[486] Vgl. Browning, T. (2001) Applying the design structure matrix to system decomposition and integration problems, S. 295.

vermieden werden und das Änderungsmanagement datenbasiert, hypothesenbasiert und hochiterativ gestaltet wird.

Aus den eBOMs werden Fertigungsstücklisten (Manufacturing Bill of Material - mBOM) abgeleitet. Die mBOM entspricht in der Struktur der eBOM und wird um fabrikationsspezifische Daten ergänzt. In der mBOM wird die Montagereihenfolge des zu montierenden Objekts abgebildet, was zu Unterschieden zur eBOM-Struktur führt.

Um die hypothesenbasierte Produktionsplanung im Rahmen des Produktionskonzepts ersten Grades möglichst parallel zur HIPE des Prototyps ersten Grades voranzutreiben, ist es notwendig, auf Basis der Produktidee und der entwickelten Szenarien auch unabhängig von den Stücklisten bereits übergeordnete Konzepte des Produktionskonzeptes zu entwickeln. Gleichzeitig gilt es, die Informationen über den Produktentwicklungsfortschritt frühestmöglich zu teilen, selbst wenn die Grundlage dafür unvollständig ist bzw. auf Hypothesen beruht. Auf diese Weise integriert sich die HIPPE proaktiv in die HIPE und leitet eigene Planungen ein. Bezogen auf den Industrialisierungsprozess entsteht das Potenzial, Entwicklungszeit einzusparen.

Auf Basis der funktionalen Modulanforderungen erfolgen hypothesenbasierte Technologiescoutings. Während des **Technologiescoutings** beschäftigen sich die Scouts mit der Informationssammlung in den Bereichen Wissenschaft und Technologie. Ziel ist es, relevante Technologien sowie deren Entwicklungen zu identifizieren. Da zu diesem Zeitpunkt lediglich der Funktionsumfang und die Schnittstellen der MO bekannt sind, gilt es ähnliche Produkte zu untersuchen. Sobald die funktionsrelevanten MO, Baugruppen und Einzelteile identifiziert sind, werden nicht nur konstruktive Aspekte, wie Geometrien oder Bauraumbedarfe untersucht, sondern auch die Technologien, die zur Herstellung benötigt werden. Hierbei gilt es, alle potenziell möglichen Fertigungstechnologien (FT) aufzunehmen und in eine Matrix einzutragen. Das Ergebnis sind fertigungstechnologische Longlists für einzelne MO. Das Ergebnis des Technologiescoutings ist in der zentralen Wissensdatenbank in dem HIP^{3}E-Softwaretool, das im begleitenden Forschungsprojekt entwickelt wurde, hinterlegt (vgl. Kapitel 6.1).

Nachdem die potenziellen FT identifiziert und spezifiziert sind, werden die Abhängigkeiten zwischen den Technologien bestimmt. Anhand der Abhängigkeiten der einzelnen Technologien werden potenzielle FK für jedes MO gebildet. Abbildung 5-15 stellt die Bildung der potenziellen FK dar. Die Darstellung des Ablaufs übersetzt die Informationen der Matrix in ein Pfeildiagramm. Jeder Pfad des Pfeildiagramms stellt eine potenzielle FK dar. Sowohl die Anzahl als auch die Zusammensetzung der FK gilt es, über den gesamten Industrialisierungsprozess zu überprüfen, erweitern oder reduzieren.

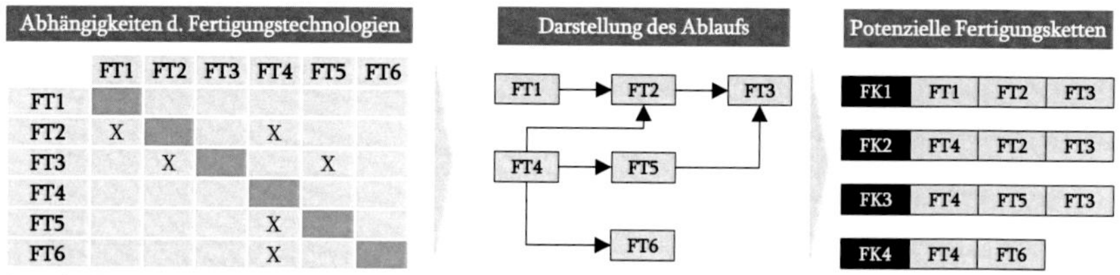

Legende: FT – Fertigungstechnologien, FK – Fertigungsketten

Abbildung 5-15: Bestimmung der Fertigungsketten

Am Übergang von der Hypothesen- in die Validierungsphase werden Prototypen als physische Informationsträger in der HIPE entwickelt und Experten in der HIPPE befragt. Um den Produktreifegrad kontinuierlich zu erhöhen, werden in jedem Industrialisierungsschritt unterschiedliche aufeinander aufbauende Prototypen gefertigt. Der **Prototyp ersten Grades** kann dabei z.B. als Design Prototyp abgebildet werden. Hier geht es um die Steigerung der Produktreife hinsichtlich einer kundenfähigen äußeren Erscheinung bei gleichzeitiger Berücksichtigung der Produktionsprozesse und Wechselwirkungen. Auf diese Weise werden Produktreife und Freiheitsgrade in der Produktion möglichst gleichzeitig gesteigert bzw. reduziert.

Bei der Entwicklung des Design-Prototypen werden neben der äußeren Erscheinung und den geometrischen Abmaßen auch die einzelnen MO im Prototyp durch ein Packaging angeordnet. Hierfür sind die erforderlichen Bauräume der MO, die aus den Informationen des Technologiescoutings abgeschätzt werden, im Prototyp festzulegen. Die hypothesenbasierten Informationen über Bauraumbedarfe der MO, deren Anordnung im Prototyp sowie Schnittstellen zwischen den MO werden dazu genutzt, die Montage auf Modulebene in dem **Produktionskonzept ersten Grades** zu entwickeln. Dabei gilt es zunächst, eine mögliche Reihenfolge der zu verbauenden Module zu priorisieren. Die hypothesenbasierte Planung der Positionierung einzelner Montagestationen wird mit der Layoutplanung bzgl. der Flächenverfügbarkeit abgestimmt. Sofern von der Layoutplanung keine Einwände geäußert werden, werden die gewonnenen Erkenntnisse über die Struktur der Modulmontage in die vorläufige Montagestückliste übertragen. Nach der Montageplanung wird die Zuordnung von zu montierenden MO pro Montagestation (ST) in Form einer Matrix digitalisiert. Dabei werden ST über MO aufgetragen. Sind Änderungen an Modulen durch Anpassungen von Hypothesen im Verlauf des Entwicklungsfortschritts notwendig, werden die betroffenen Montagestationen automatisiert zugeordnet. Durch die hypothesenbasierte Planung der Montage auf Modulebene werden Freiheitsgrade in der HIPPE reduziert. Die proaktive Integration produktionsspezifischer Aspekte führt zu einer frühestmöglichen Berücksichtigung der Wechselwirkungen in der HIP³E.

Mit den Informationen hinsichtlich des Prototyps und Produktionskonzeptes ersten Grades wird die **Wertschöpfungstiefe auf Modulebene** bestimmt, um bestehende Ressourcen möglichst effizient einzusetzen. Durch die Einbindung bzw. den Aufbau von Modullieferanten (Tier 1) wird die Anzahl von Lieferanten erheblich reduziert, womit die logistische Komplexität der Lieferantenbeziehungen vereinfacht wird. Zudem übernehmen die Modullieferanten Aufgaben wie Forschung, Entwicklung und Qualitätssicherung. So verkürzen Unternehmen ihre Time-to-Market, indem auf bereits vorhandenes Know-How des Modullieferanten zurückgegriffen wird. Zur Bestimmung der Wertschöpfungstiefe wird die Make-or-Buy-Portfolio-Technik[487] angewendet. Die Gewichtung der Bewertungsindikatoren der Zieldimensionen berücksichtigt, ob das Analyseobjekt das Potenzial zu einem Unique Selling Point (USP) hat (vgl. Abbildung 5-16).

Durch eine zunehmende Marktsättigung und objektive Austauschbarkeit von Produkten erlangt der USP eine steigende Bedeutung. Sofern ein Modul über ein USP-Potenzial verfügt, besteht ein hoher Kernkompetenzcharakter. Das Versorgungsrisiko nimmt eine untergeordnete Rolle bei der *Make-Attraktivität* ein. Bei der *Ressourcenstärke* ist bzgl. des USP-Potenzials besonders die komparative Geschwindigkeit ein ausschlaggebender Faktor. Denn mit zunehmender Entwicklungsdauer steigt die Wahrscheinlichkeit, dass ein USP-Potenzial aufgrund immer kürzer werdender Entwicklungszyklen an Wert verliert. Die Indikatoren des Beherrschungsgrads und des vorhandenen Potenzials werden als gleichwertig betrachtet, da diese dahingehend ausgerichtet werden, die komparative Geschwindigkeit zu erhöhen.

487 Vgl. Borszcz, A./Piechota, S. (1998) Controlling-Praxis erfolgreicher Unternehmen, S. 256 ff.

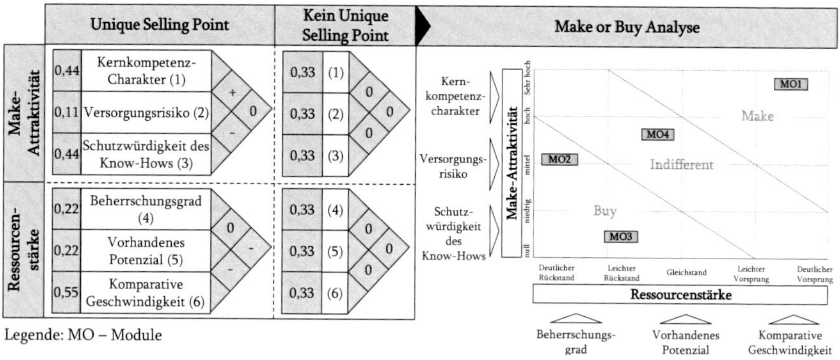

Abbildung 5-16: USP- Analyse und Make-or-Buy-Portfolio-Matrix

MO, die über kein USP-Potenzial verfügen, wird keine Gewichtung vorgenommen. Nachdem die MO bewertet und in die Make-or-Buy-Portfolio-Matrix eingetragen sind, werden Entscheidungen hinsichtlich Eigen- und Fremdfertigung getroffen. Diese Informationen werden in der Fertigungsstückliste dokumentiert. Mit dem Wissen über intern und extern zu fertigende MO sind Modullieferanten auszuwählen und in die HIPPE einzubinden.

Mit der Bestimmung intern und extern zu produzierender MO wird es möglich, die Produktreife zu steigern und gleichzeitig die Freiheitsgrade zu reduzieren. Durch den Einkauf von entwickelten MO wird die Produktreife in dem Anforderungsbereich ohne eigene Entwicklungsaufwände direkt gesteigert. Zudem werden Freiheitsgrade in der HIPPE dadurch reduziert, dass sich die Produktionsaufwände auf die intern zu fertigenden MO beschränken anstatt auf die gesamte Modulanzahl.

Nachdem der Prototyp und das Produktionskonzept ersten Grades entwickelt und validiert sind, wird gemäß des operativen Koordinationsprozesses (vgl. Kapitel 5.3) in die nächste Phase des strategischen Entwicklungsprozesses fortgeschritten. Zur Detaillierung sind das Ablaufdiagramm der Methoden sowie die benötigten Informationen in Abbildung 5-17 dargestellt.

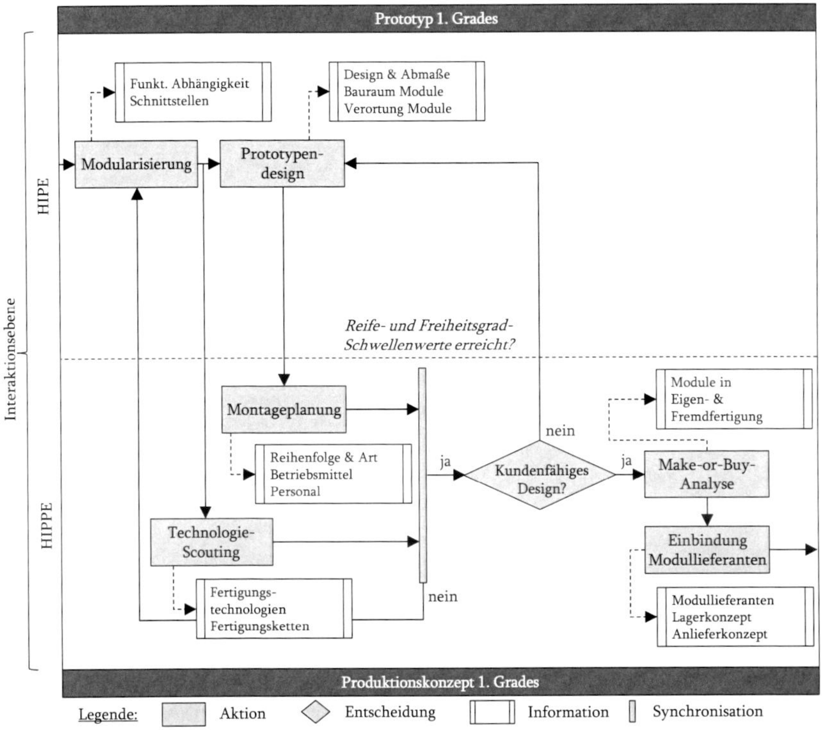

Abbildung 5-17: Ablaufdiagramm ersten Grades

5.2.2.3 Prototyp und Produktionskonzept zweiten Grades

Aufbauend auf den Erkenntnissen der Prototypen und Produktionskonzepte ersten Grades wird die hypothesenbasierte Produkt- und Produktionsstruktur für Probleme zweiter Ordnung entwickelt. In dieser Phase werden bereits ET und BG hypothesenartig entwickelt und validiert. Gleichzeitig werden Hypothesen hinsichtlich des Produktionskonzeptes entwickelt und validiert (vgl. Abbildung 5-18).

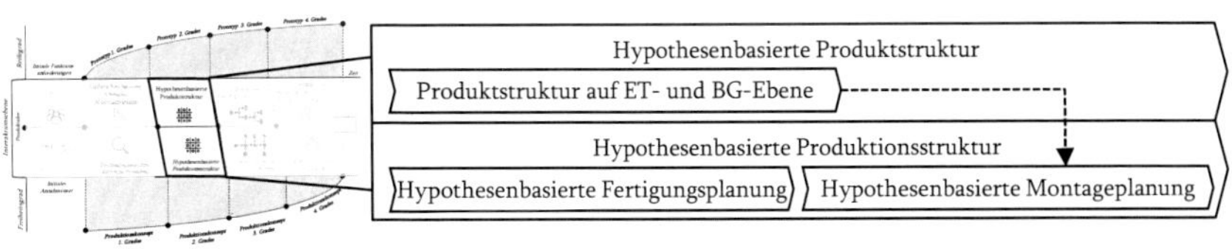

Abbildung 5-18: Prototyp und Produktionskonzept zweiten Grades

Der Prototyp und das Produktionskonzept zweiten Grades jeder Hypothese dienen der Überprüfung und Optimierung des Arbeitsprinzips sowie der Funktionsfähigkeit des zu entwickelnden Produktes, wodurch die Produktreife weiter gesteigert und das Produktionskonzept detailliert wird. Um die relevanten Probleme im Entwicklungsfortschritt zu testen, werden z.B. die MO bis auf ET-Ebene konstruiert. Zu dieser Entwicklungsphase bestehen ET zumeist nicht aus Serienwerkstoffen und werden nicht mit Serienwerkzeugen hergestellt. Rapid-Prototyping-Verfahren, wie 3D-Druck oder selektives Lasersintern, werden in dieser Phase für die Validierung eingesetzt. Mit der Konstruktion der ET sowie deren Zusammenfassung zu BG wird eine **hypothesenbasierte Produktstruktur** entwickelt. Da die generative Fertigung von ET prinzipiell keinen geometrischen Restriktionen unterliegt, besteht das Risiko, dass Teile des Prototyps den Ansprüchen der Serienproduktion nicht gerecht werden. Um diese Fehlentwicklungen früh zu erkennen, wird entlang der hypothesenbasierten Produktstruktur eine hypothesenbasierte Produktionsplanung durchgeführt.

Zu diesem Zeitpunkt ist im strategischen Entwicklungsprozess je Hypothese bekannt, welche MO intern und extern hergestellt werden. Bezüglich der intern herzustellenden MO werden die funktionalen Modulanforderungen in ET und BG überführt. Anhand der konstruierten ET ist es möglich, die Fertigungsplanung in den Produktentwicklungsprozess zu integrieren. Hierbei stellt die Fertigungsplanung sicher, dass die konstruierten Einzelteilgeometrien nicht nur generativ, sondern auch mit Fertigungsketten der Serienproduktion herstellbar sind. Nachdem die einzelnen MO konstruiert sind, ist die hypothesenbasierte Struktur auf ET-Ebene bekannt. Diese Struktur gilt es, hinsichtlich möglicher BG zu untersuchen und zu optimieren. Das Vorgehen zur Bestimmung der BG und ET erfolgt analog zur Bestimmung der Funktionsumfänge der MO.

Mit der hierarchischen Verknüpfung der einzelnen Stücklisten entsteht eine noch nicht vollständig spezifizierte eBOM bis auf ET-Ebene. Hierdurch wird die hypothesenbasierte Produktstruktur dokumentiert. Die Struktur wird hinsichtlich der Funktionsfähigkeit validiert und bzgl. Werkstoffspezifizierungen erweitert.

Die **hypothesenbasierte Produktionsplanung** des Produktionskonzepts zweiten Grades wird in die konstruktive Erstellung der Produktstruktur integriert, um Synergien, Potenziale und Kollaborationseffekte zu nutzen. Auf diese Weise wird eine Produktionsplanung erstellt, die aufgrund der transparenten Datendurchgängigkeit innerhalb der HIP³E kontinuierliche Änderungen zulässt.

Um die Arbeitsweise und die Funktionsfähigkeit eines Prototyps zu testen, werden die jeweiligen MO auf ET-Ebene konstruiert. Das heißt, die geometrischen Informationen über Geometrie und Toleranzen sind bekannt. Auf eine weitere Steigerung der Produktreife hinsichtlich spezifizierter Serienwerkstoffe wird verzichtet, um den Industrialisierungsprozess zu beschleunigen und Freiheitsgrade für die HIPPE offen zu halten, wodurch Änderungsbedarfe weiterhin integriert werden.

Auf Basis der konstruktionsspezifischen Informationen werden den ET potenzielle FK innerhalb der **hypothesenbasierten Fertigungsplanung** zugeordnet. Hierbei wird auf die im Technologiescouting und aus den bestehenden Hypothesen bestimmten FK zurückgegriffen. Es ist möglich, dass mehrere FK für ein ET in Frage kommen. Eine konkrete Auswahl ist jedoch ohne bestimmten Serienwerkstoff nicht möglich, weshalb hier Annahmen in den Hypothesen hinterlegt werden. Mit der Zuordnung zu mindestens einer FK sind die ET bzgl. der Serienproduktion als fertigungsgerecht anzusehen. Ist keine Zuordnung möglich, sucht die Fertigungsplanung den Dialog mit der HIPE und unterbreitet aus Produktionsperspektive konstruktive Änderungsvorschläge (vgl. Schritt „*Kommunizieren*" in Kapitel 5.3.1). In Abbildung 5-19 werden die konstruierten ET von MO1 den potenziellen FK zugeordnet. Am Beispiel von ET3 wird gezeigt, welche FT die jeweils möglichen FK umfassen.

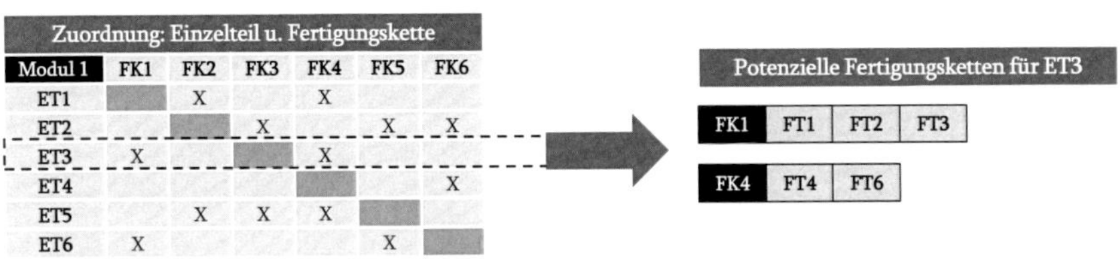

Abbildung 5-19: Zuordnung der Einzelteile zu potenziellen Fertigungsketten

Mit dem Wissen über die geometrischen Abmaße, Schnittstellen und nötigen VE zwischen den ET und BG wird es möglich, die **hypothesenbasierte Montageplanung** auf ET- und BG-Ebene durchzuführen. Bei der Montage auf ET-Ebene werden die ET zu BG montiert. Während der Montage auf BG-Ebene, werden die BG zu MO montiert. Analog zur Modulmontage gilt es zunächst, die Reihenfolge der zu verbauenden ET und BG sowie die Montageart zu planen. Zudem sind die Betriebsmittel und der Personalbedarf hypothesenbasiert zu bestimmen und in den Hypothesen zu dokumentieren. Die generierten Erkenntnisse hinsichtlich der

Montagestruktur werden in die vorläufige Montagestückliste übertragen und dienen als Informationsgrundlage für die Bestimmung weiterer Hypothesen im Softwaretool.

Anhand der hypothesenbasierten Montageplanung wird der Prototyp zweiten Grades montiert, wodurch das Produktionskonzept zweiten Grades je Hypothese validiert wird. Obwohl die einzelnen ST noch nicht errichtet sind, wird es so möglich, die Montierbarkeit und Montagefolge zu prüfen, womit Hypothesen validiert und Freiheitsgrade für den nächsten Industrialisierungsschritt eingeschränkt werden. Sobald Probleme oder Optimierungspotenziale während der Montage des Prototyps identifiziert werden, sucht die Montageplanung den Dialog mit der HIPE. Zur Detaillierung der Schritte und Methoden sowie benötigter Informationen ist das Ablaufdiagramm dieser Phase in Abbildung 5-20 dargestellt.

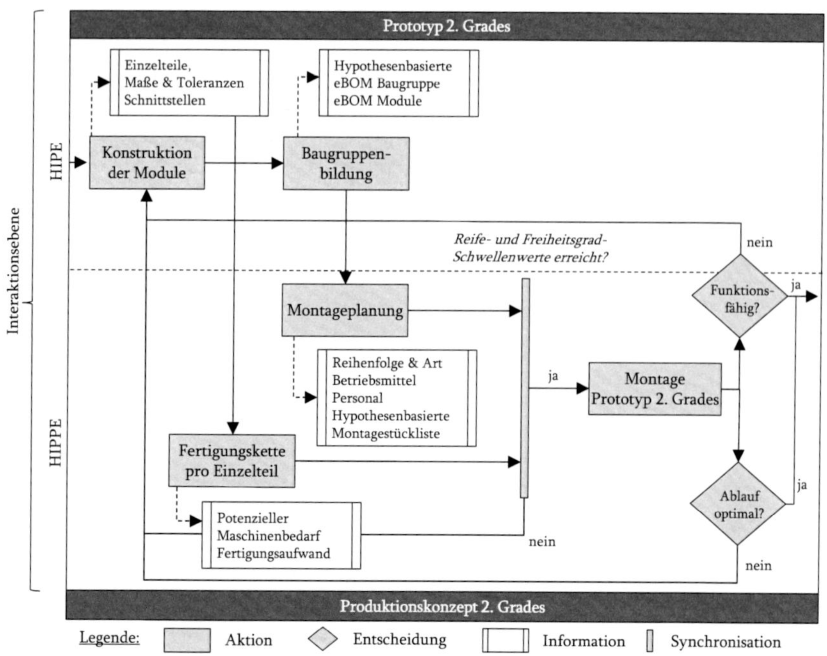

Abbildung 5-20: Ablaufdiagramm zweiten Grades

5.2.2.4 Prototyp und Produktionskonzept dritten Grades

Aufbauend auf den Erkenntnissen der Prototypen und Produktionskonzepte zweiten Grades wird die hypothesenbasierte Produkt- und Produktionsstruktur für Probleme dritter Ordnung entwickelt. In dieser werden alle Hypothesen in der Entwicklungs- und Validierungsphase spezifiziert, während die Wertschöpfungstiefe nun problemspezifisch bis auf Rohmaterialebene detailliert wird (vgl. Abbildung 5-21).

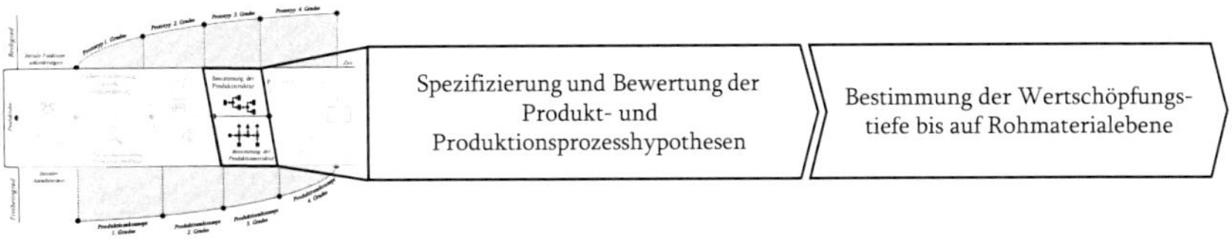

Abbildung 5-21: Prototyp und Produktionskonzept dritten Grades

Der Prototyp und das Produktionskonzept dritten Grades werden basierend auf den Ergebnissen und Informationen der vorangegangenen Grade hypothesenspezifisch weiterentwickelt. Für den Prototyp der jeweiligen Hypothesen bedeutet dies, die Produktreife durch die Bestimmung geeigneter Serienwerkstoffe zu erhöhen. Weiter werden die Informationen über die Serienwerkstoffe zur **Spezifizierung** der hypothesenbasierten Produktionsplanung für das Produktionskonzept dritten Grades verwendet. Die Wertschöpfungstiefe wird bis auf Rohmaterialebene bestimmt, womit die Freiheitsgrade in der Produktionsprozessentwicklung weiter eingeschränkt werden.

Prototypen dritten Grades entsprechen dem Endprodukt in Bezug auf den verwendeten Werkstoff und den eingesetzten Fertigungsverfahren weitestgehend. Dafür werden neben den geometrischen Eigenschaften auch Werkstoffeigenschaften benötigt, um so die ET vollständig zu spezifizieren. Mit den Informationen über die Serienwerkstoffe werden die eBOMs vervollständigt, wodurch die Planungsgrundlagen für Produktions- und Beschaffungsprozesse im Rahmen des Produktionskonzepts dritten Grades konkretisiert werden. Entsprechen die spezifizierten ET und BG nicht der eigenen Kernkompetenz, empfiehlt sich ein vorläufiger Einkauf.

Die nicht vorläufig eingekauften ET werden bzgl. der effizientesten Fertigungsverfahren untersucht. Dabei werden zuvor bestimmte potenzielle FK quantitativ verglichen.[488] Sofern das eigene Unternehmen nicht über die notwendigen Maschinen verfügt, besteht die Möglichkeit, die ET in Maschinenparks von Forschungsinstituten oder bei Entwicklungspartnern fertigen und untersuchen zu lassen. Werden bei der

[488] Die Detaillierung der quantitativen Bewertung wird in der Kostenanalyse und -prognose in Kapitel 5.3.3 dargestellt.

Fertigung der ET Konflikte oder Optimierungspotenziale identifiziert, werden die Informationen direkt an die HIPE im Softwaretool automatisiert übermittelt.

Der Vergleich der FK zeigt Kostentreiber der Produkt- und Produktionshypothesen auf und identifiziert, welche FK besser bewertet werden (z.B. hinsichtlich Fertigungszeit). Diese Bewertungsgrundlage gilt es für alle ET aller Hypothesen zu schaffen und mit potenziellen Zulieferern zu vergleichen. Da dies eine umfangreiche Aufgabe darstellt, die eine Vielzahl an Daten benötigt, wird dieser Bewertungsprozess in allen Schritten der HIP³E durch den operativen Koordinationsprozess (vgl. Kapitel 5.3) unterstützt. Die Daten werden dabei von Beginn der ersten Phase in dem datenbasierten Softwaretool gesammelt und alle Analysen hinsichtlich Konflikten, Nachverfolgbarkeit und Bewertung automatisiert durchgeführt, um die Komplexität des hypothesenbasierten Entwicklungsvorgehens zu reduzieren (vgl. Kapitel 6.1). Sobald alle BG und ET bereitgestellt sind, beginnt die Montage des Prototyps dritten Grades. Sofern keine konstruktiven Änderungen im Vergleich zum Prototyp zweiten Grades einer Hypothese vorliegen, werden Montageplanung sowie Montagestücklisten des Prototyps zweiten Grades übernommen. Optimierungspotenziale, die während der Prototypenmontage identifiziert werden und durch konstruktive Änderungen am Produkt realisierbar sind, werden ebenfalls in die HIPE rückgeführt und bei der Herstellung des nächsten Prototyps berücksichtigt.

Sind die Optimierungsvorschläge aus Produktionsperspektive umgesetzt, erfolgt für das Produktionskonzept dritten Grades der Übergang in die **Bestimmung der Wertschöpfungstiefe bis auf Rohmaterialebene**.

Um die Basis für den Produktionshochlauf (Ramp-Up) zu legen, gilt es, während der Entwicklung und Fertigung von Prototypen dritten Grades die Wertschöpfungstiefe bis auf Rohmaterialebene zu bestimmen. Hierdurch werden die Prozessfreiheitsgrade weiter eingeschränkt und die interne Produktionskomplexität reduziert. Für die Bestimmung der Wertschöpfungstiefe bis auf Rohmaterialebene werden Make-or-Buy-Entscheidungen auf BG- und ET-Ebene getroffen. Anhand des Fertigungsstadiums werden Rohmaterial- bzw. Halbzeugbedarfe sowie notwendige Maschinen bestimmt.

In die Make-or-Buy-Entscheidung auf BG- und ET-Ebene fließen die gewonnen Erkenntnisse über die Fertigungs- und Montageaufwände des Prototyps dritten Grades ein. Zur Unterstützung einer strukturierten Entscheidungsfindung wird die Make-or-Buy-Portfolio-Technik eingesetzt. Die Durchführung erfolgt für die BG und

ET analog zur Make-or-Buy-Entscheidungsfindung auf Modulebene. Abbildung 5-22 zeigt eine mögliche Einordnung der zu fertigenden ET und BG. Zum Überblick werden die bereits getroffenen Entscheidungen auf MO-Ebene ergänzt.

Sobald die Entscheidungen über intern und extern zu fertigende BG und ET getroffen sind, wird spätestens die hypothesenbasierte Produktionsplanung hinsichtlich der angestrebten Serienproduktion konkretisiert.[489] Die Informationen über Eigen- und Fremdfertigung sowie benötigte Rohmaterialien bzw. Halbzeuge werden in der eBOM dokumentiert. Mit der Vervollständigung der eBOM entsteht für die Fertigungsplanung eine dokumentierte Informationsgrundlage.

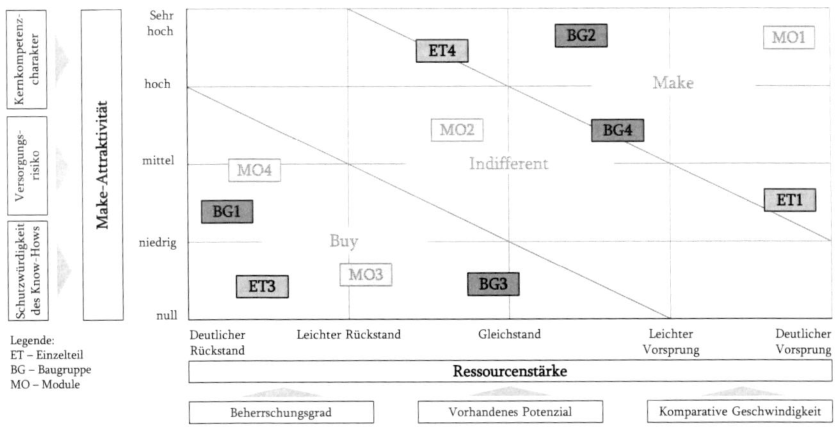

Abbildung 5-22: Make-or-Buy-Portfolio-Matrix für Baugruppen und Einzelteile

Basierend auf der Make-or-Buy Analyse wird der vorläufig vollständig geplante Produktionsablauf des Produktionskonzepts dritten Grades dargestellt (vgl. Abbildung 5-23). Die Zuordnung von ET zu FK und der Produktelemente zu ST wird matrixbasiert in dem Softwaretool digitalisiert. Werden Konflikte festgestellt, Änderungen in den Anforderungen identifiziert oder Optimierungen vorgenommen, werden die betroffenen ST und Fertigungsanlagen automatisiert identifiziert.

[489] Im operativen Koordinationsprozess (vgl. Kapitel 5.3.2) wird in dem Schritt der Priorisierung festgelegt, welche Investitionsentscheidungen in welcher Phase des strategischen Entwicklungsprozesses getroffen werden. Die hier genannten Entscheidungen betreffen jene, die zum spätesten Zeitpunkt anfallen können.

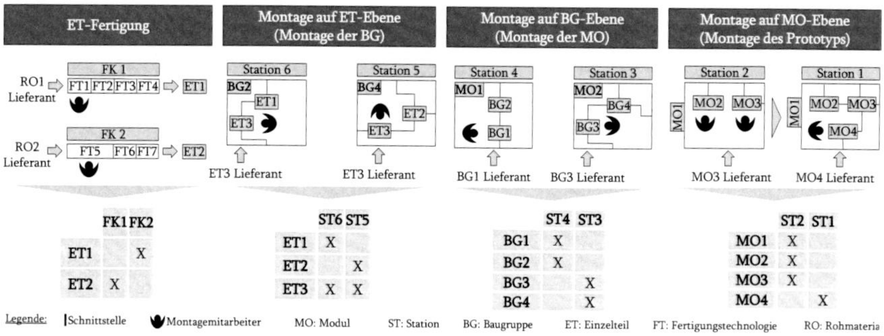

Abbildung 5-23: Aufbau der geplanten Serienproduktion dritten Grades

Die Schritte und Methoden sowie Informationsbedarfe sind im Ablaufdiagramm dieser Phase in Abbildung 5-24 detailliert.

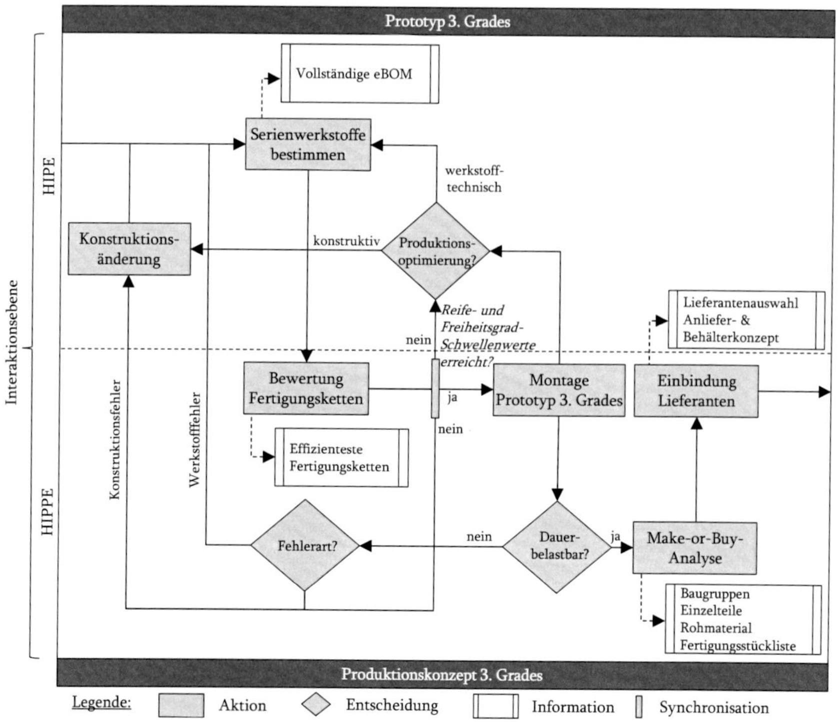

Abbildung 5-24: Ablaufdiagramm dritten Grades

5.2.2.5 Prototyp und Produktionskonzept vierten Grades

Aufbauend auf den Erkenntnissen der Prototypen und Produktionskonzepte dritten Grades wird die hypothesenbasierte Produkt- und Produktionsstruktur für Probleme vierter Ordnung entwickelt. In dieser werden alle Hypothesen in der Entwicklungs- und Validierungsphase erneut gemäß des normativen Orientierungsprozesses iteriert und die MVSP entwickelt, bevor der Ramp-Up der Produktion in der MVSP startet (vgl. Abbildung 5-25).

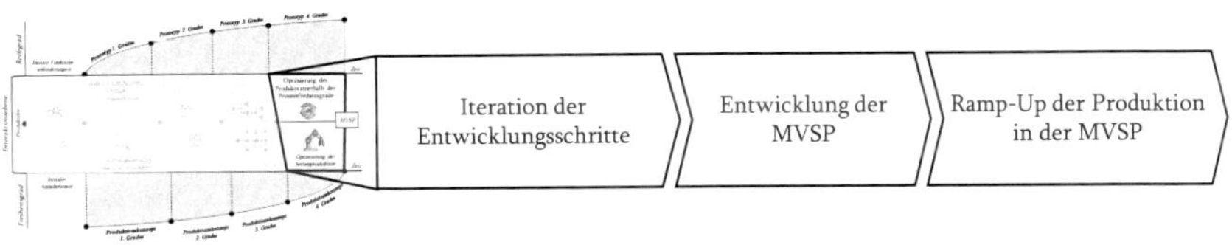

Abbildung 5-25: Prototyp und Produktionskonzept vierten Grades

Für die Entwicklung von Prototypen und Produktionskonzepten vierten Grades wird aufbauend auf den vorherig validierten Hypothesen die führende Hypothese genutzt und hinsichtlich der Vorserie weiterentwickelt. Dazu werden alle beschriebenen **Entwicklungsschritte iteriert**, um Unsicherheiten zu verringern und die Genauigkeiten, z.B. hinsichtlich der Geometrien, Kosten oder Aussagen von Lieferanten der Hypothesen, zu optimieren (vgl. Kapitel 5.3.1). Für die Validierung werden in dieser Stufe keine externen Dienstleister für den Bau des Prototyps oder die Validierung der Annahmen in den Produktionskonzepten zur Unterstützung zugezogen, sondern die MVSP aufgebaut, in der sowohl Prototypen, also Produkthypothesen, als auch das Produktionskonzept, also Produktionshypothesen, validiert werden.

Um die Prototypen vierten Grades unter Serienbedingungen herzustellen, bedarf es zum Teil bereits getätigter Investitionen in Maschinen, Anlagen und Personal. Eine direkte Umsetzung der vollständig geplanten Serienproduktion birgt hohe finanzielle Risiken. Aufgrund dessen wird eine **MVSP** errichtet, die es ermöglicht, die Produktionsmittel unter minimalem Investitionsaufwand zu testen, um anschließend bestmögliche Investitionsentscheidungen für die Serienproduktion zu treffen.

Die MVSP wird aus den Planungsergebnissen der vollständig geplanten Serienproduktion, die im Rahmen der Prototypen dritten Grads erstellt wird, abgeleitet. Dabei stellen die eingeplanten Maschinen, Anlagen und Mitarbeitenden hinsichtlich der internen Wertschöpfungstiefe den potenziellen Lösungsraum dar.

Aus diesem Lösungsraum gilt es die minimale Anzahl der Produktionsfaktoren zu bestimmen, mit der es möglich ist, einzelne Prototypen seriennah herzustellen. Bei den Maschinen und Anlagen der MVSP werden strategische Freiheitsgrade berücksichtigt, um entstehende produkt- und produktionsseitige Änderungsbedarfe umzusetzen. Die MVSP wird kontinuierlich optimiert, bis die Ausbringungsmenge nicht mehr gesteigert wird. Mit der Ausbringungsmenge wird die Fertigung einer bestimmten Stückzahl von Prototypen innerhalb einer bestimmten Zeit definiert, die bereits im initialen Annahmenset festgelegt wurde.

Sofern die Serienproduktionsplanung mehrere baugleiche Maschinen zur Erreichung der geforderten Planstückzahlen einplant, wird zunächst nur jeweils eine beschafft. Diese gilt es, hinsichtlich der maximalen Ausbringung zu optimieren. Zusätzlich werden die Erfahrungen im Umgang mit der Maschine dazu genutzt, die Funktionalitäten der noch zu beschaffenden Maschinen gezielt zu erweitern.

Zur Gewährleistung eines möglichst hohen konstruktiven Freiheitsgrades fertigen die Fertigungsmaschinen mit vergleichsweise teuren Serienwerkzeugen weiterhin nur mit günstigen Versuchswerkzeugen. Bei der Investition in vollautomatisierte Fertigungsstraßen, bestehend aus verschiedenen, direkt miteinander verketteten Fertigungstechnologien, wird ein modularer Aufbau angestrebt. Durch einen modularen Aufbau werden einzelne Technologien gezielt erweitert oder durch andere ausgetauscht. Mit dieser Flexibilität im Produktionsprozess wird es möglich, selbst größere konstruktive Änderungen schnell und effizient umzusetzen.

Sobald die benötigten Produktionsmittel der MVSP identifiziert sind, werden spätestens die notwendigen Investitionen getätigt (vgl. Kapitel 5.3), um so Lieferzeiten gerecht zu werden und dementsprechend den Freiheitsgrad der HIPPE zu reduzieren. Neben der Investition gilt es auch, die Investitionsart zu bestimmen. Um das Investitionsrisiko zu reduzieren und möglichst flexibel hinsichtlich konstruktiver Änderungen zu bleiben, besteht die Möglichkeit, die notwendigen Produktionsmittel über zum klassischen Transaktionsmodell alternative Geschäftsmodelle, wie Subskription, zu finanzieren. Bezogen auf den Industrialisierungsprozess wird somit wertvolle Zeit gespart. Allerdings ist zu beachten, dass Subskriptionsmodelle in der Regel zu höheren Gesamtbetriebskosten führen als Transaktionsmodelle.

Sobald die einzelnen Maschinen und Anlagen der MVSP entsprechend des Produktionskonzeptes vierten Grades beschafft und errichtet sind, beginnt das

Ramp-Up der Produktion der Prototypen vierten Grades. Je nach Branche werden bis zu 500 Vorserien-Prototypen gefertigt.[490] Mit den aus Serienmaterial gefertigten Kleinserien werden die Fertigungs- und Montageabläufe sowie Prüfmittel getestet und aufeinander abgestimmt. Der Fokus liegt neben der kontinuierlichen Verbesserung der prozessualen Abläufe auf der Problemfrüherkennung sowie Qualifikation der Mitarbeitenden für den Einsatz in der Serienproduktion. Zur Beschleunigung der Prozesse werden die einzelnen Produktionsparameter, wie Vorschubgeschwindigkeit, Werkzeugwechselzeiten oder Montagetakte, optimiert. Durch die Bestimmung der einzelnen Produktionsparameter werden die Freiheitsgrade innerhalb der HIPPE nach und nach reduziert. Produktseitig ist zu untersuchen, ob der Produktionsprozess durch konstruktive Änderungen beschleunigt wird. Eine Beschleunigung des Prozesses zu Lasten der Prozessstabilität ist dabei zu vermeiden. Der einzelne Mitarbeitende hat ebenfalls Einfluss auf die Beschleunigung und Stabilisierung der Produktionsprozesse. Aufgrund dessen wird die Produktion der Prototypen vierten Grades genutzt, um die Mitarbeitenden kontinuierlich für ihre Aufgaben im Serienbetrieb zu qualifizieren.

Sobald die Ausbringungsmenge der MVSP nicht gesteigert wird und die Prozessabläufe stabil laufen, wird die Produktion des Endproduktes auf die Zielstückzahl der Serienproduktion skaliert. Zur Skalierung der Produktion werden in der Regel weitere Maschinen, Anlagen und Personal nötig. Sofern baugleiche Maschinen oder Anlagen beschafft werden, werden die Parametereinstellungen der MVSP übertragen. Die zusätzlich eingestellten Mitarbeitenden werden von dem bereits bestehenden Personal angelernt. Die fremdbezogenen Produktbestandteile werden spätestens jetzt unter Serienbedingungen hergestellt. Für die HIPE hat die 100-prozentige Serienproduktion zur Folge, dass Änderungen oder Optimierungen nur noch innerhalb der Freiheitsgrade der Maschinen und Anlagen möglich sind. Bezogen auf den strategischen Entwicklungsprozess ist die maximale Produktreife nahezu erreicht. Änderungen, die darüber hinausgehen, sind lediglich unter erhöhtem finanziellen und zeitlichen Aufwand möglich, wodurch der geplante SOP gefährdet wird. Zur Detaillierung der Schritte, Methoden und benötigten Informationen ist das Ablaufdiagramm dieser Phase in Abbildung 5-26 dargestellt.

[490] Vgl. Schuh, G. (2012) Innovationsmanagement, S. 219.

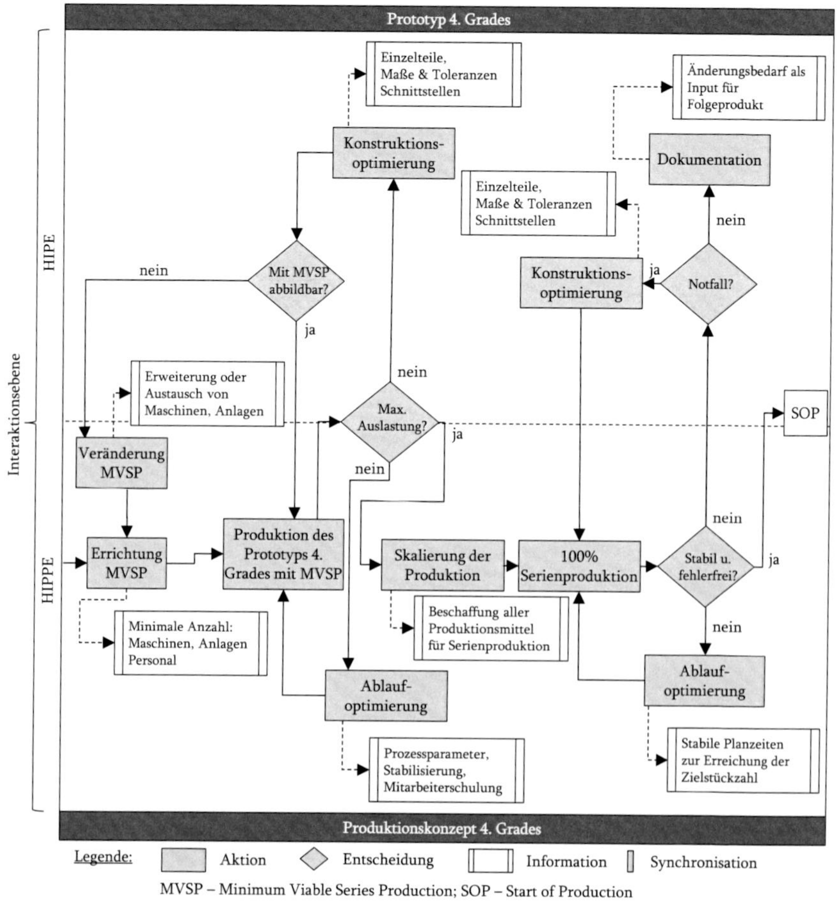

Abbildung 5-26: Ablaufdiagramm vierten Grades

Sobald die Produktion unter Serienbedingungen fehlerfrei und stabil abläuft und sich die Planzeiten zur Realisierung der geforderten Stückzahlen einstellen, erfolgt die Produktion des ersten kundenfähigen Produktes. Mit einem erfolgreichen SOP ist die Serienreife von Produkt und Produktionsprozess erreicht. Anschließend wird der Hochlauf der Produktion eingeleitet.

5.3 Kollaboration und agile Kostenanalyse und -prognose in der HIP³E

Um den in Kapitel 5.2 entwickelten strategischen Entwicklungsprozess hinsichtlich der Kollaboration zu detaillieren, wird im Folgenden der operative Kooperationsprozess hergeleitet, der auf Vorarbeiten der Autorin basiert.[491] Dieser Prozess stellt eine operative Entscheidungsunterstützung im HIP³E Referenzprozesses dar, in der das Fortschreiten und Priorisieren der Aufgaben zur Entwicklung und Validierung der Hypothesen hinsichtlich der Time-to-Market und Kostenminimierung systematisiert wird. Dafür wird zunächst der Koordinationsprozess in der HIP³E abgeleitet, bevor die Priorisierungsregeln in der HIP³E modelliert werden. Da ein zentrales Element der Priorisierung Kosten darstellen, wird abschließend eine Methodik zur Analyse und Prognose von Kosten in der HIP³E entwickelt (vgl. Abbildung 5-27).

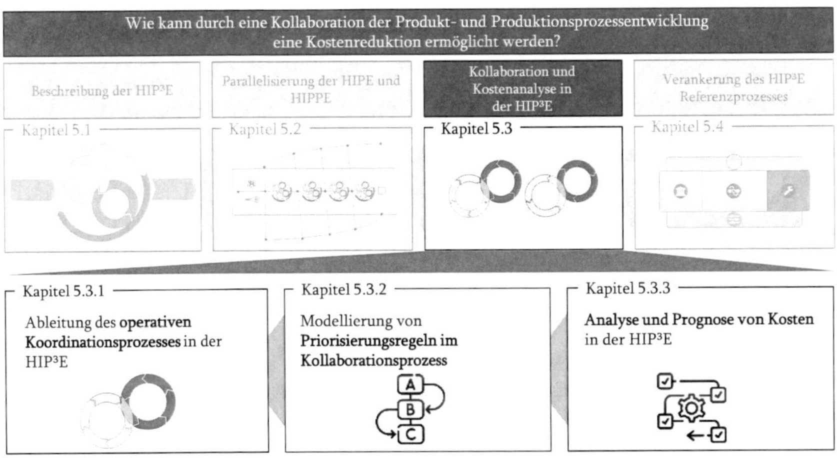

Abbildung 5-27: Übersicht der Elemente zur Kollaboration in der HIP³E

5.3.1 Ableitung des operativen Koordinationsprozesses für die HIP³E

Für den operativen Koordinationsprozess werden auf Basis des Plan-Do-Check-Act (PDCA) Zyklus[492] ein fünfschrittiges Vorgehen im Entwicklungszyklus sowie ein dreischrittiges Vorgehen für den Validierungszyklus abgeleitet (vgl. Abbildung 5-28).

[491] Vgl. Wlecke, S./Gützlaff, A. et al. (2021) Reducing Time-To-Market in the HIP³D.

[492] Vgl. Syska, A. (2006) Produktionsmanagement, S. 100.

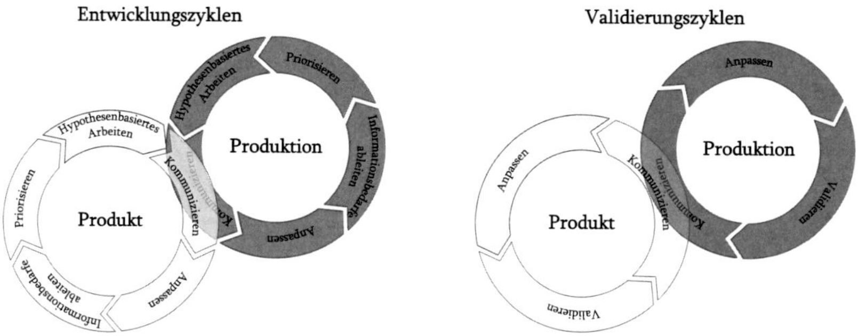

Abbildung 5-28: Operativer Koordinationsprozesses der HIP³E

Der PDCA-Zyklus ist für die kontinuierliche Verbesserung in kleinen Schritten geeignet. Der Unterschied zwischen dem Ist-Zustand und dem anvisierten Soll-Zustand sollte nicht zu groß sein, was auf das hochiterative Vorgehen in der HIP³E übertragbar ist. Ein zu ambitioniert gesetztes Ziel ist möglicherweise nicht erreichbar, was in der HIP³E durch das hypothesenbasierte und integrierte Entwickeln verhindert wird. Eine Verbesserung ist nur möglich, wenn die beteiligten Personen auch geeignete Methoden zur Verbesserung finden, die im strategischen Entwicklungsprozess der HIP³E in Kapitel 5.2 aufgezeigt wurden. Abgeleitet vom PDCA Zyklus werden in der Entwicklung die Schritte *Informationsbedarfe ableiten, Priorisieren, Hypothesenbasiertes Arbeiten, Kommunizieren & Entscheiden* sowie *Anpassen* iterativ durchlaufen. Ist die Entscheidung zur Durchführung der Validierung getroffen, wird diese mit den Schritten *Validieren, Kommunizieren & Entscheiden* sowie *Anpassen* ausgeführt.

Der operative Koordinationsprozess ordnet sich im strategischen Entwicklungsprozess in die Entwicklungsphasen ein und ist analog zu der Struktur des normativen Orientierungsprozesses aufgebaut. Nach Abschluss der initialen Aufnahme der Funktionsanforderungen und des Annahmensets wird der Zyklus der ersten Phase des strategischen Entwicklungsprozesses gestartet. Jeder Zyklus setzt sich aus der Entwicklung und Validierung (vgl. normativer Orientierungsprozess aus Kapitel 5.1) der beiden Domänen Produkt und Produktion zusammen. Der operative Koordinationsprozess ordnet sich gemäß Abbildung 5-29 in den strategischen Entwicklungsprozess ein.

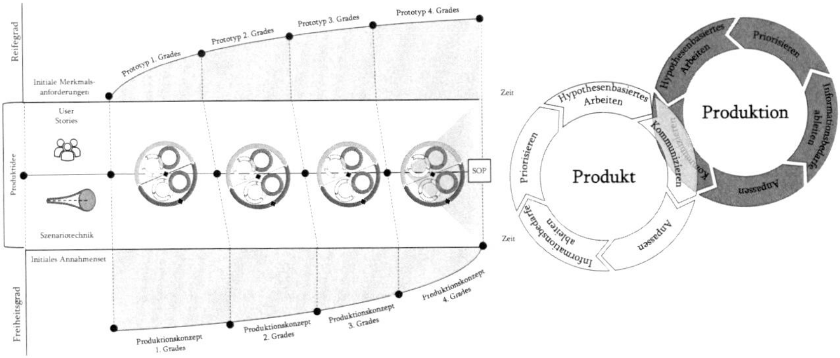

Abbildung 5-29: Zusammenhang Phasen und Zyklen

Die Entwicklung beginnt mit dem **Ableiten der Informationsbedarfe**. Anhand der für die Phase zu erfüllenden Standardaktivitäten (vgl. Kapitel 5.2.1), der Funktionen des Produktes sowie der zu bestimmenden FK werden spezifische Aktivitäten und deren Informationsbedarfe abgeleitet. Diese werden in einer Informationsmatrix eingetragen, die aus zwei Design Structure Matrizen (DSM) und DMM besteht.[493] Abschließend werden die Wechselwirkungen zwischen den beiden Domänen für jeden Informationsbedarf in der DMM eingetragen. Die Anzahl der Einträge sind ein Maß für die Wechselwirkungen bzw. die Vernetztheit der Informationsbedarfe. Als Quellen der Informationsbedarfe dienen die eBOM und die mBOM (vgl. Kapitel 5.2). Die relevanten Informationsbedarfe und mögliche Datenquellen sind im Anhang in Abbildung 9-8 dargestellt. Dabei ist in der Praxis der Austausch der Informationen zwischen den verschiedenen Informationsquellen häufig nicht ohne Restriktionen gegeben. Dennoch werden für eine informationsbasierte Entwicklung alle Informationen und insbesondere die Abhängigkeiten zwischen diesen aus den verschiedenen Quellen benötigt. Somit bietet sich eine eigene Softwareapplikation (vgl. Kapitel 6.1) an, um die Informationen in einer Quelle, einer zentralen Wissensdatenbank, zu vereinen.

Die Informationen werden in zwei DSM aufgetragen und bauen somit auf der Wechselwirkungsanalyse auf MO-, Komponenten- und ET-Ebene (vgl. Kapitel 5.2.2) auf. Dabei stellt die $n \times n$ Matrix die Informationsbedarfe der HIPE und die $m \times m$ Matrix

[493] Vgl. Schäppi, B. (2005) Handbuch Produktentwicklung, S. 124.

die der HIPPE dar. Die DMM beschreibt die Schnittstellen zwischen den beiden Domänen. Innerhalb der drei Matrizen werden die domänenübergreifenden und die domäneninternen Abhängigkeiten der Informationsbedarfe (IB) mit einem x markiert.

Zusätzlich zu der Bestimmung der IB und deren Abhängigkeiten werden die IB bezüglich ihrer epistemischen Unsicherheit bewertet. Als epistemische Unsicherheit wird hingegen die Unsicherheit bezeichnet, welche durch unzureichendes Wissen über das Phänomen, das System oder seine externen Einflüsse entsteht und als hauptsächliche Unsicherheit in der Industrialisierung identifiziert wird.[494] Die Bewertung richtet sich nach der Informationsquelle. In Tabelle 5-1 sind die Bewertungskategorien für die Informationsunsicherheit hinsichtlich Produkt, Produktion und Lieferant aufgezeigt. Die Kategorie der Lieferanten wird aufgenommen, um Make-or-Buy Entscheidungen (vgl. Kapitel 5.2.2) zu inkludieren. Die Unsicherheiten dienen als Basis für die Priorisierung (vgl. Kapitel 5.3.2) und für Entscheidungen im Entwicklungsverlauf.

Tabelle 5-1: Bewertung der Informationsunsicherheit[495]

Unsicherheits-bewertung	Produkt (Reifegrad)	Produktion (Reifegrad)	Kosten/Lieferant (Härtegrad)
1,0	Reiner Schätzwert	Reiner Schätzwert	Reiner Schätzwert
0,9	Schätzung auf Basis einer Referenzkomponente	Generelle Prozessangabe	Richtpreisangebot des Lieferanten/Expertenschätzung
0,6	Eigene Spezifikation für den Entwicklungsstand	Allgemeine Herstellerangabe	Durchkalkulierter Lieferantenpreis
0,3	Seriennahe Komponente spezifiziert	Explizite Herstellerangabe	Verbindliches, verhandeltes Angebot
0,0	Serienreife Komponente spezifiziert	Validierter Maschinenwert	Bereits angefallene Kosten

Im zweiten Schritt der Entwicklung werden die spezifischen Aktivitäten priorisiert. Die **Priorisierung** der Aktivitäten und Aufgaben eines jeden Zyklus erfolgt in den drei

[494] Vgl. Flage, R./Baraldi, P. et al. (2013) Probability and possibility-based representations, 121 ff.

[495] Die Bewertung der Informationsunsicherheit wurde auf Basis von Erfahrungswissen der Autorin aus Industrie- und Forschungsprojekten abgeleitet und kann unternehmensspezifisch angepasst werden.

Dimensionen Kosten (vgl. Kapitel 5.3.3), zeitliche Kritikalität und Informationsqualität. Die Modellierung der Priorisierungsregeln stellt einen zentralen Bestandteil des Zyklus dar, weshalb die Detaillierung der Priorisierung in Kapitel 5.3.2 folgt.

Nachdem die Aufgaben des Zyklus priorisiert sind, werden sie im dritten Schritt entsprechend ausgeführt. Da vor allem zu Beginn des Entwicklungsprojekts die Informationen noch nicht validiert und unsicher sind, basiert die **Entwicklungsarbeit auf Hypothesen**, die im strategischen Entwicklungsprozess (vgl. Kapitel 5.2.2) detailliert und in den Zyklen des normativen Orientierungsprozesses (vgl. Kapitel 5.1.2) hochiterativ und integriert entwickelt sowie validiert werden. Die Entwicklung des Produktes und des Produktionsprozesses erfolgt hypothesenbasiert, da die Informationen gerade im frühen Entwicklungsprozess mit Unsicherheit belastet sind. Durch verschiedene, gleichzeitig zu verfolgende Hypothesen wird ein Lösungsraum aufgespannt, um sowohl auf die Änderungen der Kundenbedürfnisse als auch auf Änderungen von unsicherheitsbelasteten Informationen schnell zu reagieren und die Entwicklungszeit zu reduzieren. Das hypothesenbasierte Entwickeln vermeidet Verzögerungen in der HIP^{3}E, da Mitarbeitende nicht auf die Definition von vollständig sicheren Informationen warten, sondern mit der Entwicklung auf Basis von Annahmen gestartet wird. Diese Hypothesen werden mit Erhöhung des Produktreifegrads sowie der Reduzierung des Produktionsfreiheitsgrads im Verlauf des Projekts in der kontinuierlichen Validierung durch konkrete Angaben ersetzt. Im Verlauf der Entwicklung wird eine Haupthypothese kontinuierlich und weitere Hypothesen parallel entwickelt. Durch diese Vorgehensweise entsteht gerade in den frühen Phasen der Entwicklung ein erhöhter operativer Aufwand. Die HIP^{3}E reduziert diesen Effekt, da jederzeit die Möglichkeit besteht, schnell und aufwandsarm die Haupthypothese zu verwerfen und auf eine der Alternativhypothesen umzusteigen. Dies ist nötig, wenn Annahmen falsch getroffen wurden, Konflikte zwischen Produkt- und Produktionskonzept gemäß der Wechselwirkungsanalysen aus dem strategischen Entwicklungsprozess (vgl. Kapitel 5.2.2) identifiziert werden oder andere Hypothesen Kostenpotenziale (vgl. Kapitel 5.3.3) bieten. Dafür werden die falsch angenommenen Informationsbedarfe der verworfenen Hypothese identifiziert und deren Abhängigkeiten in der Informationsmatrix durch die Vernetzung von Produkt- und Produktionsinformationen identifiziert. Somit ist bei einer Verwerfung der priorisierten Hypothese aufgrund einer neuen Informationslage keine komplette Neuentwicklung erforderlich.

Aufbauend auf der hypothesenbasierten Entwicklung werden im vierten iterativ zu durchlaufenden Schritt „**Kommunizieren & Entscheiden**“ die Ergebnisse des vorherigen Schritts in interdisziplinären Teams (vgl. Kapitel 5.4.2) ausgetauscht. Außerdem werden die Standardaktivitäten sowie spezifische Aufgaben gemäß aufkommender Probleme erster bis vierter Art identifiziert, die in der nächsten Iteration priorisiert werden. Dies ist wichtig, damit die Priorisierung die integrierte Perspektive beider Entwicklungsabteilungen berücksichtigt und Einflüsse richtig eingeschätzt werden. Die Kommunikation zwischen den beiden Entwicklungsabteilungen ist nicht auf diesen Schritt des Zyklus beschränkt. Während aller Schritte des operativen Koordinationsprozesses ist eine enge Kommunikation empfohlen. Durch die explizite Zuweisung eines Schrittes für die Kommunikation wird institutionalisiert, dass während eines Schrittes des Zyklus ein enger Austausch garantiert wird. Dies wird z. B. durch geeignete regelmäßige Treffen (vgl. Kapitel 5.4.3) realisiert.

Am Ende des Schrittes wird eine Entscheidung über den Entwicklungsfortschritt von beiden Domänen gemeinsam getroffen. Es erfolgt entweder eine iterative Wiederholung des Entwicklungszyklus oder das Fortschreiten mit der Validierung. Ebenso wird über das Verwerfen oder die Weiterentwicklung einer Hypothese in der nächsten Phase entschieden (vgl. Abbildung 5-30).

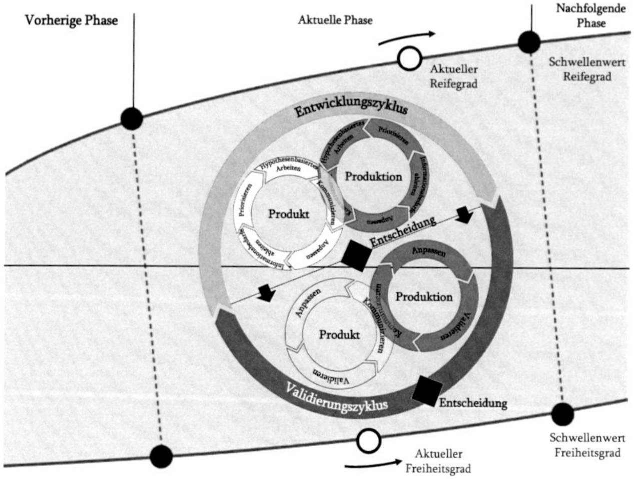

Abbildung 5-30: Entscheidungspunkte in den Phasen und Zyklen der HIP³E

Dafür werden für die Produkthypothesen, der Reifegrad (RG) und die Unsicherheit der Produktseitigen Informationsbedarfe sowie für die Produktionshypothesen, der Freiheitsgrad (FG) und die produktionsseitige Unsicherheit der Informationsbedarfe betrachtet. Dazu werden die RG und FG berechnet und mit den jeweiligen in der initialen Aufnahme bestimmten Schwellenwerten (SW) verglichen. Der aktuelle RG des Produktes und der FG des Produktionsprozesses wird gemäß Formel 5-4 berechnet.

Formel 5-4: Berechnung des aktuellen Reifegrads und Freiheitsgrads

$$RG = SW_{RG} + \left(DI_{RG} * \frac{\sum \text{Punktzahl der aktuell erfüllten Funktionen}}{\sum \text{Punktzahl aller zu erfüllenden Funktionen}} * 100\ \%\right)$$

$$FG = SW_{FGV} - \left(DI_{FG} * \frac{\sum \text{Anzahl der aktuell bestimmten Module}}{\sum \text{Gesamtzahl der zu bestimmenden Module}} * 100\ \%\right)$$

$$DI_{RG/FG} = SW_{RGV/FGV} - SW_{RG/FG}$$

mit

RG	Aktueller Reifegrad der Phase
FG	Aktueller Freiheitsgrad der Phase
$DI_{RG/FG}$	Zuwachs/Reduktion des Reifegrads/Freiheitsgrads in der aktuellen Phase
$SW_{RG/FG}$	Schwellenwert des Reifegrads/Freiheitsgrads der aktuellen Phase
$SW_{RGV/FGV}$	Schwellenwert des Reifegrads/Freiheitsgrads der vorherigen Phase

Nach der Bestimmung des aktuellen RG und FG gilt es, die Unsicherheit der IB zu betrachten. Diese SW werden in der Anwendung an die strategische Ausrichtung des Unternehmens angepasst. Dabei sind die SW so zu definieren, dass diese eine kontinuierliche Reduzierung der Unsicherheit bedingen. Die als Orientierung gegebenen SW sind aus den Kategorien der Unsicherheitsbewertung abgeleitet. Ein Wert von *1* wird mit einer hohen, ein niedriger Wert von *0* mit einer geringen epistemischen Unsicherheit verbunden. Da Unsicherheiten im Entwicklungsprozess kontinuierlich reduziert werden, zu Beginn jedoch schwer zu reduzieren sind[496], empfehlen sich für den Übergang von der Entwicklung zur Validierung folgende Werte[497]:

- Prototyp und Produktionskonzept 1. Ordnung 0,9
- Prototyp und Produktionskonzept 2. Ordnung 0,6
- Prototyp und Produktionskonzept 3. Ordnung 0,3
- Prototyp und Produktionskonzept 4. Ordnung 0,1

[496] Vgl. Gartzen, T. (2016) Target-oriented Prototyping in HIPD, S. 22.

[497] Die Schwellenwerte wurde auf Basis von Erfahrungswissen der Autorin aus Industrie- und Forschungsprojekten abgeleitet und kann unternehmens- und projektspezifisch angepasst werden.

Anhand der beschriebenen Werte stimmen sich die Domänen ab. Eine Validierung einer Hypothese erfolgt also nur, wenn beide Domänen ihre SW erreicht haben und die Unsicherheiten hinreichend reduziert wurden. Folglich kommt es dazu, dass eine Domäne die Bedingungen für die Validierung erfüllt, aber die andere noch nicht. In diesem Fall verbleibt die Domäne in der Entwicklung, aber die Priorisierung der Aktivitäten wird verändert. Die Priorisierung wird nur noch anhand der Informationsqualität durchgeführt und der Fokus innerhalb der Aktivitäten liegt auf der Konkretisierung der benötigten Informationen. Abbildung 5-31 zeigt den Entscheidungsbaum für das Fortschreiten im operativen Koordinationsprozess der HIP³E.

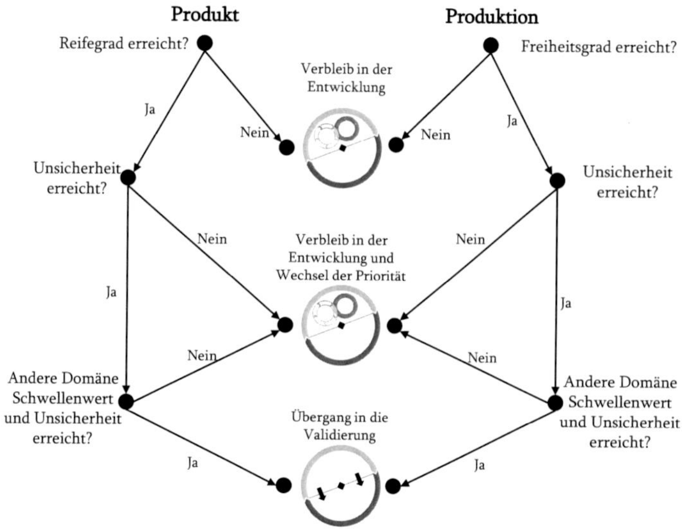

Abbildung 5-31: Entscheidungsbaum zum Fortschreiten in der HIP³E

Das Ziel der Verkürzung der Time-to-Market wird durch die **Priorisierung** der Aktivitäten im Verlauf kontinuierlich überprüft. Dennoch ist es möglich, dass durch Verspätungen im Ablauf oder wiederholte Zyklen mit zu wenig Fortschritt der vorab definierte SOP gefährdet ist. Daher benötigt die HIP³E spezifische Abbruchkriterien, die einen Prozess zur Kontrolle des Zeitplans der gesamten Entwicklungsaufgabe einleiten. Dabei dient die Bewertung der zeitlichen Kritikalität der Aktivitäten (vgl. Kapitel 5.3.2) als Grundlage für die Abbruchkriterien. Der Fokus wird auf die kritisch und überkritisch bewerteten Aktivitäten gelegt. Eine Überprüfung des Entwicklungsprozesses wird eingeleitet, wenn entweder der Anteil der kritisch bewerteten Aktivitäten über 20 % oder der überkritisch bewerteten über 15 % liegt. Es wird definiert, dass die Anteile der kritischen und überkritischen Aktivitäten nicht 65 % überschreiten, da die Chance eines rechtzeitigen Markteintritts zu gering ist.[498] Diese Grenzwerte werden von der ABC-Analyse nach DICKIE[499] bestätigt, da gemäß dieser in Bezug auf Zeitmanagement ca. 65 % der Aktivitäten den größten Zeit- und Wertanteil haben (A), sodass wenn diese kritisch oder überkritisch sind, die Hypothese marktseitig zu scheitern droht. Die überkritischen Aktivitäten stellen die B-Aktivitäten dar, die kritischen Aktivitäten die C-Aktivitäten. Sind die Grenzwerte überschritten, erfolgt eine neue zeitliche Abschätzung der Phasen und des SOPs. Diese entscheidet abschließend über den Abbruch oder die Wiederaufnahme des Entwicklungsprozesses.

Der letzte Schritt der Entwicklung wird nur dann durchgeführt, wenn im Voraus entschieden wurde, dass eine Weiterentwicklung stattfindet. In diesem Schritt werden **Anpassungen** vorgenommen. Inhalt des Schrittes ist es, Priorisierungen anzupassen, Änderungen der FU sowie IB festzustellen und diese umzusetzen. Da die HIPE und HIPPE von wechselnden Anforderungen betroffen sind, werden entlang des gesamten Entwicklungsprozesses neue von Kunden geforderte FU hinzukommen oder die Gewichtungen von bereits aufgenommenen FU verändert. Dies impliziert eine kontinuierliche Aufnahme der User-Storys, Marktbeobachtungen und den Kundenrückmeldungen bzgl. Prototypen. Aufgenommene Änderungen beziehen sich auf bereits realisierte, aktuell oder zukünftig umzusetzende FU. Bei einer Änderung der Gewichtung von bereits realisierten FU wird überprüft, ob eine Anpassung erfolgt. Eine bereits realisierte FU könnte in ihrer Ausprägung den Kundenwunsch übersteigen. Somit entstehen Kosten für FU, die keinen Mehrwert für die Kundenzufriedenheit bringen und unter Berücksichtigung des Aufwandes angepasst werden. FU einer späteren Phase werden dokumentiert und ihre Umsetzung in der Phase realisiert. Ist die neue FU in der aktuellen Phase umzusetzen, werden die nötigen Aktivitäten und IB abgeleitet und in die Dokumentation der Informationsmatrix eingepflegt.

Wurde im vorherigen Schritt die Haupthypothese verworfen, werden in diesem Schritt die Anpassungen für die neue Hypothese getroffen. Ist der Grund für die Ver-

---

[498] Die Grenzwerte sind aus der Praxiserfahrung der Autorin abgeleitet und wurde im Rahmen des begleitenden Forschungsprojektes bestätigt. Diese Grenzen sind an die Ressourcen und die Kompetenzen des Unternehmens anzupassen.

[499] Vgl. Dickie, H. (1951) ABC Inventory Analysis, S. 92 - 94.

werfung identifiziert, werden anhand der Informationsmatrix betroffene Informationen betrachtet. Anhand dieser wird die beste Alternativhypothese ausgewählt. Anschließend werden die RG und FG angepasst und der Zyklus wiederholt.

Wurde im vierten Schritt der Entwicklung „Kommunizieren & Entscheiden" entschieden, dass die **Validierung** begonnen wird, wird in den Validierungszyklus des gewechselt. Dieser besteht aus den Phasen *Validieren, Kommunizieren & Entscheiden* sowie *Anpassen*. Die hypothesenbasierten Ergebnisse der Entwicklung werden anhand der Prototypen oder Produktionskonzepte gemäß den Methoden aus dem strategischen Entwicklungsprozess (vgl. Kapitel 5.2.2) validiert. Abschließend werden die gesammelten Informationen und Erkenntnisse aus der Validierung dokumentiert.

Im zweiten Schritt wird, wie in der Entwicklung, mit der jeweils anderen Domäne kommuniziert. Der Schritt **Kommunizieren & Entscheiden** sorgt für die Kommunikation und Erläuterung der Validierungsergebnisse. Abgeschlossen wird der Schritt mit der Entscheidung über das weitere Vorgehen. Konnte die Hypothese in einer der beiden Domänen nicht validiert werden und tritt größerer Abänderungsbedarf auf, wird zurück in die Entwicklung gewechselt, um die Abänderungsbedarfe zu realisieren. Werden nur kleinere Änderungen benötigt, wird in der Validierung verblieben und die Änderungen im letzten Schritt des Zyklus umgesetzt. Wurden Produkt- und Produktionshypothese erfolgreich validiert, wird in die nächste Phase fortgeschritten.

Der letzte Schritt der Validierung ist das **Anpassen**. Wie in der Entwicklung wird dieser nur ausgeführt, wenn sich für einen Verbleib im Validierungszyklus entschieden wird. Dabei werden kleinere Änderungen, die keinen neuen Entwicklungszyklus zur Umsetzung benötigen, realisiert. In enger Abstimmung mit der anderen Domäne werden die neuen Erkenntnisse eingearbeitet und die Validierung erneut durchlaufen.

5.3.2 Modellierung von Priorisierungsregeln im Koordinationsprozess

Innerhalb der HIP³E werden die spezifischen Aktivitäten priorisiert. Diese Priorisierung erfolgt anhand der Dimensionen zeitliche Kritikalität, Informationsqualität und Kosten. Die einzelnen Dimensionen werden gemäß der ABC-Analyse nach DICKIE[500] kategorisiert, um im Verlauf der Entwicklung abzusichern, dass zuerst die Aktivitäten

[500] Vgl. Dickie, H. (1951) ABC Inventory Analysis, S. 92 - 94.

durchgeführt werden, die in allen drei Kategorien den Problemen der jeweilig betrachteten Ordnung entsprechen (vgl. Kapitel 4.2). Die finale Priorisierung der Aktivitäten erfolgt durch die Kombination der Dimensionen. Anhand des Regelsets aus Tabelle 5-2 wird die finale Priorisierung ausgeführt.

Tabelle 5-2: Regel zur übergeordneten Priorisierung der Aktivitäten

Regel	Mögliche Kombinationen	Übergeordnete Bewertung
Mindestens einmal Kategorie A	AAA AAB AAC ABB ABC ACC	A
Mindestens zweimal Kategorie B und keinmal A	BBB BBC	B
Mindestens zweimal Kategorie C und keinmal A	BCC CCC	C

Die **zeitliche Kritikalität** ist ein zentraler Teil der Priorisierung der operativen Tätigkeiten, um dem Zielkriterium der Reduktion der Time-to-Market (vgl. Kapitel 4.1.1) kontinuierlich in der HIP³E gerecht zu werden. Die Priorisierung hinsichtlich der zeitlichen Kritikalität basiert auf der Rückwärtsterminierung. Ausgangpunkt sind der SOP und die Abschätzung der Phasen aus der initialen Aufnahme. Somit werden Aktivitäten, die zu einer Verschiebung des SOPs führen könnten, höher priorisiert als jene, die noch Zeit zur Bearbeitung aufweisen. Innerhalb der Phasen wird die zeitliche Kritikalität der spezifischen Aktivitäten berechnet. In diese Berechnung fließen die Anlaufphase der Produktion (t_{Anlauf}), extern vorgegebene Vorlaufzeiten ($t_{Vorlauf}$) und die Bearbeitungsdauer der Aktivität ($t_{bearb,AK}$) mit ein. Daraus wird ein geplanter Zeitpunkt für den Abschluss festgelegt, zu dem die Aktivität mindestens einmal ausgeführt wurde. Weiter wird ein kritischer Endzeitpunkt ($t_{krit,AK}$) für die Durchführung der Aktivität festgelegt. Wird die Aktivität nicht vor diesem Zeitpunkt abgeschlossen, wird die Entwicklung nicht pünktlich fertiggestellt und eine Verschiebung des SOP resultiert. Für diesen Fall wird ein Puffer zwischen planmäßigem ($t_{plan,AK}$) und kritischem Ende eingeplant. Anhängig von den Zeitspannen zwischen $t_{bearb,AK}$, $t_{plan,AK}$ oder $t_{krit,AK}$ und dem Zeitpunkt der Beurteilung (t_{BU}) werden die Aktivitäten beurteilt.

Die Beurteilung der zeitlichen Kritikalität erfolgt in den Kategorien A, B und C. Diese Bewertung leitet sich aus dem Verhältnis der Zeitpunkte $t_{plan,AK}$ und $t_{krit,AK}$ sowie der Bearbeitungsdauer $t_{bearb,AK}$ ab. Abbildung 5-32 zeigt die Bewertungslogik auf.

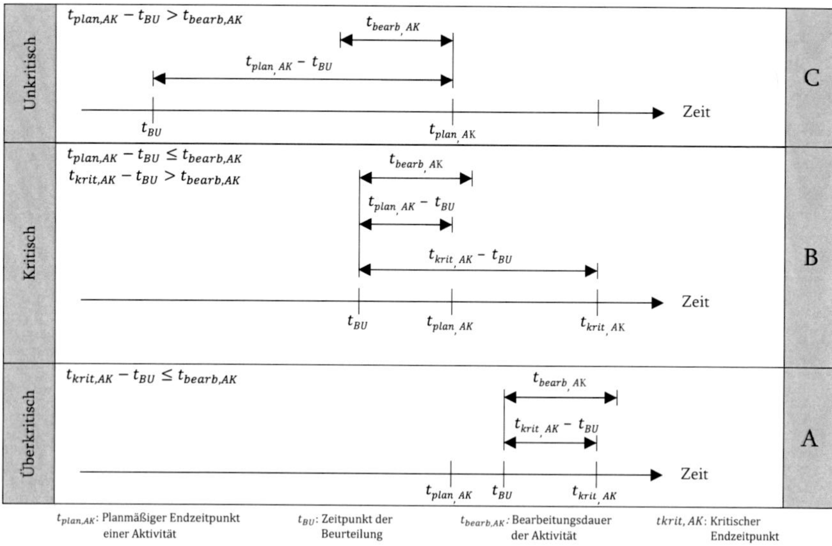

Abbildung 5-32: Kategorisierung der zeitlichen Kritikalität

Für die Priorisierung der Aktivitäten hinsichtlich ihrer **Kosten** werden der Einfluss auf die Herstellkosten, welche sich aus den Material- und Fertigungskosten zusammensetzen, betrachtet (vgl. Kapitel 2.2.2). Die Materialkosten (MK) bestehen aus den Materialeinzel-(MEK) und Materialgemeinkosten (MGK). MEK setzen sich aus der Summe der MK und der Lieferantenrechnung zusammen. Disposition, Einkauf, Transport und Lagerung ergeben die MGK und werden pauschal anhand eines prozentualen Aufschlags angerechnet (5 bis 10 % der MEK). Die Fertigungskosten bestehen aus den FEK und FGK. Für FEK erfolgt eine direkte Zurechnung für Produktionseinheiten. Diese setzen sich aus dem Fertigungslohn sowie den Maschinenkosten zusammen. Identisch zu den MGK werden die FGK pauschal und prozentual erhoben.

Für die Priorisierung sind die Änderungen der Kosten durch die Durchführung von Aktivitäten relevant. Dafür werden die aktuellen Material- und Fertigungskosten ($MK_{akt}; FK_{akt}$) in Beziehung zum geänderten Kostenwert ($MK_{mit\ AK}; FK_{mit\ AK}$) gesetzt. So ergibt sich der Prozentsatz $\Delta_{\%,MK}$ bzw. $\Delta_{\%,FK}$ (vgl. Abbildung 5-33).

Da die Betrachtung von reinen Kostenveränderung unzureichend ist, werden Faktoren zur Berücksichtigung der strategischen Ausrichtung bezüglich der Material- oder Fertigungskosten ($\varphi_{MK/FK}$) sowie zur Berücksichtigung des HG der Material- oder Fertigungskosten ($\tau_{MK/FK}$) eingeführt.

$\varphi_{MK/FK}$ beschreibt, ob die MK oder FK den größeren Anteil der Herstellkosten betragen. Somit wird abgeleitet, welche Kosten den größeren Anteil haben und so in den Fokus der Betrachtung gestellt werden. $\varphi_{MK/FK}$ liegt im Intervall zwischen Null und Eins. Befindet sich φ_{MK} zwischen Null und 1/3 und folglich φ_{FK} zwischen 2/3 und Eins, liegt der Fokus des Unternehmens auf den FK. Sind die Werte der Faktoren vertauscht, liegt der Fokus auf den MK. Befinden sich beide Faktoren im Intervall zwischen 1/3 und 2/3, werden die Herstellkosten, die Summe aus MK und FK, fokussiert.

$\tau_{MK/FK}$ beschreibt den HG der durch die Aktivität betroffenen Kostenelemente der FK und MK. Dabei steigt der HG kontinuierlich während des Entwicklungsvorgehens. Während der Priorisierung liegen verschiedene Härtegrade vor, die in Anlehnung an HARTEL[501] abgeleitet und in Tabelle 5-3 dargestellt sind.[502]

Tabelle 5-3: Härtegrade für Kostenelemente in der Priorisierung

Härtegrad	Beschreibung
1	Kostenelemente, die auf Informationen aus Richtpreisangebote eines Lieferanten basieren
2	Kostenelemente, die auf Grundlage von durchkalkulierten Lieferantenpreisen basieren
3	Kostenelemente, die auf Grundlage von verhandelten Lieferantenpreisen basieren
4	Kostenelemente, die auf Grundlage von verbindlichen, verhandelten Angeboten basieren

In der Priorisierung werden die HG der von der Aktivität betroffenen Kostenelemente über den Wert $\tau_{MK/FK}$ bestimmt. Ein steigender HG und die damit verbundene Reduzierung der Unsicherheit führen zu einer Steigerung von $\tau_{MK/FK}$ und umgekehrt. $\tau_{MK/FK}$ beschreibt den gewichteten Durchschnitt der jeweilig betreffenden Kostenelemente der MK und FK. Für die Berechnung der Gewichtung werden die Kosten des Elements hinzugezogen. Somit hat der HG eines Elementes mit höheren Kosten einen wertmäßig größeren Einfluss auf $\tau_{MK/FK}$.

501 Vgl. Hartel, D. (2009) Consulting und Projektmanagement, S. 126 f.

502 Die Härtegrade basieren auf Erfahrungswerten der Autorin, die im Rahmen von Industrie- sowie Forschungsprojekten erlangt wurden. Diese Werte können unternehmens- und projektspezifisch angepasst werden.

Zur finalen Bewertung der jeweiligen Aktivität bezüglich des Einflusses auf die Kosten werden die beschriebenen Parameter verrechnet. Somit werden die prozentualen Veränderungen der MK und FK $\Delta_{\%,MK/FK}$ mit den Faktoren für die Berücksichtigung der strategischen Ausrichtung $\varphi_{MK/FK}$ und des HG der betroffenen Kostenstellen $\tau_{MK/FK}$ multipliziert. Dafür werden die Beträge der Fertigungs- und Materialkostenfaktoren betrachtet, da nur die Veränderung der Kosten ausschlaggebend ist. Zusätzlich wird ein Ausgleich der beiden Faktorgruppen verhindert.

Aufgrund der möglichen prozentualen Änderung der Kosten nimmt der Gesamtkosteneinfluss der Aktivität ω_{AK} beliebig hohe Werte an. Die Einteilung in die Bewertung A, B oder C geschieht anhand von ω_{AK}. Folglich werden am Anfang der Entwicklung Grenzwerte für die einzelnen Bewertungskategorien festgelegt. Abbildung 5-33 fasst die beschriebene Bewertung des Einflusses auf die Kosten zusammen.

Strategie

$0 \leq \varphi_{MK} < \frac{1}{3} \cup \frac{2}{3} \leq \varphi_{FK} \leq 1$ ⇨ Fokus auf Produktion (Fertigungskosten)

$\frac{1}{3} \leq \varphi_{MK} < \frac{2}{3} \cup \frac{1}{3} \leq \varphi_{FK} < \frac{2}{3}$ ⇨ Gleichgewicht zwischen Produkt (Materialkosten) und Produktion (Fertigungskosten)

$\frac{2}{3} \leq \varphi_{MK} \leq 1 \cup 0 \leq \varphi_{FK} < \frac{1}{3}$ ⇨ Fokus auf Produkt (Materialkosten)

mit $\varphi_{MK} = 1 - \varphi_{FK}$

$\varphi MK/FK$ Faktor zur Berücksichtigung der strategischen Ausrichtung bezüglich der Material-/Fertigungskosten

$$\omega_{AK} = |\tau_{MK} \times \varphi_{MK} \times \Delta_{\%,MK}| + |\tau_{FK} \times \varphi_{FK} \times \Delta_{\%,FK}|$$

$Grenzwert_{B-A} \leq \omega_{AK}$ ⇨ A

$Grenzwert_{C-B} \leq \omega_{AK} < Grenzwert_{B-A}$ ⇨ B

$\omega_{AK} < Grenzwert_{C-B}$ ⇨ C

mit ω_{AK} Gesamtkosteneinfluss der Aktivität

Prozentuale Kostenänderung

$$\Delta_{\%,MK} = \left(\frac{MK_{mit\ AK}}{MK_{akt}} - 1\right) \times 100\%$$

$$\Delta_{\%,FK} = \left(\frac{FK_{mit\ AK}}{FK_{akt}} - 1\right) \times 100\%$$

Projektfortschritt

$$\tau_{MK} = \frac{\sum_i^k HG_i \times MK_{akt,i}}{\sum_i^k MK_{akt,i}}$$

$$\tau_{FK} = \frac{\sum_i^l HG_i \times FK_{akt,i}}{\sum_i^l FK_{akt,i}}$$

mit

$\Delta_{\%,MK/FK}$ Prozentuale Änderung der MK/FK durch die Aktivität

$MK/FK_{mit\ AK}$ MK/FK nach der Durchführung der Aktivität

MK/FK_{akt} aktuelle MK/FK

$\tau_{MK/FK}$ Faktor zur Berücksichtigung des Härtegrads der MK/FK

k Anzahl der von der Aktivität betroffenen Kostenelemente

HG_i Härtegrad des Kostenelements i

$MK/FK_{akt,i}$ aktuelle MK/FK des Kostenelements i

Abbildung 5-33: Zusammenfassung der Bewertung des Einflusses auf die Kosten

Die letzte Dimension der Priorisierung der Aktivitäten ist die **Informationsqualität**. Diese besteht aus den Unterkategorien Vollständigkeit, Unsicherheit und Vernetztheit der IB der Aktivität (vgl. Kapitel 4.2). Grundlage für die Priorisierung hinsichtlich der Informationsqualität ist die erstellte Informationsmatrix (vgl. Kapitel 5.3.1). Darin wird geprüft, ob alle IB für die zu bewertende Aktivität *vollständig* vorhanden sind.

Erste Annahmen oder Schätzungen sind zu treffen. Ist für einen IB keine Schätzung oder Ähnliches vorhanden, wird die Aktivität mit der höchsten Priorität A bewertet. Wenn alle IB vollständig sind, wird die Bewertung C vergeben.

Die zweite Kategorie für die Bewertung der Informationsqualität stellt die *Unsicherheit* der IB dar. Durch die hochiterative Vorgehensweise wird vermehrt mit Unsicherheit gearbeitet. Dabei gilt es, Aktivitäten mit hoher Unsicherheit zu priorisieren, um diese innerhalb der Durchführung eines Zyklus zu reduzieren. Die Unsicherheiten wurden für alle IB im ersten Schritt anhand der Tabelle 5-1 bewertet und wird für die Aktivität mit dem arithmetischen Mittel der einzelnen IB errechnet.

Die letzte Kategorie ist die *Vernetztheit* der IB der Aktivität (vgl. Kapitel 5.3.1 und Kapitel 6.1). Hiermit wird bewertet, wie stark andere IB von dem für die Aktivität benötigten IB abhängen, wodurch die Auswirkungen der Abänderung ausgedrückt werden. Folglich werden Aktivitäten mit einer starken Vernetztheit frühzeitig bearbeitet, da eine Änderung oder Verwerfung der Annahme bezüglich des IBs starke Auswirkungen auf die restlichen vernetzten IB und somit weitere Hypothesen ausübt. Die Gesamtvernetztheit wird aus der Vernetztheit in der eigenen und mit der anderen Entwicklungsdomäne (HIPE und HIPPE) berechnet. Dabei wird die Vernetztheit in der Schnittstellenmatrix $m \times n$ stärker mit dem Gewichtungsfaktor *GF* gewichtet als die Vernetztheit innerhalb der jeweiligen Domäne, da Änderungen zwischen den Domänen kritischer sind als innerhalb der eigenen Domäne. Diese bidirektionalen Abhängigkeiten erfordern bei Änderung eine Abstimmung zwischen den Domänen, wodurch eine domänenübergreifende Zusammenarbeit und Kommunikation nötig ist. Abschließend wird die Vernetztheit der IB berechnet (vgl. Formel 5-5).

Formel 5-5: Berechnung der Vernetztheit

$$V_{DÜ/D} = \frac{\sum \text{Markierungen in der Matrix}}{\text{Mögliche Markierungen in der Matrix}} \; x \; 100\ \%$$

$$V_i = \frac{GF \; x \; V_{DÜ} + V_D}{2}$$

mit	V_D	Vernetztheit in der Domäne
	$V_{DÜ}$	Vernetztheit in der Schnittstelle der Domäne
	V_i	Vernetztheit des Informationsbedarfs
	GF	Gewichtungsfaktor

Zusammenfassend wird die Informationsqualität gemäß Tabelle 5-4 bewertet. Die Bewertung der Informationsqualität einer Aktivität erfolgt gemäß Tabelle 5-2.

Tabelle 5-4: Zusammenfassung der Bewertungen der Informationsqualität

		Priorität-A	Priorität-B	Priorität-C
Kategorie	**Vollständigkeit der Informationen**	Unvollständig	-	Vollständig
	Unsicherheit	$>\frac{2}{3}$	$\frac{2}{3} \geq x \geq \frac{1}{3}$	$<\frac{1}{3}$
	Vernetztheit der Domäne (V_D)	$>\frac{2}{3}$ %	$\frac{1}{3}$ %≤ $V_D \geq \frac{2}{3}$ %	$<\frac{1}{3}$ %

5.3.3 Analyse und Prognose von Kosten in der HIP³E

Neben der Priorisierung der Aufgaben im operativen Entwicklungsprozess ist die kontinuierliche und agile Analyse und Prognose von Kosten in Bezug auf die Gesamthypothesen in der HIP³E erforderlich, um so Kostenpotenziale zu identifizieren und das Ziel der Kostenreduktion zu ermöglichen. Dafür ist es notwendig, über den gesamten Entwicklungsprozess Kosteninformationen in der HIP³E zur Verfügung zu stellen, um kontinuierlich Handlungsempfehlungen abzuleiten. Die agile und kontinuierliche Kostenanalyse und -prognose läuft entlang des gesamten HIP³E Referenzprozesses ab und gliedert sich in alle oben beschriebenen Prozesse ein und basiert auf Vorarbeiten der Autorin[503]. Um die Anwendbarkeit der Analyse und Prognose sicherzustellen, wird diese wie die Wechselwirkungsanalyse der Hypothesen (vgl. Kapitel 5.2.2) in dem HIP³E-Softwaretool abgebildet, das im Rahmen eines begleitenden Forschungsprojekts entwickelt wurde (vgl. Kapitel 6.1). Die agile Kostenanalyse und -prognose wird erstmals nach Abschluss der initialen Aufnahme angewendet und besteht aus fünf Schritten (vgl. Abbildung 5-34).

[503] Vgl. Schuh, G./Gützlaff, A. et al. (2022) Agile and Continuous Cost Analysis and Forecasting in the HIP³D.

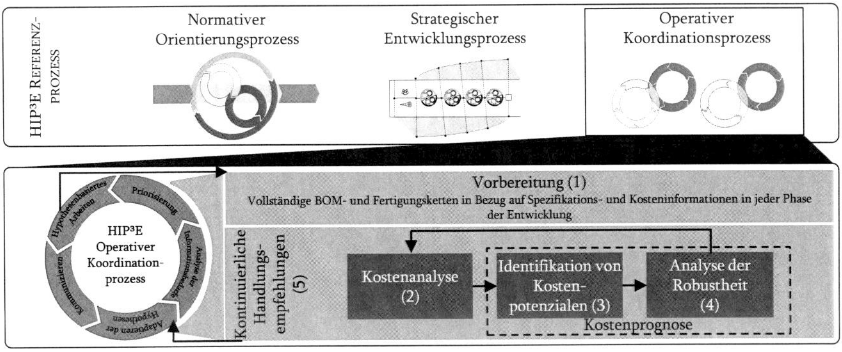

Abbildung 5-34: Agile Kostenanalyse und -prognose in der HIP³E

Grundlage der agilen Kostenanalyse und -prognose in der HIP³E ist die hypothesenbasierte Entwicklung von Produkt- und Produktionsalternativen, um Kostentransparenz für alle Produkt- und Produktionshypothesen zu gewährleisten. Dafür werden im ersten Schritt, *der **Vorbereitung***, sowohl die ermittelten Kundenanforderungen mit einem Zielpreis versehen als auch die Anforderungen an das Produkt und die Produktion gewichtet. Die Vorbereitung findet dabei einmalig beim Eintritt in die Phase (vgl. Kapitel 5.2.2) statt, wohingegen die übrigen Schritte mehrere Iterationen pro Phase durchlaufen. Zusätzlich werden in der Vorbereitung relevante Kostentreiber (vgl. Kapitel 2.2.2) für die Gesamtkosten workshopbasiert ermittelt, was die Gruppierung von Kosteneinflüssen und eine Analyse der Robustheit ermöglicht.

Um später Werkzeuge der Kostenanalyse zu verwenden, ist es notwendig, einen Zielpreis für das angestrebte Produkt zu determinieren. Der Zielpreis wird mithilfe der Conjoint-Analyse definiert.[504] Dafür werden zunächst differenzierende Produktmerkmale ausgewählt. Als Basis des Entscheidungsprozesses zur Auswahl der Merkmale werden die User-Stories aus dem strategischen Entwicklungsprozess (vgl. Kapitel 5.2.2) verwendet. Durch die Hypothesenentwicklung ergeben sich verschiedene Produktkonzepte, die kundenseitig bewertet werden. Aufgabe der Kunden ist es, eine Reihenfolge der Produkte auf Basis der eigenen Zufriedenheit zu erstellen.

---

504 Vgl. Bender, B./Gericke, K. (2021) Pahl/Beitz Konstruktionslehre, S. 219.

Da die Conjoint-Analyse eine Grundlage für das Target Costing ist, werden den Produkten neben den Merkmalen auch Preise zugeordnet, um das Kaufveralten zu untersuchen. Anders als bei der Vollkostenrechnung (vgl. Kapitel 2.2.2) werden beim Target Costing vom Markt erlaubte Preise unter Berücksichtigung kundenrelevanter Leistungsmerkmale priorisiert. Dabei wird das Target Costing vor allem in den frühen Stadien des Produktlebenszyklus und insbesondere in der PE genutzt, um Kosten bereits frühestmöglich zu beeinflussen.[505] Für die anschließende Kosten-Nutzen-Bewertung müssen die Produktmerkmale gewichtet werden.

Die Kundenanforderungen und Produktionsprozessanforderungen, die im initialen Annahmenset im strategischen Entwicklungsprozess (vgl. Kapitel 5.2.2) aufgenommen wurden, werden anschließend gemäß der House of Quality (HoQ) Methode gewichtet. Die HoQ-Methode ist Teil des Quality Function Deployment (QFD), das zur Qualitätssicherung in der PE eingesetzt wird und eine systematische Kundenorientierung in der Produktplanung gewährleistet.[506] Neben den Produkteigenschaften werden die Produktionsanforderungen gewichtet, um diese in der agilen Kostenanalyse und -prognose zu verarbeiten. Hierfür wird die HoQ-Methode adaptiert und auf die Dimension der Produktion angewendet. Produktanforderungen werden in Produktionsanforderungen und Produktmerkmale in Produktionsmerkmale transformiert. Im Gegensatz zu den Produktmerkmalen unterliegen die Produktionsmerkmale in der Regel keiner Neuerfassung, da die Annahmen auf der Produktionsseite im Gegensatz zu den sich ändernden Kundenanforderungen nur von geringen Änderungen betroffen sind. Anforderungen an die Produktion werden von verschiedenen Seiten gestellt, wie z.B. von Kunden (z.B. Nachhaltigkeit), der Produktentwicklung (z.B. fertigungsgerechte Produktion) oder dem Vertrieb (z.B. kurze Lieferzeiten).

Neben der Gewichtung von Produkt- und Produktionsanforderungen werden relevante Kostentreiber (vgl. Kapitel 2.2.2) identifiziert, um den Einfluss der Kostentreiber auf die Hypothesen zu untersuchen und die Robustheit der abgeleiteten Hypothesen in den folgenden Schritten der Kostenanalyse und -prognose zu vergleichen. Auf diese Weise lassen sich Rückschlüsse auf die Sensitivität der Kostentreiber gegenüber den Hypothesen ziehen. Zusätzlich zum Einsatz von unternehmensinternen Benchmar-

---

[505] Vgl. Plinke, W./Utzig, B. (2020) Industrielle Kostenrechnung, S. 241.

[506] Vgl. Bender, B./Gericke, K. (2021) Pahl/Beitz Konstruktionslehre, S. 898.

kings und Workshops werden die aus der SLR identifizierten zugrundeliegenden Kostentreiber (vgl. Abbildung 2-12) projektspezifisch genutzt, angepasst und erweitert. Die Schritte der Vorbereitung sind in Abbildung 5-35 dargestellt.

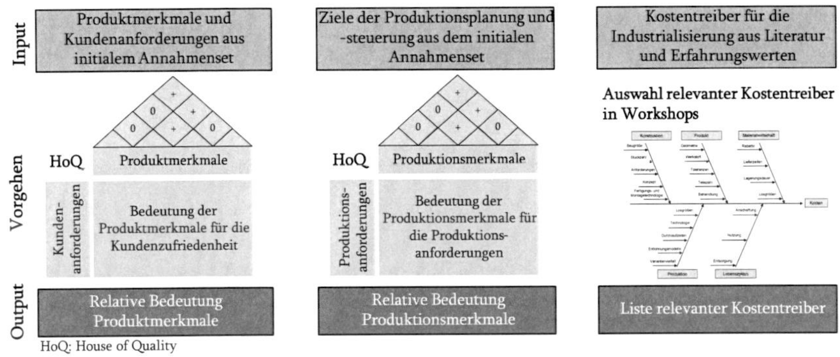

Abbildung 5-35: Vorbereitung für die agile Kostenanalyse und -prognose

Im zweiten Schritt, *der **Kostenanalyse**,* werden die im normativen Orientierungs- und strategischen Entwicklungsprozess entwickelten Produkt- und Produktionsprozesshypothesen genutzt und kostenseitig erweitert. Die eBOM ist für den Vergleich der Kosten der einzelnen Hypothesen unabdingbar, da eine Bepreisung nur möglich ist, wenn alle Bestandteile des Produktes definiert sind. So wird die Plankostenrechnung (vgl. Kapitel 2.2.2) nur auf Basis einer vollständigen eBOM durchgeführt. Falls einzelne Bestandteile der eBOM noch nicht genau definiert werden, wird ein Platzhalter eingefügt, der in Folgeiterationen detailliert wird. Ebenso werden die Produktionshypothesen jedes Entwicklungsgrades gesammelt und hinsichtlich der bestehenden Unsicherheiten (vgl. Tabelle 5-1) bewertet.

Um in der Kostenanalyse konkrete Aussagen über die Gesamtkosten zu treffen, ist es unabdingbar, Produkt- und Produktionsprozesshypothesen zu verbinden. Durch die Synthese werden Szenarien aufgestellt und die Verknüpfung der Kosten für das Produkt und den Produktionsprozess ermöglicht. Abbildung 9-9 im Anhang zeigt beispielhafte Gesamthypothesen, welche aus den Produkthypothesen und den Produktionsprozesshypothesen bestehen. Für die Erstellung der Gesamthypothesen bewerten Verantwortliche der HIPE und der HIPPE gemeinsam die Ergebnisse der individuell erstellten Produkt- und Produktionsprozesshypothesen in der Phase des Kommunizierens. Dazu werden zunächst die Longlist der Produkthypothesen untersucht und die Komponenten, die selbst hergestellt werden, identifiziert. Im Anschluss werden

den Komponenten mögliche FK und ST zugeordnet. So ergeben sich für verschieden Varianten des Produktes unterschiedliche Möglichkeiten der Fertigung und Montage.

Im Anschluss werden mithilfe einer produkt- und prozessseitigen Kosten-Nutzen-Bewertung Zielkosten sowohl für MO, BG und Komponenten als auch für Fertigungsschritte und ST bestimmt. Dies erlaubt zu beurteilen, ob die Hypothesen und ihre Bestandteile marktgerecht ausgelegt sind. Dafür wird eine flexible Plankostenrechnung auf Vollkostenbasis durchgeführt. So werden Herstellkosten auf Hypothesenbasis berechnet. Zusätzlich wird eine Aufteilung in fixe und variable sowie in Einzelkosten (EK) und Gemeinkosten (GK) je Hypothese ermöglicht. Dadurch werden Hypothesen miteinander verglichen und Kostenpotenziale verdeutlicht.

Dafür wird zunächst die *Zielkostenfindung* durchgeführt, in der die Zielpreise für die Produkthypothesen ermittelt werden. Mithilfe der Conjoint-Analyse sind bereits Zielpreise und durch das HoQ Gewichtungen von Produktmerkmalen bestimmt worden. Aus der Differenz zwischen dem Zielpreis und dem geplanten Gewinn wird der Wert für die Zielkosten Z_g je Hypothese errechnet. Die Gesamtzielkosten sind für die HIPE zu pauschal und berücksichtigen nicht die Gemeinkosten, die nicht in Verbindung mit einer Erfüllung einer Produktfunktion stehen. Daher werden Kosten für ET, BG oder MO gemäß der *Zielkostenspaltung* entwickelt. Dabei erfolgt eine Aufspaltung beliebig detailliert und somit bei einer wiederholten Anwendung des Target Costings zu einem späteren Zeitpunkt in der HIP^{3}E auf BG und ET angewendet werden. Nachdem die relativen Bedeutungen der Produktmerkmale aus dem HoQ übertragen wurden, werden die Beiträge (B_i) einzelner Komponenten zur Erfüllung der Produktmerkmale bestimmt. Darüber hinaus werden so die einzelnen Zielkosten Z_e gemäß Formel berechnet. Ergebnis der Zielkostenspaltung sind einzelne Zielkosten für die Module auf Basis der Funktionserfüllung der Produktmerkmale.

Anschließend wird die *Zielkostenerreichung* geprüft, bei der durch einen Vergleich zwischen dem Kosten- und Nutzenanteil verschiedener Komponenten untersucht wird, bei welchen Teilen des Produktes ein Handlungsbedarf zur Kostenoptimierung besteht. Für die Berechnung des Nutzenanteils N_i wird die Summe mit den jeweiligen Gewichtungen aus der HoQ Analyse aus den Beiträgen der MO multipliziert.

Weiter werden in der Zielkostenerreichung Standardkosten geschätzt. Diese Schätzungen werden auf Basis vergangener Produkte getroffen. Auch zugekaufte Teile werden mit Schätzwerten für die Standardkosten belegt. Auf dieser Basis werden Kostenreduktionsbedarfe und die jeweiligen Anteile an den Standardkosten berechnet.

Der Zielkostenindex (Z_{Ziel}) ist das Maß für den Optimierungsbedarf eines Produktes und vergleicht den Nutzen, den ein MO mit den geschätzten Kosten erbringt. Für einen Zielkostenindex mit einem Wert größer als eins ist der Kostenanteil im Vergleich zum Nutzenanteil zu groß. Bei einem Wert kleiner eins ist das Modul eventuell zu einfach ausgelegt. Hier wird im Nachgang untersucht, ob das MO in der aktuellen Ausführung der Hypothese die Kundenanforderungen erfüllt. Ist dies nicht der Fall, wird über die kontinuierliche Handlungsempfehlung in der der nächsten Iteration die Hypothese angepasst, sodass sie den Kundenwünschen gerecht wird. Die Berechnungsformeln für die Bestimmung der Zielkosten, des relativen Nutzenanteils und des Zielkostenindizes sind in Abbildung 5-36 dargestellt.

Zielkosten

$$Z_e = \frac{\sum B_i}{Anzahl\ Produktmerkmale} * Z_g$$

mit Z_e *Zielkosten pro Komponente*
B_i *Beitrag pro Komponente*
Z_g *gesamte Zielkosten*

Relativer Nutzenanteil

$$N_i = \sum B_i * G_i$$

mit N_i *Relativer Nutzenanteil*
B_i *Beitrag pro Komponente*
G_i *Gewichtung je Merkmal*

Zielkostenindex

$$K_{red} = SK_i - Z_e$$

$$SK_{i\%} = \frac{SK_i}{\sum SK_i}$$

$$Z_{Ziel} = \frac{SK_{i\%}}{N_i}$$

mit K_{red} *Kostenreduktionsbedarf*
SK_i *Geschätzte Standardkosten*
$SK_{i\%}$ *Anteil an den gesamten Standardkosten*
Z_{Ziel} *Zielkostenindex*

Abbildung 5-36: Berechnung der Zielkosten, relativer Nutzenanteile und Zielkostenindizes

Neben numerischen Werten werden die Zusammenhänge des Zielkostenindex auch graphisch dargestellt. Dafür wird ein Zielkostenkontrolldiagramm verwendet, zu sehen in Abbildung 5-37. Analog zu der Betrachtung der Produkthypothesen wird der vorgestellte Ansatz ebenso auf die Produktionsprozesshypothesen übertragen. Ziel ist es, marktgerechte Produktionsprozesse zu entwickeln und die Kosten der Fertigung und Montage auf den Zielpreis zu beziehen. Bei der Übertragung der Methode auf die HIPPE werden aus Komponenten FK und ST, aus Produktmerkmalen werden Produktionsmerkmale übernommen, der Zielpreis wird ebenfalls auf die Produktion übertragen. Insgesamt steigt beim prozessseitigen Target Costing der Detailgrad mit dem Entwicklungsfortschritt.

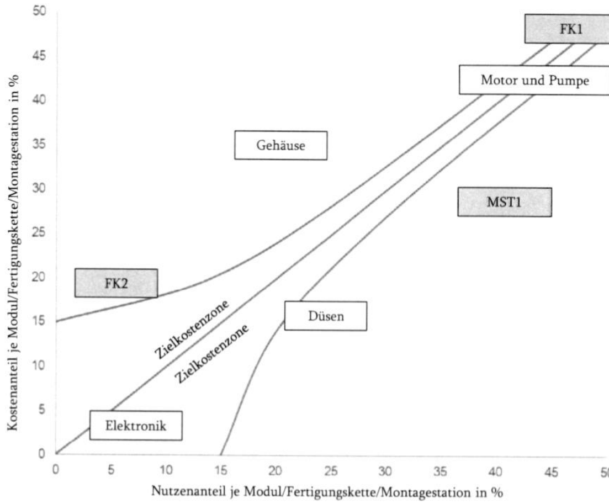

Abbildung 5-37: Beispielhaftes Zielkostenkontrolldiagramm der HIPPE

Im Schritt der *Zielkostenfindung* wird zunächst der Zielpreis aus der Conjoint-Analyse übernommen. Über einen Abzug des Gewinns und der für das Produkt relevanten Kosten ergibt sich ein Wert der Gesamtzielkosten für die Produktion. Diese bestehen folglich aus Schätzungen für beispielsweise Betriebs-, Lohn- und Energiekosten. Anschließend werden die Prozesse jeder Gesamthypothese betrachtet. Die prozentuale Wichtigkeit der Produktionsmerkmale wird aus dem HoQ der Produktionsprozessentwicklung entnommen. Während der *Zielkostenspaltung* werden zunächst die Beiträge der Erfüllung der Funktionen, der Fertigung und Montage definiert und Zielkosten für jeden Prozess der Produktion bestimmt. In der anschließenden *Zielkostenerreichung* werden die Kosten- und Nutzenanteile der Einflussfaktoren miteinander verglichen. Die Anteile werden analog zu dem Produktseitigen Target Costing für die FK und ST berechnet. Das Ziel ist ebenso die Erstellung des Zielkostenkontrolldiagramms. Zusammenfassend werden mit dem Target Costing der HIPPE Zielkosten für einzelne Prozesse berechnet. Durch die Wirtschaftlichkeitsprüfung einzelner Bestandteile wird jede Hypothese kontinuierlich beurteilt.

Um die Kosten-Nutzen-Bewertungen im Rahmen der HIP^{3}E integriert zu betrachten, werden die Ergebnisse des Produktseitigen und prozessseitigen Target Costing verknüpft. Dadurch werden holistisch Kostenpotenziale identifiziert und Gesamthypothesen gemäß ihrer Wirtschaftlichkeit beurteilt. Dazu werden die Zielkostenindizes der einzelnen Komponenten und Prozesse zu einem Gesamtzielkostenindex *ZI* pro Hypothese kombiniert (vgl. Formel 5-6).

Formel 5-6: Berechnung des gesamten Zielkostenindexes

$$ZI = \frac{\emptyset\left|1 - Z_{Ziel}^{Produkt}\right| + \emptyset\left|1 - Z_{Ziel}^{Prozess}\right|}{2}$$

mit ZI Gesamter Zielkostenindex
$Z_{Ziel}^{Produkt}$ Zielkostenindizes des Produktseitigen Target Costings
$Z_{Ziel}^{Prozess}$ Zielkostenindizies des prozessseitigen Target Costings

Der ZI gibt Auskunft darüber, wie ausgeglichen Kosten- und Nutzenanteile einer Gesamthypothese auf Basis von Produkt und Prozessinformationen sind. Der ZI fließt in die Handlungsempfehlung ein und wird zur Bewertung der Hypothesen verwendet. Das ermöglicht sowohl eine globale Bewertung der Hypothesen als auch eine Fokussierung auf die Komponenten- bzw. Prozessebene einzelner Hypothesen.

Das Target Costing bietet die Möglichkeit, früh Kundenwüsche zu integrieren und adäquate Produktfunktionen und Preisvorstellungen zu bestimmen. Trotzdem ist das Target Costing als Kostenrechnungsmodell im Vergleich zur Plankostenrechnung grob. Der Einfluss von Materialpreisen oder FT wird nicht berücksichtigt. Daher konzentriert sich der Einsatz vor allem auf frühe Phasen des Entwicklungsprozesses, kann aber auch zu einem späteren Zeitpunkt noch Optimierungsbedarfe aufzeigen.

Um die angesprochenen Schwächen des Target Costings zu adressieren, werden die Stückkosten der Gesamthypothesen mithilfe einer Plankostenrechnung auf Vollkostenbasis berechnet. Ergebnis der Plankostenrechnung sind die Stückkosten und Kostenpläne je Kostenstelle für jede Gesamthypothese. Die Stückkosten sind notwendig, um die jeweilige Hypothese mit den gewünschten Zielkosten zu vergleichen. Dies trägt dazu bei, die Kostentransparenz zu erhöhen und die in Kapitel 2.2 angesprochene Komplexität zu verringern. Um alle Kosten aufzunehmen, ist eine integrierte Betrachtung des Produktes und der Produktion sinnvoll. Die Berechnung der Stückkosten basiert auf der flexiblen Plankostenrechnung auf Vollkostenbasis von MUMM.[507]

[507] Vgl. Mumm, M. (2008) Kosten- und Leistungsrechnung, 357 ff.

Der Kern der flexiblen Plankostenrechnung ist eine Vorhersage von Kosten basierend auf den Kostenarten, Kostenstellen und Kostenträgern für einen beliebigen Betrachtungszeitraum. Besonderes Merkmal der flexiblen Plankostenrechnung ist die Aufteilung in variable und fixe Kosten, was zu einer Kostentransparenz führt. Anders als bei der klassischen Vollkostenrechnung werden bei der Plankostenrechnung auf Vollkostenbasis zukünftige Ausgaben abgeschätzt und eine Vorhersage der Gesamtkosten ermöglicht. Analog zu der traditionellen Kostenrechnung werden in der Plankostenrechnung zunächst die Kostenarten (vgl. Kapitel 2.2.2) bestimmt. Für die Plankostenrechnung steht die Aufteilung gemäß den Produktionsfaktoren, der fixen und variablen Kosten und der EK und GK im Vordergrund. Im nächsten Schritt erfolgt die Bildung von Kostenstellen. Dadurch wird eine Abgrenzung von Verantwortungsbereichen erreicht. Die Gesamtaufnahme der Kostenarten je Kostenstelle wird im Kostenplan festgehalten. Ein solcher exemplarischer Plan ist im Anhang in Abbildung 9-10 zu sehen und ist im Softwaretool im Backend abgebildet.

Für jede Kostenstelle werden die einzelnen Kostenpositionen im Plan aufgeführt. Dabei werden alle Einträge der eBOM und mBOM der Produkt- und Produktionshypothesen in die Schätzung einbezogen. Sind Kostenpositionen nicht präzise determinierbar, werden Abschätzungen vorgenommen. In Folgeiterationen werden die Abschätzungen mit aktualisierten Informationen erneuert. Die Genauigkeit der Schätzungen wird über die Unsicherheiten gemäß Tabelle 5-1 abgebildet.

Produktseitig werden vor allem MEK und MGK bestimmt. Auf der Produktionsprozessseite steht die Ermittlung von FEK und FGK im Vordergrund. Diese werden je FT und MO bestimmt. Mit fortlaufender Entwicklung werden diese auf die FK übertragen. Zuletzt erfolgt eine Einteilung aller Kostenarten in einen prozentualen Anteil in fixe und variable Kosten, wodurch Mischkosten aufgeteilt werden. Diese Aufteilung wird von den Produkt- und Produktionsprozessexperten geschätzt. Dabei beläuft sich die Aufteilung insgesamt üblicherweise auf ein Mischverhältnis von 70 % variabler zu 30 % fixer Kosten.[508] Abbildung 5-38 zeigt, wie sich Plan- und Stückkosten berechnen. Die Plankosten beziehen sich auf eine in der initialen Aufnahme festgelegte Stückzahl.

[508] Vgl. Bronner, A. (2008) Angebots- und Projektkalkulation, S. 23.

Plankosten	Stückkosten
$K^P = K^P_{fix} + K^P_{var}$	$Stückkosten = \frac{K^P}{x^P} = K^{Ps}$
mit K^P *Gesamte Plankosten*	mit K^{Ps} *Stückkosten*
K^P_{fix} *Gesamte Fixkosten*	K^P *Gesamte Plankosten*
K^P_{var} *Gesamte variable Kosten*	x^P *Geplante Stückmenge*

Abbildung 5-38: Berechnung von Plan- und Stückkosten

Die Schritte der Kostenanalyse sind gemäß der Logik Input, Vorgehen und Output in Abbildung 5-39 zusammengefasst.

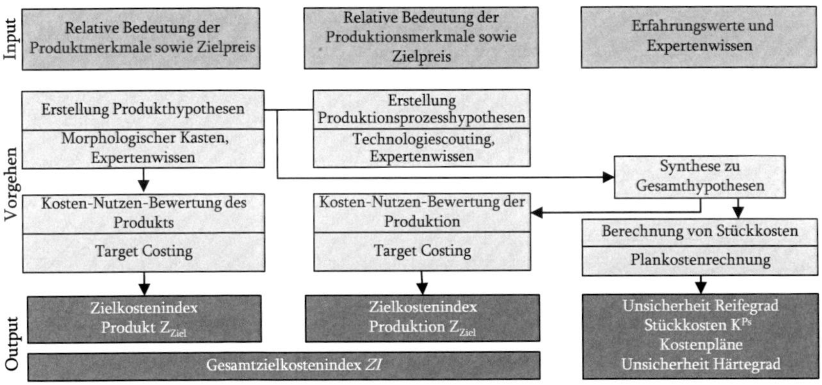

Abbildung 5-39: Schritte der Kostenanalyse

Nach der Kostenanalyse beginnt die Kostenprognose, die die Schritte drei und vier der kontinuierlichen und agilen Kostenanalyse und -prognose in der HIP³E umfasst. Der dritte Schritt der Methodik beinhaltet die ***Identifikation von Kostenpotenzialen***. Ziel ist es, den Hypothesen eine Kennzahl zuzuweisen, um das Kostensenkungspotenzial messbar zu machen. Alle Kostenpotenziale werden über die Datenvisualisierung in dem HIP³E-Softwaretool (vgl. Kapitel 6.1), das im Rahmen des begleitenden Forschungsprojekts entwickelt wurde, in den Entwicklungsprozess zurückgespielt. Auf diese Weise werden den Entwicklern optimierte Informationen für kostenorientierte Anpassungen der HIP³E zur Verfügung gestellt. So werden für jede Hypothese die Kostentreiber mit dem höchsten Einfluss auf die Plankosten identifiziert.

Der Veränderungsbedarf in den Hypothesen wird anhand der gesammelten Daten und der Zuordnung der Abhängigkeiten der Produkt-, Produktions- und integrierten Ebene innerhalb des HIP³E (vgl. Wechselwirkungsanalyse aus dem strategischen Entwicklungsprozess) identifiziert. Daraus wird eine zentrale Kennzahl (P_{Pot}) abgeleitet und analysiert, um alle Kostenpotenziale quantitativ zu bewerten. Auf diese Weise wird die Komplexität im HIP³E-Prozess beherrschbar gemacht. P_{Pot} basiert auf fixen und variablen Kosten (E_{VF}), EK und GK (E_{EG}) sowie auf einem Gesamtzielkostenindex (E_Z). Die Werte der Variablen E_{VF}, E_{EG} und E_Z werden durch Integration des Kontextwissens der Produkt- und Produktionsentwickler gemäß Tabelle 5-5 festgelegt.

Tabelle 5-5: Kennzahlen zur Bewertung des Potenzials einer Hypothese

Kennzahl	Variable und Fixe Kosten E_{VF}	Einzel- und Gemeinkosten E_{EG}	Gesamtzielkostenindex E_Z
1	Fixkosten reduzierbar	Gemeinkostenanteil reduzierbar	Zielkostenindex optimierbar
0,5	Denkbare Reduktion der Fixkosten	Denkbare Reduktion des Gemeinkostenanteils	Denkbare Optimierung des Zielkostenindex
0	Fixkosten nicht reduzierbar	Gemeinkostenanteil nicht reduzierbar	Zielkostenindex nicht optimierbar

Mit den Expertenschätzungen wird P_{Pot} gemäß Formel 5-7 berechnet.

Formel 5-7: Berechnung des Kostenpotenzials

$$P_{Pot} = \frac{E_{EG} * \frac{K_{EZ}^P}{K^P} + E_{VF} * \frac{K_{var}^P}{K^P} + E_Z * ZI}{3}$$

mit

P_{Pot}	Kostensenkungspotenzial der Hypothese
E_{EG}	Einzel- und Gemeinkosten
E_{VF}	Variable und fixe Kosten
E_Z	Gesamtzielkostenindex
K_{EZ}^P	Gesamte Einzelkosten der Plankosten
K_{var}^P	Gesamte Variablen Kosten der Plankosten
K^P	Gesamte Plankosten
ZI	Gesamter Zielkostenindex

Zusammenfassend wird die numerische Abbildung von Kostenpotenzialen dazu verwendet, Handlungsempfehlungen (vgl. Schritt 5) für die Hypothesen auszusprechen. Abbildung 5-40 fasst die Schritte zur Bestimmung von Kostenpotenzialen zusammen.

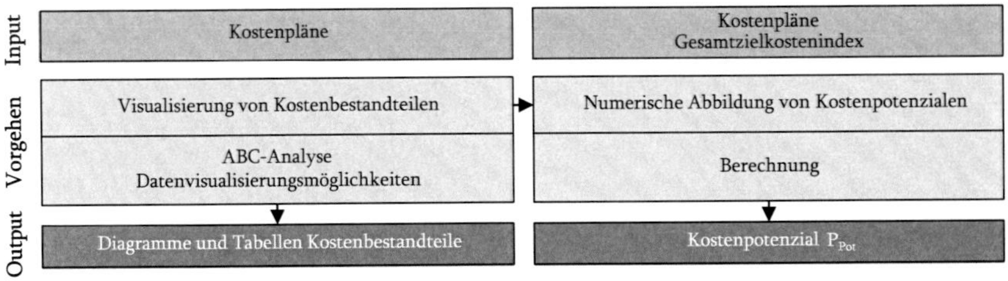

Abbildung 5-40: Schritte zur Bestimmung von Kostenpotenzialen

Im vierten Schritt wird die ***Robustheit der Hypothesen*** untersucht, indem die Genauigkeit der Kostenaussagen beurteilt wird. Dafür werden der RG der Komponenten und Wertschöpfungsprozesse und der HG der Kostenaussagen der Hypothesen analysiert.

Während der Erstellung der Produkt- und Produktionsprozesshypothesen sind Reifegrade aufgenommen worden, die Informationen über die Genauigkeit der Spezifikationen des Produktes bzw. des Prozesses enthalten. Da geschätzte Kosten eine Unsicherheit in der Kostenanalyse darstellen, wird die Erhöhung des Härtegrads der Kosten priorisiert. Zum Vergleich der Gesamthypothesen werden der Reifegrad sowohl für das Produkt als auch für den Prozess sowie die gesamte Hypothese über den Durchschnitt zusammengefasst. So werden die Genauigkeiten, mit deren Bestandteilen eine Hypothese spezifiziert sind, auf Produkt- und auf Prozessbasis miteinander verglichen. Dabei werden alle Härtegrade berücksichtigt und nach Kostenstellen oder Kostengliederungen (z.B. M_{EK}, M_{GK}, F_{EK}, F_{GK}, etc.) im Durchschnitt betrachtet.

Zusätzlich wird über die Informationen aus den einzelnen Härtegraden ein prozentualer Anteil an geschätzten, kalkulierten und bereits entstanden Kosten definiert. Die Informationen über die Fixkosten, variablen Kosten, Stückzahlen und über den Härtegrad sind dem Kostenplan für jede Kostenstelle zu entnehmen. Die Berechnungslogik für die o.g. Kennzahlen ist Abbildung 5-41 zu entnehmen. Durch die Kostenanteile werden für jede Hypothese kontinuierlich die verschiedenen Anteile ermittelt. Die drei Bestandteile addieren sich dabei zu 100 % der Plankosten (vgl. Abbildung 5-38).

Reifegrad

$$R_{Produkt} = \frac{\sum_{i=1}^{n} R_{Produkt}^{i}}{n}$$

$$R_{Prozess} = \frac{\sum_{i=1}^{n} R_{Prozess}^{i}}{n}$$

$$R_{ges} = \frac{R_{Produkt} + R_{Prozess}}{2}$$

mit

$R_{Produkt}^{i}$ *Reifegrade der einzelnen Komponenten aus den Produkthypothesen*

R_{Prozes}^{i} *Reifegrade der einzelnen Prozesse aus den Prozesshypothesen*

$R_{Produkt}$ *Reifegrad der Produkthypothese*

$R_{Prozess}$ *Reifegrad der Prozesshypothese*

Härtegrad

$$H_{ges} = \frac{\sum_{i=1}^{n} H_i}{n}$$

mit

H_i *Härtegrad der Kostenarten aus Kostenplänen*

H_{ges} *Härtegrad der Gesamthypothese*

Kostenanteile

$$p_{geschätzt} = \frac{K_{fix}^{P\,(H=0)} + K_{var}^{P\,(H=0)}}{K^P}$$

$$p_{kalkuliert} = \frac{K_{fix}^{P\,(0{,}9 \geq H \geq 0{,}3)} + K_{var}^{P\,(0{,}9 \geq H \geq 0{,}3)}}{K^P}$$

$$p_{entstanden} = \frac{K_{fix}^{P\,(H=1)} + K_{var}^{P\,(H=1)}}{K^P}$$

$$p_{geschätzt} + p_{kalkuliert} + p_{entstanden} = 1$$

mit

$p_{geschätzt}$ *Anteil der geschätzten Plankosten*

$p_{kalkuliert}$ *Anteil der kalkulierten Plankosten*

$p_{entstanden}$ *Anteil der entstandenen Plankosten*

K^P *Plankosten*

$K_{fix}^{P\,(H=*)}$ *geplante Fixkosten mit dem Härtegrad von $*$*

$K_{var}^{P\,(H=*)}$ *geplante variablen Kosten mit dem Härtegrad von $*$*

Abbildung 5-41: Berechnung der Reife-, Härtegrade und Kostenanteile

Neben der Genauigkeit werden die in der Vorbereitung definierten Kostentreiber (vgl. Kapitel 2.2.2) untersucht. Einflüsse der Kostentreiber auf die Hypothesen werden mit Sensitivitätsanalysen numerisch analysiert. Das ermöglicht einen Vergleich der Robustheit der Hypothesen und die Aufstellung einer Kennzahl, welche die Sensitivität der Hypothesen auf veränderte Eingangsparameter beschreibt. Zur Berechnung der Sensitivität wird die lokale und globale Sensitivität unterschieden.[509] Bei der *lokalen Sensitivitätsanalyse* wird eine quantitative Auswirkung einer kleinen Änderung der Eingangsvariable auf die Ausgangvariable untersucht. Außerdem werden die eingehenden Faktoren unabhängig voneinander bewertet und somit ein Einfluss der Eingangsvariablen untereinander nicht berücksichtigt.[510] Bei der *globalen Sensitivitätsanalyse* wird der Einfluss der Faktoren über den gesamten Definitionsbereich abgebildet, der Einfluss der Faktoren untereinander bewertet werden.[511]

Für die Berechnung der lokalen Sensitivität je Faktor (S_i) wird der Ansatz von DE ROO verwendet, bei dem die prozentuale Veränderung durch die ursprüngliche Annahme geteilt wird.[512] Die Sensitivität je Kostentreiber gibt Auskunft, wie stark sich Stückkosten verändern, wenn ein Kostentreiber sich um eine gewisse Prozentzahl erhöht

---

509 Vgl. Siebertz, K./van Bebber, D. et al. (2010) Statistische Versuchsplanung, S. 247.

510 Vgl. Kausche, M. (2018) Wirtschaftlichkeit schwimmender Offshore Windernergieanlagen, S. 72.

511 Vgl. Siebertz, K./van Bebber, D. et al. (2010) Statistische Versuchsplanung, S. 247.

512 Vgl. Kausche, M. (2018) Wirtschaftlichkeit schwimmender Offshore Windernergieanlagen, S. 72.

bzw. verringert. Dadurch wird der Einfluss der Kostentreiber auf die Stückkosten der jeweiligen Hypothese prognostiziert. Die Stückkosten werden bei Veränderung über die Kostenpläne mit neuen Eingangsvariablen aktualisiert. Diese betreffen abhängig von den übergreifenden Hypothesen (vgl. normativer Orientierungsprozess) z.B. veränderte Stückzahlen oder Losgrößen. Die prozentuale Veränderung wird dabei für jeden Kostentreiber mithilfe der Entwickler und ihres Expertenwissens bestimmt.

Durch die Ermittlung der lokalen Sensitivitäten werden die empfindlichsten Kostentreiber ausgewählt ($S_i \geq 0,1$), die in der globalen Sensitivitätsanalyse[513] betrachtet werden. Mit der globalen Sensitivität werden Kostentreiber und deren Wechselwirkung untereinander untersucht, um somit in der HIP³E Kostentransparenz zu schaffen. Die Kostentreiber werden mittels inkrementeller Erhöhung/Verringerung der Ausprägung berechnet. Dabei wird in gleichen Schritten die Veränderung vergrößert/verringert. Basierend auf der Dreifachrechnung werden mithilfe der Eingangsvariablen drei Szenarien kreiert.[514] Ziel ist es, die ganze Bandbreite an möglichen Ergebnissen über die Dreifachrechnung abzubilden. Die Szenarien bestehen aus einem pessimistischen, einem wahrscheinlichen und einem optimistischen Ergebnis. (vgl. Abbildung 5-42).

Lokale Sensitivität

$$S_i^{10} = \frac{\left|K_{PS}^{E10} - K_{PS}^{V10}\right|}{K_{PS}}$$

mit

S_i^{10}	*Sensitivität je Faktor bei* $\pm$ 10 *prozentige Veränderung der Eingangsvariable*
K_{PS}	*Stückkosten*
$K_{PS}^{E/V10}$	*Stückkosten bei Erhöhung bzw. Verringerung der Eingangsvariable um* 10%

Globale Sensitivität

$$S_{glo} = \frac{\left|K_{Optimistisch}^{PS} - K_{Pessimistisch}^{PS}\right|}{K_{Wahrscheinlich}^{PS}}$$

mit

S_{glo}	*globale Sensitivität Gesamthypothese*
$K_{Optimistisch}^{PS}$	*Stückkosten des optimistischen Szenarios*
$K_{Pessimistisch}^{PS}$	*Stückkosten des pessimistischen Szenarios*
$K_{Wahrscheinlich}^{PS}$	*Stückkosten des wahrscheinlichen Szenarios*

Abbildung 5-42: Berechnung lokaler und globaler Sensitivitäten

Anschließend werden über die flexible Plankostenrechnung für jedes der drei Szenarien die Stückkosten errechnet und über die Abweichung der Stückkosten der extremen Szenarien die globale Sensitivität (S_{glo}) berechnet.

Um die Hypothesen zeitlich einzuordnen und Trends zu ermitteln, werden Maßnahmen des Controllings für die Plankosten angewandt. Dafür werden Ist-Kosten mit den

---

513 Vgl. Bronner, A. (2008) Angebots- und Projektkalkulation, S. 22.

514 Vgl. Kausche, M. (2018) Wirtschaftlichkeit schwimmender Offshore Windernergieanlagen, S. 72.

geplanten Kosten verglichen, Differenzen zum Zielpreis bzw. den Zielkosten errechnet und Abweichungen der Hypothesen über die Zeit bestimmt. Auf Grundlage der Robustheit wird die Sicherheit der Kostenprognose eingeschätzt. Dies ermöglicht eine Priorisierung der Hypothesen, deren Kostentrend zuverlässiger vorhergesagt wird. Aufgabe des operativen Controllings in der HIP^3E ist, Informationen bezüglich der Kosten und Leistungen der Entwicklung zur Verfügung zu stellen. Mit dem von EHRLENSPIEL definierten relativen Fehler wird untersucht, inwiefern sich Kostenannahmen aufgrund von Anpassungen der Hypothesen in vergangenen Iterationen verändert haben.[515] Für die agile Kostenanalyse und -prognose in der HIP^3E werden vor allem die Stückkosten mithilfe des relativen Fehlers f_i verglichen, da dieser sämtliche Kostenbestandteile zusammenfasst. Ferner wird über f_{ges} eine Vergleichbarkeit aller Gesamthypothesen angegeben.

Ein verbreitetes Werkzeug des Controllings ist das Zeit-Kosten-Diagramm, bei dem überprüft wird, ob die aktuellen Kosten von den geplanten Kosten abweichen und wie Prognosen für zukünftige Kostentrends aussehen. Dabei wird mithilfe des Zielpreises, der Stückkosten und des relativen Fehlers ein Zeit-Kosten-Diagramm erstellt. Abbildung 5-43 zeigt ein beispielhaftes Zeit-Kosten-Diagramm für eine Gesamthypothese. Die aktuelle Iteration ist sowohl mit den Stückkosten k^{Ps} als auch mit dem relativen Fehler beschriftet. Die Prognose der Stückkosten für die nächste Iteration ist anhand der Streuung f_{ges} dargestellt. Es wird angenommen, dass die Stückkosten der Folgeiteration um den Wert k^{Ps} mit dem Fehler f_{ges} streuen.

Je größer der relative Fehler ist, desto größer ist der Spielraum für die Entwicklung der Stückkosten in der Folgeiteration. Für die Handlungsempfehlung von Hypothesen sind kleine relative Fehler wünschenswert, da so eine geringere Varianz der Stückkosten einer Hypothese wahrscheinlicher ist. Neben dem relativen Fehler wird im Zeit-Kosten-Diagramm die Differenz zwischen Stück- und Zielkosten visualisiert. Diese ist essenziell, um den vom Kunden bestimmten Zielpreis einzuhalten.

---

515 Vgl. Ehrlenspiel, K./Kiewert, A. et al. (2014) Kostengünstig Entwickeln und Konstruieren, S. 484.

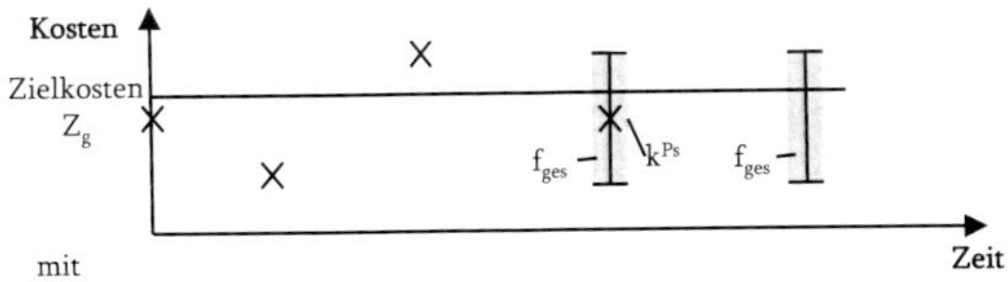

$$f_i = \frac{y_i - Y_i}{Y_i}$$

$$f_{ges} = \frac{k^{Ps} - K^{Ps}}{K^{Ps}}$$

mit

fi	*relativer Fehler der Kalkulation*	y_i	*aktuelle Kalkulation*	k^{Ps}	*aktuelle Stückkosten*
f_{ges}	*relativer Fehler der Stückkosten*	Y_i	*vorherige Kalkulation*	K^{Ps}	*vorherige Stückkosten*

Abbildung 5-43: Beispielhaftes Zeit-Kosten-Diagramm zum Controlling in der agilen Kostenanalyse und -prognose in der HIP³E

Neben den geplanten Kosten werden während des Controllings die Ist-Kosten geprüft. Durch einen Vergleich der Ist-Kosten mit dem Anteil der entstandenen Plankosten ($p_{entstanden}$) werden die Hypothesen hinsichtlich der bereits angefallenen Kosten untersucht. In Abbildung 5-44 ist dieser Zusammenhang abgebildet. Generell ist zu bemessen, in welchem Umfang die Ist-Kosten sich mit den entstandenen Kosten für die jeweilige Hypothese decken. Es ist z.B. möglich, dass eine Maschine gekauft wird, welche für die betrachtete Hypothese nicht verwendet wird. Daher ist die Investition für die Maschine in den Ist-Kosten enthalten, nicht aber in den entstandenen Kosten für die Hypothese. Die bereits entstandenen Plankosten der Hypothese bleiben gleich, da die Maschine in dem aufgestellten Kostenplan nicht berücksichtigt wird.

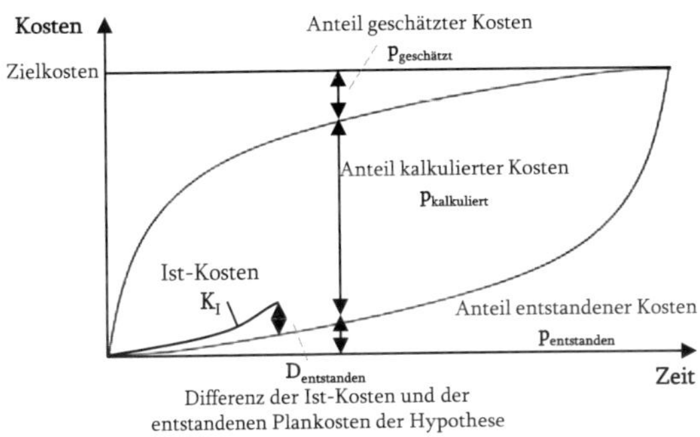

$$D_{Plan} = K^P - Z_g * x_P$$

$$D_{entstanden} = K_I - p_{entstanden} * K_P$$

mit

D_{Plan}	*Zielkostendifferenz*
K^P	*Plankosten*
Z_g	*Gesamte Zielkosten*
x_P	*geplante Stückzahl*
$D_{entstanden}$	*Ist Kosten Differenz*
K_I	*Ist Kosten*
$p_{entstanden}$	*Anteil entstandener Kosten*

Abbildung 5-44: Differenz zwischen entstandenen Kosten und Ist-Kosten

Die Differenz ($D_{entstanden}$) nimmt dabei minimal den Wert *0* an, da die bereits entstandenen Plankosten nicht größer als die Ist-Kosten sind. Mit einem steigenden Wert für $D_{entstanden}$ wachsen die Ausgaben, die bereits getätigt worden sind, jedoch nicht für die betrachtete Hypothese relevant sind. Nimmt $D_{entstanden}$ insgesamt einen großen Betrag an, sind bereits hohe Ist-Kosten angefallen, die jedoch für die betrachtete Gesamthypothese irrelevant sind. Gerade in der fortgeschrittenen Entwicklung ist dies für die

Verwerfung von Hypothesen wichtig. Bei einer großen Differenz sind andere Hypothesen zu bevorzugen, da bereits hohe Investitionen für deren Realisierung getätigt wurden. Das Controlling der Plankosten ist notwendig, um die Robustheit der Prognose zu bewerten und kontinuierliche Handlungsempfehlungen auszusprechen. Beispielsweise sind Hypothesen mit einer hohen Volatilität (stark schwankender relativer Fehler der Kalkulation) weniger verlässlich in ihren Vorhersagen und weniger attraktiv in der Priorisierung (vgl. Kapitel 5.3.2). Ferner ist es erstrebenswert, dass Stückkosten unter den Zielkosten liegen, sodass der durch Kunden determinierte Zielpreis realisiert wird. Abbildung 5-45 zeigt die Schritte für die Analyse der Robustheit.

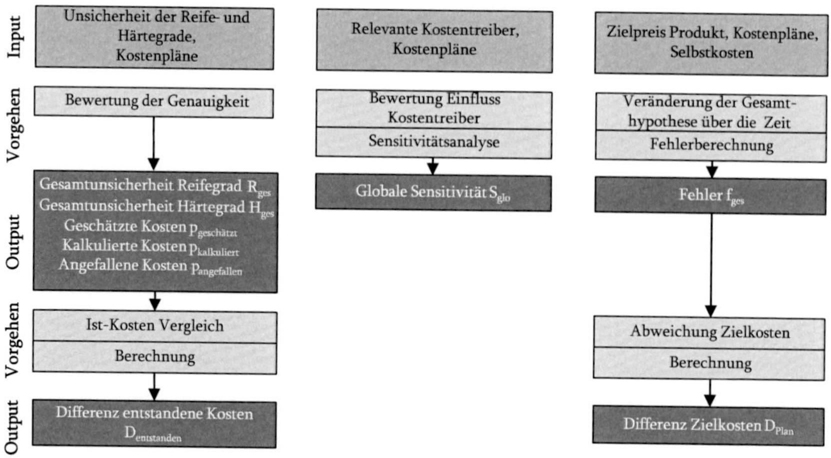

Abbildung 5-45: Schritte für die Analyse der Robustheit in der Kostenprognose der HIP³E

Im letzten Schritt, *der **kontinuierlichen Handlungsempfehlung***, werden die Ergebnisse aus der Kostenanalyse und -prognose zusammengetragen. Ziel ist es, die Hypothesen auf Kostenbasis und anhand der ermittelten KPIs zu bewerten und anschließend Gesamthypothesen zu priorisieren bzw. zu verwerfen. Die Kosteninformationen und -potenziale werden im Softwaretool automatisch in die HIPE und HIPPE zurückgespielt, indem Handlungsempfehlungen für die jeweilige Hypothese abgeleitet werden. Im Folgenden sind die Empfehlungen entsprechend der ermittelten KPIs in der kontinuierlichen und agilen Kostenanalyse und -prognose aller Hypothesen auf Basis von Expertenschätzungen aufgeführt, die im Softwaretool hinterlegt sind.

Tabelle 5-6: **Handlungsempfehlungen in der agilen und kontinuierlichen Kostenanalyse und -prognose in der HIP³E**

Bewertungs-dimension	KPI	Wert	Reak-tion	Handlungsempfehlung
Kosten-Nutzen	Z_{Ziel}	=1	Keine	Kosten und Nutzen der Komponente/des Prozesses sind verhältnismäßig
		<1	Ja	Prüfen, ob Komponenten oder Prozesse den Anforderungen genügen
		>1	Ja	Prüfen, ob Kostenpotenziale zur Verringerung der Standardkosten bestehen
Zielkosten	ZI	=0	Nein	Kosten und Nutzen der Hypothese sind im Gleichgewicht
		0<ZI<0,7	Ja	Kosten und Nutzen der Hypothese sind leicht aus dem Gleichgewicht, Kostenpotenziale müssen überprüft werden
		≥0,7	Ja	Kosten und Nutzen der Hypothesen befinden sich nicht im Gleichgewicht, Hypothese muss gegebenenfalls verworfen werden
Kostenpotenziale	P_{Pot}	=0	Nein	Kostensenkungspotenzial ausgeschöpft, Kostenstruktur lässt sich nicht optimieren
		0< P_{Pot} <1	Ja	Kostensenkungspotenziale existieren und werden laut Experten realisiert
		≥1	Ja	Kostensenkungspotenziale existieren in großem Ausmaß und sollten untersucht werden
Robustheit	R_i	=0	Ja	Komponente oder Prozess muss dringendst genauer spezifiziert werden
		>0	Ja	Komponente oder Prozess sobald wie möglich genauer spezifizieren
	H_i	=0	Ja	Kostenart muss dringendst kalkuliert werden
		>0	Ja	Kostenart sobald wie möglich präzisieren
Vergleich der Gesamthypothesen	$R_{Produkt}$, $R_{Prozess}$, R_{ges}	≤0,2	Ja	Produkt-, Prozess- oder Gesamthypothese müssen vor der nächsten Folgeiteration genauer spezifiziert werden
		0,9 > R > 0,2	Ja	Produkt-, Prozess- oder Gesamthypothese unsicher

		≥0,9	Nein	Produkt-, Prozess- oder Gesamthypothese ausreichend spezifiziert
	H_{ges}	≤0,2	Ja	Mehr Kostenarten müssen vor der nächsten Folgeiteration kalkuliert anstatt geschätzt werden
		0,5 > H > 0,2	Ja	Kalkulation der Kostenarten unsicher
Genauig-keit	$p_{geschätzt}$	≥0,9	Ja	Mehr Kostenarten müssen vor der nächsten Folgeiteration kalkuliert anstatt geschätzt werden, bis 0,9 > $p_{geschätzt}$
		0,9>p>0,5	Ja	Kalkulation der Kostenarten unsicher
		≤0,5	Nein	Kalkulation der Kostenarten ausreichend genau
Sensitivität	S_{glo}	<0,2	Ja	Stückkosten werden kaum durch die Kostentreiber beeinflusst, Hypothese priorisieren
		1>S≥0,2	Nein	Stückkosten werden mittelmäßig durch die Kostentreiber beeinflusst
		≥1	Ja	Stückkosten werden stark durch die Kostentreiber beeinflusst, Hypothese anpassen
Plankosten	D_{Plan}	>0	Ja	Kosten für die Hypothese müssen reduziert werden, um Zielkosten zu erreichen
		≤0	Nein	Zielkosten werden eingehalten

Insgesamt werden im Verlauf der Schritte der Kostenanalyse und -prognose bei der Berechnung von Kennzahlen und Analyse von Visualisierungen kontinuierlich Entscheidungen ermöglicht. Durch das iterative Vorgehen der HIP^3E ist gewährleistet, dass Handlungsempfehlungen basierend auf den aktuellen Annahmen und Kostenprognosen ausgesprochen und automatisiert durch die vorhandenen Informationen und Daten sowie Wechselwirkungsanalysen in einem Softwaretool systematisiert werden. Die Informationen aus der agilen und kontinuierlichen Kostenanalyse und -prognose fließen in die Priorisierung des operativen Koordinationsprozesses (vgl. Kapitel 5.3.2) ein. Auf der Basis dessen wird entschieden, ob Hypothesen in die Folgeiteration überführt werden. Priorisierte Hypothesen werden in der nächsten Iteration kontinuierlich analysiert. Hypothesen, die verworfen werden, werden im Nachgang nicht weiter beachtet.

5.4 Management-Framework zur Verankerung der HIP³E

Die in Kapitel 5.1, Kapitel 5.2 und Kapitel 5.3 hergeleiteten und beschriebenen Prozesse werden im vorliegenden Kapitel in dem auf Vorarbeiten der Autorin basierenden HIP³E-Management-Framework[516] für die Industrialisierung hochiterativ entwickelter Produkte verortet, um die Prozesse im Unternehmen zielgerichtet durchzuführen. Dafür werden zunächst die Elemente des Referenzprozessmodells aufgebaut, die notwendigen HIP³E-spezifischen Rollen in der **Organisation** identifiziert und beschrieben und letztlich in der Aufbau- und Ablauforganisation der HIP³E eingeordnet (vgl. Abbildung 5-46).

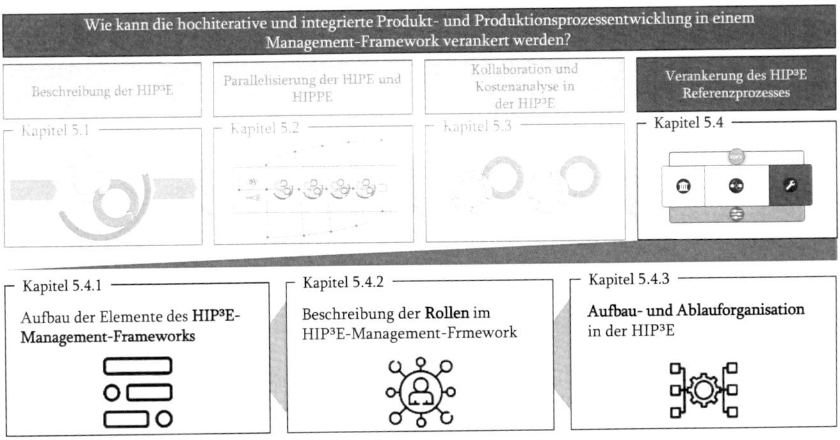

Abbildung 5-46: Elemente des Referenzprozessmodells der HIP³E

5.4.1 Aufbau der Elemente des HIP³E-Management-Framworks

Der Referenzprozess der HIP³E ist an das St. Galler Management-Modell nach RÜEGG-STÜRM ET AL.[517] angelehnt. Der Referenzprozess unterteilt sich demnach in einen normativen Orientierungsprozess (vgl. Kapitel 5.1), einen strategischen Entwicklungsprozess (vgl. Kapitel 5.2) und einen operativen Koordinationsprozess (vgl. Kapitel 5.3) und wird durch ein übergreifendes Leitbild (vgl. Gestaltungsrichtlinien der HIP³E in Abbildung 5-5), die zu nutzenden Werkzeuge, die zu messenden KPIs sowie eine Organisationsstruktur (vgl. Kapitel 5.4.2 und Kapitel 5.4.3) untermauert.

---

[516] Vgl. Schuh, G./Guetzlaff, A. et al. (2021) Management Framework for the HIP³D.

[517] Vgl. Rüegg-Stürm, J./Grand, S. (2020) Das St. Galler Management-Modell, S. 76 f.

Leitbild der HIP³E: Der Gesamtreferenzprozess der HIP³E richtet sich an dem Leitbild aus, das aus den Gestaltungsrichtlinien der HIP³E (vgl. Kapitel 5.1.2) besteht. Jeder Prozess, jede Rolle, jedes Werkzeug und jedes KPI ist gemäß diesem Leitbild ausgelegt. Dementsprechend basieren das gesamte Management-Framework und somit der Referenzprozess der HIP³E auf den HIP³E Gestaltungsrichtlinien.

Prozesse in der HIP³E: Zur detaillierten Beschreibung des Referenzprozesses unter Berücksichtigung des zuvor beschriebenen Leitbilds und den daraus ableitbaren Anforderungen der HIP³E wird dieser gemäß dem St. Gallener Managementmodell in die Teilprozesse unterteilt. Die bereits in den vorangegangenen Kapiteln detaillierten Prozesse stellen die führenden Prozesse des HIP³E Referenzprozesses dar.

Der *normative Orientierungsprozess* (vgl. Abbildung 5-6) dient zur Klärung der normativen Grundlagen der organisationalen Tätigkeit. Des Weiteren gilt der normative Orientierungsprozess als zentraler Bezugspunkt für die Legitimierung der organisationalen Wertschöpfung. Ziel ist es, eine Gestaltungsrichtung vorzugeben, wie Entscheidungsprozesse einer Organisation im Unternehmen ablaufen.

Der *strategische Entwicklungsprozess* (vgl. Abbildung 5-9) befasst sich mit der langfristigen Ausrichtung der Zukunftssicherung einer Organisation. Im Hinblick auf sich ändernden Kundenanforderungen sowie durch das Aufkommen neuer Entwicklungstrends fokussiert dieser Prozess eine ausgeprägte Reaktionsfähigkeit auf Veränderungen jeglicher Art. In der HIP³E werden insbesondere die Reaktion auf sich ändernde Kundenwünsche sowie schnell und kostenminimal entwickelte Produkte fokussiert.

Der *operative Koordinationsprozess* (vgl. Abbildung 5-28) beschreibt die operativ ablaufenden Tätigkeiten im Unternehmen. Dazu zählen bspw. die unmittelbare Bewältigung und Stabilisierung des Alltagsgeschäfts mit direktem Bezug zur effizienten Nutzung knapper Ressourcen. Dazu bedarf es verschiedener Priorisierungs- und Abstimmungsprozesse, in denen bspw. die Bearbeitungsreihenfolge von Aufgaben und Aufträgen oder die Zuteilung knapper Kapazitäten erfolgt.

Für den Referenzprozess der HIP³E reicht die Betrachtung der Prozesse nicht aus. Es bedarf ebenfalls eines Management-Frameworks sowie einer Beschreibung der Organisation zur Durchführung dieser Prozesse als auch der Beschreibung der Ablauforganisation für ein hochiteratives und integriertes Entwicklungsverfahren.

Organisation der HIP³E: Die Definition der HIP³E-Organisation inklusive Rollen (vgl. Kapitel 5.4.2), Verantwortlichkeiten sowie einer Beschreibung der Ablauf- und Aufbauorganisation (vgl. Kapitel 5.4.3) ist ein zentraler Bestandteil zur Beschreibung des HIP³E-Referenzprozesses sowie zur Umsetzung der HIP³E in der Praxis.

Die HIP³E strebt ein kundenzentriertes Entwicklungsvorgehen an, weshalb die zentrale Rolle durch *den Kunden* beschrieben wird. Aus der agilen PE werden die Rollen *Product Owner (PO), Scrum-Master* (SM) und *Entwicklungsteams (Team)* übernommen. Im Allgemeinen erfüllen diese Rollen die gleichen Aufgaben und Zuständigkeiten in Anlehnung an die Scrum-Methodik (vgl. Kapitel 2.3.1). Im Zuge der HIP³E werden diese Rollen für die Produktionsseite gespiegelt. Demnach gibt es einen *Prozess Owner (PPO)* und ein *Entwicklungsteam* für die HIPPE.

Zusätzlich zu den Rollen aus der Scrum-Methodik werden Rollen der traditionellen PE (vgl. Kapitel 2.1.2.1) in die HIP³E übernommen. Die *Führungskraft* hat die Gesamtverantwortung über das Entwicklungsvorhaben und fungiert als Schnittstelle zum Kunden. Des Weiteren werden die Rollen des *Produkt Manager (PM)* und *Prozess Managers (PPM)* in Anlehnung an COOPER übernommen.[518]

Um das Leitbild der HIP³E zu erfüllen, werden weitere Rollen in die Organisation der HIP³E integriert. In Folge der auftretenden Wechselwirkungen zwischen den Domänen benötigt es Verantwortlichkeiten, die eine stetige Kommunikation innerhalb dieser fördern und einen Informationsaustausch sicherstellen. Eine der Rollen ist der *Synchronisationsmanager (SyncM)* auf operativer Ebene. Auf der strategischen Ebene wird die Rolle des *Integrationsmanagers (IM)* eingeführt, zuständig für die Kommunikation zwischen den Stakeholdern (Kunden, Führungskraft) und der Entwicklung.

Eine detaillierte Beschreibung der Rollen ist in Kapitel 5.4.2 sowie der Aufbau- und Ablauforganisation in Kapitel 5.4.3 gegeben. Zur Verdeutlichung der Verantwortlichkeiten der Rollen innerhalb der HIP³E-Teilprozesse sind die jeweiligen Aufgaben aufgezeigt. Die Aufgaben der unterschiedlichen Rollen sind abgeleitet aus den Rollenbeschreibungen gemäß der Scrum-Methodik (vgl. Kapitel 2.3.1) sowie aus den Standardaktivitäten der HIP³E (vgl. Abbildung 5-8) und werden detailliert in Kapitel 5.4.2 beschrieben. Diesen Aktivitäten werden Rollen innerhalb der HIP³E zugeordnet und durch die RACI-Logik[519] in Form einer RACI-Matrix zugeordnet (vgl. Tabelle 5-7).

---

[518] Vgl. Cooper, R. (2014) What's Next?: After Stage-Gate, S. 24.

[519] Vgl. Träger, T. (2017) Organisation, S. 89.

Tabelle 5-7: RACI Matrix für die Aufgaben in den Teilprozessen der HIP³E

	Beschreibung Aufgaben	Führung	PM/ PPM	IM	PO/ PPO	Teams	SyncM	SM	Kunde
Normativer Orientierungsprozess	Übersetzung von User Stories	A	R	C	C	I	C		I
	Ermittlung von Kundenanforderungen	A	C	I	R	I	I		C
	Formulierung der Hypothesen	C	R	A	R	I	I	I	C
	Kontrolle Einhaltung der Entwicklungszeit und –kosten	A	R	I	R	C	I	I	
	Generierung von Lösungsansätzen zur Erfüllung der Kundenanforderungen	C	R	A	R	I	I		C
	Hypothesenbasierte Entwicklung des Produktionskonzeptes	C	R	A	R	C	C	C	C
	Analyse von Abhängigkeiten und Wechselwirkungen zwischen HIPE und HIPPE	I	I	C	R	C	A		
	Validierung im Hinblick auf den Ramp-Up-Umfang	A	R	I	C	I	I		
Strategischer Entwicklungsprozess	Formulierung der Produktidee und –vision	C	R	A	R	I	I		C
	Aufnahme der initialen und gewichteten Produktinformationen anhand von User Stories	A	R	I	R	I	I		C
	Ableitung des Initiales Annahmensets	A	C	I	R	I	I		C
	Berechnung des Freiheits- und Reifegrads	I	A	I	R	C	I		
	Pflegen des Backlogs	I	R	I	R	C	I	A	C
	Berechnung der Kosten	A	C	R	C	C	I		
	Entscheidung über Zykluswechsel	C	A	C	R	C	C		
Operativer Koordinierungsprozess	Ableiten von Informationsbedarfe	C	A	I	R	I	I		C
	Priorisieren der Aufgaben	C	R	A	R	C	R		
	Hypothesenbasiertes Entwickeln	C	A	I	R	C	I	A	
	Kommunikation von Ergebnissen	I	R	A	R	C	A	A	
	Kommunikation von Konflikte	I	R	A	C	C	A		
	Anpassen	I	C	I	R	C	A		
	Validieren	C	R	A	R	C	I		I

R: Responsible – Wer ist für die Durchführung der Aufgabe verantwortlich
A: Accountable – Wer entscheidet, ob die Aufgabe richtig durchgeführt wurde
C: Consulted – Diese Person, Position oder Gruppe stellt Informationen zur Verfügung, die für die Erfüllung der Aufgabe oder des Ergebnisses nützlich sind. Es findet eine gegenseitige Kommunikation zwischen den Verantwortlichen und den konsultierten Personen statt
I: Informed – Diese Personen oder Gruppen werden über die Aufgabe oder das Ergebnis auf dem Laufenden gehalten.
PM – Produkt Manager; PPM – Prozess Manager; IM – Integrationsmanager; PO – Produkt Owner; PPO – Prozess Owner; SyncM – Synchronisationsmanager; SM – Scrum Master

Zur erfolgreichen Bearbeitung des Entwicklungsvorgehens werden auf allen Ebenen Werkzeuge und Methoden benötigt, um die strategische und operative Arbeit der Prozessbeteiligten zu unterstützen.

Werkzeuge und Methoden: Zur Unterstützung der Prozessbeteiligten innerhalb der beschriebenen Prozesse werden Werkzeuge und Methoden genutzt. Da die HIP³E auf der Scrum-Methodik basiert, greifen die Prozessbeteiligten auf den Scrum-Methodenkasten (vgl. Kapitel 2.3.1) mit Werkzeugen wie *Scrum, Kano und User Stories* zurück. Jedoch sind die hohe Komplexität der Entwicklung systemischer Produkte sowie die auftretenden Wechselwirkungen zwischen HIPE und HIPPE mit den Werkzeugen der Scrum-Methodik nicht beherrschbar. Daher werden die Werkzeuge in der HIP³E erweitert. Da die internen und externen Abhängigkeiten in der systemischen HIPE und HIPPE zahlreich sind, ist es zentral, Abhängigkeiten zu erkennen. Dazu werden für die HIP³E Werkzeuge und Methoden benötigt, die die *Wechselwirkungen analysieren* (vgl. Kapitel 5.2) und Auswirkungen von Veränderungen auf Entwicklungskosten und -zeit aufzeigen und prognostizieren (vgl. Kapitel 5.3).

In Folge der Abhängigkeiten zwischen Produkt und Produktion, möglicher fehlender Informationsgenauigkeit sowie der notwendigen Betrachtung des Einflusses einer Aktivität bedarf es für die HIP³E eines Werkzeuges zur *Bestimmung der Unsicherheiten* sowie zur *Priorisierung der Aktivitäten* (vgl. Kapitel 5.3.2). Aufgrund der mit Unsicherheiten belasteten Informationen erfordert die HIP³E ein hypothesenbasiertes Arbeiten in der Entwicklung (GR 3). Anhand verschiedener Hypothesen wird ein möglichst vielseitiger Lösungsraum aufgespannt, um sowohl auf die Änderungen der Kundenbedürfnisse als auch auf Änderungen von unsicherheitsbelasteten Informationen zu reagieren (GR 2). Da die Betrachtung mehrerer Hypothesen verfolgt wird, ist die *Darstellung und Analyse der Hypothesen* notwendig.

Entscheidungen werden innerhalb des strategischen Entwicklungsprozesses anhand des Reife- und Freiheitsgrads getroffen. Dazu bedarf es Werkzeuge zur datenbasierten Entscheidung anhand einer *Reifegrad- und Freiheitsgradberechnung* (vgl. Kapitel 5.2.2). Ob und wann vom Entwicklungs- in den Validierungszyklus übergegangen wird, wird mit dem *Entscheidungsbaum* (vgl. Abbildung 5-31) bestimmt.

Eine betriebswirtschaftliche Betrachtung der Entwicklung ist für das Management unentbehrlich, um die Kompromissbildung zwischen ausreichender Kundenzentrierung, Entwicklungsgeschwindigkeit und den Entwicklungskosten zu unterstützen. Demzufolge bedarf es für die erfolgreiche Umsetzung des Entwicklungsprojektes einer ganzheitlichen *Kostenanalyse und -prognose* (vgl. Kapitel 5.3.3) zur Betrachtung der Auswirkungen auf die Kosten, bedingt durch Änderungen der Anforderungen. Aufgrund der gestiegenen Komplexität im Entwicklungsprozess ist es erforderlich, datenbasierte

Werkzeuge und Methoden zu verwenden. Dies impliziert wiederum ein *kontinuierliches Informationstracking* (vgl. Kapitel 5.3.1) innerhalb der Entwicklung.

Die vorgestellten Werkzeuge werden von den HIP³E Rollen unterschiedlich genutzt. Zur Zusammenfassung ist eine Verwendungs-Matrix aufgestellt, die anhand von Markierungen anzeigt, welche Rolle welches Werkzeug benutzt (vgl. Tabelle 5-8).

Tabelle 5-8: Verwendungs-Matrix der Werkzeuge

	Werkzeuge	Führung	PM/ PPM	IM	PO/ PPO	Teams	SyncM	SM
Werkzeuge der agilen PE	Backlog	x	x		x	x		x
	Kano	x	x		x	x		x
	User Stories	x	x		x	x		x
	Scrum	x	x		x	x		x
HIP³E-spezifische Werkzeuge	Priorisieren der Aktivitäten		x	x		x	x	
	Kostenanalyse und -prognose	x	x	x	x	x		
	Berechnung Freiheits- und Reifegrad		x			x		
	Wechselwirkungsanalyse		x	x	x	x	x	
	Unsicherheitsbestimmung		x					
	Kontinuierliches Informationstracking	x		x			x	x
	Entscheidungsbaum			x				

PM/PPM – Produkt Manager/Prozess Manager; IM – Integrationsmanager; PO/PPO – Produkt Owner/Prozess Owner; SyncM – Synchronisationsmanager; SM – Scrum Manager

Zur Verwendung der Werkzeuge in der HIP³E ist die Definition von KPIs notwendig, die auf den Berechnungen aus den vorangegangenen Kapiteln aufbauen.

KPIs: Zum Referenzprozess und dem Management-Framework gehört die Überwachung und Kontrolle der Erreichung der Projektziele. Für die HIP³E sind insbesondere die Einhaltung von Entwicklungszeit und -kosten (vgl. Kapitel 5.3.3) sowie die Sicherstellung der kontinuierlichen Kundenintegration ausschlaggebend. Dazu müssen sowohl zeit- und kostenbezogene, als auch HIP³E-spezifische Kennzahlen über den gesamten Entwicklungsprozess aufgenommen und gemessen werden. Die KPIs werten die Berechnung von Schwellenwerten (vgl. Kapitel 5.2.2) aus, die ein Handeln des entsprechenden Prozessbeteiligten erfordern. Zur vorgesehenen hypothesenbasierten Entwicklung werden der *Grad an Unsicherheit* (vgl. Tabelle 5-1, Tabelle 5-3) sowie die *Vollständigkeit der Informationen* (vgl. Kapitel 5.3.1) gemessen. Daraus wird geschlossen, ob ein Wert stark in die Analyse einfließt oder nicht. Aufgrund der starken Verbindung zwischen dem Produkt und der Produktion ist die Messung der Anzahl an *Wechselwirkungen* (vgl. Vernetztheit in Kapitel 5.2.2) sowie entstandener *Konflikte* zwischen den Domänen zu identifizieren. Der Projektfortschritt orientiert sich an den *Reife- und Freiheitsgraden* (vgl. Abbildung 5-41), die entlang des gesamten Entwicklungsprozesses aufgenommen und berechnet werden. Die Berechnungsergebnisse dienen zur Entscheidung, ob von einem Entwicklungszyklus in einen Validierungszyklus übergegangen wird, oder ob ein weiterer Entwicklungszyklus durchlaufen werden muss (vgl. Entscheidungsbaum in Kapitel 5.3.1).

Tabelle 5-9: Matrix zur Verwendung der KPIs

	KPIs	Führung	PM/ PPM	IM	PO/ PPO	Teams	SyncM	SM
HIP³E - KPIs	Zeit	x	x		x			
	Kosten	x	x		x			
	Reifegrad	x	x	x	x	x	x	
	Freiheitsgrad	x	x	x	x	x	x	
	Unsicherheit		x					
	Vollständigkeit		x					
	Wechselwirkung		x	x	x	x	x	
	Konflikt		x	x	x	x	x	

PM/PPM – Produkt Manager/Prozess Manager; IM – Integrationsmanager; PO/PPO – Produkt Owner/Prozess Owner; SyncM – Synchronisationsmanager; SM – Scrum Manager

Die vorgestellten KPIs werden von den HIP³E Rollen unterschiedlich verwendet. Zur Zusammenfassung ist eine Matrix aufgestellt, die anzeigt, wie welche Rolle welches KPIs verwendet (vgl. Tabelle 5-9).

Die fünf beschriebenen Elemente bilden das HIP³E Management-Framework ab (vgl. Abbildung 5-47). Das zentrale Element des HIP³E Management-Framework stellt der HIP³E-Referenzprozess dar, der aus dem normativen Orientierungs-, dem strategischen Entwicklungs- und dem operativen Koordinationsprozess besteht.

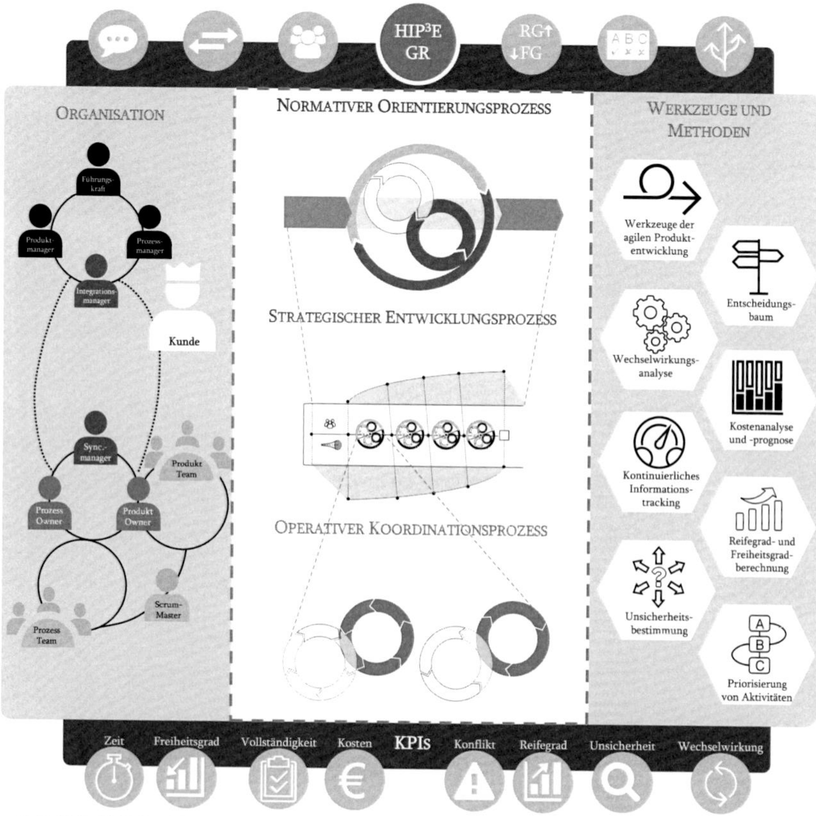

HIP³E-Refferenzprozess

GR – Gestaltungsrichtlinien; RG – Reifegrad; FG – Freiheitsgrad; KPI – Key Performance Indikator

Abbildung 5-47: Management-Framework der HIP³E

5.4.2 Beschreibung der Rollen im HIP³E-Management-Framework

Aufbauend auf den Elementen des Referenzprozesses der HIP³E werden die identifizierten prozessbeteiligten Rollen im Folgenden detailliert. Dabei werden ihre Aufgaben innerhalb der Teilprozesse erläutert sowie die jeweils zu verwendenden Werkzeuge und relevanten KPIs benannt. In der Organisation der HIP³E sind Rollen aus der klassischen und agilen Produktentwicklung zu finden, die im Zuge der beschriebenen Gestaltungsrichtlinien durch HIP³E-spezifische Rollen ergänzt werden.

Abgeleitete Rollen der klassischen PE: In die HIP³E Organisation werden die klassischen Rollen der *Führungskraft* sowie des *Produktmanagers (PM)* und des *Prozessmanagers (PPM)* aufgenommen.

Die **Führungskraft** legt den Referenzrahmen für die Aktivitäten des Unternehmens fest und passt diesen bei Bedarf an die Umweltentwicklungen an. Dazu gehören das Setzen von Zielen und das Entscheiden über Strategien zur Zielerreichung sowie das Beschreiben von Werten der Unternehmenskultur (vgl. erster Schritt des normativen Orientierungsprozesses in Kapitel 5.1.2). Mit der Gestaltung dieses Rahmens entsteht eine Kopplung zwischen Umwelt und Kunden, welche wiederum den Wertschöpfungsprozess reflektieren.[520] Die Kopplung mit dem Kunden ist ein durch die GR gefordertes Merkmal der HIP³E (vgl. Kapitel 5.1.2). Demzufolge ist es die zentrale Aufgabe der Führungskraft, die Kundenanforderungen zu erfüllen und die benötigten Ressourcen personeller und materieller Art zur Verfügung zu stellen. Zusätzlich hat die Führungskraft ein wirtschaftliches Interesse an der Entwicklung, weshalb sie zu jeder Zeit über den aktuellen Projektfortschritt informiert ist. Dazu nutzt sie ein Werkzeug anhand dessen alle betrachten Hypothesen verfolgt, Konflikte identifiziert, Wechselwirkungen ausgegeben und Priorisierungen angezeigt werden – das HIP³E-Software Tool (vgl. Kapitel 6.1). Relevant sind die Entwicklungskosten, die Einhaltung des terminierten SOP und der Reife- und Freiheitsgrad.

Damit die Erfüllung der Kundenanforderung in beiden Domänen vertreten ist und die Führungskraft nur eine übergreifende Funktion hat, werden die Rollen des **Produktmanagers (PM)** und des **Prozessmanagers (PPM)** eingeführt. Die Aufgabenbeschreibung des PMs/PPMs ist an den beschriebenen Aufgaben aus der integrierten PE/PPE (vgl. Kapitel 2.2.1) sowie der HIPE (vgl. Kapitel 2.3) orientiert und ist hinsichtlich der GR der HIP³E (vgl. Kapitel 5.1.2) adaptiert. Der PM/PPM ist sowohl bei der klassischen PE als auch bei der HIP³E dafür zuständig, die Kundenanforderungen aufzunehmen. Dies geschieht über eine kontinuierliche Aufnahme von User Stories (vgl. Kapitel 5.2.2). Zusammen mit dem PO/PPO werden aus den Ergebnissen Hypothesen formuliert. Die Zusammenarbeit des PM/PPM und PO/PPO ist dabei essenziell, da der PM/PPM dabei die Kundensicht und der PO/PPO die technische Sichtweise der Entwicklung vertreten und so beide Sichten in den Hypothesen integriert werden. Auf

---

520 Vgl. Rathert, W. (2019) Performance by Design: Die fünf Aufgaben agiler Führung in einer digitalisierten Welt und was Führungskräfte dabei von Game Designern lernen können, S. 471.

Basis dessen überträgt der PM/PPM die Kundenanforderung in die Entwicklung der strategischen Ebene und fungieren aufbauorganisatorisch als Schnittstelle zwischen der normativen und der strategischen Prozessebene.

Abbildung 5-48 zeigt die Aufgaben der Rollen, die aus der klassischen PE abgeleitet sind, deren organisationale Einordung in den HIP³E Referenzprozess, sowie relevante KPIs und unterstützende Werkzeuge.

Rolle	Aufgaben	Prozess	Werkzeuge	KPIs
Führungskraft	▪ Festlegung des Referenzrahmens für die Aktivitäten des Unternehmens und Abstimmung dieser mit der Umweltentwicklung ▪ Vermittlung gemeinsamer Werte, auf denen Strategie und Identität des Unternehmens fußen ▪ Bereitstellung von Ressourcen zur optimalen Unterstützung der Mitarbeitenden	▪ Normativer Orientierungs-prozess		▪ Zeit ▪ Kosten ▪ Reifegrad ▪ Freiheitsgrad
PM/ PPM	▪ Identifikation der Kundenanforderungen durch Marktanalysen, Befragungen und Aufnahme von User Stories ▪ Formulierung der Hypothesen in Zusammenarbeit mit dem PO/PPO ▪ Kontrolle der Umsetzung der Kundenanforderungen	▪ Normativer Orientierungs-prozess ▪ Strategischer Entwicklungs-prozess		▪ Zeit ▪ Kosten ▪ Reifegrad ▪ Freiheitsgrad ▪ Konflikt ▪ Vollständigkeit ▪ Wechselwirkungen ▪ Unsicherheiten

PM/PPM – Produkt Manager/Prozess Manager

Werkzeuge der agilen Produktentwicklung; Wechselwirkungs-analyse; Kontinuierliches Informationstracking; Kostenanalyse und -prognose; Unsicherheits-bestimmung; Priorisierung von Aktivitäten; Reifegrad- und Freiheitsgradberechnung

Abbildung 5-48: Steckbrief der aus der klassischen PE abgeleiteten Rollen

Abgeleitete Rollen der agilen PE: Für die Entwicklung orientiert sich die HIP³E an den Rollen der *Kunden*, des *Produkt Owners (PO)*, des *Entwicklungsteams (Team)* sowie des *Scrum-Masters (SM)* der Scrum-Methodik (vgl. Kapitel 2.3.1). Diese Rollen werden im Folgenden beschrieben und Anpassungen erläutert, die aufgrund der HIP³E auftreten. Die Spiegelung der Rollen für die Domäne der HIPPE hinsichtlich des *Prozess Owners (PPO)* stellt einen zentralen Aspekt der Anpassung dar.

Die HIP³E sieht ein kundenzentriertes Entwicklungsvorhaben vor, welches die kontinuierliche Integration der Kunden und deren Feedback (vgl. Kapitel 4.1.1) in den Entwicklungsprozess bedingt. Daher ist der **Kunde** die zentrale Rolle in der HIP³E-Organisation. Zu Beginn des Projekts werden die Kundenanforderungen an das Produkt durch den PM aufgenommen. Zur Erhöhung der Akzeptanz werden Kunden kontinuierlich an der Validierung der erstellten Prototypen beteiligt und können Wünsche und Änderungen entlang des gesamten Entwicklungsprojekts äußern.

Nach der Beschreibung des Aufgabenbereichs innerhalb der Scrum-Methodik ist der **Produkt Owner (PO)** bzw. der **Prozess Owner (PPO)** dafür verantwortlich, die durch die Kunden formulierten Anforderungen technisch gemeinsam mit dem Team umzusetzen. Zu Beginn des Projekts ist der PO/PPO derjenige, der die Produktidee des Kunden verinnerlicht. In Absprache mit dem PM/PPM formuliert der PO/PPO die Idee einer Produktvision. Zur Strukturierung legen PO/PPO und PM/PPM die Aktivitäten innerhalb eines Entwicklungszyklus fest und priorisieren diese gemäß Kapitel 5.3.2.

Die HIP³E verfolgt die Verkürzung der Time-to-Market sowie die Senkung der Entwicklungskosten (vgl. Kapitel 4.1.1). Demnach ist die Aufgabe der PO/PPO, neben der technischen Umsetzung, die Einhaltung der Kosten bzw. des SOP zu gewährleisten. Dazu wird die Kostenanalyse und -prognose genutzt, in der die Kosten und Potenziale der Hypothesen analysiert, prognostiziert und vergleichbar dargestellt werden (vgl. Kapitel 5.3.3). Zur Einhaltung des SOP arbeitet der PO/PPO mit dem Team zusammen und trifft Entscheidungen, so dass das Projekt nicht in Zeitverzug gerät.

Der PO/PPO ist verantwortlich für die tägliche Aktualisierung des Produkt- bzw. Prozess-Backlogs. Im Produkt- und Prozess-Backlog werden die Produktfunktionalitäten bzw. die Fertigungsfolgen zusammengefasst. Weiter definiert der PO/PPO gemeinsam mit den Teams und dem PM/PPM das Ziel sowie die dafür notwendigen Aktivitäten der nächsten Iteration, abhängig vom Freiheits- bzw. Reifegrad.

Die operative Entwicklung wird durch das **Entwicklungsteam (Team)** durchgeführt. Wie bei den Rollen des PM/PPM und PO/PPO erfolgt eine Trennung bzgl. der Domänen. Zur Realisierung der HIP³E werden autonome, interdisziplinäre Teams eingesetzt, die miteinander kollaborativ interagieren (vgl. GR 5 in Kapitel 5.1.2). Dies bedeutet, dass eine kontinuierliche Kommunikation zwischen den Teams der beiden Domänen entsteht. Durch die regelmäßige Kommunikation werden Konflikte sowie Potenziale schnell erkannt und in frühen Phasen der Entwicklung gelöst. Das Team ist für die rechtzeitige und qualitativ hochwertige Erstellung des Produktes und Produktionsprozesses verantwortlich. Teams sind interdisziplinär zusammengesetzt und bestehen in der Regel aus drei bis neun Mitgliedern.[521] Der Einsatz von cross-funktionalen Teams geht auf die Scrum-Methodik zurück (vgl. Kapitel 2.3.1), weshalb sie klassische Scrum-Werkzeuge verwenden (vgl. Kapitel 2.3 und Kapitel 5.4.1). Da die Entwicklung stark von den Wechselwirkungen der jeweils anderen Domäne abhängig ist, verwendet das Team zusätzlich zu den Scrum-Werkzeugen spezifische HIP³E-

---

521 Vgl. Gloger, B./Margetich, J. (2018) Das Scrum-Prinzip, S. 82.

Werkzeuge, wie bspw. die Wechselwirkungsanalyse. Die Teams befüllen die Werkzeuge mit Daten und Ergebnissen, die sie in den jeweiligen Zyklen erarbeitet haben.

Zur Durchführung der iterativen Vorgehensweise der **Scrum-Master (SM)** in die HIP³E-Organisation aufgenommen. Er ist für die Einhaltung der Scrum-typischen Arbeitsweisen verantwortlich und nicht für fachliche oder technische Inhalte (vgl. Kapitel 2.3.1). Er unterstützt in der HIP³E das Vorgehen in iterativen Entwicklungsschleifen und verantwortet die Liefer- und Leistungsfähigkeit des gesamten Teams. Weiter beseitigt er Konflikte, die die Teams an ihrer operativen Entwicklungstätigkeit hindern. Zum reibungslosen Ablauf der Entwicklung stellt er sicher, dass die benötigten Ressourcen verfügbar sind, und befähigt das Team durch methodische Unterstützung. Zur Unterstützung seiner Arbeit nutzt er die Werkzeuge aus dem Scrum-Methodenkasten (vgl. Kapitel 2.3 und Kapitel 5.4.1). Weiter ist erforderlich, dass der SM ein Verständnis für hypothesenbasiertes Arbeiten hat und die Teams darin schult.

Abbildung 5-49 zeigt die Aufgaben der Rollen, die aus der agilen PE abgeleitet sind, deren organisationale Einordung in den HIP³E Referenzprozess, sowie relevante KPIs und unterstützende Werkzeuge.

Spezifische Rollen der HIP³E: Die beschriebenen Rollen erfüllen nicht alle Anforderungen, die durch die GR der HIP³E entstehen. Deshalb werden weiterführend die Rollen des *Integrationsmanagers (IM)* und des *Synchronisationsmanagers (SyncM)* eingeführt. Ihre Aufgabe ist es, die Wechselwirkungen zwischen den beiden Domänen durch die Sicherstellung der Kommunikation zu adressieren.

Der **Integrationsmanager (IM)** fungiert als Moderator zwischen dem PM/PPM und der HIPE und HIPPE und vertritt Kunden und deren Anforderungen. Daher hat der IM die Verantwortung, sich in beide Domänen fachlich einzuarbeiten. Dies impliziert, dass die Bedürfnisse hinter Anforderungen und Restriktionen der unterschiedlichen Domänen verstanden werden. Im Falle eines Konflikts zwischen Produkt- und Produktionsprozesshypothesen ist der IM zuständig, mit dem jeweiligen PO/PPO sowie den zugehörigen Teams die Realisierung der Änderung zu planen und für die Umsetzung zu sorgen. Aufgrund der domänenübergreifenden fachlichen Kenntnis des IM unterstützt er die Teams bei der Validierung. Zur Durchführung der Arbeit ist die Kenntnis über die Wechselwirkungen zwischen Produkt- und Produktion sowie potenzieller Konflikte erforderlich. Aufgrund der hohen Komplexität der Entwicklung nutzt der IM das HIP³E-Softwaretool zur Analyse (vgl. Kapitel 5.3.3 und Kapitel 6.1).

Der IM ist für den Austausch zwischen den Domänen innerhalb der normativen und strategischen Ebene verantwortlich. Da dieser Austausch ebenso auf der operativen Ebene benötigt wird, ist die Rolle des **Synchronisationsmanagers (SyncM)** notwendig. Der SyncM stellt die notwendige Kommunikation für die kollaborative Arbeit der Teams sicher, um einen frühzeitigen Austausch über technische Konflikte zu fokussieren. Da die Wechselwirkungen der Domänen die Priorisierung der Aktivtäten beeinflussen, unterstützt der SyncM den PO/PPO durch die domänenübergreifende fachliche Kenntnis. Zur Identifizierung und Analyse der Wechselwirkungen verwendet er entsprechende Werkzeuge (vgl. Kapitel 5.4.1).

Rolle	Aufgaben	Prozess	Werkzeuge	KPIs
PO/ PPO	▪ Produkt- bzw. Prozessverantwortlicher hinsichtlich der technischen Umsetzung ▪ Formulierung der Produktvision und deren verständlichen Übermittlung ▪ Berücksichtigung der Kundenanforderungen bei der Entwicklung ▪ Einhaltung der Entwicklungszeit und des SOP ▪ Aktualisierung des Produkt bzw. Prozess Backlogs	▪ Normativer Orientierungs-prozess ▪ Strategischer Entwicklungs-prozess	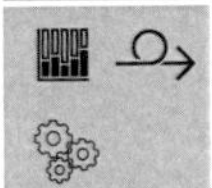	▪ Zeit ▪ Kosten ▪ Reifegrad ▪ Freiheitsgrad ▪ Konflikt ▪ Wechselwirkungen
Team	▪ Erarbeitung und Entwicklung des Produktes bzw. des Prozesses ▪ Besteht aus Fachleuten und ist interdisziplinär zusammengesetzt ▪ Mitarbeiter benötigten das relevante Wissen und die notwendigen Fähigkeiten zur effizienten Zusammenarbeit ▪ Unterstützung bei der Priorisierung der Aktivitäten ▪ Pflegen der datenbasierten Werkezuge ▪ Umsetzen einer agilen Arbeitsform	▪ Operativer Koordinations-prozess		▪ Reifegrad ▪ Freiheitsgrad ▪ Konflikt ▪ Wechselwirkungen
SM	Aufgaben im Bezug auf das Entwicklungsteam ▪ Scrum und Agilität werden dem Team verständlich gemacht ▪ Schutz der Teammitglieder vor Störungen von außen ▪ Die Arbeitsatmosphäre im Team ist locker und entspannt Aufgaben im Bezug auf den PO/PPO ▪ Hilfe beim Erlernen von Gesprächstechniken und Konfliktlösungsvorgehen mit Kunden und Stakeholdern	▪ Operativer Koordinations-prozess	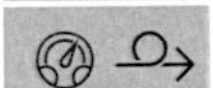	▪ Konflikt ▪ Wechselwirkungen

PO/PPO – Produkt Owner/Prozess Owner; SM – Scrum Master

Abbildung 5-49: Steckbrief der aus der agilen PE abgeleiteten Rollen

Abbildung 5-50 zeigt die Aufgaben der spezifischen Rollen der HIP³E, deren organisationale Einordung in den HIP³E Referenzprozess, sowie relevante KPIs und unterstützende Werkzeuge.

Rolle	Aufgaben	Prozess	Werkzeuge	KPIs
IM	▪ Kommunikation zwischen den Teams der Produkt- und der Prozessentwicklung herstellen und fördern ▪ Wechselwirkungen und Abhängigkeiten überwachen und prüfen ▪ Problemlöser und Entscheidungsunterstützer bei Themen, die eine Wechselbeziehung zwischen Produkt und Prozess innehaben	▪ Normativer Orientierungs-prozess ▪ Strategischer Entwicklungs-prozess		▪ Reifegrad ▪ Freiheitsgrad ▪ Konflikt ▪ Wechselwirkungen
SyncM	▪ Herstellen der Kommunikation zwischen den Teams der Produkt- und der Prozessentwicklung ▪ Wechselwirkungen zwischen den Domänen überwachen und prüfen ▪ Problemlöser und Entscheidungsunterstützer bei Themen, die eine Wechselbeziehung zwischen Produkt und Prozess der operativen Ebene haben ▪ Organisiert Synchronisationsmeetings ▪ Unterstützt bei der Priorisierung der Aktivtäten	▪ Strategischer Entwicklungs-prozess ▪ Operativer Koordinations-prozess		▪ Reifegrad ▪ Freiheitsgrad ▪ Konflikt ▪ Wechselwirkungen

IM – Integrationsmanager; SyncM - Synchronisationsmanager; Wechselwirkungs-analyse; Kontinuierliches Informationstracking; Kostenanalyse und -prognose; Priorisierung von Aktivitäten; Entscheidungs-baum

Abbildung 5-50: Steckbrief der spezifischen HIP³E Rollen

5.4.3 HIP³E Aufbau- und Ablauforganisation

Zur praktischen Umsetzung der HIP³E ist es notwendig, die Organisation in Bezug auf die GR (vgl. Kapitel 5.1.2) zu strukturieren und zu definieren. Klassische Unternehmensorganisationen gewährleisten die für die HIP³E notwendige Flexibilität nicht, da sie zu starr sind.[522] Die detaillierte Beschreibung der HIP³E-Organisation basiert auf der Benennung und Abgrenzung der beteiligten Rollen (vgl. Kapitel 5.4.2) sowie auf der Aufbau- und Ablauforganisation, in der diese Rollen verortet werden.

Aufbauorganisation

Im Folgenden werden die HIP³E-Rollen in einer Aufbauorganisation miteinander in Verbindung gebracht. Innerhalb der **normativen Ebene** (vgl. Kapitel 5.1.2) befinden sich der Kunde, der PM/PPM und der IM. Zentrales Element der normativen Ebene sind Führungsaufgaben, die den Rahmen für die strategische und operative Ebene geben. Eine der Aufgaben der Rollen in der normativen Ebene ist es, die Unternehmens-Umwelt-Beziehungen zu gestalten. Übertragen auf die HIP³E bedeutet dies, dass eine verstärkte Kommunikation zwischen der Führungskraft, PM/PPM und den Kunden umgesetzt wird. Dies ist aufgrund des angestrebten Produkterfolgs am Markt erforderlich und sichert die geforderte Integration des Kunden (vgl. Kapitel 4.1.1). Des

[522] Vgl. Häusling, A. (2020) Agile Organisationen, S. 108.

Weiteren fungieren die PM/PPM sowie der IM als Bindeglied zwischen der normativen und strategischen Ebene, um bei Konflikten zu vermitteln.

Die **strategische Ebene** (vgl. Kapitel 5.2.2) wird durch den PM/PPM, den PO/PPO und den SyncM repräsentiert. Das Ziel der strategischen Ebene ist es, den Unternehmenszweck zu realisieren. Übertragen auf die HIP³E bedeutet dies, die hochiterative und integrierte sowie kundenzentrierte Entwicklung von Produkten und Produktionsprozessen sicherzustellen. Dabei sind z.B. die Steigerung der Kundennähe, die kontinuierliche Produkt- und Prozessinnovation und die Kombination von Markt- oder Technikorientierung von Bedeutung. Im Zuge der HIP³E wird die Steigerung der Kundenintegration dadurch erreicht, dass der PM/PPM die Anforderungen des Kunden in der strategischen Ebene vertritt und eine marktorientierte Sicht auf die HIPE und HIPPE garantiert. Der PO/PPO vertritt die technische Sicht. Aufgrund des hypothesenbasierten und kundenzentrierten Arbeitens sind eine kontinuierliche Produkt- und Prozessinnovation sowie die Steigerung der Produktqualität sichergestellt. Der SyncM ist die Schnittstelle zwischen der HIPE und HIPPE und aufgrund seiner beratenden Funktion Teil der strategischen und operativen Ebene.

Die **operative Ebene** (vgl. Kapitel 5.3) beschreibt die Aktivitäten der alltäglichen Arbeit im Unternehmen. Insbesondere sind dies Aufgaben, die zur Umsetzung des Entwicklungsvorhabens nötig sind. Dementsprechend gehören die Entwicklungsteams, der PO/PPO, der SyncM und der SM, dieser Ebene an. Der PO/PPO ist dafür zuständig, das Team zu unterstützen und diesem die Produktvision aus der strategischen bzw. normativen Ebene näherzubringen. Zur Unterstützung und Umsetzung der agilen Arbeitsweisen, welche die HIP³E fordert, wird der SM eingesetzt. Als Vermittler der beiden Domänen der HIPE und HIPPE ist der SyncM in dieser Ebene vertreten.

Ablauforganisation

Die HIP³E sieht ein iteratives und hypothesenbasiertes Vorgehen vor. In Folge der HIP³E GR (vgl. Kapitel 5.1.2), insbesondere der Betrachtung der Wechselwirkungen (GR 6) sowie der kontinuierlichen Einbringung des Kundenfeedbacks (GR 4), wird die Ablauforganisation der HIP³E (vgl. Abbildung 5-51) durch Regeltermine erweitert.

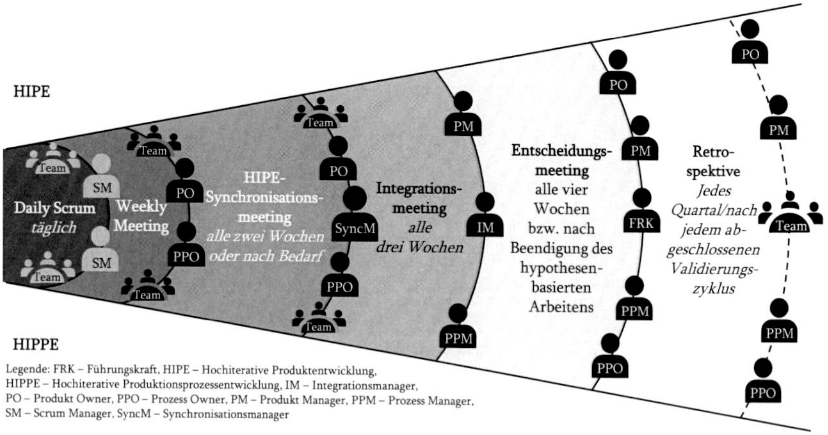

Abbildung 5-51: Ablauforganisation der HIP^{3}E

Im Folgenden wird der typische Ablauf innerhalb der HIP^{3}E beschrieben. Hierbei werden der Projektbeginn sowie der Übergang zum SOP nicht betrachtet, da diese von dem regulären Ablauf abweichen (vgl. Kapitel 5.2.2).

Aus der Scrum-Methodik wird der **Daily-Scrum** übernommen (vgl. Kapitel 2.3.1). In diesem täglichen Arbeitstreffen organisieren die Teams ihre Arbeit und besprechen Konflikte aus den Wechselwirkungsanalysen der Hypothesen (vgl. Schritt Kommunizieren & Entscheiden in Kapitel 5.3.1). Zusätzlich wird der Entwicklungsfortschritt besprochen und Änderungen aufgenommen, damit diese für die anderen Teams sichtbar sind und diese informiert werden. Erforderliche Teilnehmende des Arbeitstreffens sind das Team sowie der zugehörige SM. Der PO ist ein optionaler Teilnehmender, jedoch sollte er versuchen, so oft wie möglich am Daily Scrum teilzunehmen. Der Daily Scrum wird nicht länger als 15 Minuten durchgeführt.

Zur Sicherstellung des Austausches zwischen den Teams der HIPE und HIPPE wird das **HIP^{3}E-Synchronisationsmeeting** eingeführt. Hier werden ausschließlich Themen besprochen, die konkreten und neuen Abstimmungsbedarf benötigen. Des Weiteren werden bei diesem Termin Wechselwirkungen identifiziert, die zuvor nicht vom Softwaretool abgebildet oder von den einzelnen Teams nicht bedacht wurden. Jedoch steht vorrangig die Kommunikation der beiden Domänen im Fokus (vgl. Schritt Kommunizieren in Kapitel 5.3.1). Daher ist für diesen Termin die Teilnahme der Teams, des PO/PPO sowie des SyncM erforderlich. Der SyncM ist der Koordinator des Termins, nimmt die Ergebnisse auf und bespricht diese nachträglich mit den PM/PPM.

Da mehrere Teams innerhalb der Domänen arbeiten und Abhängigkeiten zueinander haben, ist ein **Weekly Meeting** erforderlich. In diesem kommen die Teams innerhalb einer Domäne zusammen und der PO/PPO wird über den aktuellen Entwicklungsstand, Konflikte und sonstige Hindernisse informiert. Des Weiteren wird in diesem Termin der Prozess- bzw. Produkt-Backlog aktualisiert und vervollständigt.

Das **Integrationsmeeting** ist ein Treffen zwischen dem PM/PPM, der Führungskraft und dem IM als Initiator und Moderator. Es findet nach dem HIP³E-Synchronisationsmeeting statt, nachdem der IM durch den SyncM über die Ergebnisse des Treffens informiert wurde. In dem Treffen wird besprochen, ob die aktuellen Ziele und Aktivitäten mit den von den Kunden gewünschten Funktionalitäten und Produktanforderungen übereinstimmen. Dazu liefert die Führungskraft der PM/PPM die Information in Form von User Stories und Ergebnissen aus Gesprächen mit den Kunden und Stakeholdern. Falls Anforderungen nicht übereinstimmen, bedarf es einer Änderung des Prozess- bzw. Produkt-Backlogs und der Hypothesen, weshalb der PM/PPM dem PO/PPO die Ergebnisse mitteilt.

Im **Entscheidungsmeeting** wird nach Durchlauf des Entwicklungs- bzw. des Validierungszyklus entschieden, ob nach dem Entwicklungszyklus in den Validierungszyklus übergegangen wird (vgl. Kapitel 5.3.1), oder ob ein Phasenwechsel stattfindet (vgl. Abbildung 5-31). In der HIP³E wird dies aufgrund der Komplexität der Entwicklungsphasen und der parallelen Betrachtung von HIPE und HIPPE anhand des Reifegrads des Produktes sowie des Freiheitsgrads der Produktion entschieden (vgl. Kapitel 5.2.2). Wird der Übergang in eine neue Phase des strategischen Entwicklungsprozesses beschlossen, werden im Entscheidungsmeeting bereits die Aktivitäten dafür definiert, weshalb es erforderlich ist, dass sowohl PM/PPM als auch PO/PPO an diesem Treffen teilnehmen. Zur Berücksichtigung der Wechselwirkungen zwischen den beiden Domänen ist die Teilnahme des IM und des SyncM notwendig.

Die **Retrospektive** dient zur Reflexion der Arbeit innerhalb des Teams sowie der Zusammenarbeit mit dem PO/PPO. Die Retrospektive findet nach jedem Iterationszyklus (vgl. Kapitel 5.1.2) statt, damit die Erkenntnisse in den nächsten Zyklus mit einfließen und somit gewisse Konflikte nicht wieder auftreten. Das Treffen dient nicht der technischen Entwicklung, sondern der Verbesserung der Arbeitsweise der Teams und der Förderung der Kommunikation aller Prozessbeteiligten. Dies führt zum schnelleren Identifizieren von Konflikten und dementsprechend zu einer Verkürzung der Time-to-Market. Zur Strukturierung der Termine sind Leitfragen definiert, die im Anhang in Tabelle 9-7 dargestellt sind.

5.5 Zwischenfazit

Im vorliegenden Kapitel wurde das in Kapitel 4 hergeleitete Grobkonzept des Referenzprozesses für die HIP³E ausdetailliert.

In Kapitel 5.1 wurden Merkmale der HIPPE hergeleitet und Gestaltungsrichtlinien für die hochiterative und integrierte Produkt- und Produktionsprozessentwicklung entwickelt. Diese wurden in den normativen Orientierungsprozess der HIP³E übersetzt, der sicherstellt, dass das hochiterative und integrierte Entwicklungsvorgehen zielgerichtet und kundenzentriert durchgeführt wird.

Im darauffolgenden Kapitel 5.2 wurde der strategische Entwicklungsprozess detailliert. Dafür wurden zunächst Reife- und Freiheitsgradstufen analysiert und ausgewählt, die eine vollständige Parallelisierung der beiden Entwicklungsdomänen ermöglichen. Weiter wurde das Reifegradmodell der HIP³E entwickelt und mit Methoden detailliert, um die Time-to-Market in der Entwicklung zu reduzieren. In dem strategischen Entwicklungsprozess wurde dieser anhand von Problemen verschiedener Klassen strukturiert, so dass zu jedem Zeitpunkt die Probleme fokussiert werden, die zu dem jeweiligen Entwicklungsschritt eine hohe Relevanz haben. Der Fortschritt wird auf der Produktseite über Reifegrade und auf der Produktionsprozessseite über Freiheitsgrade gesteuert, so dass die Time-to-Market so gering wie möglich ist.

In Kapitel 5.3 wurde der operative Koordinationsprozess entwickelt und detailliert, der zur Durchführung des normativen Orientierungs- und strategischen Entwicklungsprozesses dient. Den Fokus stellt die Methode zur Priorisierung von Aktivitäten hinsichtlich der Unsicherheit, zeitlichen Kritikalität und Kosten dar. Um neben der Kundenzentrierung und der Reduktion der Time-to-Market ebenso die kostenminimale Entwicklung sicherzustellen, wurde neben der Kostenbewertung von Aktivitäten im operativen Kooperationsprozess ebenso die agile und kontinuierliche Kostenanalyse und -prognose entwickelt. Diese läuft kontinuierlich während aller Prozesse ab und wird durch das HIP³E-Softwaretool (vgl. Kapitel 6.1) unterstützt.

Die zuvor beschriebenen Prozesse fließen in Kapitel 5.4 in den Gesamt-Referenzprozess der HIP³E ein. Neben den drei Hauptprozessen, dem normativen Orientierungsprozess, dem strategischen Entwicklungsprozess sowie dem operativen Koordinationsprozess, bilden für den Referenzprozess die Gestaltungrichtlinien aus Kapitel 5.1, sowie die Methoden aus Kapitel 5.2 und Kapitel 5.3 als auch die zu messenden KPIs aus den vorherigen Kapiteln die Grundlage. Diese wurde durch die Integration von der HIP³E Aufbau- und Ablauforganisation vervollständigt. Dafür wurden HIP³E-spezifische Rollen entwickelt, in den Gesamtkontext der HIP³E mit Verantwortlichkeiten und Aufgaben eingeordnet und eine Terminstruktur entwickelt.

Durch den entwickelten HIP³E Referenzprozess werden die Mitarbeitenden befähigt, hochiterativ und integriert Produkt- und Produktionsprozesshypothesen kundenzentriert, in kurzer Zeit und kostenminimal zu entwickeln. Befähiger für die aufwandsgerechte Durchführung des HIP³E Referenzprozesses ist das in dem begleitend laufenden Forschungsprojekt entwickelten Softwaretools zur Abbildung der Hypothesen, Prüfung der Wechselwirkungen sowie kontinuierlichen und agilen Kostenanalyse und -prognose. Die Anwendung des HIP³E Referenzprozesses wird im nachfolgenden Kapitel 6 mittels des entwickelten Softwaretools mit einem in dem Forschungsprojekt entwickelten Beispiels angewendet und kritisch reflektiert.

6 Anwendung und kritische Reflexion

Der in Kapitel 4 eingeführte und in Kapitel 5 detaillierte Referenzprozess für die hochiterative und integrierte Produkt- und Produktionsprozessentwicklung wird gemäß dem Forschungsprozess nach ULRICH nachfolgend angewendet und kritisch reflektiert.[523] Durch die Anwendung des HIP³E Referenzprozesses wird ein kundenzentriertes, schnelles und kostenminimales Entwickeln unter Unsicherheiten in frühen Phasen von der Idee bis zur MVSP sichergestellt. Der Referenzprozess ist für jegliches systemische Produkt anwendbar. Da die HIP³E sowohl zur Generierung und Auswahl verschiedener systemischer Innovationen genutzt, sowie zur Ausdetaillierung bestehender Innovationsideen wird, wird sie in zwei Fällen angewendet. Bei beiden Anwendungsfällen handelt es sich um industrielle Forschungsprojekte, an welchen die Autorin als externe Projektpartnerin (Fall 1) sowie als Teil des Konsortiums (Fall 2) beteiligt war. Sowohl die in Kapitel 6.2 beschriebene Anwendung des HIP³E Referenzprozesses zur Auswahl einer systemischen Innovation als auch die in Kapitel 6.3 dargestellte Anwendung des HIP³E Referenzprozesses nach der Festlegung der Innovationsart von der Idee bis zum Konzept 3. Grades unterliegen einer Geheimhaltung der Unternehmen und werden daher anonymisiert dargestellt. Die Anonymisierung beinhaltet den Verzicht auf eine ausführliche Beschreibung der Unternehmen, die teilweise Abwandlung von Produktkonzepten, verwendeten Technologien sowie Kosten. Die Darstellungen entsprechen aber im Verhältnis und Vorgehen dem realen Sachverhalt. Die kritische Reflektion der Arbeit in Kapitel 6.4 wird durch die anonymisierte Darstellung nicht beeinträchtigt.

In den beiden betrachteten Anwendungen erfolgte die Umsetzung des HIP³E Referenzprozesses mit Hilfe eines im Rahmen der Dissertation entwickelten Softwaretools, das zur Durchführung des HIP³E Referenzprozesses notwendig ist. Der Aufbau des Softwaretools wird im Folgenden in Kapitel 6.1 detailliert.

---

[523] Vgl. Ulrich, H./Dyllick, T./et al. (1984) Management, S. 193.

6.1 Aufbau des HIP³E-Softwaretools

Das HIP³E-Softwaretool wurde im Rahmen des begleitenden Forschungsprojektes entwickelt und das Konzept, die Hauptfunktionalitäten und Logik entwickelt und implementiert. Das zugrundeliegende Datenmodell ist im Anhang in Abbildung 9-11 dargestellt. Das Softwaretool unterstützt die HIP³E Rollen bei der Ausführung des HIP³E Referenzprozesses hinsichtlich Transparenz in Bezug auf Unsicherheiten und Kosteneffekte, Analyse der Machbarkeit durch die Abbildung aller Wirkbeziehungen innerhalb der Domänen sowie domänenübergreifend. Weiter bietet das Tool eine **zentrale Wissensdatenbank,** in der alle Hypothesen gepflegt und mit einem Klick dupliziert und weiterentwickelt werden. Die Technologie Datenbank ergänzt die zentrale Wissensdatenbank, in der Technologien mit u.a. Maschinen, Abmaßen und Investitionskosten angegeben sind. Die Datenbank ermöglicht die erste Abschätzung von Hypothesen, insbesondere auf Produktionsseite, um so von Beginn des Entwicklungsprozesses an, Unsicherheiten zu reduzieren und mit Annahmen Produkt- und Produktionskonzepte auszuarbeiten. Der Aufbau der Technologie-Datenbank ist im Anhang zu finden (vgl. Abbildung 9-12, Abbildung 9-13, Abbildung 9-14).

Aufbauend auf der zentralen Wissensdatenbank ist die spezifische **Dateneingabe** möglich. Neben Projekten werden Hypothesen einfach angelegt und dupliziert, um so aufwandsarm Ideen zu testen und Annahmen zu entwickeln. Beim **Anlegen einer Hypothese** werden relevante KPIs aus dem initialen Annahmenset (vgl. Kapitel 5.2.2) eingegeben (vgl. Abbildung 9-15), bevor das Produkt und der Produktionsprozess aufgenommen werden. Für die **Produkthypothese** werden alle Artikel sowie Produktparameter aufgenommen und in einer eBOM konsolidiert (vgl. Abbildung 9-16). Weiter werden unterschiedliche Arten von **Personal** angelegt und mit einem Kostensatz hinterlegt. Um den Produktionswertstrom aufzubauen, werden **Fertigungsverfahren** entweder aus der zentralen Wissensdatenbank ausgewählt oder neu angelegt und mit Fertigungsparametern wie Materialabhängigkeiten, Bauräumen oder Toleranzen angereichert (vgl. Abbildung 9-17). Darauf aufbauend wird dann der **Wertstrom** angelegt, der die Fertigungsverfahren mit den Artikeln aus der eBOM verbindet und zusätzliche Informationen, wie benötigtes Personal, Losgröße, Fertigungszeit und Rüstzeit, mit einbezieht. Durch die grafische Darstellung des Wertstroms werden die angelegten Hypothesen aufwandsarm auf Plausibilität untersucht (vgl. Abbildung 9-18).

Bei allen Eingaben in der Dateneingabe werden die produkt- und produktionsprozessseitigen Reifegrade (i.A.a. Tabelle 5-1) sowie Härtegrade (i.A.a. Tabelle 5-3) aufgenommen, um die Aussagen aus den Analysen zu gewichten.

Nachdem die Dateneingabe für die Hypothesen abgeschlossen ist, werden die **Analyseergebnisse in den Ansichten (Views)** analysiert und verarbeitet. Im ersten Schritt werden die **Abhängigkeiten der Produkt- und Produktionshypothese** nach dem Prinzip der Wechselwirkungsanalyse aus dem strategischen Entwicklungsprozess (vgl. Kapitel 5.2.2) überprüft. Konflikte, z.B. aufgrund von nicht passenden Bauteilmaßen und Bauräumen, Material- oder Toleranzkonflikten, werden anhand der Produkt- und Fertigungsparameter geprüft und ausgegeben. Außerdem wird die **Vernetztheit** (vgl. Kapitel 5.3.1 und Kapitel 5.3.2) berechnet und je Artikel und Wertstromschritt ausgegeben. Neben der Überprüfung der Abhängigkeiten wertet das HIP³E-Softwaretool die Kosten im Rahmen der HIP³E i.A.a. die in Kapitel 5.3.3 hergeleitete **agile und kontinuierliche Kostenanalyse und -prognose** aus. Die ermittelten Zielkosten werden in den Hypothesen auf MO-, BG- oder Komponentenebene hinterlegt und Stückkosten sowie Gesamtkosten werden auf Wertstromebene berechnet. Außerdem werden entstandene und geplante Kosten ausgegeben. Ebenso werden das benötigte Personal, der Kundentakt sowie die Investitionen berechnet. Für eine sehr kundennahe Betrachtung der Kosten werden außerdem die Total Cost of Ownership[524] berechnet. Die **Sensitivitätsanalysen** werden durch Stellhebel dem Nutzenden on demand zur Verfügung gestellt. Außerdem wird die Auswertung der **Härtegrade der Materialkosten, Investitionskosten sowie Reifegrade der Produktartikel** ausgegeben, um so den Nutzenden eine Unterstützung in der Durchführung und Priorisierung innerhalb der HIP³E zu geben. Im **Hypothesenvergleich** werden alle bestehenden Hypothesen bzgl. ihrer Kostenpotenziale verglichen, diese werden quantitativ ausgegeben und Handlungsempfehlungen i.A.a. Tabelle 5-6 für die Nutzer angezeigt. In der **Produkt- und Fertigungsansicht** werden die Produkt- und Produktionsprozesshypothesen unterschiedlichen Grades hinsichtlich verschiedener Faktoren, wie z.B. der Reife- und Härtegrade sowie Ausschuss, verglichen, um so zu jeder Zeit die Hypothesen zu bewerten, darüber zu kommunizieren und Aufgaben zu priorisieren. In der **Wertstromansicht** werden die Gesamthypothesen (bestehend aus vernetzten Produkt- und Produktionshypothesen) sowohl tabellarisch als auch grafisch verglichen, um so zu jeder Zeit Hypothesen zu

[524] Vgl. Bender, B./Gericke, K. (2021) Pahl/Beitz Konstruktionslehre, S. 962.

priorisieren oder zu verwerfen. Die Übersicht der Hauptmenüs des HIP³E-Softwaretools ist in Abbildung 6-1 zu sehen.

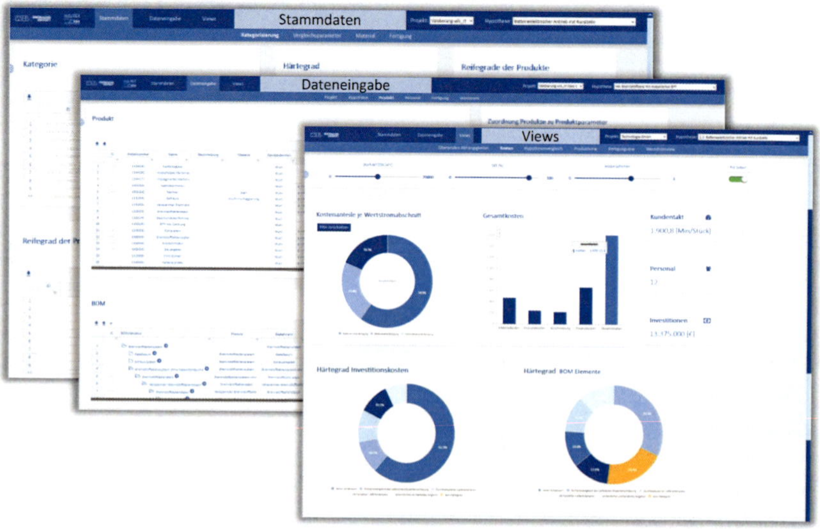

Abbildung 6-1: Übersicht der Hauptmenüs im HIP³E-Softwaretool

6.2 Anwendung des HIP³E Referenzprozesses zur Auswahl eines systemischen Produktes

6.2.1 Beschreibung der Ausgangssituation

Die Technologie GmbH, deren Name und Produkte im Rahmen dieser Arbeit anonymisiert dargestellt werden, ist ein deutsches Technologieunternehmen, das systemische Produkte zur Anwendung in der Automobilbranche entwickelt und produziert. Bisher hat das Unternehmen erfolgreich Dieselmotor-Antriebe produziert. Nun möchte die Technologie GmbH sich der Herausforderung der emissionsfreien Mobilität widmen und daher ein neues Antriebssystem entwickeln und auf dem Markt anbieten. Bislang lag die Kernkompetenz der Technologie GmbH im Bereich der Antriebstechnik. Alle weiteren Komponenten werden extern entwickelt und gefertigt. Dies will das Unternehmen auch weiterhin fortsetzen, wobei es einen Elektromotor extern zukaufen möchte.

Die Technologie GmbH steht derzeit vor der Entscheidung, welches elektrische Antriebskonzept sie in Zukunft anbieten wollen. Da es sich um einen Markt mit hoher Dynamik handelt und es fortlaufend zu einer Anpassung der Kundenanforderungen kommt, entscheidet sich die Technologie GmbH bei ihrem Entwicklungsvorhaben, auf die HIP³E zu setzen, um so schnell eine systemische Innovation zu entwickeln, die den Kundenanforderungen gerecht wird und gleichzeitig Kostenpotenziale hebt. Aus der Geschäftsleitung sind folgende Grundlagen für die Entwicklung des betrachteten systemischen Produktes hervorgegangen. Der Produktionsstart ist für Anfang 2027 mit einer Zielstückzahl von 30.000 Stück pro Jahr geplant. Dies soll perspektivisch in einem 2-Schicht-Betrieb an 220 Arbeitstagen geschehen.

Aus Gründen der Geheimhaltung werden keine konkreten Begriffe in der Anwendung der Methode verwendet. Anstelle dessen werden abstrakte Bezeichnungen benutzt. Dabei wird darauf geachtet, dass die Zusammenhänge des Vorgehens nachvollziehbar dargestellt werden.

6.2.2 Anwendung der HIP³E

Die Technologie GmbH startet den HIP³E Referenzprozess und hat eine umfassende Kundenbefragung durchgeführt, um die Kundenanforderungen zu identifizieren und die Technologieauswahl einer systemischen Innovation zu unterstützen. Somit liegt der Fokus dieses Anwendungsbeispiels auf dem normativen Orientierungsprozess (vgl. Abbildung 5-6) sowie der Phase 0 des strategischen Entwicklungsprozesses (vgl. Abbildung 5-9). In dem vorliegenden Anwendungsprojekt wurden alle Schritte der HIP³E durchgeführt, die jedoch im Rahmen der Reduktion der Komplexität und des Umfangs in den Anwendungen weiter nicht detailliert werden. Die emissionsfreie Mobilität wird mit einer Reichweite von 250 km und einer Fahrzeit von bis zu 10 Stunden als übergeordnete Kundenanforderung identifiziert. Dies resultiert in einem Antrieb mit ca. 100 kW Leistung sowie einer vergleichbaren Tank-/Ladedauer, wie bei herkömmlichen Antrieben, verbunden ist.

Auf dieser Basis werden die folgenden Hypothesen aufgestellt, die Implikationen auf systemische Innovationen (I) und Produktionsprozesse (P) haben:

- Hypothese 1 (H1): Batterieelektrischer Antrieb mit prismatischer Batteriezelle (I) mit Batteriezellenfertigung (P), Modulfertigung (P) und Hochvoltspeicherfertigung (P)
- Hypothese 2 (H2): Batterieelektrischer Antrieb mit Rundzelle (I) mit Batteriezellenfertigung (P), Modulfertigung (P) und Hochvoltspeicherfertigung (P)
- Hypothese 3 (H3): Brennstoffzellensystem mit graphitischer Bipolarplatte (BPP) (I) mit Membran-Elektroden-Einheit (MEA) Fertigung (P), BPP Fertigung (P), Stacking (P) und Endmontage (P)
- Hypothese 4 (H4): Brennstoffzellensystem mit metallischer BPP (I) mit MEA Fertigung (P), BPP Fertigung (P), Stacking (P) und Endmontage (P)

Der normative Orientierungsprozess sieht nun vor, die Hypothesen auszuarbeiten und laufend zu validieren. Dies wird mithilfe des strategischen Entwicklungsprozesses sowie des operativen Koordinationsprozesses durchgeführt. Das initiale Annahmenset sowie initiale Funktionsanforderungen sind in den o.g. Hypothesen aufgenommen. Somit wurden die Hypothesen 1. Grades in dem HIP³E-Softwaretool vom PM/PPM und PO/PPO aufgenommen. Dafür wurden die BOM-Struktur mit ersten Schätzungen über Abmaße und Materialkosten eingegeben und mit den jeweiligen Reife- und Härtegraden versehen (beispielhaft für Hypothese 1 in Abbildung 6-2 gezeigt).

BOM-Struktur	Produkt	Besteht aus	Anzahl	Einheit
Hochvoltspeicher		Hochvoltspeicher		Stück
Batteriemodule + Kühlsystem	Hochvoltspeicher	Batteriemodule + Kühlsystem	1	Stück
Batteriemodul	Batteriemodule + Kühlsystem	Batteriemodul	4	Stück
Batteriestack mit DP, ZP und ZKS	Batteriemodul	Batteriestack mit DP, ZP un...	1	Stück
Zellkontaktiersystem	Batteriestack mit DP, ZP un...	Zellkontaktiersystem	1	Stück
Batteriestack mit DP und ZP	Batteriestack mit DP, ZP un...	Batteriestack mit DP und ZP	1	Stück
Kühlsystem	Batteriemodule + Kühlsystem	Kühlsystem	1	Stück
Batteriemanagementsystem	Hochvoltspeicher	Batteriemanagementsystem	1	Stück

Abbildung 6-2: Ausgewählte BOM-Struktur 1. Grades

Außerdem wurden erste Fertigungstechnologien aus der zentralen Wissensdatenbank ausgewählt und die Wertströme 1. Grades entwickelt. Sowohl bei der BOM Struktur 1. Grades sowie bei den modellierten Wertströmen 1. Grades sind Symbole von geöffneten Ordnern zu sehen. An diesen Stellen sind bereits Hypothesen einer höheren

Problemordnung abgebildet und somit z.B. Module bereits in BG und Komponenten oder Wertstromabschnitte in FK detailliert. Die detaillierte Datenaufnahme wird an dieser Stelle nicht weiter ausgeführt, sondern in den Analyseergebnissen implizit berücksichtigt.

Nachdem der PM/PPM und PO/PPO die Daten aufgenommen, gemeinsam mit den Teams und SM Produktparameter und Fertigungsparameter modelliert, Personalkategorien und -kosten angelegt und Schätzungen zu Reife- und Härtegraden angegeben haben, werden die Hypothesen 1. Grades ausgewertet, um eine erste Designentscheidung hinsichtlich der Art der systemischen Innovation zu treffen. Somit werden die Wechselwirkungsanalyse aus dem strategischen Entwicklungsprozess sowie die agile und kontinuierliche Kostenanalyse und -prognose aus dem operativen Koordinationsprozess im HIP³E-Softwaretool automatisiert durchgeführt. Im ersten Schritt des Kommunizierens des operativen Koordinationsprozesses schauen sich die Teams die Konflikte der Hypothesen an. Abbildung 9-19 und Abbildung 9-20 im Anhang zeigen die Wechselwirkungsanalyse und die resultierenden Konflikte der ersten beiden Hypothesen.

H1 zeigt keinen systematischen Konflikt auf und die Experten aus den HIP³E Teams haben bereits Teile der BOM sowie Teile des Wertstroms als konfliktfrei gekennzeichnet. H2 zeigt konkrete Konflikte hinsichtlich der minimalen Bauteilhöhe im Wertstromabschnitt der Positionierung der Druckplatte und Zuganker auf. Alle damit einhergehenden BOM Elemente sowie Wertstromabschnitte sind daher rot markiert. Somit ist zunächst auf Basis der Wechselwirkungsanalyse H1 gegenüber H2 zu priorisieren. Bevor die weiteren KPIs von den HIP³E Teams analysiert werden, werden H3 und H4 hinsichtlich der Wechselwirkungsanalyse betrachtet (vgl. Abbildung 9-21 und Abbildung 9-22 im Anhang).

Die Analyse der Wechselwirkungen von H3 und H4 zeigt, dass beide Hypothesen den gleichen Konflikt in der Beschichtung des Rohmaterials hervorrufen. An dieser Stelle wird noch keine Hypothese priorisiert. Daher werden die weiteren KPIs betrachtet.

Diese KPIs sind die Kombination aus Kosten und Informationsunsicherheiten. H2 (vgl. Abbildung 6-4) ist in Bezug auf die Gesamtkosten günstiger als H1 (vgl. Abbildung 6-3), hinsichtlich der Materialkosten (13,64 %) und der Investitionskosten (33,79 %). Gleichzeitig sind die Produktionskosten von H2 um 14,8 % höher als bei H1.

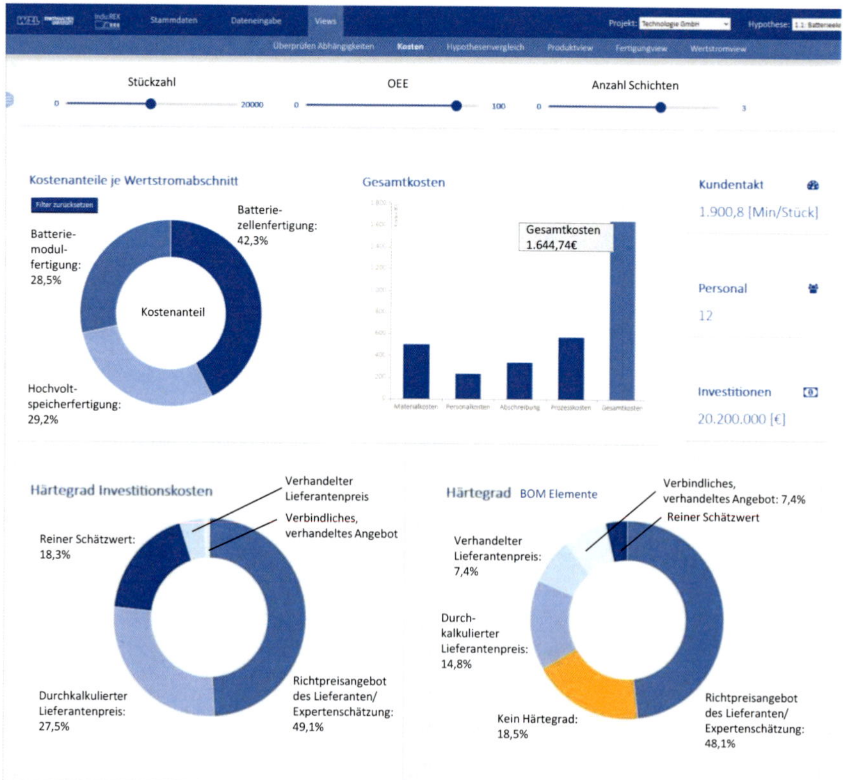

Abbildung 6-3: Kostenanalyse und Informationsunsicherheiten (H1)

Um die Genauigkeit der Kostenaussagen in diesem frühen Stadium des HIP³E-Referenzprozesses zu beurteilen, werden die Informationsunsicherheiten analysiert. Die Investitionskosten von H1 basieren auf 67,4 % unsicheren Informationen (18,3 % reine Schätzwerte und 49,1 % Expertenschätzungen). Die BOM Elemente und somit Materialkosten basieren auf 70,4 % unsicheren Informationen (18,5 % ohne Informationsqualitätsbewertung, 3,8 % reine Schätzwerte und 48,1 % Expertenschätzungen). Die Investitionskosten von H2 basieren auf 70,4 % unsicherem Informationsgehalt (10,2 % reine Schätzwerte und 61,3 % Expertenschätzungen). Die Materialkosten der BOM Elemente basieren auf 44 % unsicheren Informationen (20 % ohne Informationsqualitätsbewertung, 12 % reine Schätzwerte und 12 % Expertenschätzungen).

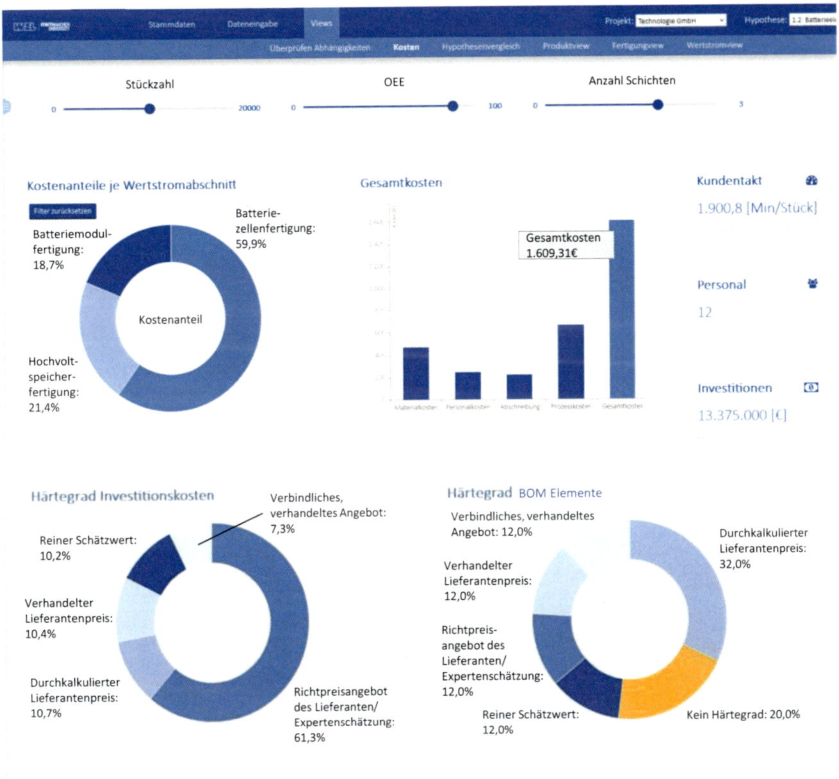

Abbildung 6-4: Kostenanalyse und Informationsunsicherheiten (H2)

Somit wird H2 über H1 priorisiert und weiter ausdetailliert, um so die Reife- und Härtegrade im strategischen Entwicklungsprozess zu erreichen und dann in die Validierungsphase zu wechseln. Gerade in dem frühen Stadium des HIP³E-Referenzprozesses ist es häufig noch nicht sinnvoll, die Hypothesen inklusive aller Kostenarten gemäß der agilen und kontinuierlichen Kostenanalyse und -prognose (vgl. Kapitel 5.3.3) zu detaillieren, sondern gemäß des operativen Koordinationsprozesses die Priorisierung auf die Erhöhung der Informationsqualität zu fokussieren (vgl. Kapitel 5.3.2).

Neben den H1 und H2 werden ebenso, bevor Entscheidungen getroffen werden, auch die H3 und H4 hinsichtlich der weiteren möglichen Technologie betrachtet (vgl. Abbildung 6-5 und Abbildung 6-6).

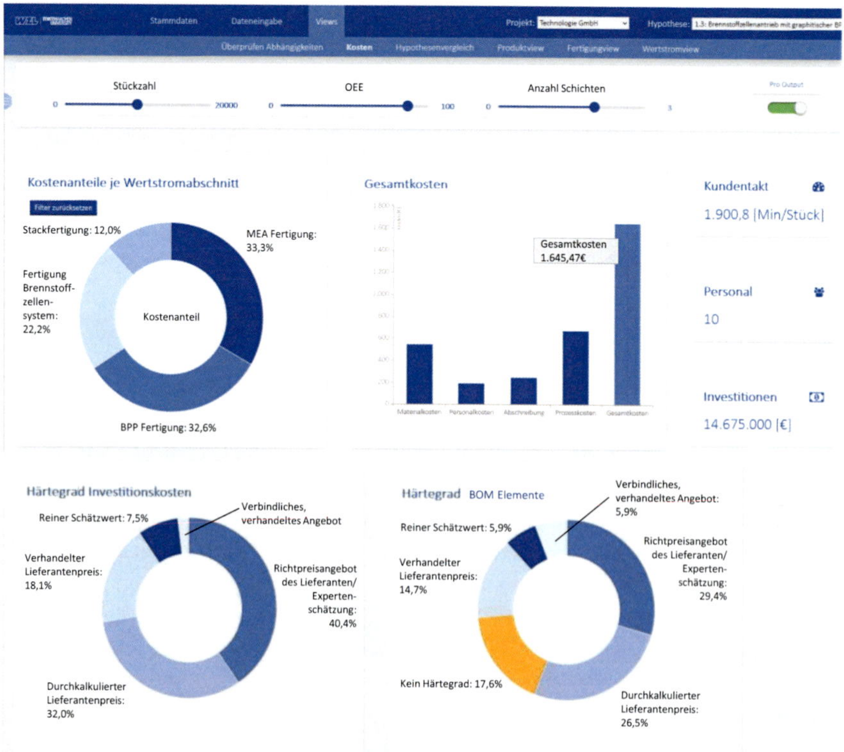

Abbildung 6-5: Kostenanalyse und Informationsunsicherheiten (H3)

H4 ist in allen betrachteten Kostendimensionen günstiger als H3 und scheint so zu priorisieren zu sein. Hinsichtlich der Informationsunsicherheit basieren die Investitionskosten von H3 auf 47,9 % unsicheren Informationen (7,5 % reine Schätzwerte und 40,4 % Expertenschätzungen). Die Materialkosten der BOM-Elemente basieren auf 52,9 % unsicheren Informationen (17,6 % der BOM Elemente ohne Unsicherheitsbewertung, 5,9 % reine Schätzwerte, 29,4 % Expertenschätzungen). Die Investitionskosten von H4 basieren auf einem höheren Unsicherheitsgrad, da 51,8 % der Informationen aus unsicheren Quellen stammen (20,7 % reine Schätzwerte und 31,1 % Expertenschätzungen). Die Informationen für die Materialkosten sind analog zu H3 gleich unsicher. Somit entscheidet die Technologie GmbH, ebenso wie bei H1 und H2, einen Sprint einzulegen, in dem alle Informationen zu Kosten spezifiziert und die Konflikte aus der Wechselwirkungsanalyse betrachtet und wenn möglich behoben werden. Bei der Detaillierung stellt sich heraus, dass H1 und H4 priorisiert werden, da die Konflikte aus der Wechselwirkungsanalyse aufgelöst und die Informationsqualität ausreichend erhöht wurden (vgl. Abbildung 9-23 und Abbildung 9-24 im Anhang).

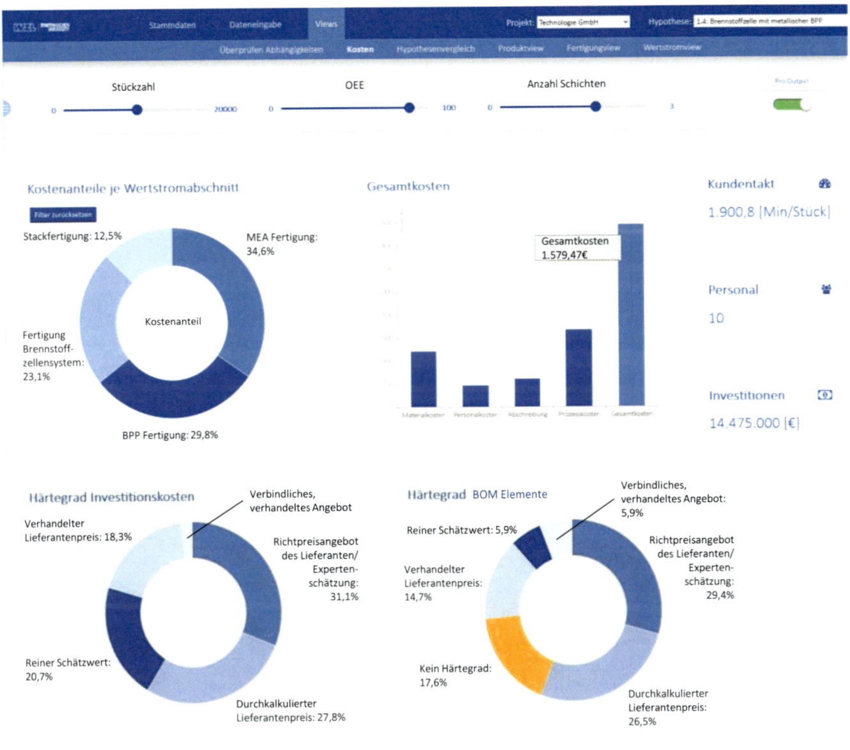

Abbildung 6-6: Kostenanalyse und Informationsunsicherheiten (H4)

Die Analysen im HIP³E-Softwaretool zeigen, dass H1 durch die Spezifikation der Kostenelemente hinsichtlich der Gesamtkosten um 16,2 % pro Output und der Investitionskosten um 27,2 % reduziert, während gleichzeitig die Informationsunsicherheiten gesenkt wurden. Die Investitionskosten basieren auf durchkalkulierten Lieferantenpreisen oder besseren Informationen. Die Informationsunsicherheit hinsichtlich der Materialkosten der BOM Elemente konnte von 70,4 % auf 14,3 % reduziert werden.

Auch H4 wurde spezifiziert und gezielt die Informationsunsicherheiten reduziert. Die Gesamtkosten wurden um 20,3 % pro Output reduziert, die Investitionskosten um

18,4 %. Die Investitionskosten basieren ebenso ausschließlich auf durchkalkulierten Lieferantenpreisen oder besser, die Informationsunsicherheit der Materialkosten der BOM Elemente konnten von 52,9 % auf 18,2 % reduziert werden.

Die Technologie GmbH hat sich auf Basis der im HIP³E-Softwaretool und mit dem HIP³E-Referenzprozess durchgeführten Analysen dazu entschieden, eine Lösung mit einem Brennstoffzellensystem mit metallischer BPP am Markt anzubieten. Diese Entscheidung wurde durch die Anwendung des HIP³E Referenzprozesses sowohl deutlich näher an den Kunden und laut Aussage der Geschäftsführung im Vergleich zu ähnlichen Entscheidungen doppelt so schnell getroffen. Auf Basis der Auswahl hat die Technologie GmbH H4 entlang des HIP³E Referenzprozesses ausdetailliert, sodass sie sich derzeit in der Hypothese 4. Grades befinden und somit kurz vor dem SOP stehen.

6.3 Anwendung des HIP³E Referenzprozesses über die Entwicklungsdauer

6.3.1 Ausgangssituation

Die H2 GmbH, deren Name und Produkte anonymisiert dargestellt werden, ist ein deutsches, schnell wachsendes Start-up, welches in der Hochtechnologieindustrie angesiedelt ist. Es entwickelt systemische Produkte zur Anwendung in der Automobilbranche mit dem Ziel einer emissionsfreien Mobilität. Die H2 GmbH ist davon überzeugt, dass die Industrialisierung eines skalierbaren Brennstoffzellensystems als Range Extender, der die Batterie lädt, den kundenseitigen Durchbruch der Brennstoffzelle als Antriebstechnologie ermöglicht. Um dieses Ziel zu erreichen, verspricht sich die H2 GmbH, durch den Rückgriff auf eine iterative und integrierte Entwicklung von Produktdesign und Produktionsprozess, eine signifikante Reduzierung der Entwicklungszeit und Kosten und damit. Somit hat sich die H2 GmbH entschieden, den HIP³E-Referenzprozess mit dem Softwaretool zu nutzen, um den Brennstoffzellen-Range Extender von der Produktidee bis zum MVSP hypothesenbasiert zu entwickeln und zu validieren.

Der Produktionsstart ist für Anfang 2023 geplant. Organisatorisch sind IT-Systeme wie eine gemeinsame Cloud eingerichtet, die an das HIP³E-Softwaretool angebunden ist. Die HIP³E-Regelterminstruktur ist zum Austausch mit dem Management sowie zwischen den Entwicklungsbereichen etabliert und alle relevanten HIP³E-spezifischen Rollen sind etabliert. Zudem sind die Mitarbeitenden entweder der HIPE oder HIPPE zugewiesen. Kulturelle Regeln wurden gemeinsam im Team festgelegt. Beispiele dafür sind eine gelebte Fehlerkultur („Fehler können passieren. Wir stellen sicher, dass dies genau einmal der Fall ist.") und der verantwortliche Umgang mit aufgetretenen Problemen („Wir erkennen Probleme und übernehmen Verantwortung, bis das Thema gelöst ist."). Zusammenfassend sind dadurch die Rahmenbedingungen für die integrierte und parallele Produkt- und Produktionsprozessentwicklung erfüllt.

Aus der Geschäftsleitung sind folgende Grundlagen für die Entwicklung des betrachteten systemischen Produktes hervorgegangen. Der Produktionsstart ist für Anfang 2025 mit einer Zielstückzahl von 10.000 Stück pro Jahr geplant. Dies soll perspektivisch in einem 2-Schicht-Betrieb an 220 Arbeitstagen geschehen. Die Zielkosten des Produktes sollen 12.000 € nicht überschreiten.

Aus Gründen der Geheimhaltung werden der Aufbau des Brennstoffzellensystems, die genutzten Technologien und geschätzten und berechneten Kosten abstrahiert und abgewandelt. Dabei wird darauf geachtet, dass die Zusammenhänge des Vorgehens nachvollziehbar dargestellt werden.

6.3.2 Anwendung der HIP³E

Das vorliegende Anwendungsbeispiel fokussiert die Durchführung des strategischen Entwicklungsprozesses (vgl. Abbildung 5-9). In dem vorliegenden Anwendungsprojekt wurden alle Schritte der HIP³E durchgeführt, die jedoch im Rahmen der Reduktion der Komplexität und des Umfangs in den Anwendungen weiter nicht detailliert werden. Um die emissionsfreie Mobilität zu erreichen, möchte die H2 GmbH die Brennstoffzellenproduktion industrialisieren. Heute werden Brennstoffzellen hauptsächlich manufakturiell hergestellt, wodurch die Kosten und Entwicklungszeit zu hoch sind, um diese Antriebsart kundengerecht in Fahrzeuge zu implementieren. Gleichzeitig ist das heutige Produktkonzept der Brennstoffzelle, die ein Fahrzeug eigenständig antreibt, mit hohen technischen Anforderungen verbunden, die so nicht industrialisiert hergestellt werden. Die H2 GmbH hat ihre systemische Innovationsidee vor Beginn des HIP³E-Referenzprozesses bereits (analog zu der Technologie GmbH in Kapitel 6.2) mit der HIP³E identifiziert. Die HIP³E wird dementsprechend auf die Entwicklung und Herstellung eines Brennstoffzellensystems als Range Extender für ein batterieelektrisches Antriebssystem mit metallischen BPP angewendet.

Auch die Fertigungstiefe wurde bereits analysiert und durch die Kernkompetenzen mittels der Make-or-Buy Analyse (vgl. Abbildung 5-16) identifiziert. Demnach wird die BPP industrialisiert und selbst hergestellt, während die weiteren Komponenten zugekauft werden, was zudem durch das Zielkostenkontrolldiagramm identifiziert werden konnte (vgl. Abbildung 5-37). Weiter zählen zur Kernkompetenz die Stackfertigung sowie die Endmontage und Prüfung des gesamten Brennstoffzellen Range Extender-Systems. Der generelle Aufbau des Systems konnte durch die ersten Analysen bereits mit einer übergeordneten Produktionsprozesshypothese entwickelt und validiert werden, um so die Kundenanforderungen an das systemische Produkt zu erfüllen. Dementsprechend befindet sich die H2 GmbH in der Phase 1. Grades im strategischen Entwicklungsprozess der HIP³E.

Zunächst wird die Produkthypothese angelegt und mit einer übergeordneten Produktionsprozesshypothese verbunden. Dabei basieren die Hypothesen auf Schätzwerten sowohl hinsichtlich der Produktmerkmale, FK und Kosten. Außerdem sind die Fertigungstechnologien zu diesem Zeitpunkt noch nicht bekannt und werden aus der zentralen Wissensdatenbank ausgewählt, um Abschätzungen über Konflikte und Kosten zu treffen. Die Hypothese 1. Grades, also die Produkt- und Produktionshypothese, die in dem strategischen Entwicklungsprozess in der Phase ersten Grades entwickelt wird, ist in Abbildung 6-7 dargestellt und zeigt den Umfang sowie die Komplexität der modellierten Hypothesen. Hypothese 1. Grades gibt einen Überblick über anfallende Prozesszeiten, Personal, Anzahl an Maschinen, Investitions- und Prozesskosten.

Auf Basis der Hypothese 1. Grades konnte die H2 GmbH feststellen, dass ein übergeordneter Konflikt aus der Wechselwirkungsanalyse hinsichtlich der Formtoleranz des beschichteten Rohmaterials bei der Umformung besteht (vgl. Abbildung 9-25). Für die Umformung wurde aus der zentralen Wissensdatenbank zunächst eine vorab eingetragene Maschine ausgewählt.

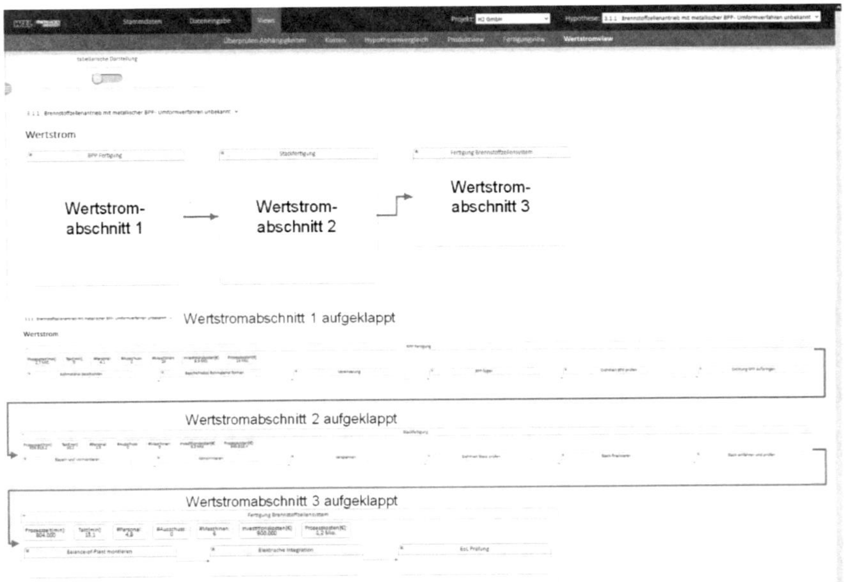

Abbildung 6-7: Hypothese 1. Grades

Die Zielkosten von 12.000 € könnten auf Basis der ersten Annahmen hinsichtlich Material-, Personal-, Abschreibungs- und Prozesskosten zunächst eingehalten werden. Bei der Betrachtung der Informationsqualität ist jedoch schnell ersichtlich geworden, dass die Kostenanalyse in dem derzeitigen Hypothesenstatus eine erste, sehr grobe Indikation darstellt und keine Entscheidung ermöglicht, um in den Validierungszyklus überzugehen. Die Investitionskosten beruhen nämlich zu 9,4 % auf reinen Schätzwerten und zu den restlichen 90,6 % auf Expertenschätzungen. Die Kostenelemente der BOM Struktur sind zu 16,7 % mit keinem Härtegrad versehen, zu 27,8 % reine Schätzwerte und zu 55,6 % Expertenschätzungen. Abbildung 6-8 stellt den Zusammenhang im HIP³E-Softwaretool dar.

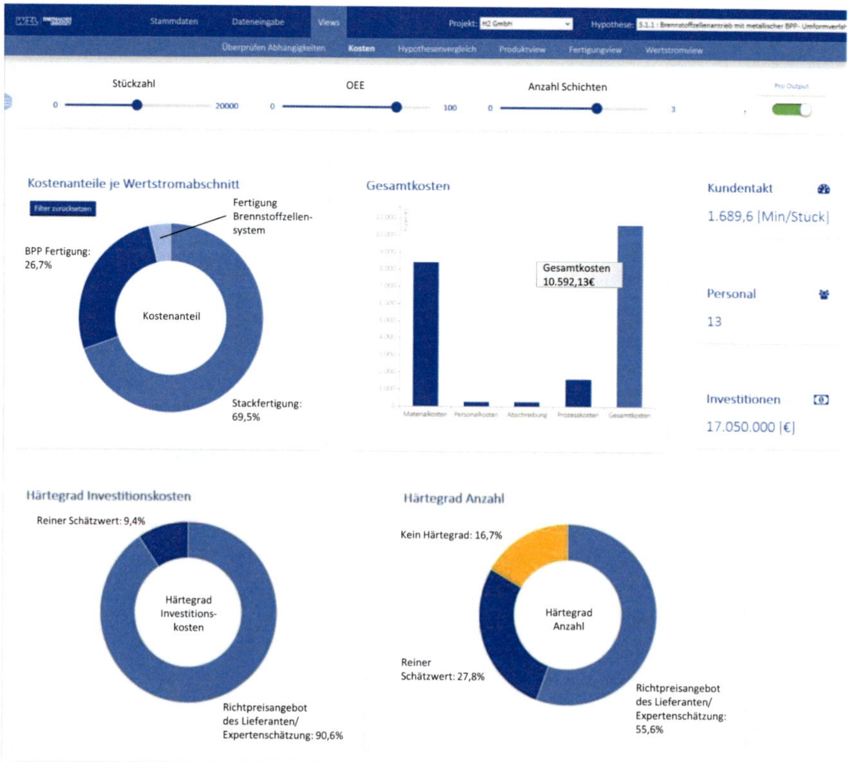

Abbildung 6-8: Kostenanalyse und Informationsunsicherheit (1. Grades)

Somit hat sich die H2 GmbH entschieden, im Entwicklungszyklus 1. Grades zu verbleiben und die Priorisierung der Aktivitäten auf die Erhöhung der Informationsqualität zu fokussieren. Dabei werden im Rahmen der tiefergehenden Technologierecherche drei Hypothesen aufgestellt:

- Hypothese 1 (H1): Metallische BPP Fertigung mittels Hydroforming
- Hypothese 2 (H2): Metallische BPP Fertigung mittels Rubberforming
- Hypothese 3 (H3): Metallische BPP Fertigung mittels hydraulischer Presse

Die Informationsqualität ist in der Zeit der Technologierecherche auf der BOM-Seite deutlich gesteigert worden und durch die Identifikation von spezifischen FT und FK ebenso auf der Produktionsprozessseite. Ein erster Prototyp für das systemische Produkt wurde ohne Bezug zu den Serienfertigungstechnologien aufgebaut und das Produktionskonzept durch Experten validiert. Dies wurde durch die Reife- und Freiheitsgradberechnung aus dem operativen Koordinationsprozess zunächst beispielhaft und händisch unterstützt.

Somit wurde in die Entwicklungsphase 2. Grades gewechselt und die drei o.g. Hypothesen im HIP³E-Softwaretool ausdetailliert. Dabei wurde festgestellt, dass die Zielkosten in keiner der drei Hypothesen erreicht werden (vgl. Abbildung 6-9). In den Gesamtkosten ist H1 am teuersten, die günstigste ist H2. Jedoch wurde aus der Wechselwirkungsanalyse deutlich, dass nur H1 keine technischen Konflikte zwischen Produkt und Produktionsprozess aufweist. H2 hält durch die eingesetzte Rubberforming-Technologie die geforderten Toleranzwerte bei der Umformung des Metalls nicht ein und hat gleichzeitig einen hohen Werkzeugverschleiß hinsichtlich des Umformwerkzeuges. H3 weist hinsichtlich der minimal geforderten Bauteildicke des Metalls bei der Umformung Konflikte auf. Außerdem wird durch die hydraulische Presse die geforderte Oberflächenqualität nicht erreicht.

Daher wird auch hier zunächst in der Hypothesenphase verblieben und die Priorisierung auf die Analyse der Informationsqualität gesetzt. Die Informationsqualität zeigt, dass insbesondere die Investitionskosten von H1 weitestgehend (97,5 %) auf reinen Schätzwerten basieren und gleichzeitig einen klaren Kostentreiber für die Gesamtkosten der Hypothese darstellen. Hinsichtlich der Prozesskosten stellt die BPP-Fertigung den klaren Kostentreiber im Gegensatz zum Stacking und der Endmontage und Prüfung des Systems dar. Personalkosten sind nur im Bereich der Endmontage entscheidend, fallen aber in Bezug auf die Gesamthypothese nicht ins Gewicht. Somit wird diese Hypothese hinsichtlich der FK in der BPP weiterentwickelt und validiert. Bei H2 stellen die Prozesskosten den übergeordneten Kostentreiber dar, was auf eine höhere Umformzeit, den Verschleiß der Werkzeuge und einen erhöhten Ausschuss zurückzuführen ist. Die Prozesskosten basieren jedoch auf rund 80 % reinen Schätzwerten. H3 hat die geringsten Gesamtkosten, jedoch die drastischsten technischen Konflikte. Insbesondere die Oberflächenqualität ist eine Anforderung, die nicht mit der hydraulischen Presse erreicht wird, ebenso wie zu hohe Lieferzeiten, die das Einhalten des geplante SOPs nicht ermöglichen. Somit wird der Produkt- und Produktionsreifegrad H3 nicht erreicht und die Hypothese wurde verworfen.

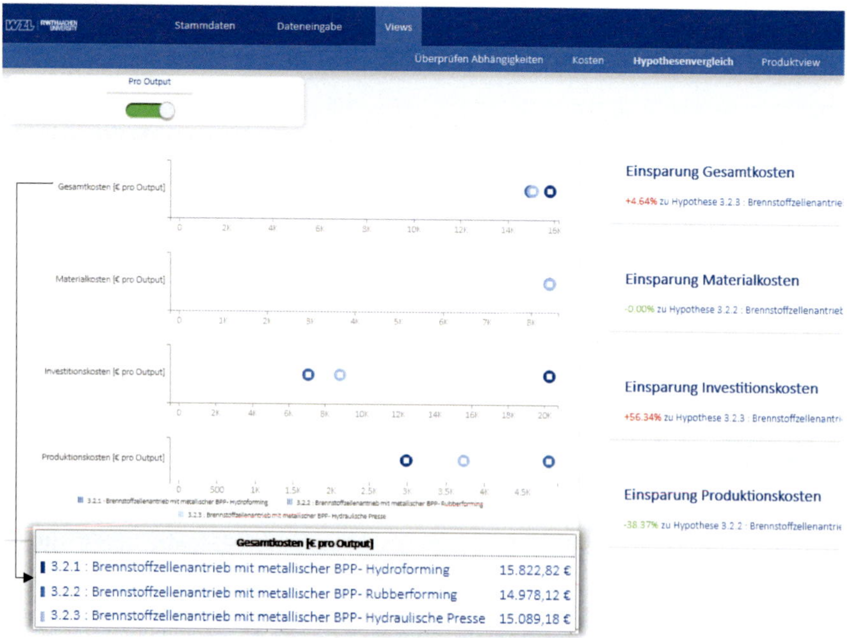

Abbildung 6-9: Kostenseitiger Hypothesenvergleich der Hypothesen 2. Grades

Für H1 und H2 wird die kontinuierliche und agile Kostenanalyse und -prognose gestartet. Das Kostensenkungspotenzial P_{Pot} der H1 ist deutlich höher als das der H2, da sowohl die variablen und fixen Kosten E_{VF} reduziert als auch der Zielkostenindex ZI von Hypothese 1 reduzierbar sind. Diese haben einen großen Hebel auf die Gesamtkosten der Hypothese, wie sich in der Sensitivitätsanalyse gezeigt hat. H2 zeigt zwar ein geringeres Kostensenkungspotenzial P_{Pot}, jedoch zeigen die Kostentreiber- sowie Sensitivitätsanalyse, dass insbesondere die Stückzahl einen großen Hebel auf die Gesamtkosten hat. Somit stellt H2 ein großes Potenzial für die Validierung von Produkt- und Produktionshypothesen dar, da sowohl die Investitionskosten gering sind und die Fertigungszeiten und Stückzahlen gerade zu Beginn des Aufbaus der MVSP nicht dem SOP-Set-up entsprechen müssen. Die Berechnung der Reife- und Freiheitsgrade der Hypothesen zeigte, dass von der Entwicklungs- in die Validierungsphase gewechselt werden konnte. Beide Hypothesen wurden durch die Nutzung von externen Dienstleistern validiert und die Reife- und Freiheitsgerade so gesteigert bzw. verringert, dass in die Entwicklungsphase dritten Grades gewechselt wurde.

Die Hypothesen der Entwicklungsphase 3. Grades wurden in diversen Iterationszyklen hinsichtlich der Informationsqualität bereits optimiert, um so Investitionsentscheidungen zu treffen und Liefer-, Aufbau- und Anlaufzeiten für den geplanten SOP zu berücksichtigen. Die Gesamtkosten von H1 konnten auf 11.475,53 € spezifiziert werden und sind somit im Limit der Zielkosten. Auch die bereits angefallenen Kosten sind mit H1 in keinem Konflikt. Technische Konflikte aus der Wechselwirkungsanalyse sind dabei nicht aufgetreten. Dabei basieren die Gesamtkosten zu 84,2 % aus durchkalkulierten und zu 15,8 % auf bereits verhandelten Lieferantenpreisen. Auch die Kostenelemente der BOM wurden spezifiziert und basieren zu 77,8 % auf verhandelten und zu 5,6 % auf durchkalkulierten Lieferantenpreisen. Die restlichen 16,7 % der BOM Elemente sind zu diesem Zeitpunkt der Entwicklung noch nicht spezifiziert, da die Problemklasse noch nicht relevant ist und daher noch keinen Härtegrad haben.

H2 hat weiterhin einen Formtoleranz-Konflikt, der nicht über die Spezifikation aufgelöst werden konnte. Jedoch reicht die mit dem Rubberforming erzielte Toleranz für die ersten Minimum Viable Products (MVPs) des Brennstoffzellensystems aus. Außerdem sind die Investitionskosten, Liefer-, Aufbau- und Anlaufzeiten der Rubberforming-Anlage gering, sodass diese für eine MVSP mit geringen Stückzahlen sinnvoll ist. Für die Zielstückzahl werden die Zielkosten mit Gesamtkosten von 13.308,21 € pro Output jedoch nicht mehr erreicht. Dabei sind die Investitionskosten zu 100 % auf verhandelten Lieferantenpreisen basiert, ebenso wie 83,3 % der Materialkosten der BOM-Elemente. Somit hat die H2 GmbH, um erste MVPs herzustellen und auch im Entwicklungszyklus 3. Grades Produkt- und Produktionsprozesshypothesen aufwandsarm und in der eigenen Fabrik zu validieren, entschieden, eine Rubberforming-Anlage zu kaufen. Diese wird beim Ramp-Up durch Hydroforming-Anlagen ausgetauscht und für die Prototypenentwicklung neuer systemischer Innovationen im Bereich der Brennstoffzellenfertigung genutzt. Die H2 GmbH konnte laut Geschäftsführung durch die Anwendung der HIP³E und insbesondere durch das hypothesenbasierte und iterative Vorgehen die Unsicherheiten in der Produkt- und Produktionsentwicklung stark reduzieren.

Durch die Anwendung des HIP³E-Referenzprozesses konnte die H2 GmbH ihre Ziele hinsichtlich einer deutlich schnelleren, kostenminimalen und kundenzentrierten Entwicklung erreichen. In der Entwicklungszeit konnte durch die Covid-19 Pandemie die MVSP nicht so schnell wie ursprünglich geplant aufgebaut werden. Trotzdem wurde von der Geschäftsführung der H2 GmbH bestätigt, dass der SOP für Anfang

2024 zu den geplanten Zielkosten eingehalten wird und somit nur einem Jahr Verzögerung (also insgesamt 6 Jahre inkl. 2 Jahre Covid-19 Pandemie) aufweist. Durch die kontinuierlichen Validierungen mit Einbezug der Kunden verspricht sich die Geschäftsführung einen erfolgreichen Markteintritt. Insbesondere die hypothesenbasierte Entwicklung unter Unsicherheiten, der Fokus auf die relevanten Probleme durch das neue Verständnis der Vollständigkeit und die kontinuierliche Transparenz über Wechselwirkungen und Kosten sind laut der Geschäftsführung die Schlüssel für eine erfolgreiche Entwicklung.

Die H2 GmbH schafft es, ohne bestehende Vorgängermodelle durch die Anwendung der HIP³E ca. viermal schneller ein kundenzentriertes Brennstoffzellen-Range-Extender-System zu ca. 50 % der marktüblichen Preise anzubieten, was bislang keinem Konkurrenten gelungen ist.

6.4 Kritische Reflexion der Ergebnisse

Die Durchführung der Auswahl einer systemischen Innovation sowie des Entwicklungsprozesses bis zum Konzept 3. Grades mit Hilfe des HIP³E-Referenzprozesses haben gezeigt, dass die HIP³E sich auf unterschiedliche Fragestellungen in der Industrialisierung hochiterativ entwickelter Produkte anwenden lässt. Der vergleichsweise geringe zeitliche Aufwand sowie die Kosteneffizienz und Kundenzentriertheit wurden durch die Entscheider und Geschäftsführenden in den Projekten bestätigt. Für eine empirische Beurteilung sind die Anzahl der Anwendungen sowie die Zahl der Referenzhypothesen jedoch nicht ausreichend. Die Entwicklung des Brennstoffzellen-Range-Extender-Systems (vgl. Kapitel 6.3) wurde in einem begleitenden Forschungsprojekt (2019-2022) durchgeführt. Ein vergleichbares Projekt, wie das von der H2 GmbH, ist mit einer Produktionsmenge von 10.000 Stück jährlich bspw. das Brennstoffzellensystem, das im Toyota Mirai eingebaut ist. Dies wurde von 1992 bis 2015, also insgesamt 23 Jahre, inkl. des Gesamtfahrzeugkonzeptes, entwickelt. Auch die zweite Generation des Mirais benötigte eine Entwicklungszeit von ca. 7 Jahren bis zur Markteinführung, obgleich auf dem Fahrzeugkonzept und dem Brennstoffzellensystem aufgesetzt wurde.[525] Grundsätzlich wird sich in der herkömmlichen Entwick-

[525] Vgl. Michael Neißendorfer (2020) Toyota stellt zweite Genration des Wasserstoff-Autos Mirai vor.

lung an den 7-Jahres-Zyklen (inkl. Facelifts) z.B. in der Automobilindustrie orientiert.[526] Zahlreiche der gesammelten Kundenanforderungen sind zum Markteintritt von der Konkurrenz aus der batterieelektrischen Fahrzeugindustrie bereits zu Basismerkmalen geworden. Außerdem zeigt der Preis des Mirais (alte Generation) mit rund 80.000 € im Vergleich zu einem vergleichbaren Toyota BEV mit einem Kaufpreis von rund 50.000 € einen hohen Kostenanteil für das Brennstoffzellensystem, das zum einen sehr lange entwickelt und zum anderen manufakturiell hergestellt wird. Somit zeigt die Anwendung des HIP³E Referenzprozesses eine Zeitersparnis von ca. 75 % und Kostenersparnisse von ca. 50 % und veranschaulicht das grundsätzliche Potenzial der Anwendung des HIP³E-Referenzprozesses inkl. der Nutzung des HIP³E-Softwaretools. Darüber hinaus liegen keine Aussagen vor, wie zeitaufwändig oder kostenintensiv die kundenzentrierte Industrialisierung hochiterativ entwickelter Produkte ist. Außerdem schwankt der Aufwand der Industrialisierung hochiterativ entwickelter Produkte nach Erfahrung der Autorin stark. Eine systematische Analyse hinsichtlich des zeitlichen Aufwands, der kostenminimalen und kundenzentrierten Entwicklung im Vergleich zu anderen bestehenden Ansätzen ist daher nicht möglich. Durch das HIP³E-Softwaretool lassen sich alle Daten schnell und einfach aufnehmen oder Annahmen aus der zentralen Wissensdatenbank generieren, sowie die Wechselwirkungs- und Kostenanalysen aufwandsarm und schnell durchführen.

Um die Anwendungsfälle in Kapitel 6.2 und 6.3 einzuordnen, wurde die Komplexität der abgebildeten Hypothesen reduziert und Vereinfachungen angenommen. Somit steht der in Kapitel 6.2 und 6.3 erscheinende Aufwand nicht im Verhältnis zum realen Aufwand der Durchführung des HIP³E-Referenzprozesses, wenn auch die Schlussfolgerungen dem realen Anwendungsbeispiel entsprechen. In Kapitel 6.2 und 6.3 wurden somit beispielsweise u.a. nicht das initiale Annahmenset, detaillierte Make-or-Buy-Analysen, Kostenprognosen, das detaillierte Priorisieren einzelner Aktivitäten oder die Aufbau- und Ablauforganisation in den jeweiligen Unternehmen dargestellt, da die zugrungeliegenden Hintergrundinformationen zu viel vom realen Anwendungsbeispiel veröffentlicht hätten. Grundlegend ist aber festzustellen, dass alle Schritte der HIP³E in den jeweiligen Projekten durchgeführt wurden und lediglich im Rahmen der Reduktion der Komplexität und des Umfangs in den Anwendungen nicht detailliert wurden.

[526] Hubik, F./Menzel, S. (2022) Neue Autos werden künftig schneller fertig.

Die in Kapitel 4.1.1 aufgestellten inhaltlichen Anforderungen an den Referenzprozess werden als erfüllt angesehen: Hinsichtlich der *Kundenzentriertheit* wurde bei der Entwicklung des normativen Orientierungsprozesses in der Herleitung der Merkmale der HIPPE die Integration der sich ändernden Kundenanforderungen über die gesamte Entwicklungsdauer als eine GR festgelegt. Die Innovationswirkung stellt eine zentrale Rolle in der Kernidee der Arbeit dar. Auf der Basis der GR wurde die HIPPE systematisch abgeleitet und in den normativen Orientierungsprozess der HIP³E überführt, da die Industrialisierung hochiterativ entwickelter Produkte immer ein Zusammenspiel aus der HIPE und HIPPE darstellt. In Bezug auf die *Entwicklungsgeschwindigkeit* wurde durch die Analyse und Auswahl von Reife- und Freiheitsgradstufen eine übergeordnete Transparenz über die Integration der HIPE und HIPPE geschaffen, bevor durch die Entwicklung des strategischen Entwicklungsprozesses die Transparenz über wechselseitige Wirkbeziehungen mittels der Wechselwirkungsanalyse detailliert wurde. Durch das Vorgehen des operativen Koordinationsprozesses wurden die HIPE und HIPPE außerdem prozessual integriert und die Entwicklungsgeschwindigkeit durch die konsequente Parallelisierung der HIPE und HIPPE verringert. Insbesondere das Verständnis einer neuen Vollständigkeit, um sich zu jedem Zeitpunkt nur mit relevanten Problemklassen zu beschäftigen, wurde im operativen Koordinationsprozess durch die Priorisierung verankert. Hinsichtlich der *Kostentransparenz* wurden Informationsasymmetrien durch die konstante Bewertung und Analyse der Informationsunsicherheiten bzgl. Produkt- und Produktionshypothesen sowie der Kosten sichergestellt. Die kontinuierliche Aufnahme aller Kosten ermöglicht die im operativen Koordinationsprozess entwickelte agile und kontinuierliche Kostenanalyse und -prognose und somit eine übergeordnete Kostentransparenz, die in der HIP³E die Entwicklung maßgeblich durch die Analyse von Kostenpotenzialen beeinflusst. Um die HIP³E anzuwenden, wurden alle Prozesse im übergeordneten HIP³E-Referenzprozess integriert und mit einer Aufbau- und Ablauforganisation, inkl. HIP³E-Rollen verbunden. Das entwickelte HIP³E-Softwaretool ist zentraler Befähiger für die aufwandsgerechte Durchführung des HIP³E-Referenzprozesses.

Die formalen Anforderungen sind ebenfalls erfüllt. Durch die explizite Abbildung der Unsicherheit im HIP³E-Softwaretool ist die Sicherheit in der Modellierung und durch das hypothesenbasierte Entwickeln die Genauigkeit der Modellierung berücksichtigt, was der empirischen Richtigkeit entspricht. Es werden quantitative Ergebnisse erzeugt, die reproduzierbar sind, wodurch die formale Richtigkeit erfüllt wird. Die Produktivität wurde durch die Anwendung von zwei Beispielen dargelegt. Die Handhabbarkeit und der geringe Aufwand werden durch das HIP³E-Softwaretool sichergestellt und wurden ebenso in den Anwendungsbeispielen aufgezeigt.

Insgesamt lässt sich somit feststellen, dass ein Referenzprozess für die Industrialisierung hochiterativ entwickelter Produkte entwickelt wurde, der es ermöglicht, kundenzentriert, schnell und kostenminimal Produkt und Produktionsprozess hochiterativ, integriert und hypothesenbasiert zu entwickeln und somit zu industrialisieren. Der HIP³E-Referenzprozess lässt sich auf verschiedene Branchen, systemische Produkte, Produktionssysteme und übergeordnete Projekte anwenden und je nach Bedarf flexibel detaillieren. Somit bietet die HIP³E ein grundlegendes, neues Verständnis der Industrialisierung und Zusammenarbeit, um systemische Innovationen kundenzentriert, schnell und kostenminimal und so erfolgreich auf dem Markt zu platzieren.

7 Zusammenfassung und Ausblick

Die Megatrends Globalisierung, Digitalisierung und technologischer sowie demografischer Wandel bedeuten einerseits neue Chancen und Herausforderungen für produzierende Unternehmen. Die ansteigende Volatilität der Märkte zwingt Unternehmen andererseits zu schnelleren Reaktionen auf Veränderungen. Kürzere Entwicklungsphasen und kleiner werdende Losgrößen sind das Ergebnis von verkürzten Produktlebenszyklen sowie einem höheren Individualisierungsgrad bei steigendem Preisdruck und globaler Konkurrenz. Produkte müssen schneller und günstiger entwickelt, zeitgleich individualisiert und auf die Kundenanforderungen angepasst werden. Die Parallelisierung der Produktentwicklung (PE) und Produktionsprozessentwicklung (PPE) sowie die Einbindung des Kunden in den Entwicklungsprozess bietet eine Lösung, um systemische Produkte kundenzentriert, schnell und kostenminimal zu entwickeln. Bisher gibt es noch kein Konzept in der Praxis oder Forschung, das dieser Herausforderung gerecht wird.

Kapitel 2 hat gezeigt, dass die Industrialisierung hochiterativ entwickelter Produkte heute nur unzureichend betrachtet wird, um systemische Produkte schnell, kostenminimal und kundenzentriert erfolgreich auf dem Markt zu platzieren. Die fehlende Integration von Kunden über die gesamte Entwicklungsdauer sowie eine mangelnde Geschwindigkeit der Industrialisierung und die fehlende Transparenz über Kostenpotenziale stellen hierfür die zentralen Gründe dar. Aus diesen Defiziten wurde der Handlungsbedarf aus der Praxis formuliert.

Im nachfolgenden Kapitel 3 wurden bestehende Ansätze zur Industrialisierung hochiterativ entwickelter Produkte mit dem Handlungsbedarf abgeglichen. Der Vergleich hat gezeigt, dass Ansätze zwar in einzelnen Aspekten praktikable Lösungen und Anknüpfungspunkte bieten, sie in Summe aber die für die Industrialisierung notwendigen Aspekte nicht oder nicht ausreichend adressieren. Häufig fehlt es den Ansätzen an Kundenzentriertheit, so dass Produkte entwickelt werden, die aufgrund falsch gewählter Produktspezifikationen keine erfolgreiche Marktplatzierung erreichen. Dies geht mit dem unzureichenden und inkonsequenten Fokus auf die Geschwindigkeitserhöhung in der Entwicklung einher. So sind zumeist Kundenanforderungen, die einmalig aufgenommen werden, zum Zeitpunkt des Markteintritts nicht mehr kundengerecht. Letztlich verhindern die bestehenden Ansätze durch die fehlende Transparenz über Kostenpotenziale in Kombination mit der fehlenden Integration der Entwicklungsprozesse die Entwicklung von kostenminimalen Produkten, da der Großteil der Produktkosten in der Produktentwicklung festgelegt wird, jedoch im Produktionsprozess anfällt. Aus diesem Forschungsdefizit wurden Anforderungen für die Industrialisierung hochiterativ entwickelter Produkte abgeleitet.

Auf Basis der Herausforderungen aus der Praxis und des Forschungsdefizits wurde in Kapitel 4 das Konzept für die Industrialisierung hochiterativ entwickelter Produkte vorgestellt und im nachfolgenden Kapitel 5 detailliert. Der entwickelte Referenzprozess basiert auf drei Kernideen: Eine dedizierte Kundenintegration wird durch ein konsequent hochiteratives und hypothesenbasiertes Vorgehen erzielt. Dies geht mit einem neuen Verständnis der Vollständigkeit einher, dass ein Entwickeln unter hoher Unsicherheit aufwandsgerecht ermöglicht. Die Erhöhung der Entwicklungsgeschwindigkeit und somit der verkürzten Time-to-Market werden durch eine integrierte Lösung ermöglicht, die die hochiterative Produktentwicklung (HIPE) und die hochiterative Produktionsprozessentwicklung (HIPPE) parallelisiert. Letztlich gilt es, durch die Nutzung von Synergien mittels einer kollaborativen Lösung eine Transparenz über Kosten zu schaffen. Dies wird durch das kontinuierliche Tracking sowie die Analyse und Prognose von Kosten geschaffen, welche von einem interdisziplinären Team integriert genutzt werden, um operative Aufgaben durchzuführen. Die Einbettung der Elemente in einem Management-Framework ermöglicht die aufwandsgerechte Durchführung des Regelprozesses der hochiterativen und integrierten Produkt- und Produktionsprozessentwicklung (HIP³E) mit dazugehöriger Aufbau- und Ablauforganisation.

Der Referenzprozess untergliedert sich in vier aufeinander aufbauende Teilmodelle. Die Grundlage bildet ein Beschreibungsmodell zur Herleitung der hochiterativen Produktionsprozessentwicklung. Das Modell besteht aus Gestaltungsrichtlinien und dem normativen Orientierungsprozess der HIP³E und stellt sicher, dass systemische Produkte kundenzentriert, hypothesenbasiert und integriert von der Produktidee bis zum Start of Production (SOP) entwickelt und validiert werden. Um diese Entwicklung und Validierung zu ermöglichen, wird im darauffolgenden Erklärungsmodell basierend auf Produktreife- und Prozessfreiheitsgraden der strategische Entwicklungsprozess der HIP³E entwickelt. Dabei ist das Ziel, die Time-to-Market durch die konsequente Parallelisierung der HIPE und HIPPE zu reduzieren. Neben der Identifikation der relevanten Reife- und Freiheitsgradstufen besteht der strategische Entwicklungsprozess aus Aktivitäten und unterstützenden Methoden, um hypothesenbasiert, integriert und hochiterativ systemische Produkte unter hoher Informationsunsicherheit zu entwickeln. Von zentraler Bedeutung ist hierbei die Vernetzung aller Informationen in Matrizen, um kontinuierlich Wechselwirkungsanalysen zu ermöglichen und in ein datenbasiertes Unterstützungstool zu überführen. Zur Durchführung der Aktivitäten werden im dritten Teilmodell die Kollaboration zwischen den Domänen entwickelt, um so Entscheidungen im Entwicklungsfortschritt sowie in Bezug auf Hypothesen zu treffen. Der operative Koordinationsprozess basiert auf dem Plan-Do-Check-Act (PDCA)-Zyklus und wurde HIP³E-spezifisch adaptiert. Zentrales Element stellt die Priorisierung der Aktivitäten dar, die sicherstellt, dass zu jeder Zeit an den phasenrelevanten Problemen gearbeitet wird und Informationsunsicherheiten den Entwicklungsprozess nicht verlangsamen. Kriterien zur Priorisierung stellen Zeit, Informationsqualität und Kosten dar. Die Kosten sind jedoch nicht nur auf Aktivitätenebene relevant, sondern insbesondere auf Hypothesenebene. Daher wird der operative Koordinationsprozess um die agile und kontinuierliche Kostenanalyse und -prognose erweitert. Dabei werden für alle Hypothesen zu jeder Zeit alle Kosteninformationen vollständig aufgenommen oder geschätzt, so dass u.a. Vollkosten berechnet, Kosten prognostiziert und Sensitivitäten ermittelt werden. Dies ist in einem Softwaretool implementiert, um den Aufwand zu reduzieren und kontinuierlich Handlungsempfehlungen für die Entscheider zu generieren. Zusammengefasst werden die drei Prozesse in dem Management-Framework der HIP³E, das den Referenzprozess darstellt. Neben den Gestaltungsrichtlinien, Prozessen und Werkzeugen wird das Management-Framework durch dedizierte Rollen inkl. Aufbau- und Ablauforganisation und Kennzahlen ergänzt. So wird sichergestellt, dass die notwendigen personellen Ressourcen im Unternehmen zur Verfügung stehen, die Verantwortlichkeiten klar sind und die Prozesse durch die Nutzung der Werkzeuge aufwandsarm ablaufen.

Der entwickelte HIP³E-Referenzprozess wurde in Kapitel 6 angewendet und kritisch reflektiert. Dafür wurde zunächst der grundlegende Aufbau des HIP³E-Softwaretools erläutert, bevor der Referenzprozess anhand des HIP³E-Softwaretools bei der Auswahl einer systemischen Innovation sowie bei der Durchführung der Entwicklung von der Idee bis zum Konzept 3. Grades angewendet wurde. Dabei konnten die praktische Anwendbarkeit und der Mehrwert des HIP³E-Referenzprozesses nachgewiesen werden. In beiden Fällen wurde trotz hoher Unsicherheiten in der hochiterativen Entwicklung kundenzentriert und doppelt so schnell wie bei üblichen Entwicklungsverfahren, eine Produktidee entwickelt oder ein kostenminimales Industrialisierungskonzept ausdetailliert, das ca. 50 % günstigere Produkte im Vergleich zum Wettbewerb produzieren kann, was durch kontinuierliche Transparenz und ein neues Verständnis von Vollständigkeit und Problemabstraktion ermöglicht wurde.

Eine akademische Arbeit bietet durch ihre Limitationen Raum für Weiterentwicklung durch zukünftige Forschung. Die Informationen der Hypothesen werden in der vorgeschlagenen Methode hauptsächlich auf Basis des Erfahrungswissens der Prozessbeteiligten aufgenommen, geschätzt und gepflegt. Die Qualität der Wechselwirkungsanalysen basiert somit auf dem Expertenwissen und der Kommunikationsstärke der Mitarbeitenden. An dieser Stelle holistische Datenbanken an das Softwaretool anzubinden, um Schätzungen zu vermeiden, bietet die Möglichkeit zu Erhöhung der Datenqualität. Damit einhergehend ist eine Erweiterung des Softwaretools denkbar, in der durch die Anbindung von Datenbanken die Handlungsempfehlungen und Analysen erweitert werden, was bisher aufgrund der Aufwandsgerechtheit nicht integriert wurde. So werden beispielsweise Trendanalysen und Sensitivitäten integriert. Des Weiteren gewinnen ökologische Nachhaltigkeit und die Kreislaufwirtschaft zunehmend an Bedeutung. Dieser Aspekt ist durch die Betrachtung des Remanufacturings denkbar, in dem neben der Produkt- und Produktionsprozessentwicklung auch der Remanufacturing Prozess von der Produktidee bis zur Rückführung aus dem Nutzungszyklus in den Produktionszyklus integriert wird. So ist es denkbar die HIP³E konkret um einen Remanufacturing-Zyklus zu erweitern, in dem Produkt- und Produktionsprozessanforderungen hinsichtlich Re-Assembly Prozessen integriert werden und so von Beginn der Entwicklung das übergeordnete Streben nach einer zirkulären Wirtschaft in der Produkt- und Produktionsprozessentwicklung adressiert ist.

8 Literaturverzeichnis

Abolhassan, F. (2013)
Der Weg zur modernen IT-Fabrik - Industrialisierung – Automatisierung – Optimierung, Springer Gabler, Wiesbaden, 2013.

Accenture (Christina Raab; Moritz Hagenmüller; Stefan Bongardt) (2022)
Innovationsdruck und Wertewandel - Die mulitdimensionale Transformation der Top500, 2022.

Ahmed-Kristensen, S., Daalhuizen, J. 2015 – Pioneering the combined usePioneering the combined use of agile and stage-gate models in new product development–cases from the manufacturing industry. Herausgegeben von Proceedings of IPDMC 15 (2015).

Aichele, C.; Schönberger, M. (2015)
IT-Projektmanagement - Effiziente Einführung in das Management von Projekten, (1. Aufl.) Springer Vieweg, 2015.

Ali, A.; Ahmed, W.; Jahanzaib, M.; Husaain, S.; Aziz, H.; Rasheed, Z. (2016)
AgiFlex System: An Approach towards Unification of Agility and Flexibility Dimensions from manufacturing Perspective. In: IEOM (Hrsg.): Proceedings of the 2016 International Conference on Industrial Engineering and Operations Management, Michigan, USA, 2016, S. 23 - 34.

Anderl, R.; Rezaei, M. (2009)
Unterstützung von Concurrent Design und Simultaneous Engineering - Fabrikdatenmanagement im Umfeld der Digitalen Fabrik. In: Zeitschrift für wirtschaftlichen Fabrikbetrieb, Nr. 1-2, 104. Jg., 2009, S. 22 - 26.

Anderson, D. J. (2010)
Kanban - Successful evolutionary change for your technology business, Blue Hole Press, Sequim, Washington, 2010.

Atiq Ur Rehman, M. (2017)
Determination of relative importance of agility enablers for agile manufacturing companies by analytical hierarchy process. In: International Journal of Agile Systems and Management, Nr. 1, 10. Jg., 2017, S. 49.

Balakirsky, S. (2015)
Ontology based action planning and verification for agile manufacturing. In: Robotics and Computer-Integrated Manufacturing, 33. Jg., 2015, S. 21 - 28.

Basel, T. (2009)
Toyotas Erfolgsfaktoren in der Produktentwicklung. In: Zeitschrift für wirtschaftlichen Fabrikbetrieb, Nr. 11, 104. Jg., 2009, S. 950 - 953.

Bauer, H.; Brandl, F.; Reinhart, G. (2018)
Vorgehen zur individuellen Gestaltung der Änderungsauswirkungsanalyse in der Produktion. In: Zeitschrift für wirtschaftlichen Fabrikbetrieb, Nr. 12, 113. Jg., 2018, S. 819 - 823.

Baumöl, U.; Hiebl, M.; Hoffjan, A.; Knauer, T.; Möller, K.; Pedell, B. (2011)
Controlling - Zeitschrift für erfolgsorientierte Unternehmenssteuerung, Beck, München, 2011.

Beck, K. (2003)
Extreme programming explained - Embrace change, (8th. print) Addison-Wesley, Boston, 2003.

Beck, K.; Beedle, M.; van Bennekum, A.; Cockburn, A.; Cunningham, W.; Fowler, M.; Grenning, J.; Highsmith, J.; Hunt, A.; Jeffries, R.; Kern, J.; Marick, B.; Martin, R.; Mellor, S.; Schwaber, K.; Sutherand, J.; Thomas, D. (2001)
Manifest für Agile Softwareentwicklung. URL: http://agilemanifesto.org/iso/de/manifesto.html 06.01.2022.

Behrens, B.-A.; Brosius, A.; Drossel, W.-G.; Hintze, W.; Ihlenfeldt, S.; Nyhuis, P. (2021)
Production at the leading edge of technology - Proceedings of the 11th Congress of the German Academic Association for Production Technology (WGP), Dresden, September 2021, Springer, Cham, 2021.

Beller, C.; Rosemary, F.; Eduardo, L.; Fernando, D.; Edson, P. (2019)
Guidelines for a More Agile, Productive and Integrated New Technologies Employment. In: Procedia Manufacturing, 39. Jg., 2019, S. 913 - 922.

Bellmann, A.; Schneider, S.; Schallow, J.; Hartung, J.; Litterscheidt, J.; Deuse, J. (2016)
Enhanced predictability of agile procedures. In: 1436-4980, 2016.

Bender, B.; Gericke, K. (2021)
Pahl/Beitz Konstruktionslehre - Methoden und Anwendung erfolgreicher Produktentwicklung, (9th ed. 2021) Springer Berlin Heidelberg; Imprint: Springer Vieweg, Berlin, Heidelberg, 2021.

Bertling, M.; Caroli, H.; Dannapfel, M.; Burggräf, P. (2019)
The Minimal Viable Production System (MVPS) – An Approach for Agile (Automotive) Factory Planning in a Disruptive Environment. In: Schmitt, R./Schuh, G. (Hrsg.): Advances in Production Research - Proceedings of the 8th Congress of the German Academic Association for Production Technology (WGP), Aachen, November 19-20, 2018, Springer International Publishing, Cham, 2019, S. 24 - 33.

Betsch, O. (2005)
Industrialisierung der Kreditwirtschaft - Informationstechnologie und Managementkonzepte, Gabler Verlag, Wiesbaden, 2005.

Bibliographisches Institut (2015)
Duden - Deutsches Universalwörterbuch ; das umfassende Bedeutungswörterbuch der deutschen Gegenwartssprache, (8. Auflage) Duden, Berlin, 2015.

Bibliographisches Institut GmbH (2021)
Duden: hybrid. URL: https://www.duden.de/node/146486/revision/146522 03.03.2021.

Biedermann, W.; Diepold, K.; Lindemann, U. (2012)
Entscheidungsstrategien zur Festlegung und Priorisierung von Änderungen. In: Maurer, M./Schulze, S.-O. (Hrsg.): Tag des Systems Engineering, Carl Hanser Verlag GmbH & Co. KG, München, 2012, S. 141 - 150.

Binder, V. A.; Kantowsky, J. (1996)
Technologiepotentiale - Neuausrichtung der Gestaltungsfelder des Strategischen Technologiemanagements, Deutscher Universitätsverlag, Wiesbaden, 1996.

Boehm, B.; Turner, R. (2003)
Using risk to balance agile and plan- driven methods. In: Computer, Nr. 6, 36. Jg., 2003, S. 57 - 66.

Boehm, B. W.; Turner, R. (2004)
Balancing agility and discipline - A guide for the perplexed, Addison-Wesley, Boston, Munich, San Francisco, New York, Toronto, Montreal, London, Paris, Madrid, Capetown, Sydney, Tokyo, Singapore, Mexico City, 2004.

Borszcz, A.; Piechota, S. (1998)
Controlling-Praxis erfolgreicher Unternehmen - Von den Besten lernen, Gabler Verlag, Wiesbaden, 1998.

Bowen, D.; Youngdahl, W. (1998)
"Lean" service: in defense of a production-line approach. In: International Journal of Service Industry Management, Nr. 3, 9. Jg., 1998, S. 207 - 225.

Brandl, F.; Kagerer, M.; Reinhart, G. (2018)
A Hybrid Innovation Management Framework for Manufacturing – Enablers for more Agility in Plants. In: Procedia CIRP, 72. Jg., 2018, S. 1154 - 1159.

Brenner, W.; Resch, A.; Schulz, V. (2009)
Die Zukunft der IT in Unternehmen - Managing IT as a Business, Frankfurter Allgemeine Buch, Frankfurt am Main, 2009.

Brentani, U. de (1991)
Success Factors in Developing New Business Services. In: European Journal of Marketing, Nr. 2, 25. Jg., 1991, S. 33 - 59.

Brettel, M.; Klein, M.; Friederichsen, N. (2016)
The Relevance of Manufacturing Flexibility in the Context of Industrie 4.0. In: Procedia CIRP, 41. Jg., 2016, S. 105 - 110.

Brockhaus Enzyklopädie Online (2019)
Industrialisierung. URL: https://brockhaus.de/ecs/permalink/8D39A6403C40260ECDE55A28C05A1B3A.pdf.

Bronner, A. (2008)
Angebots- und Projektkalkulation - Leitfaden für Praktiker, (3., aktualisierte Aufl. 2008) Springer Berlin Heidelberg, Berlin, Heidelberg, 2008.

Browning, T. (2001)
Applying the design structure matrix to system decomposition and integration problems: a review and new directions. In: IEEE Transactions on Engineering Management, Nr. 3, 48. Jg., 2001, S. 292 - 306.

Buchenau, P. (2019)
Chefsache Zukunft - Was Führungskräfte von morgen brauchen, Springer Gabler, Wiesbaden, [Heidelberg], 2019.

Bullinger, H.-J.; Bading, A.; Warschat, J. (1997)
Forschungs- und Entwicklungsmanagement - Simultaneous engineering, Projektmanagement, Produktplanung, rapid product development, Teubner, Stuttgart, 1997.

Bürgel, H. D.; Haller, C.; Binder, M. (1996)
F-&-E-Management, Vahlen, München, 1996.

Burggräf, P.; Dannapfel, M.; Adlon, T.; Riegauf, A.; Müller, K.; Fölling, C. (2019)
Agile Montage - Montageplanung und -system als integrale Bestandteile der Fabrikplanung, Nr. 9, 109. Jg., 2019, 622-627.

Burggräf, P.; Kampker, A.; Nee, C.; Sarovic, N. (2014)
Wirtschaftliche Industrialisierung automobiler Kleinserien am Beispiel Street-Scooter, 2014, S. 171 - 189.

Chowdhury, A.; Huda, M. (2011)
Comparison between Adaptive Software Development and Feature Driven DevelopmentInternational Conference on Computer Science and Network Technology (ICCSNT), 2011 - 24-26 Dec. 2011, Harbin, China, IEEE, Piscataway, NJ, 2011, S. 363 - 367.

Conforto, E.; Amaral, D.; da Silva, S.; Di Felippo, A.; Kamikawachi, D. (2016)
The agility construct on project management theory. In: International Journal of Project Management, Nr. 4, 34. Jg., 2016, S. 660 - 674.

Contexto GmbH (2021)
Schnell am Markt durch Simultaneous Engineering. URL: https://automationspraxis.industrie.de/anzeige/schnell-am-markt-durch-simultaneous-engineering/06.10.2022.

Cooper, R. (1979)
The Dimensions of Industrial New Product Success and Failure. In: Journal of Marketing, Nr. 3, 43. Jg., 1979, S. 93.

Cooper, R. (2014)
What's Next?: After Stage-Gate. In: Research-Technology Management, Nr. 1, 57. Jg., 2014, S. 20 - 31.

Cooper, R. (2021)
Accelerating innovation: Some lessons from the pandemic. In: The Journal of product innovation management, Nr. 2, 38. Jg., 2021, S. 221 - 232.

Cooper, R.; Sommer, A. (2016)
The Agile-Stage-Gate Hybrid Model: A Promising New Approach and a New Research Opportunity. In: Journal of Product Innovation Management, Nr. 5, 33. Jg., 2016, S. 513 - 526.

Cooper, R.; Sommer, A. (2018)
Agile–Stage-Gate for Manufacturers. In: Research-Technology Management, Nr. 2, 61. Jg., 2018, S. 17 - 26.

Cooper, R. G. (2016)
Winning at new products - Creating value through innovation, (4. ed., completely rev. and updated.) Basic Books, New York, 2016.

Corsten, H.; Gössinger, R.; Spengler, T. (2018)
Handbuch Produktions- und Logistikmanagement in Wertschöpfungsnetzwerken, De Gruyter Oldenbourg, München, Wien, 2018.

Dempster, A. (1967)
Upper and Lower Probability Inferences Based on a Sample from a Finite Univariate Population. In: Biometrika, Nr. 3/4, 54. Jg., 1967, S. 515.

Dickie, H. (1951)
ABC Inventory Analysis Shoots for Dollars, not Pennies. In: Factory Management and Maintenance, Nr. 109, 6. Jg., 1951, S. 92 - 94.

Diels, F. (2018)
Indikatoren für die Ermittlung agil zu entwickelnder Produktumfänge, Dissertation, RWTH Aachen; Fraunhofer-Institut für Produktionstechnologie IPT, 2018.

Diels, F.; Riesener, M.; Schuh, G. (2016)
Methodology for the Suitability Validation of a Highly Iterative Product Development Approach for Individual Segments of an Overall Development Task. In: Advanced Materials Research, 1140. Jg., 2016, S. 513 - 520.

Diels, F.; Rudolf, S.; Schuh, G. (2015)
Highly Iterative Product Development Process for Engineering Projects. In: Applied Mechanics and Materials, 794. Jg., 2015, S. 532 - 539.

Dolgui, A.; Petroodi, S.; Kovalev, S.; Kovalyov, M.; Thevenin, S. (2019)
Workforce planning and assignment in mixed-model assembly lines as a factor of line reconfigurability: state of the art. In: IFAC-PapersOnLine, Nr. 13, 52. Jg., 2019, S. 2746 - 2751.

Dombrowski, U.; Quantschnig, M. (2009)
Komponenten der Versorgungsstrategie Wiederinstandsetzung im OEM-Ersatzteilmanagement. In: Zeitschrift für wirtschaftlichen Fabrikbetrieb, Nr. 5, 104. Jg., 2009, S. 379 - 384.

Duden (2022)
Agil - Rechtschreibung, Bedeutung, Definition, Herkunft. URL: https://www.duden.de/rechtschreibung/agil 05.05.2019.

Eckstein, H.; Eichert, J.; Waidmann, J. (2010)
Prozessmodell zur Integration von Konstruktion und Montageplanung. In: Zeitschrift für wirtschaftlichen Fabrikbetrieb, Nr. 3, 105. Jg., 2010, S. 200 - 205.

Ehrlenspiel, K.; Kiewert, A.; Lindemann, U.; Mörtl, M. (2014)
Kostengünstig Entwickeln und Konstruieren, Springer Berlin Heidelberg, Berlin, Heidelberg, 2014.

Ehrlenspiel, K.; Kiewert, A.; Mörtl, M.; Lindemann, U. (2020)
Kostengünstig Entwickeln und Konstruieren - Kostenmanagement bei der integrierten Produktentwicklung, (8. Auflage) Springer Vieweg, Berlin, Heidelberg, 2020.

Ehrlenspiel, K.; Lindemann, U.; Kiewert, A. (2013)
Kostengünstig entwickeln und konstruieren - Kostenmanagement bei der integrierten Produktentwicklung; mit 143 Tabellen, (6., überarb. und korr. Aufl., Softcover) Springer, Berlin, Heidelberg, 2013.

Ehrlenspiel, K.; Meerkamm, H. (2013)
Integrierte Produktentwicklung - Denkabläufe, Methodeneinsatz, Zusammenarbeit, (5., überarb. und erw. Aufl., [elektronische Ressource]) Hanser, München, 2013.

Ehrlenspiel, K.; Meerkamm, H. (2017)
Integrierte Produktentwicklung - Denkabläufe, Methodeneinsatz, Zusammenarbeit, (6., vollständig überarbeitete und erweiterte Auflage) Hanser, München, Wien, 2017.

Eigner, M.; Stelzer, R. (2013)
Product Lifecycle Management - Ein Leitfaden für Product Development und Life Cycle Management, (2., neu bearb. Aufl.) Springer, Dordrecht, 2013.

ElMaraghy, H. (2012)
Enabling Manufacturing Competitiveness and Economic Sustainability - Proceedings of the 4th International Conference on Changeable, Agile, Reconfigurable and Virtual production (CARV2011), Montreal, Canada, 2-5 October 2011, Springer Berlin Heidelberg, Berlin, Heidelberg, 2012.

Eversheim, W. (1996)
Organisation in der Produktionstechnik - Band 1: Grundlagen, (Dritte, neu bearbeitete und erweiterte Auflage) Springer, Berlin, Heidelberg, 1996.

Eversheim, W. (2002)
Organisation in der Produktionstechnik 3 - Arbeitsvorbereitung, (4., bearbeitete und korrigierte Auflage) Springer, Berlin, Heidelberg, 2002.

Eversheim, W. (2005)
Integrierte Produkt- und Prozessgestaltung, Springer, Berlin, Heidelberg, 2005.

Feldhusen, J.; Grote, K.-H. (2013)
Der Produktentstehungsprozess (PEP). In: Feldhusen, J./Grote, K.-H. (Hrsg.): Pahl/Beitz Konstruktionslehre, Springer Berlin Heidelberg, Berlin, Heidelberg, 2013, S. 11 - 24.

Feldhusen, J.; Grote, K.-H. (2013)
Lösungsfindung. In: Feldhusen, J./Grote, K.-H. (Hrsg.): Pahl/Beitz Konstruktionslehre, Springer Berlin Heidelberg, Berlin, Heidelberg, 2013, S. 283 - 463.

Feldhusen, J.; Grote, K.-H. (2013)
Pahl/Beitz Konstruktionslehre, Springer Berlin Heidelberg, Berlin, Heidelberg, 2013.

Feldhusen, J.; Löwer, M.; Bungert, F. (2009)
Agile Methods for Design to Customer, 2009, S. 451 - 460.

Flage, R.; Baraldi, P.; Zio, E.; Aven, T. (2013)
Probability and possibility-based representations of uncertainty in fault tree analysis. In: Risk analysis : an official publication of the Society for Risk Analysis, Nr. 1, 33. Jg., 2013, S. 121 - 133.

Fortin, C.; Rivest, L.; Bernard, A.; Bouras, A. (2019)
Product Lifecycle Management in the Digital Twin Era, Springer International Publishing, Cham, 2019.

Frey, D.; Fukuda, S.; Rock, G. (2011)
Improving Complex Systems Today, Springer London, London, 2011.

Fritzsche, A. (2018)
Implications of agile manufacturing in the automotive industry for order management in the factories-evidence from the practitioner's perspective. In: Procedia CIRP, 72. Jg., 2018, S. 369 - 374.

Garrido, J. (2012)
Agile vs. Waterfall - What is the Best for your Development Plan. In: Maurer, M./Schulze, S.-O. (Hrsg.): Tag des Systems Engineering, Carl Hanser Verlag GmbH & Co. KG, München, 2012, S. 151 - 158.

Gartzen, T. (2016)
Target-oriented Prototyping in Highly Iterative Product Development. In: Procedia CIRP, 51. Jg., 2016, S. 19 - 23.

Garzaniti, N.; Fortin, C.; Golkar, A. (2019)
Toward a Hybrid Agile Product Development Process. In: Fortin, C./Rivest, L./et al. (Hrsg.): Product Lifecycle Management in the Digital Twin Era, Springer International Publishing, Cham, 2019, S. 191 - 200.

Gaubinger, K. (2021)
Hybrides Innovationsmanagement für den Mittelstand in einer VUCA-Welt - Vorgehensmodelle - Methoden - Erfolgsfaktoren - Praxisbeispiele, Springer Gabler, Berlin, Heidelberg, 2021.

Gausemeier, J. (2011)
Integrative development of product and production system for mechatronic products. In: Robotics and Computer-Integrated Manufacturing, Nr. 4, 27. Jg., 2011, S. 772 - 778.

Gausemeier, J.; Fink, A.; Schlake, O. (1996)
Szenario-Management - Planen und Führen mit Szenarien, (2., bearb. Aufl.) Hanser, München, 1996.

Glenk, C.; Dörnhöfer, A.; Rieg, F. (2016)
Topologieoptimierung in kleinen und mittelständischen Unternehmen. In: Zeitschrift für wirtschaftlichen Fabrikbetrieb, Nr. 5, 1498, S. 243 - 246.

Gloger, B.; Margetich, J. (2018)
Das Scrum-Prinzip - Agile Organisationen aufbauen und gestalten, (2., aktualisierte und erweiterte Auflage) Schäffer-Poeschel Verlag, Stuttgart, 2018.

Goll, J. (2015)
Mit Scrum zum gewünschten System, Springer Vieweg, Wiesbaden, 2015.

Göpfert, J. (1998)
Modulare Produktentwicklung - Zur gemeinsamen Gestaltung von Technik und Organisation, Deutscher Universitätsverlag, Wiesbaden, 1998.

Gräßler, I.; Roesmann, D.; Pottebaum, J. (2020)
Traceable learning effects by use of digital adaptive assistance in production. In: Procedia Manufacturing, 45. Jg., 2020, S. 479 - 484.

Habermann, F. (2013)
Hybrides Projektmanagement - agile und klassische Vorgehensmodelle im Zusammenspiel. In: HMD Praxis der Wirtschaftsinformatik, Nr. 5, 50. Jg., 2013, S. 93 - 102.

Hanser, E. (2010)
Agile Prozesse - Von XP über Scrum bis MAP, Springer Berlin /Heidelberg, Berlin, Heidelberg, 2010.

Hartel, D. H. (2009)
Consulting und Projektmanagement in Industrieunternehmen - Praxisleitfaden mit Fallstudien, De Gruyter Oldenbourg, München, 2009.

Häusling, A. (2020)
Agile Organisationen - Transformationen erfolgreich gestalten - Beispiele agiler Pioniere, (2., überarbeitete Auflage) Haufe Group; ProQuest Ebook Central, Freiburg, München, Stuttgart, Ann Arbor, 2020.

Henriques, E.; Pecas, P.; Silva, A. (2014)
Technology and Manufacturing Process Selection, Springer London, London, 2014.

Herrmann, A.; Huber, F. (2013)
Produktmanagement, Springer Fachmedien Wiesbaden, Wiesbaden, 2013.

Herstatt, C.; Verworn, B. (2014)
Management der frühen Innovationsphasen - Grundlagen - Methoden - Neue Ansätze, (2nd ed.) Gabler Verlag, Wiesbaden, 2014.

Herzwurm, G. (2008)
Industrialisierung des Software-Managements - Fachtagung des GI-Fachausschusses Management der Anwendungsentwicklung und -wartung im Fachbereich Wirtschaftsinformatik (WI-MAW); 12. - 14. November 2008 in Stuttgart, Ges. für Informatik, Bonn, 2008.

Hoda, R.; Salleh, N.; Grundy, J. (2018)
The Rise and Evolution of Agile Software Development, Nr. 5, 35. Jg., 2018, S. 58 - 63.

Hofbauer, G. (2016)
Lieferantenmanagement - Die Wertorientierte Gestaltung der Lieferbeziehung, (3rd ed.) Walter de Gruyter GmbH, Berlin/Boston, 2016.

Holmes, M. H. (2013)
Introduction to Perturbation Methods, (2nd ed. 2013) Springer, New York, NY, 2013.

Horsch, J. (2015)
Kostenrechnung - Klassische und neue Methoden in der Unternehmenspraxis, (2. Aufl. 2015) Springer Gabler, Wiesbaden, 2015.

Hruschka, P. (2003)
Agility. In: Informatik-Spektrum, Nr. 6, 26. Jg., 2003, S. 397 - 401.

Hubik, F.; Menzel, S. (2022)
Volkswagen, Mercedes: Neue Autos werden künftig schneller fertig. In: Handelsblatt.

IEEE (1970)
IEEE WESCON, 26, 1970.

IEEE (2021)
2021 IEEE International Conference on Industrial Engineering and Engineering Management (IEEM), 2021 IEEE International Conference on Industrial Engineering and Engineering Management (IEEM), 13.12.2021 - 16.12.2021. IEEE (2021).

IEEE (2022)
2022 IEEE International Conference on Industrial Engineering and Engineering Management (IEEM), Kuala Lumpur, 2022.

IEOM (2016)
Proceedings of the 2016 International Conference on Industrial Engineering and Operations Management, Michigan, USA, 2016.

ICCSNT (2011)
International Conference on Computer Science and Network Technology (ICCSNT), 2011 - 24-26 Dec. 2011, Harbin, China, 2011 International Conference on Computer Science and Network Technology (ICCSNT), 12/24/2011 - 12/26/2011. IEEE, Piscataway, NJ (2011).

Isbruch, F.; Batzlen, S. (2011)
Prozesskostenrechnung. In: Controlling, Nr. 10, 23. Jg., 2011, S. 521 - 525.

Isermann, R. (2008)
Mechatronische Systeme - Grundlagen, (2. vollständig neu bearbeitete Auflage) Springer Berlin Heidelberg, Berlin, Heidelberg, 2008.

Jacob, A.; Künneke, T.; Lieneke, T.; Baumann, T.; Stricker, N.; Zimmer, D.; Lanza, G. (2018)
Iterative Produktentwicklung und Produktionsplanung für die Additive Fertigung. In: Zeitschrift für wirtschaftlichen Fabrikbetrieb, Nr. 11, 113. Jg., 2018, S. 742 - 745.

Jacob, A.; Windhuber, K.; Ranke, D.; Lanza, G. (2018)
Planning, Evaluation and Optimization of Product Design and Manufacturing Technology Chains for New Product and Production Technologies on the Example of Additive Manufacturing. In: Procedia CIRP, 70. Jg., 2018, S. 108 - 113.

Jahn, T.; Fasse, M. (2017)
Elon Musk in der Produktionshölle - Tesla bekommt die Massenfertigung des neuen Model 3 nicht in den Gri ff. URL: https://www.handelsblatt.com/unternehmen/industrie/auto-von-morgen/verluste-bei-tesla-elon-musk-in-der-produktionshoelle/20531064.html?ticket=ST-8090599-uXXfFNUy3wsM4PAXep9r-ap5 21.02.2020.

Jakoby, W. (2019)
Projektmanagement für Ingenieure - Ein praxisnahes Lehrbuch für den systematischen Projekterfolg, (4., aktualisierte und erweiterte Auflage) Springer Vieweg, Wiesbaden, 2019.

Jeromin, J.; Jourdan, G.; Nell, F. von (2018)
Leadership in Organisationen mit reduzierten Hierarchien - Praxiswissen für die Führungsaufgabe, Springer Gabler, Wiesbaden, 2018.

Kampker, A.; Burggräf, P.; Deutskens, C.; Maue, A.; Förstmann, R. (2014)
Integrated Product and Process Development: Modular Production Architectures based on Process Requirements. In: Procedia CIRP, 20. Jg., 2014, S. 109 - 114.

Kampker, A.; Deutskens, C.; Kreisköther, K.; Nee, C.; Büning, M. (2014)
Value Engineering im Anlagenbau. In: Zeitschrift für wirtschaftlichen Fabrikbetrieb, Nr. 9, 109. Jg., 2014, S. 641 - 644.

Kampker, A.; Förstmann, R.; Ordung, M.; Haunreiter, A. (2016)
Prototypen im agilen Entwicklungsmanagement. In: ATZ - Automobiltechnische Zeitschrift, Nr. 7-8, 118. Jg., 2016, S. 72 - 77.

Kano N.; Seraku N.; Takahashi F.; Tsuji S. (1984)
Attractive Quality and must-be quality. In: Journal of Japanese Society for Quality Control, 1984, S. 39 - 48.

Karlstrom, D.; Runeson, P. (2005)
Combining Agile Methods with Stage-Gate Project Management. In: IEEE Software, Nr. 3, 22. Jg., 2005, S. 43 - 49.

Kausche, M. (2018)
Wirtschaftlichkeit schwimmender Offshore Windenergieanlagen, Springer Fachmedien Wiesbaden, Wiesbaden, 2018.

Kern, W. (1996)
Handwörterbuch der Produktionswirtschaft, (2., völlig neu gestaltete Aufl.) Schäffer-Poeschel, Stuttgart, 1996.

Kettunen, P. (2009)
Adopting key lessons from agile manufacturing to agile software product development - A comparative study. In: Technovation, Nr. 6-7, 29. Jg., 2009, S. 408 - 422.

Kiely, R. (1998)
Industrialization and development - A comparative analysis, Taylor & Francis, Hoboken, 1998.

Kilger, W. (1987)
Einführung in die Kostenrechnung, (Dritte, durchgesehene Auflage) Gabler Verlag, Wiesbaden, 1987.

Kirchhoff, J. (2022)
Innovation statt Markteingriff – Nur Unternehmen führen uns aus der Krise. In: WELT.

Klein, T. (2016)
Agiles Engineering im Maschinen- und Anlagenbau, Dissertation, 2016.

Klein, T.; Berg, J.; Backhaus, J.; Reinhart, G. (2017)
Automatisierungsgerechte Montageplanung - Good automation practice in assembly planning - Guideline for an agile planning of innovative assembly lines. In: 1436-4980, Nr. 03, 107. Jg., 2017, S. 176 - 181.

Kletti, J. (2015)
MES - Manufacturing Execution System, Springer Berlin Heidelberg, Berlin, Heidelberg, 2015.

Komus, A.; Kuberg, M. (2017)
Status Quo Agile - Studie zu Verbreitung und Nutzen agiler Methoden, Studie, Hochschule Koblenz, 2017.

Komus, A.; Kulberg, M. (2020)
Status Quo (Scaled) Agile - 4. Internationale Studie zu Nutzen und Erfolgsfaktoren (skalierter) agiler Ansätze, Studie, Hochschule Koblenz, 2020.

Koppik, R.; Meier, M. (2009)
F&E-Produktivitätssteigerung – mit Entwicklungsmanagement aus der Krise. In: Zeitschrift für wirtschaftlichen Fabrikbetrieb, Nr. 12, 104. Jg., 2009, S. 1172 - 1175.

Kornwachs, K. (2013)
Technikwissenschaften. Erkennen-Gestalten-Verantworten, Springer, Heidelberg, 2013.

Krause, D.; Paetzold, K.; Wartzacl, S. (2016)
Design for X - Beiträge zum 27. DfX-Symposium, 2016.

Kubicek, H. (1976)
Heuristische Bezugsrahmen und heuristisch angelegte Forschungsdesign als Elemente einer Konstruktionsstrategie empirischer Forschung, Inst. für Unternehmensführung, Berlin, 1976.

Kullmann; Longmuß; Bullinger, A. C.; Spanner-Ulmer (2013)
Agiles Projektmanagement in der Praxis der Produktentwicklung, aw&l Wissenschaft und Praxis, Chemnitz, 2013.

Kumar, R.; Singh, K.; Jain, S. (2020)
A combined AHP and TOPSIS approach for prioritizing the attributes for successful implementation of agile manufacturing. In: International Journal of Productivity and Performance Management, Nr. 7, 69. Jg., 2020, S. 1395 - 1417.

Kurbel, K. (2021)
ERP und SCM - Enterprise Resource Planning und Supply Chain Management in der Industrie, (9. überarb. und erw. Auflage) De Gruyter Oldenbourg, Berlin, Boston, 2021.

Kusay-Merkle, U. (2018)
Agiles Projektmanagement im Berufsalltag - Für mittlere und kleine Projekte, (1. Aufl. 2018) Springer Berlin Heidelberg, Berlin, Heidelberg, 2018.

Larman, Vodde 2017 – Large-Scale ScrumLarge-Scale Scrum - Scrum erfolgreich skalieren mit LeSS (1. Auflage. Herausgegeben von Stephen Denningdpunkt.verlag, Heidelberg (2017).

Laufenberg, L. (1996)
Methodik zur integrierten Projektgestaltung für die situative Umsetzung des Simultaneous Engineering, (Als Ms. gedr) Shaker, Aachen, 1996.

Leffingwell, D. (2018)
Scaled Agile Framework for lean software and systems engineering SAFe, 2018.

Lenders, M. (2009)
Beschleunigung der Produktentwicklung durch Lösungsraum-Management, Apprimus-Verl., Aachen, 2009.

Lindemann, U. (2009)
Methodische Entwicklung technischer Produkte, Springer Berlin Heidelberg, Berlin, Heidelberg, 2009.

Macke, N.; Rulhoff, S.; Stjepandic, J. (2011)
Reference Planning Processes for Series Production. In: Frey, D. D./Fukuda, S./et al. (Hrsg.): Improving Complex Systems Today, Springer London, London, 2011, S. 369 - 376.

macronomy (2020)
Deutsche Marken müssen Kunden begeistern - Perspektivwechsel gefordert.

Maurer, M.; Schulze, S.-O. (2012)
Tag des Systems Engineering, Carl Hanser Verlag GmbH & Co. KG, München, 2012.

Maurer, M.; Schulze, S.-O. (2013)
Tag des Systems Engineering, Carl Hanser Verlag GmbH & Co. KG, München, 2013.

Mayer, H. (2020)
Innovation Due To Covid: Yes, But How. In: Forbes.

Meffert, H.; Burmann, C.; Kirchgeorg, M.; Eisenbeiß, M. (2019)
Marketing - Grundlagen marktorientierter Unternehmensführung Konzepte - Instrumente - Praxisbeispiele, (13., überarbeitete und erweiterte Auflage) Springer Gabler, Wiesbaden, Heidelberg, 2019.

Meier, C. (2013)
Echtzeitfähige Produktionsplanung und -regelung in der Auftragsabwicklung des Maschinen- und Anlagenbaus, (1. Aufl.) Apprimus-Verl., Aachen, 2013.

Meis, J.-F. (2017)
Produktionsseitiges Anforderungsmanagement, Dissertation, TUM, 2017.

Michael Neißendorfer (2020)
Toyota stellt zweite Generation des Wasserstoff-Autos Mirai im Detail vor. URL: https://www.elektroauto-news.net/2020/toyota-vorstellung-zweite-generation-wasserstoff-auto-mirai-im-detail.

Moher, D.; Liberati, A.; Tetzlaff, J.; Altman, D. (2009)
Preferred Reporting Items for Systematic Reviews and Meta-Analyses: The PRISMA Statement. In: PLOS Medicine, 2009. Jg., 2009, S. 1 - 6.

Molitor, M. (2019)
Generative Montageablaufplanung in der hochiterativen Produktentwicklung, Dissertation, RWTH Aachen; IIF - Institut für Industriekommunikation und Fachmedien GmbH, 2019.

Moll, K.-R.; Broy, M.; Pizka, M.; Seifert, T.; Bergner, K.; Rausch, A. (2004)
Erfolgreiches Management von Software-Projekten. In: Informatik-Spektrum, Nr. 5, 27. Jg., 2004, S. 419 - 432.

Müller, A.; Demke, N.; Mantwill, F.; Choudry, S. (2018)
Lebenszykluskostenbewertungen zur frühzeitigen Produktbeeinflussung im Produktentstehungsprozess - Unterstützung der Produktentwicklung durch fertigungstechnische Lösungsalternativen mit hoher Kostentransparenz. In: Zeitschrift für wirtschaftlichen Fabrikbetrieb, Nr. 4, 113. Jg., 2018, S. 246 - 250.

Mumm, M. (2008)
Kosten- und Leistungsrechnung - Internes Rechnungswesen für Industrie- und Handelsbetriebe, Physica-Verlag HD, Heidelberg, 2008.

Nagel, J. (2011)
Risikoorientiertes Anlaufmanagement, Gabler, Wiesbaden, 2011.

Nagel, K. (2021)
Innovationen: Wie Sie eine Innovationskultur etablieren. In: business-wissen.

Ng, J. (2015)
2015 IEEE 3rd International Conference on Cyber-Physical Systems, Networks, and Applications (CPSNA) - 19 - 21 Aug. 2015, Hong Kong, China, 2015 IEEE 3rd International Conference on Cyber-Physical Systems, Networks, and Applications (CPSNA), 8/19/2015 - 8/21/2015. IEEE, Piscataway, NJ (2015).

Nicolai, A. (2020)
Aufbruch in das Ungewisse - Die Logik des iterativen Innovierens als zeitloser Kern agiler Innovationsansätze. In: Organisationsentwicklung, 2020, S. 46 - 51.

Optehostert, F. (2020)
Kostenprognose von Instandhaltungsleistungen parallel zur Produktentwicklung, (1st ed.) Apprimus Wissenschaftsverlag, Aachen, 2020.

Osterhagen, Schoen 2022 – Agil durch die LieferkriseAgil durch die Lieferkrise, (Band 2022), Nr. 4 (2022).

Patzak, G. (1982)
Systemtechnik - Planung komplexer innovativer Systeme - Grundlagen, Methoden, Techniken, Springer Berlin Heidelberg, Berlin, Heidelberg, 1982.

Patzak, G.; Rattay, G. (2014)
Projektmanagement - Projekte, Projektportfolios, Programme und projektorientierte Unternehmen, (6., wesentlich erweiterte und aktualisierte Auflage) Linde international; Ciando, Wien, München, 2014.

Pfeiffer, W.; Weiß, E. (2013)
Produktmanagement - Grundlagen - Methoden - Beispiele, Springer Gabler, Wiesbaden, 2013.

Pichler, R. (2008)
Scrum - Agiles Projektmanagement erfolgreich einsetzen, (1. Aufl.) dpunkt.verlag, Heidelberg, 2008.

Piekenbrock, D. (2010)
Gabler Kompakt-Lexikon Wirtschaft - 4500 Begriffe nachschlagen, verstehen, anwenden, (10., vollst. überarb. und erw. Aufl.) Gabler, Wiesbaden, 2010.

Plinke, W.; Utzig, B. P. (2020)
Industrielle Kostenrechnung - Eine Einführung, (9. Aufl. 2020) Springer Berlin Heidelberg, Berlin, Heidelberg, 2020.

Ponn, J.; Lindemann, U. (2011)
Konzeptentwicklung und Gestaltung technischer Produkte - Systematisch von Anforderungen zu Konzepten und Gestaltlösungen, (2. Aufl. 2011) Springer Berlin Heidelberg, Berlin, Heidelberg, 2011.

PONS GmbH (2021)
Online-Wörterbuch - Übersetzungen für "hybrida" im Latein-Deutsch-Wörterbuch. URL: https://de.pons.com/%C3%BCbersetzung/latein-deutsch/hybrida.

Prote, J.-P. (2017)
Verursachungsgerechte Bewertung von Standortalternativen in Produktionsnetzwerken, Dissertation, RWTH Aachen; Fraunhofer-Institut für Produktionstechnologie IPT, 2017.

Rathert, W. (2019)
Performance by Design: Die fünf Aufgaben agiler Führung in einer digitalisierten Welt und was Führungskräfte dabei von Game Designern lernen können. In: Buchenau, P. (Hrsg.): Chefsache Zukunft - Was Führungskräfte von morgen brauchen, Springer Gabler, Wiesbaden, [Heidelberg], 2019, S. 453 - 477.

Rauch, E.; Spena, P.; Matt, D. (2019)
Axiomatic design guidelines for the design of flexible and agile manufacturing and assembly systems for SMEs. In: International Journal on Interactive Design and Manufacturing (IJIDeM), Nr. 1, 13. Jg., 2019, S. 1 - 22.

Reinhart, G. (2017)
Handbuch Industrie 4.0 - Geschäftsmodelle, Prozesse, Technik, Carl Hanser Verlag, München, 2017.

Reinhart, G.; Meis, J. (2012)
Requirements Management as a Success Factor for Simultaneous Engineering. In: ElMaraghy, H. A. (Hrsg.): Enabling Manufacturing Competitiveness and Economic Sustainability - Proceedings of the 4th International Conference on Changeable, Agile, Reconfigurable and Virtual production (CARV2011), Montreal, Canada, 2-5 October 2011, Springer Berlin Heidelberg, Berlin, Heidelberg, 2012, S. 221 - 226.

Reischl, C. (2001)
Simulation von Produktkosten in der Entwicklungsphase, Dissertation, TUM, 2001.

Rey, J. (2020)
Methodik zur hochiterativen Gestaltung von Fertigungsprozessfolgen, Apprimus Wissenschaftsverlag, Aachen, 2020.

Rey, J.; Grünebaum, D.; Trauth, D.; Klocke, F. (2018)
Hochiterative Planung von Fertigungstechnologien. In: wt Werkstatttechnik online, Nr. 6, 108. Jg., 2018, S. 377 - 381.

Riesener, M.; Dölle, C.; Becker, A.; Schuh, G. (2020)
Agile Transformation in produzierenden Unternehmen. In: Zeitschrift für wirtschaftlichen Fabrikbetrieb, Nr. 115, 2020, S. 367 - 370.

Royce, W. (1970)
Managing the Development of Large Software Systems. In: IEEE (Hrsg.): IEEE WESCON, 26. Aufl., 1970, S. 328 - 338.

Rüegg-Stürm, J.; Grand, S. (2020)
Das St. Galler Management-Modell - Management in einer komplexen Welt, (2., überarbeitete Auflage) Haupt Verlag, Bern, 2020.

Sandhaus, G.; Knott, P.; Berg, B. (2014)
Hybride Softwareentwicklung - Das Beste aus klassischen und agilen Methoden in einem Modell vereint, Springer Vieweg, Berlin, 2014.

Sandmeier, P. (2014)
Extreme Innovation: Lektionen für die industrielle Kundenintegration aus der Software-Industrie. In: Herstatt, C./Verworn, B. (Hrsg.): Management der frühen Innovationsphasen - Grundlagen - Methoden - Neue Ansätze, 2nd ed.; Gabler Verlag, Wiesbaden, 2014, S. 183 - 198.

Schäppi, B. (2005)
Handbuch Produktentwicklung, Hanser, München, 2005.

Scheuermann, C.; Verclas, S.; Bruegge, B. (2015)
Agile Factory - An Example of an Industry 4.0 Manufacturing Process. In: Ng, J. (Hrsg.): 2015 IEEE 3rd International Conference on Cyber-Physical Systems, Networks, and Applications (CPSNA) - 19 - 21 Aug. 2015, Hong Kong, China, IEEE, Piscataway, NJ, 2015, S. 43 - 47.

Schlick, C. M.; Bruder, R.; Luczak, H. (2010)
Arbeitswissenschaft, (3., vollst. überarb. u. erw. Aufl. 2010) Springer Berlin Heidelberg, Berlin, Heidelberg, 2010.

Schmidt, T.; Paetzold, K. (2016)
Agilität als Alternative zu traditionellen Standards in der Entwicklung physischer Produkte - Chancen und Herausforderungen. In: Krause, D./Paetzold, K./et al. (Hrsg.): Design for X - Beiträge zum 27. DfX-Symposium,, 2016, S. 255 - 267.

Schmitt, R.; Schuh, G. (2019)
Advances in Production Research - Proceedings of the 8th Congress of the German Academic Association for Production Technology (WGP), Aachen, November 19-20, 2018, Springer International Publishing, Cham, 2019.

Schneider, S. (2015)
Agile Prozessplanung im Produktentstehungsprozess am Beispiel der Motorenproduktion, Shaker, Aachen, 2015.

Schneider, S.; Fallböhmer, M.; Schallow, J.; Hartung, J.; Deuse, J. (2012)
Agile Prozessplanung im Produktentstehungsprozess - Softwareentwicklung als Lösungshilfe für permanente Anpassungsbedarfe in der Prozessplanung. In: Zeitschrift für wirtschaftlichen Fabrikbetrieb, 107. Jg., 2012, S. 158 - 162.

Schönsleben, P. (2020)
Integrales Logistikmanagement - Operations und Supply Chain Management innerhalb des Unternehmens und unternehmensübergreifend, (8. Aufl. 2020) Springer Berlin Heidelberg, Berlin, Heidelberg, 2020.

Schuh, G. (2012)
Innovationsmanagement, Springer Berlin Heidelberg, Berlin, Heidelberg, 2012.

Schuh, G.; Gartzen, T.; Soucy-Bouchard, S.; Basse, F. (2017)
Enabling Agility in Product Development through an Adaptive Engineering Change Management. In: Procedia CIRP, 63. Jg., 2017, S. 342 - 347.

Schuh, G.; Guetzlaff, A.; Schmitz, S.; Wlecke, S.; Hermann, A. (2021)
Management Framework for the Highly Iterative and Integrated Product and Production Process Development (HIP³D). In: IEEE (Hrsg.): 2021 IEEE International Conference on Industrial Engineering and Engineering Management (IEEM), IEEE, 2021, S. 750 - 754.

Schuh, G.; Gützlaff, A.; Schmitz, S.; Wlecke, S. (2022)
Agile and Continuous Cost Analysis and Forecasting in the HIP³D. In: IEEE (Hrsg.): 2022 IEEE International Conference on Industrial Engineering and Engineering Management (IEEM), Kuala Lumpur, 2022.

Schuh, G.; Müller, J.; Rauhut, M. (2012)
Gestaltung von Produktentwicklungsprozessen. In: Schuh, G. (Hrsg.): Innovationsmanagement, Springer Berlin Heidelberg, Berlin, Heidelberg, 2012, S. 161 - 247.

Schuh, G.; Prote, J.-P.; Gützlaff, A.; Cremer, S.; Wlecke, S. (2020)
Concept for the cost prognosis in the industrialization of highly iteratively developed physical products, Hannover: Institutionelles Repositorium der Leibniz Universität Hannover, 2020.

Schuh, G.; Riesener, M. (2018)
Produktkomplexität managen - Strategien - Methoden - Tools, (3., vollständig überarbeitete Auflage) Hanser, München, 2018.

Schuh, G.; Stölzle, W.; Straube, F. (2008)
Anlaufmanagement in der Automobilindustrie erfolgreich umsetzen - Ein Leitfaden für die Praxis, Springer, Berlin, Heidelberg, 2008.

Schuh, G.; Zeller, V.; Prote, J.-P.; Molitor, M.; Wenger, L. (2017)
Generative Stücklistenerstellung in der manuellen Montage. In: Zeitschrift für wirtschaftlichen Fabrikbetrieb, Nr. 6, 112. Jg., 2017, S. 392 - 395.

Schwaber, K. (2007)
Agiles Projektmanagement mit Scrum, Microsoft Press, Unterschleißheim, 2007.

Schwaber, K.; Beedle, M. (2002)
Agile software development with Scrum, ([Pearson international ed.]) Pearson Education International, Upper Saddle River, N.J., 2002.

Schwaber, K.; Sutherland, J. (2020)
The Scrum Guide - The Definitive Guide to Scrum: The Rules of the Game, 2020.

Shafer, G. (2021)
A Mathematical Theory of Evidence, Princeton University Press, Princeton, NJ, 2021.

Siebertz, K.; van Bebber, D.; Hochkirchen, T. (2010)
Statistische Versuchsplanung, Springer Berlin Heidelberg, Berlin, Heidelberg, 2010.

Sigmund, T.; Hubik, F.; Jahn, T. (2018)
So buhlen das Saarland und Rheinland-Pfalz um die neue Tesla-Fabrik. URL: https://www.handelsblatt.com/politik/deutschland/elektroautobauer-so-buhlen-das-saarland-und-rheinland-pfalz-um-die-neue-tesla-fabrik/22864884-all.html?ticket=ST-6022448-776Flo1auuyMNpurEJ7N-ap2 21.02.2020.

Smith, P. G. (2007)
Flexible product development - Building agility for changing markets, (1st ed.) Jossey-Bass, San Francisco, Calif., 2007.

Sommer, A.; Hedegaard, C.; Dukovska-Popovska, I.; Steger-Jensen, K. (2015)
Improved Product Development Performance through Agile/Stage-Gate Hybrids: The Next-Generation Stage-Gate Process. In: Research-Technology Management, Nr. 1, 58. Jg., 2015, S. 34 - 45.

Spath, D.; Westkämper, E.; Bullinger, H.-J.; Warnecke, H.-J. (2017)
Neue Entwicklungen in der Unternehmensorganisation, (1. Aufl. 2017) Springer Berlin Heidelberg, Berlin, Heidelberg, 2017.

Specht, D. (2008)
Produkt- und Prozessinnovationen in Wertschöpfungsketten - Tagungsband der Herbsttagung 2007 der Wissenschaftlichen Kommission Produktionswirtschaft im VHB, Gabler, Wiesbaden, 2008.

Springer Fachmedien Wiesbaden (2019)
Gabler Wirtschaftslexikon, (19. Auflage) Springer Gabler, Wiesbaden, Heidelberg, 2019.

Springer Fachmedien Wiesbaden GmbH (2014)
Kompakt-Lexikon Wirtschaft - 5.400 Begriffe nachschlagen, verstehen, anwenden, (12., aktualisierte u. erw. Aufl. 2014) Springer Gabler, Wiesbaden, 2014.

Špundak, M. (2014)
Mixed Agile/Traditional Project Management Methodology – Reality or Illusion. In: Procedia - Social and Behavioral Sciences, 119. Jg., 2014, S. 939 - 948.

Staufen (2016)
Industrie-Monitor: Innovation 2016.

Steimer, C.; Aurich, J. (2016)
Analysis of Information Interdependencies Between Product Development and Manufacturing System Planning in Early Design Phases. In: Procedia CIRP, 50. Jg., 2016, S. 460 - 465.

Steimer, C.; Fischer, J.; Aurich, J. (2017)
Model-based Design Process for the Early Phases of Manufacturing System Planning using SysML. In: Procedia CIRP, 60. Jg., 2017, S. 163 - 168.

Steinhäußer, T. (2018)
Methode zur Reifebewertung und Priorisierung von Aufgaben in der Serienreifmachung komplexer Produkte, Diss., Technische Universität München, 2018.

Stoffels, P.; Vielhaber, M. (2016)
Decision Support for Energy Efficient Production in Product and Production Development. In: Procedia CIRP, 40. Jg., 2016, S. 530 - 535.

Syska, A. (2006)
Produktionsmanagement, Gabler, Wiesbaden, 2006.

Takeuchi, H.; Nonaka, I. (1986)
The New New Product Development Game. In: Harvard Business Review, 1986, S. 137 - 146.

Tempelmeier, H.; Günther, H.-O. (2016)
Produktion und Logistik - Supply Chain und Operations Management, Books on Demand, Norderstedt, 2016.

Terry Leary, G. W.; Erin Schultz, S. A. (2021)
Applying Agile Beyond Information Technology and Software, Acquisition Research Program, 2021.

Thompson, M.; Juel Jespersen, I.; Kjærgaard, T. (2018)
Design for manufacturing and assembly key performance indicators to support high-speed product development. In: Procedia CIRP, 70. Jg., 2018, S. 114 - 119.

Tomczak, T. (1992)
Forschungsmethoden in der Marketingwissenschaft. Ein Plädoyer für den qualitativen Forschungsansatz. In: Marketing ZFP, Nr. 2, 14. Jg., 1992, S. 77 - 87.

Träger, T. (2017)
Organisation, (1st ed.) Franz Vahlen, München, 2017.

Turk, D.; France, R.; Rumpe, B. (2002)
Limitations of Agile Software Processes. In: Third International Conference on Extreme Programming and Flexible Processes in Software Engineering, XP, 2002.

Ulrich, H.; Dyllick, T.; Probst, G. (1984)
Management, Haupt, Bern, Stuttgart, 1984.

Ulrich, K. (1995)
The role of product architecture in the manufacturing firm. In: Research Policy, Nr. 3, 24. Jg., 1995, S. 419 - 440.

Ulrich, P.; Hill, W. (1976)
Wissenschaftstheoretische Grundlagen der Betriebswirtschaftslehre. In: Zeitschrift für Ausbildung und Hochschulkontakt, Nr. 7+8, 5. Jg., 1976, S. 304 - 309.

Verein Deutscher Ingenieuere
VDI-Richtlinie 2221.

Verein Deutscher Ingenieuere (2018)
VDI legt sein Standardwerk für Konstrukteure und Produktentwickler neu auf. In: Konstruktion, Nr. 4, 2018.

Verein Deutscher Ingenieuere
VDI 2221 Blatt 1 - Entwicklung technischer Produkte und Systeme.

Verein Deutscher Ingenieuere
VDI 2221 Blatt 2 - Entwicklung technischer Produkte und Systeme.

Verein Deutscher Ingenieuere
VDI-Richtlinie 2206.

Verein Deutscher Ingenieure e. V. (2017)
VDI-Richtlinie 4520, 2017.

Verworn, B.; Herstatt, C. (2014)
Strukturierung und Gestaltung der frühen Phasen des Innovationsprozesses. In: Herstatt, C./Verworn, B. (Hrsg.): Management der frühen Innovationsphasen - Grundlagen - Methoden - Neue Ansätze, 2nd ed.; Gabler Verlag, Wiesbaden, 2014, S. 111 - 134.

Vielhaber, M.; Stoffels, P. (2014)
Product Development vs. Production Development. In: Procedia CIRP, 21. Jg., 2014, S. 252 - 257.

Wagner, S. M. (2002)
Lieferantenmanagement, Hanser, München, Wien, 2002.

Waltl, H.; Wildemann, H. (2015)
Modularisierung der Produktion in der Automobilindustrie, (2. Aufl.) TCW Transfer-Centrum, München, 2015.

Wangenheim, S. von (1998)
Planung und Steuerung des Serienanlaufs komplexer Produkte - Dargestellt am Beispiel der Automobilindustrie, Lang, Frankfurt am Main, Berlin, Bern, Wien.

Welge, M.; Friedrich, C.; Shair, A. (2013)
Integration von agilen Methoden in der Systementwicklung. In: Maurer, M./Schulze, S.-O. (Hrsg.): Tag des Systems Engineering, Carl Hanser Verlag GmbH & Co. KG, München, 2013, S. 341 - 350.

Westkämper, E.; Löffler, C. (2016)
Strategien der Produktion - Technologien, Konzepte und Wege in die Praxis, (1. Aufl. 2016) Springer Berlin Heidelberg, Berlin, Heidelberg, 2016.

Wiendahl, H.-P.; ElMaraghy, H.; Nyhuis, P.; Zäh, M.; Wiendahl, H.-H.; Duffie, N.; Brieke, M. (2007)
Changeable Manufacturing - Classification, Design and Operation. In: CIRP Annals, Nr. 2, 56. Jg., 2007, S. 783 - 809.

Wiendahl, H.-P.; Wiendahl, H.-H. (2020)
Betriebsorganisation für Ingenieure, (8., überarb. Aufl. //9., vollständig überarbeitete Auflage) Hanser, München, 2020.

Wiktorsson, M. (2014)
Consideration of Legacy Structures Enabling a Double Helix Development of Production Systems and Products. In: Henriques, E./Pecas, P./et al. (Hrsg.): Technology and Manufacturing Process Selection, Springer London, London, 2014, S. 21 - 32.

Winkler, H.; Kaluza, B. (2008)
Einsatz einer Wertschöpfungsrechnung zur Erfassung und Bewertung von Produkt- und Prozessinnovationen in Wertschöpfungsnetzwerken. In: Specht, D. (Hrsg.): Produkt- und Prozessinnovationen in Wertschöpfungsketten - Tagungsband der Herbsttagung 2007 der Wissenschaftlichen Kommission Produktionswirtschaft im VHB, Gabler, Wiesbaden, 2008, S. 1 - 31.

Wlecke, S.; Gützlaff, A.; Schmitz, S.; Mehler, J.; Wutzow, K.; Hermann, A.; Schuh, G. (2021)
Reducing Time-To-Market in the Highly Iterative and Integrated Product and Production Process Development (HIP³D). In: Behrens, B.-A./Brosius, A./et al. (Hrsg.): Production at the leading edge of technology - Proceedings of the 11th Congress of the German Academic Association for Production Technology (WGP), Dresden, September 2021, Springer, Cham, 2021, S. 601 - 609.

Wlecke, S.; Prote, J.-P.; Molitor, M.; Müller, C.; Schuh, G. (2019)
Concept for the industrialization of physical products in the highly iterative product development. In: Wulfsberg, J. P. (Hrsg.): Production at the Leading Edge of Technology - Proceedings of the 9th Congress of the German Academic Association for Production Technology (WGP), September 30th - October 2nd, Hamburg 2019, Springer Berlin /Heidelberg, Berlin, Heidelberg, 2019, S. 583 - 592.

Wulfsberg, J. (2019)
Production at the Leading Edge of Technology - Proceedings of the 9th Congress of the German Academic Association for Production Technology (WGP), September 30th - October 2nd, Hamburg 2019, Springer Berlin /Heidelberg, Berlin, Heidelberg, 2019.

Zernott, C.; Niemand, S. (2011)
Prozessorientiertes Design-to-Cost - Ein integrierter Ansatz zur Gestaltung optimaler Produktkosten. In: Baumöl, U./Hiebl, M. R. W./et al. (Hrsg.): Controlling - Zeitschrift für erfolgsorientierte Unternehmenssteuerung, Beck, München, 2011, S. 364 - 371.

Zwettler, M. (2022)
Was ist eigentlich Produktentwicklung. In: konstruktionspraxis VDI 2221 Blatt 1 - Entwicklung technischer Produkte und Systeme.

9 Anhang

9.1 Details zur SLR für die Identifikation der Kostentreiber

Die für die vorliegende systematische Literaturrecherche verwendeten Datenbanken sind für deutsche Suchanfragen *Google Scholar* und *Springer Link*. Für englischsprachige Suchanfragen werden die Datenbanken *Web of Science*, *Scopus*, *Science Direct* und *Google Scholar* verwendet.

Die Auswahl der Suchbegriffe stellt ein zentrales Element der SLR dar. Sie bilden die Basis für die erzielte Literatur aus den Datenbanken. Damit für den Zielbegriff der Recherche „Kostentreiber" relevante Dokumente gefunden werden, werden Synonyme, sowie artverwandte Begriffe identifiziert, welche dem Zielbegriff entsprechen. Basierend auf der Kernidee der Arbeit, dass die HIP³E die HIPE und die HIPPE in einer parallelen Durchführung integriert, werden die Begriffe PE und PPE sowie Agilität verwendet. Weiter werden auch hier Synonyme eingebunden, um den Zielbereich zu vergrößern. Hinsichtlich des Begriffs Kostentreiber werden außerdem die Wörter Kosten und Einflussbereiche von Kosten sowie Synonyme genutzt.

Diese Suchbegriffe ergeben folgende Suchstrings im Deutschen und im Englischen:

Deutsch: ((Kostentreiber OR Kosteneinflussgröße) AND (dynamisch OR agil OR iterativ OR flexibel) AND (Produktentwicklung OR Produktentstehung OR Prototyp OR Produktentwicklungsprozess) AND (Produktionsentwicklung OR Fertigung OR Time-to-Market OR Produktionsprozessentwicklung OR Produktionssystem) AND (Kostenstruktur OR Kostenarten OR Kostenanalyse OR Kostenmanagement) AND (Wirkungsfeld OR Einwirkung))

Englisch: (cost driver AND (dynamic OR agile OR iterative OR flexible) AND (product development process OR prototype OR product development) AND (production process OR fabrication OR time-to-market OR product system) AND (cost structure OR type of cost OR cost analysis OR cost management) AND (field OR influence OR impact))

Die Treffer und gefilterten Ergebnisse der SLR sind in Tabelle 9-1 zu finden.

Tabelle 9-1: Trefferliste der SLR

	Google Scholar	Scopus	Science Direct	Web of Science	Springer Link
Gesamttitel	389 Mio	72 Mio	1,4 Mio	105 Mio	10 Mio
Suchergebnis	31.500 (EN) 514 (DE)	9.848	35.145	28	47.018 (EN) 179 (DE)
Filter der Suchmaschine	17.900 (EN) 181 (DE)	1.958	4.185	22	6680 (EN) 66 (DE)
Summe Ergebnisse			30.992		
Manuelle Titelanalyse			998		
Manuelle Abstract Review			107		
Relevante Artikel			11		
Relevante Textabschnitte			31		

Die relevanten Textabschnitte wurden anschließend kategorisiert und somit zu Kostentreibern für die Industrialisierung hochiterativ entwickelter Produkte überführt (vgl. Tabelle 9-2).

Tabelle 9-2: Relevante Textabschnitte der Kostentreiber SLR

Kostentreiber	Teilaspekt	Quelle
Validität von Informationen/ Parametern	*„Die Validität der Informationen wird gar nicht oder nicht korrekt eingeschätzt, was jedoch für eine fundierte Kostenbeeinflussung notwendig ist."*	OPTEHOSTERT (2020), S. 2
	„...produktbeschreibenden Parameter in der Regel nur unscharf definiert sind, obwohl viele davon ein hohes Kostenbeeinflussungspotenzial haben."	KIND ET AL. (2003), S. 294f.
Kein konstanter „Entwicklungsfluss"	*„Hervorzuheben ist die Bedeutung eines kontinuierlichen Entwicklungsflusses, d.h. kein Warten oder Unterbrechen entlang der Wertschöpfungskette."*	BASEL (2017), S. 950ff.
	„..., denn bestimmend für die Produktkosten sind nicht nur die Einstandskosten der Zukauf- bzw. Zulieferteile, sondern auch der innerbetriebliche Wertschöpfungsprozess einschließlich produktionsnaher indirekter Unterstützungsprozesse wie Qualitätssicherung und Instandhaltung."	(ZERNOTT UND NIEMAND (2011) S.369f., S. 366f.
Falsche Kundeninterpretation	*„Bedeutung des Kunden wird in der Entwicklungsphase nicht gelebt oder verstanden"*	BASEL (2017), S. 950, S. 952f.
	„Ein weiterer Aspekt, den es in diesem Kontext zu berücksichtigen gilt, ist die Entwicklung von Produkten, die eindeutig die Kundenanforderungen treffen."	KOPPIK UND MEIER (2009), S.1173 f. (Dr. Pavel Kraus 2003, S. 50 f.)
	„Oder Kundenwünsche werden in der Produktentwicklung nicht berücksichtigt, obwohl sie unter den Verkäufern bekannt sind."	KRAUS (2003), S. 50f.
	„Nur das vom Kunden effektiv Wahrnehmbare wird im Idealfall ausdifferenziert, das vom Kunden in der Regel untergeordnet bis gar nicht Wahrgenommene ist weitestgehend unter Minimierung der Kosten zu standardisieren."	ZERNOTT UND NIEMAND (2011), S.369f., S. 366 f.
Entwicklung nicht lebenszyklusorientiert	*„Daraus wird aber auch ersichtlich, dass die ersatzteilversorgungsgerechte Produktentwicklung vielfach in einem Zielkonflikt aus Serienproduktionskosten und Ersatzteilversorgungskosten resultiert, [...], wodurch letztendlich die Forderung nach einer lebenszyklusorientierten Kalkulation verstärkt wird."*	DOMBROWSKI UND QUANTSCHNIG (2017), S.382

Over Engineering	*„Hang zur „Überperfektion“*	BASEL (2017), S. 950, S. 952f.
Zielkonflikt	*„Die Produktentwicklung befindet sich immer im Spannungsfeld zwischen Kosten, Qualität und Entwicklungszeit.“*	BASEL (2017), S. 950, S. 952f.
Intransparenz Kosten vs. Technik	*„Zusammenhänge zwischen Technik und Kosten sind in der Praxis häufig nicht transparent.“* *„Hohe Transparenz über die von den Kostentreibern ausgelösten tatsächlichen Kosten beeinflussen die Entscheidungen über Teilevielfalt, Produktänderungen oder Anzahl der Fertigungsstufen. Ungenaue Kosteninformationen können dabei zu strategischen Fehlentscheidungen führen.“* *„Fehlende Transparenz bei Abläufen und über verfügbare Ressourcen führt oft zu Doppelspurigkeiten und Zeitverlusten. Prozesse sind nicht effizient, weil benötigtes Wissen nicht schnell zugänglich ist.“*	BASEL (2017), S. 950, S. 952f. ISBRUCH UND BATZLEN (2011), S.525 KRAUS (2003), S. 50 f.
Trennung von Produkt & Prozess	*„…gemeinsame Entwicklung von Produkt und Prozess…“*	BASEL (2017), S. 950, S. 952f.
Mangelndes Schnittstellen-management	*„Etablierung eines effizienten Schnittstellenmanagements“* *„Über die interdisziplinäre Einbindung von Marketing, Produktmanagement, Vertrieb und Einkauf werden Marktanforderungen von vornherein elementarer Bestandteil im Zuge der Lösungserarbeitung.“*	BASEL (2017), S. 950, S. 952f. ZERNOTT UND NIEMAND (2011), S.369f., S. 366 f.
Mangelnde Standardisierung	*„…Standardisierung von Komponenten und Baugruppen auf der einen, sowie der dazugehörigen Produktionsprozesse auf der anderen Seite, reduzieren bereits im Vorfeld die kapitalintensive Variantenbildung.“*	BASEL (2017), S. 950, S. 952f.
Fehlerfolgekosten/ Änderungs-konstruktionen	*„Ein Großteil von Fehlern […] hat ihren Ursprung in einer fehlerhaften Produktentwicklung. Die daraus resultierenden Fehlerfolgekosten sind enorm hoch, da meist ganze Serien betroffen sind.“* *„Somit werden dem Konstrukteur die Auswirkungen seiner technischen Variation auf die Produktkosten erst ex post deutlich, also zu einem Zeitpunkt, zu dem die Konstruktion bereits abgeschlossen ist.“*	GRABNER (2012), S. 86ff. KIND ET AL. (2003), S. 294f.

	„Weitere kostspielige Situationen entstehen, wenn fehlendes Spezialwissen beim Einkauf spätere Produktionsausfälle aufgrund von Qualitätsproblemen verursacht."	KRAUS (2003), S. 50f.
Individualisierungsgrad des Produktes/Variantenvielfalt	*„...wie das Produkt konzipiert wird, ob es aus möglichst wenigen und einfachen Teilen besteht oder nicht. Auch die Berücksichtigung von Wünschen aus der Fertigung für geringere Bearbeitungszeiten auf den Maschinen oder zur einfacheren Montage spielt hier eine Rolle, sowie die Verwendung von Normteilen anstatt von Sonderteilen."*	GRABNER (2012), S. 86ff.
	„...durch vielfältige Customizing-Angebote führt zu einer konstanten Steigerung der Produktvarianten, deren Komplexität es zu beherrschen und zu standardisieren gilt. Wird die Reduktion der Produktkomplexität durch Gleichteilemanagement konsequent umgesetzt, verbergen sich hier enorme Potenziale, und es können erhebliche Skaleneffekte erzielt werden."	KOPPIK UND MEIER, (2009), S.1173 f.
	„Untersuchungen von SCHUH UND KÖHLER bestätigen die hohe Kostenwirkung der Variantenvielfalt."	KAMPKER ET AL. (2019), S. 474ff.
Schlechter Datenfluss (nicht digital)	*„Ein strukturierter Datenfluss, bei dem die Informationen bereits in definierter digitaler Form vorliegen bzw. angefragt oder eingepflegt werden können, würde bei der Produktkostenermittlung zu einer erheblichen Zeit- und somit auch Kostenersparnisführen."*	KIND ET AL. (2003), S. 294f.
Kein standardisiertes Projektmanagement	*„Projektorganisation und Projektmanagement sind wesentliche Stellhebel zur Produktivitätssteigerung. Werden hier unternehmenseigene Standards konsequent genutzt, erhöht sich deutlich die Flexibilität der Produktentwicklung."*	KOPPIK UND MEIER, (2009), S.1173 f.
	„Eine weitere Hilfe für den effizienten Umgang mit Wissen sind moderne Workshop-Designs, die ausgelegt sind auf die Reduktion von Komplexität und moderierte Dokumentation von Projekt- und Prozesswissen."	KRAUS (2003), S. 50 f.
	„Ein meilensteingeführtes Projektmanagement und eine frühzeitige Orientierung des Produktentstehungsprozesses an den Investitionskosten für die zu beschaffende Anlage	KAMPKER ET AL. (2014), S. 643

	führen zum Erreichen des wirtschaftlichen Optimums.“ *„Ein effektives Projektmanagement verhindert die oben beschriebene Entwicklung und führt das Vorhaben koordinierend, quasi als Koalitionspartner des Managements zum Erfolg.“*	ZERNOTT UND NIEMAND (2011), S.369f., S. 366 f.
Taktverluste	*„So sprechen 63 Prozent der Teilnehmer der Produktentwicklung das größte Potenzial zur Vermeidung von Taktverlusten zu."*	KAMPKER ET AL. (2019), S. 474ff.
Mangelnde Entwicklung hinsichtlich Montage	*„Die Produkt- und Produktfamilienarchitektur sowie die Bauteiltopologie haben den größten Einfluss auf die Investitionskosten von Produktionsanlagen. Maßnahmen wie die varianten- oder produktübergreifende Standardisierung und montagegerechte Konstruktion setzen die Anwendung des präsentierten Leitfadens voraus."*	KAMPKER ET AL. (2014), S. 643

9.2 Details zur SLR für die Merkmale der HIPPE

Für die Ausarbeitung der SLR werden drei methodische Schritte ausgeführt. Zunächst werden geeignete Datenbanken definiert, welche den thematischen Anforderungen der Suche entsprechen und einen geeigneten Lösungsraum bieten. Daraufhin werden, auf Basis der in Kapitel 2 erläuterten Grundlagen, Suchbegriffe definiert, welche zu Suchstrings zusammengefügt werden, um den Lösungsraum der HIPPE passend zu beschreiben. Anschließend werden zur systematischen Filterung Filterkriterien in Form einer Blacklist definiert, mit Hilfe derer irrelevante Beiträge im Screening entfernt werden. Zudem werden Filter bei der Erstellung der Suche in den Datenbanken eingegeben. Für die manuelle Auswahl der Titel bedarf es keiner Kriterien, da diese auf Basis der Durchsicht der Dokumente stattfindet. Die Titel werden daraufhin hinsichtlich des Zielbereichs analysiert und gefiltert.[527]

Die für die vorliegende systematische Literaturrecherche verwendeten Datenbanken sind für deutsche Suchanfragen *Google Scholar* und *Springer Link*. Für englischsprachige Suchanfragen werden die Datenbanken *Web of Science*, *Scopus*, *Science Direct* und *Google Scholar* verwendet. Die Auswahl der Suchbegriffe stellt ein zentrales Ele-

[527] Vgl. Moher, D./Liberati, A. et al. (2009) Preferred Reporting Items for Systematic Reviews and Meta-Analyses, 1 ff.

ment der SLR dar. Damit für den Zielbegriff „hochiterative Produktionsprozessplanung“ jegliche relevanten Dokumente gefunden werden, werden Synonyme sowie artverwandte Begriffe identifiziert. Basierend auf der Kernidee der Arbeit, dass die HIP³E die hochiterative und agile PE und die PPE in einer parallelen Durchführung integriert, wird der Suchbegriffraum anhand Abbildung 9-1 eingeschränkt.

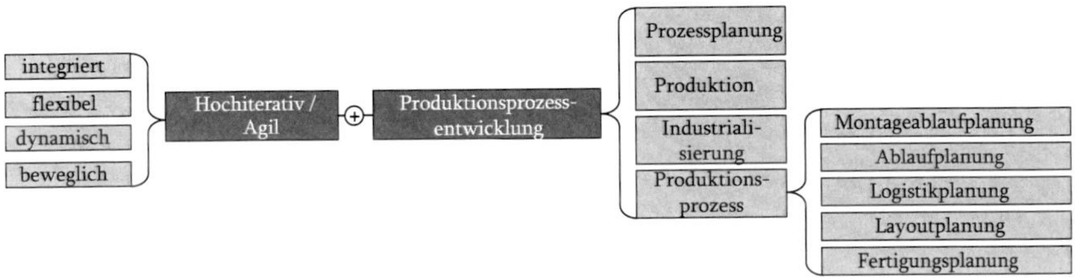

Abbildung 9-1: Suchbegriffraum für die HIPPE

Auf dem Suchbegriffraum aufbauend werden die relevanten Suchbegriffe ausgewählt. Insgesamt erfolgt die SLR in deutscher und englischer Sprache mit folgenden Suchstrings (vgl. Abbildung 9-2).

	Suchstring
englisch	(agile OR (highly AND iterative) OR flexible OR dynamic OR mobile) AND ((production AND process AND (Planning OR development)) OR industrialization OR (process AND (Planning (process AND (Planning) OR (Assembly AND (Planning OR Development)) OR (Logistic AND (Planning OR Development)) OR (Layout AND (Planning OR Development)) OR (Production AND (Planning OR Development)))
deutsch	(agil OR hochiterativ OR flexibel OR dynamisch OR beweglich) AND (Produktionsprozessplanung OR Produktionsprozessentwicklung OR Industrialisierung OR Prozessplanung OR Prozessentwicklung OR Montageplanung OR Montageentwicklung OR Logistikplanung OR Logistikentwicklung OR Layoutplanung OR Layoutentwicklung OR Produktionsplanung OR Produktionsentwicklung)

Abbildung 9-2: Suchstrings für die SLR

Insgesamt wurden fast 600 Millionen Artikel in verschiedenen Datenbanken identifiziert. Diese wurden gefiltert und auf 66 relevante Textabschnitte reduziert. Für das systematische Filtern wurden zum einen das Veröffentlichungsdatum auf die letzten fünf Jahre festgelegt, ältere Ergebnisse wurden auf Grund mangelnder Aktualität ausgeschlossen. Zum anderen wurden die Suchergebnisse in den Suchmaschinen auf Ergebnisse der Ingenieurswissenschaften begrenzt. Da die vorliegende Fragestellung eine rein ingenieurswissenschaftliche ist, führt eine Begrenzung auf diesen Themenbereich nicht zum Verlust relevanter Literatur. Das systematische Filtern wurde über eine Blacklist durchgeführt, die die Themenbereiche der Medizin, Biologie, Psychologie und Geisteswissenschaften enthielt. Eine feinere Filterung war mittels des systematischen Filterns nicht zulässig, da anderenfalls relevante Beiträge verloren gehen könnten. Daher wurden die Dokumente in einem zweiten Schritt manuell gefiltert und ausgewertet. Das systematische Filtern der gefundenen Titel zur Identifikation der relevanten Textabschnitte ist in Abbildung 9-3 dargestellt.

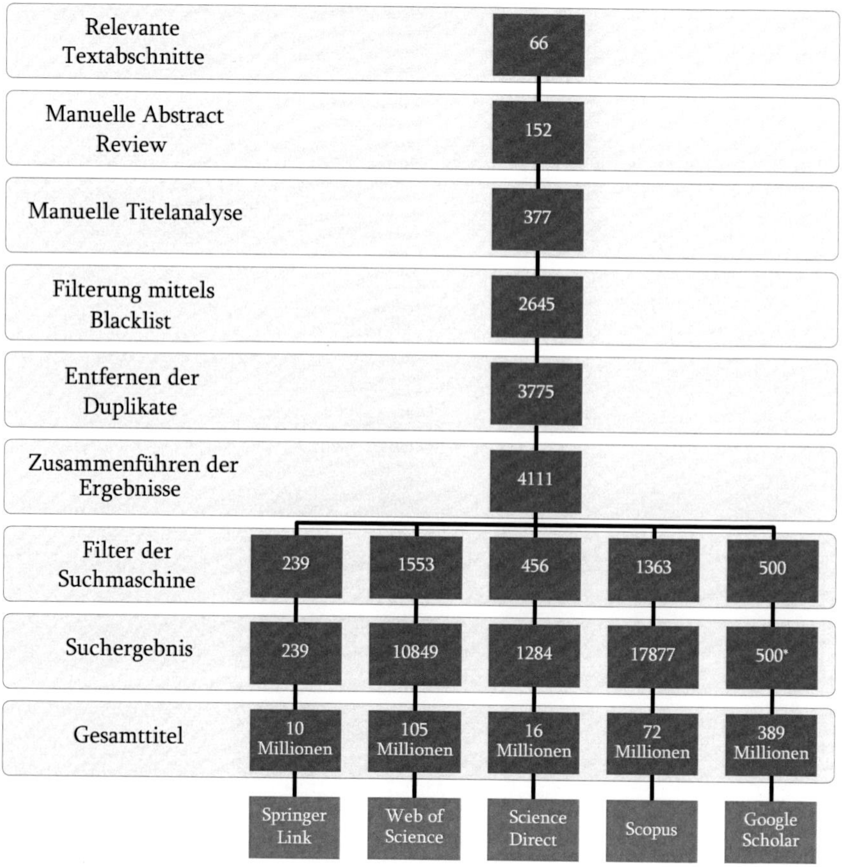

Abbildung 9-3: Stufenweise Filterung der Suchergebnisse der SLR (Kapitel 5.1)

Ergebnisse der SLR

Kollaboration: Die Planungsphase eignet sich besonders für die Umsetzung agiler Methoden, da kostenintensive Entscheidungen noch nicht festgelegt werden. Daher werden in der Planung durch den Einsatz agiler Methoden unerwartete Änderungen im System frühzeitig berücksichtigt. Eine integrierte Entwicklung wird somit unabdingbar, um die Änderungen ganzheitlich abzubilden. Dabei wird für den Planungsprozess das Testen von Produkt- und Produktionsspezifikationen anhand von Prototypen umgesetzt.[528] Somit ist ein hypothesenbasiertes Vorgehen für die HIPPE ein zentrales Merkmal. Weiter ist die Kollaboration zwischen beiden Entwicklungsdomänen entscheidend, da Änderungen für Produkt- oder Produktionsspezifikationen aufgrund der Wechselwirkungen zwischen Produkt und Produktion stets beide Entwicklungsdomänen beeinflussen.[529]

Zusätzlich ist die konkrete Umsetzung der Integration beider Bereiche im Planungsprozess notwendig, was mittels additiver Fertigungsverfahren durchgeführt wird und die prototypenbasierte Auswahl von Produktspezifikationen und Fertigungsverfahren parallel vorangetrieben wird. Mit Hilfe dieser Prototypen werden Produktreifegrad und Produktionsprozessfreiheitsgrad kontinuierlich und parallel erhöht bzw. gesenkt.[530] Um diese Erweiterung des Planungsprozesses auf alle angeschlossenen Entwicklungsvorgehen zu realisieren, werden Hilfsmittel zur abteilungsübergreifenden Kommunikation geschaffen. Diese werden mithilfe geeigneter IT-Plattformen umgesetzt.[531]

Die Übertragbarkeit des Kollaborationskriteriums findet in der Gestaltungsphase nicht nur intern, sondern auch extern statt. So werden Zulieferer und Technologieanbieter in die Entwicklung einbezogen, um einen kostenoptimalen Mix aus Eigen- und Fremdfertigung des späteren Produktes zu erarbeiten. Durch eine enge Beziehung zwischen den unternehmensinternen Abteilungen und dem Zusammenführen mit externen Zulieferern wird so kosten- und aufwandminimal entwickelt.[532] Damit diese Integration der verschiedenen Planungsdisziplinen gewährleistet wird, gilt es zudem, Synchronisationspunkte zu schaffen, damit jeder Entwicklungsbereich über den aktuellen Stand und den zeitlichen Horizont des Projekts in Kenntnis steht.

Flexibilität: Mit einem hochiterativen Vorgehen geht die Forderung nach flexiblen Anpassungen und Änderungen im Entwicklungsprozess einher. Somit müssen die Auswirkungen auf andere Planungsbereiche kontinuierlich berücksichtigt werden,

---

528 Vgl. Ali, A./Ahmed, W. et al. (2016) AgiFlex System: An, S. 33.

529 Vgl. Bauer, H./Brandl, F. et al. (2018) Vorgehen zur individuellen Gestaltung der Änderungsauswirkungsanalyse in der Produktion, S. 820.

530 Vgl. Brettel, M./Klein, M. et al. (2016) The Relevance of Manufacturing Flexibility, S. 108.

531 Vgl. Bellmann, A./Schneider, S. et al. (2016) Enhanced predictability of agile procedures, S. 551.

532 Vgl. Beller, C./Rosemary, F. et al. (2019) Guidelines for a More Agile New Technologies Employment, S. 920.

um Flexibilität auf die Produktionsprozessentwicklung und somit auf den Industrialisierungsprozess zu übertragen.[533]

Damit Änderungen an die Anforderungen und Hypothesen innerhalb des Entwicklungsprozesses auch in der Gestaltungsphase berücksichtigt werden, ist die Flexibilität von besonderer Bedeutung. Dabei werden sowohl die Übertragbarkeit der Flexibilität auf den Entwicklungsprozess selbst betrachtet als auch die Auswirkung, die die Gestaltungsphase auf die Flexibilität späterer Anpassungen hat. Flexible Technologien, die eingesetzt werden, um Anpassungen an Parameter in der Produktfertigung mit bereits erworbenen Technologien umzusetzen, stellen dafür eine Lösung dar.[534] Dies ermöglicht eine Anpassbarkeit bis in späte Entwicklungsphasen. Notwendige Freiheitsgrade in der HIPPE werden jedoch durch kostenintensive Entscheidungen, wie dem Erwerb von Maschinen, eingeschränkt. Das Aufrechterhalten dieser Freiheitsgrade bis in die Serienproduktion hinein ist für eine langfristige Systemagilität förderlich. Die Grundlage dafür wird in der Gestaltung der Produktion gelegt.[535]

Die Agilität in der Umsetzung des Entwicklungsprozesses wird über zuvor geplante variable Maschinensysteme realisiert, um kleinere Änderungen an den Produktspezifikationen, sowie unterschiedlich hohe Ausbringungsmengen im späteren Serienverlauf zu gewährleisten.[536] Dies wird durch den Aufbau einer Pilot-Produktion (Minimum Viable Series Production – MVSP) realisiert, um den Serienanlauf im Kleinen zunächst zu testen.[537]

Zeit: Die gesteigerte Flexibilität ist auf eine gesteigerte Planungskomplexität in der hochiterativen Entwicklung zurückzuführen, welche zu Herausforderungen im Zeitkriterium führt. Diesen wird mittels kurzzyklischer Entwicklung von Planungsmodellen begegnet, welche die Flexibilität der Planungsteams befähigt.[538] Zudem stellt die Arbeit in abgeschlossenen Arbeitspaketen, welche jeweils während eines Sprintzyklus bearbeitet und validiert werden, ein zentrales Element dar, damit Fortschritte geprüft und Änderungsanfragen einbezogen werden. Im Planungsprozess wird somit eine kurzzyklische Entwicklung mit zugehörigen Validierungsschleifen

---

533 Vgl. Rauch, E./Spena, P. et al. (2019) Axiomatic design guidelines, S. 18.
534 Vgl. Balakirsky, S. (2015) Ontology based action planning and verification for agile manufacturing, S. 23.
535 Vgl. Burggräf, P./Dannapfel, M. et al. (2019) Agile Montage, S. 622 ff.
536 Vgl. Burggräf, P./Dannapfel, M. et al. (2019) Agile Montage, S. 624.
537 Vgl. Ali, A./Ahmed, W. et al. (2016) AgiFlex System: An, S. 33.
538 Vgl. Bellmann, A./Schneider, S. et al. (2016) Enhanced predictability of agile procedures, S. 550.

von zunehmender Bedeutung für die Übertragbarkeit des Zeitkriteriums, da die Planungsinformationen in der frühen Phase des Entwicklungsprojekts zumeist sehr ungenau sind und maßgeblich in dieser Phase viele Änderungen eingebracht werden. Daher führt die kurzzyklische Entwicklung in frühen Planungsphasen schnell zu einem steigenden Reifegrad des Planungsergebnisses.

Das Zeitkriterium wird in der Gestaltung ebenfalls über kurzzyklisches Arbeiten in Sprints zu einer Validierung des Gestaltungsfortschritts abbildbar, während gleichzeitig alle integrierten Entwicklungsbereiche über den jeweiligen Entwicklungsstand des Prozesses informiert sind.[539] Zudem werden Simulationen im Bereich der Produktionsprozessentwicklung eingesetzt, um Freiheitsgrade so spät wie möglich zu verringern und kostenintensive Entscheidungen spät zu realisieren.[540]

Eine kurzzyklische, hochiterative Umsetzung des Entwicklungsprojekts in der Betriebsumgebung gestaltet sich aufgrund der physischen Komponente der Arbeit als schwierig. Lediglich die Entwicklung und Umsetzung von Änderungsanfragen werden kurzzyklisch erarbeitet. Durch den Aufbau einer MVSP wird die Zeit zum Markeintritt verkürzt.[541]

Kunde: Die Übertragbarkeit des Kundenkriteriums steht insbesondere in der Planung des Entwicklungsvorhabens im Mittelpunkt. So stellt die Fähigkeit, auf sich schnell verändernde Kundenanforderung zu reagieren, das zentrale Merkmal eines agilen Entwicklungsprojektes dar.[542] Die Zusammenarbeit von Kunde und Produzent stellt insbesondere in frühen Entwicklungsphasen sicher, dass das Entwicklungsprojekt den Kundenanforderungen entspricht. Änderungswünsche sind in der Planungsphase am leichtesten zu integrieren, da der Produktreifegrad noch gering und der Produktionsfreiheitsgrad noch recht hoch ist.[543]

Der Kunde wird in der Gestaltungsphase weiterhin berücksichtigt, allerdings wird sein Einfluss mit der schrittweisen Verringerung der Freiheitsgrade systematisch geringer. Um wettbewerbsfähig zu sein, muss der Einfluss des Kunden so lange wie möglich so hoch wie möglich bleiben. Daher steht in der Gestaltung der Gesamtentwicklung die Agilität der Produktionsprozessentwicklung im Fokus, um Änderungen an

---

539 Vgl. Bellmann, A./Schneider, S. et al. (2016) Enhanced predictability of agile procedures, S. 553.
540 Vgl. Klein, T./Berg, J. et al. (2017) Automatisierungsgerechte Montageplanung, S. 176 ff.
541 Vgl. Bertling, M./Caroli, H. et al. (2019) The Minimal Viable Production System (MVPS), S. 31.
542 Vgl. Atiq Ur Rehman, M. (2017) Determination of relative importance of agility enablers, S. 52.
543 Vgl. Kumar, R./Singh, K. et al. (2020) A combined AHP and TOPSIS approach, S. 1400.

Produkt und Produktionsspezifikationen möglichst umfassend zu integrieren.[544] Somit sind nicht nur der externe, sondern auch der interne Kunde und dessen Anforderungen kontinuierlich zu berücksichtigen.

Die Übertragbarkeit der Kundenintegration wird in der Umsetzung von Entwicklungsprojekten nicht mehr ausdrücklich abbildbar, allerdings leiten sich Änderungen am Produktionssystem und der Produktionsmenge, die in der MVSP abbildbar sind, aus Kundenanfragen ab. So wird das Kundenkriterium in der Umsetzungsphase noch in geringem Maße übertragen.[545]

Tabelle 9-3: Ergebnisse der SLR - Kollaboration

	Merkmale	Teilaspekte	Quelle
Planung	Integration der PE und PPE	- Beeinflussung aufgrund der Beziehungen zwischen Produkt und Produktion stets beide Entwicklungsvorhaben	- Bauer et al. (2018), S. 820. - Atiq-Ur-Rehman (2017), S. 56.
	Prototypen-basierte Entwicklung und Validierung	- Testen von Produkt- und Produktionsspezifikationen anhand von Prototypen	- Ali, A./Ahmed, W. et al. (2016), S. 33.
	Hypothesen-basiertes Vorgehen	- Umsetzung agiler Methoden, um unerwartete Änderungen im System frühzeitig zu berücksichtigen - Testen von Produkt- und Produktionsspezifikationen anhand von Prototypen	- Ali, A./Ahmed, W. et al. (2016), S. 33.
	Digitale Wissens-datenbank	- Hilfsmittel zur abteilungs-übergreifenden Kommunikation müssen geschaffen werden. Diese sollen mithilfe geeigneter IT-Plattformen umgesetzt werden, sodass Aufwands- und Kapazitätsplanung übergreifend einfacher gestaltet werden	- Bellmann et al. (2016), S. 551.

[544] Vgl. Atiq Ur Rehman, M. (2017) Determination of relative importance of agility enablers, S. 59.

[545] Vgl. Scheuermann, C./Verclas, S. et al. (2015) Agile Factory, S. 47; Bauer, H./Brandl, F. et al. (2018) Vorgehen zur individuellen Gestaltung der Änderungsauswirkungsanalyse in der Produktion, S. 820; Fritzsche, A. (2018) Implications of agile manufacturing, S. 370.

Gestaltung	Wissenstransfer mit internen und externen Beteiligten	- Technologieanbieter mit in die Entwicklung einbeziehen, um einen kostenoptimalen Mix aus Eigen- und Fremdfertigung des späteren Produktes zu erarbeiten - Durch eine enge Beziehung zwischen den unternehmens-internen Abteilungen unter-einander und dem Zusammen-führen mit externen Zulieferern kann kosten- und aufwandminimal entwickelt werden - Schaffung von Synchronisation-spunkten notwendig	- BELLER ET AL. (2019), S. 920 - BURGGRÄF ET AL. (2019)
	Kontinuierliches Durchlaufen von Entwicklungs- und Validierungs-phasen	- Planungsinformationen sind in der frühen Phase des Entwicklungs-projekts zumeist sehr ungenau und es werden maßgeblich in dieser Phase viele Änderungen eingebracht - Steigender Reifegrad der Planungsergebnisse	- BURGGRÄF ET AL. (2019)
Umsetzung	Integrierte Betrachtung von Produkt, Produktions-prozess, Technologie im Aufbau einer prototypischen Serienproduktion (MVSP)	- Mit Hilfe dieser Prototypen können Produkt und Prozessreifegrad kontinuierlich und parallel erhöht werden - Es können die Zusammenhänge zwischen Produkt-, Produktions-prozess- und Technologieplanung besser verstanden und umgesetzt werden	- BRETTEL ET AL. (2016), S. 108. - JACOB ET AL. (2018), S. 745.

Tabelle 9-4: **Ergebnisse der SLR - Flexibilität**

	Merkmale	Teilaspekte	Quelle
Planung	Kontinuierliche Einarbeitung von Änderungsanfragen in Produkt- und Produktionsprozess -entwicklung	- Bei einer flexiblen Anpassung an Änderungen im Entwicklungsprozess müssen stets die Auswirkungen auf andere Planungsbereiche erfasst werden	- RAUCH ET AL. (2019), S. 18. - MOLITOR (2019), S. 69.
Gestaltung	Einsatz flexibler Technologien	- Einsatz flexibler Technologien, um Anpassungen an Parametern in der Produktfertigung mit bereits erworbenen Technologien umzusetzen - Ermöglicht eine gewisse Anpassung bis in späte Entwicklungsphasen	- BALAKIRSKY (2015), S. 23. - BRETTEL ET AL. (2016), S. 109.
Gestaltung	Gestaltung der Produktions-prozess-entwicklung über Freiheitsgrade	- Freiheitsgrade werden durch kostenintensive Entscheidungen, wie dem Erwerb von Maschinen, eingeschränkt - Aufrechterhalten gewisser Freiheitsgrade bis in die Serienproduktion hinein ist für eine langfristige Systemagilität förderlich	- BURGGRÄF ET AL. (2019)
Umsetzung	Aufbau einer prototypischen Serienproduktion (MVSP)	- Aufbau einer Pilot-Produktion zum Testen des Serienanlaufs - Realisierung von variablen Maschinensystemen. Damit sollen sowohl kleinere Änderungen an den Produktspezifikationen, sowie unterschiedlich hohe Ausbringungsmengen im späteren Serienverlauf gewährleistet werden	- BURGGRÄF ET AL. (2019), S. 624. - ALI ET AL. (2016), S. 33. - BERTLING ET AL. (2019), S. 31.

Tabelle 9-5: Ergebnisse der SLR - Zeit

	Merkmale	Teilaspekte	Quelle
Planung	Kurzzyklische und hochiterative Sprints	- Gesteigerter Planungskomplexität wird mittels kurzzyklischer Entwicklung von Planungsmodellen begegnet, welche die Flexibilität der Planungsteams befähigen soll - Arbeit in abgeschlossenen Arbeitspaketen, welche jeweils während eines Sprintzyklus bearbeitet und validiert werden - Basierend auf der Scrum Methode	- BELLMANN ET AL. (2016), S. 550. - WULFSBERG ET AL. (2019), S. 588. - MOLITOR (2019), S. 41.
Planung	Interdisziplinäre, autonome Teams	- Arbeit der Mitarbeiter in interdisziplinären Teams, welche jeweils für ein spezifisches Entwicklungsziel zusammengestellt werden - Optimale Nutzung aller Ressourcen und Qualifikationen der Mitarbeiter - Gesteigerte Effizienz des Planungsvorhabens - Steigerung des Informationsflusses untereinander, sodass es ein besseres Verständnis für den Gesamtplanungsprozess gibt und Kundenanforderungen besser entsprochen werden kann - Planungsunsicherheiten können schneller auflöst und Fehler frühzeitig vermieden werden	- MOLITOR (2019), S. 40. - SCHNEIDER (2015), S. 58.
Gestaltung	Kurzzyklische und hochiterative Sprints	- Validierung des Gestaltungsfortschritts, während gleichzeitig alle integrierten Entwicklungsbereiche über den jeweiligen Entwicklungsstand des Prozesses informiert sind	- BELLMANN, A./ SCHNEIDER, S. ET AL. (2016), S. 553.
Gestaltung	Einsatz von Simulationen in der Produktions-prozess-entwicklung	- Einsatz von präzisen Simulationen, um Freiheitsgrade so spät wie möglich zu verringern und kostenintensive Entscheidungen spät zu realisieren	- KLEIN ET AL. (2017)

Umsetzung	Kurzzyklische Validierung der Konzepte in der MVSP	- Verkürzung der Zeit zum Markeintritt (Time-to-market)	- BERTLING ET AL. (2019), S. 30.

Tabelle 9-6: Ergebnisse der SLR - Kunde

	Merkmale	Teilaspekte	Quelle
Planung	Durchgehende Orientierung und Reaktion an sich ändernde Kunden-anforderungen	- Fähigkeit, auf schnell verändernde Kundenanforderung zu reagieren	- ATIQ-UR-REHMAN (2017), S. 52.
Planung	Kontinuierliche Aufnahme von Kunden-anforderungen	- Produktentwicklung maßgeblich durch eine stetige Validierung der Produktspezifikationen durch den Kunden charakterisiert - Änderungswünsche sind in der Planungsphase am leichtesten zu integrieren, da der Produkt- und Produktionsreifegrad noch recht gering ist	- KUMAR ET AL. (2019), S. 6. - BURGGRÄF ET AL. (2019).
Gestaltung	Kontinuierliche Aufnahme und Reaktion von Anforderungen interner wie externer Kunden	- Durch die Verringerung der Freiheitsgrade wird der Einfluss der Kundenanforderungen systematisch geringer - Einfluss des Kunden muss so lange wie möglich so hoch wie möglich beibehalten werden - Fokus auf die Agilität der Technologieplanung, um Änderungen an Produkt und Produktionsspezifikationen möglichst umfassend zu integrieren	- ATIQ-UR-REHMAN (2017), S. 59.
Umsetzung	Abbildung von Änderungen der Kunden-anforderungen in der MVSP	- Änderungen am Produktionssystem und der Produktionsmenge rühren aus Kundenanfragen	- SCHEUERMANN ET AL. (2015), S. 47. - BAUER ET AL. (2018), S. 820. - FRITZSCHE (2018), S. 370.

9.3 Details für den strategischen Entwicklungsprozess

Bereich	Begriff	Beschreibung
Produktstruktur	Produkt	Physisches Erzeugnis, das durch Eigenschaften, Merkmale und Funktionen beschrieben und bewertet wird.
Produktstruktur	Modul	Austauschbares komplexes Element innerhalb eines Gesamtsystems, das mehrere Funktionen, Baugruppen und Einzelteile beinhalten kann.
Produktstruktur	Baugruppe	Vorgefertigte Einheiten, die aus mehreren Einzelteilen bestehen.
Produktstruktur	Einzelteil	Nicht zerlegbare Einheiten, die als Basis für Baugruppen dienen.
Produktstruktur	Verbindungs-element	Standardmäßige Einzelteile, wie Schrauben und Lager, die zur Verbindung der Module, Baugruppen und Einzelteile dienen. Häufig auch C-Teile genannt. Im Rahmen dieser Arbeit prinzipiell vorrätig eingekauft.
Produktanforderungen	User Story	Beschreibung von Anwendungsfällen aus Kundensicht zur Bestimmung der Produktanforderungen.
Produktanforderungen	Funktion	Zu erfüllende Aufgabe eines Produkts
Produktanforderungen / Spezifizierung der Produktion	Prototyp	Versuchsobjekt, das sowohl Anforderungen an das Produkt, als auch an dessen Herstellprozess vertestet
Spezifizierung der Produktion	Szenario-Technik	Betrachtung verschiedener Entwicklungsmöglichkeiten (Szenarien), um eine zukunftsorientierte Produktionsplanung zu gewährleisten.
Spezifizierung der Produktion	Technologie-Scouting	Betrachtung technischer Umsetzungen bei ähnlichen Produkten oder Produkten mit gleichen oder ähnlichen Funktionen.
Spezifizierung der Produktion	Wertschöpfungs-tiefe	Beschreibt, wie viel ein Unternehmen innerhalb einer Produktion selbst zu einem Produkt beiträgt, im Gegensatz zu extern erbrachten Aufgaben.

Abbildung 9-4: Relevante Begrifflichkeiten im strategischen Entwicklungsprozess

	Einflussfaktoren	Mögliche Entwicklung	Mögliche Auswirkungen auf
Wettbewerbsfähigkeit	**Markt**		
	Marktzugang	uneingeschränkt/ eingeschränkt	Standort, Standortanzahl
	Größe des Absatzmarktes	wachsend/schrumpfend	Stückzahl, Standortanzahl, Mitarbeiteranzahl
	Dynamik des Absatzmarktes	zunehmend/sinkend	Zykluszeiten, Flexibilität der Produktion, Industrialisierungs-zeiten, SOP-Planung, Investitions-entscheidungen (langfristig/kurzfristig)
	Konkurrenz		
	Anzahl der Konkurrenten	steigend/sinkend	Zielpreis, Marktanteile, Stückzahlen
	Preisvorteil	ja/nein	Fertigungsverfahren, Materialien, Lieferanten
	Qualitätsvorteil	ja/nein	Konstruktionen, Materialien, Lieferanten
	Innovationsfähigkeit und -geschwindigkeit	höher/niedriger	Kundenbegeisterung, Marktanteile, Entwicklungszeit, SOP-Planung, Zykluszeiten
	Technologieführerschaft	ja/nein	Entwicklungskosten, SOP-Planung Kundenbegeisterung, Patentschutz
	Funktionsanzahl/-erfüllung	steigend/sinkend	Funktionserweiterung/-optimierung, Entwicklungskosten
	Kundenwahrnehmung	höher/niedriger	Marketing
	Kunde		
	Anzahl der Kunden	steigend/sinkend	Marketing, Stückzahl
	Alter der Kunden	steigend/sinkend	Marketing, Design u. Funktion, Zielpreis
	Geschlecht der Kunden	homogen/heterogen	Design, Funktionsart u. -ausprägung
	Lohnniveau der Kunden	steigend/sinkend	Zielpreis
	Umweltbewusstsein	steigend/sinkend	Zielpreis, Transportwege u. –mittel, Material- u. Technologieauswahl
	Innovationsbedürfnis	steigend/sinkend	Industrialisierungsgeschwindigkeit, SOP-Planung, Zykluszeit

Abbildung 9-5: Einflussbereich der Wettbewerbsfähigkeit

	Einflussfaktoren	Mögliche Entwicklung	Mögliche Auswirkungen auf
Beschaffung & Flächenplanung	**Ressourcen**		
	Verfügbarkeit der Ressourcen	steigend/sinkend	Standort, Lieferantenauswahl, Transportwege, Materialkosten, Einkaufsstrategie, Zielpreis
	Kosten der Ressourcen	steigend/sinkend	Standort, Lieferantenauswahl, Einkaufsstrategie, Zielpreis
	Logistik		
	Transportkosten	steigend/fallend	Standort, Transportwege, Transportart, Transporteurauswahl, Zielpreis
	Lieferantenmacht	steigend/fallend	Abhängigkeiten, Wertschöpfungstiefe Einkaufspreis, Zielpreis, Make-or-buy
	Lieferanten Know-How	steigend/fallend	Lieferantenentwicklung u. –auswahl, Partnerschaften, Abhängigkeiten, Vorwärts- u. Rückwärtsintegration, Make-or-buy, Wertschöpfungstiefe
	Fläche		
	Infrastruktur	vorhanden/nicht vorhanden	Standort, Investitionsentscheidungen
	Grundstückpreis	hoch/niedrig	Standort, Standortgröße

Abbildung 9-6: Einflussbereich der Beschaffung und Flächenplanung

	Einflussfaktoren	Mögliche Entwicklung	Mögliche Auswirkungen auf
Allgemeine Entwicklung der Umwelt	**Technologie**		
	Technologiesprünge/ Disruptive Technologien	wahrscheinlich/ unwahrscheinlich	Produkt- u. Prozessinnovationen, Maschinen u. Anlagen, Ressourcenbedarf, Anzahl u. Fähigkeiten der Mitarbeitenden
	Automatisierungsgrad	steigend/sinkend	Anzahl Maschinen u. Mitarbeitenden, Fähigkeiten der Mitarbeitenden
	Risiken/Unsicherheit		
	Politische Entwicklung	vorhersehbar/ungewiss	Zölle, Löhne, Lieferantenauswahl, Standort, Richtlinien, Zertifizierungen
	Naturkatastrophen	wahrscheinlich/ unwahrscheinlich	Standort, Infrastruktur, Versicherungskosten
	Währungsstabilität und Inflation	hoch/gering	Standort, Import/Export, Löhne, Zielpreis
	Steuern	hoch/tief	Standort, Import/Export, Zielpreis

Abbildung 9-7: Einflussbereich der allgemeinen Entwicklung und Umwelt

9.4 Details für den operativen Koordinationsprozess

Verschiedene Datenquellen und Dateiformate dienen als Informationsquelle. In Abbildung 9-8 ist eine Übersicht über die Standardaktivitäten, Informationsbedarfe und mögliche Informationsquellen dargestellt.

Standardaktivität	Informationsbedarf	Informationsquelle
	Prototyp und Produktionskonzept 1. Grades	
Festlegung von äußerer Erscheinung und Abmaße	Höhen, Längen, Breiten und Volumina der Module, Form- und Maßtoleranzen	CAD, PLM (eBOM), PDM
Modularisierung	Funktionen und Abhängigkeiten	PLM (User Storys)
Erstellung der eBOM	Anzahl und Schnittstellen der Module	PLM, ERP, PDM
Montageplanung auf Modulebene	Räumliche Anordnung der Module, Gewicht, Abmaße, Schnittstellen	PLM (eBOM, mBOM), CAD, PDM
Technologiescouting, Zuordnung zu den Modulen	Konkurrenzprodukte, Module	PLM (eBOM, User Storys)
Bestimmung und Zuordnung Fertigungsketten	Fertigungstechnologien und Abhängigkeiten, Module	PLM (eBOM, mBOM), CAD, PDM
Make-or-Buy-Entscheidungen (Module)	Kosten, Fähigkeiten des Unternehmens	PLM, ERP, SCM
Erstellung mBOM	Module, Produktionsmittel, Fertigungsketten	PLM (eBOM), ERP
	Prototyp und Produktionskonzept 2. Grades	
Realisierung grundlegender Funktionen	Funktionen	PLM (User-Storys), PDM
Konstruktion bis auf Einzelteilebene	Anforderungen, Abmaße der Einzelteile	PLM (eBOM, mBOM), CAD, PDM
Bestimmung Baugruppen	Einzelteile und deren Abhängigkeiten	PLM (eBOM)
Bestimmung Produktstruktur	Module, Baugruppen, Einzelteile	PLM (eBOM), PDM
Zuordnung Fertigungsketten zu den Einzelteilen	Fertigungsketten, Einzelteile	PLM (mBOM), PPC
Montageplanung bis auf Einzelteilebene	Räumliche Anordnung der Einzelteile, Gewicht, Abmaße, Anzahl	PLM (eBOM, mBOM) CAD, PPC
Bestimmung Produktionsplan	Fertigungsketten, Einzelteile, Ausbringung	PLM (mBOM), PPC, SCM
	Prototyp und Produktionskonzept 3. Grades	
Festlegung Serienwerkstoff und Dauerbelastbarkeit	Einzelteile, Werkstoffeigenschaften, Anforderungen	PLM (eBOM), ERP, PDM
Bestimmung vollständiger Produktstruktur	Module, Baugruppen, Einzelteile und deren Abhängigkeiten	PLM (eBOM), ERP, PDM
Make-or-Buy-Entscheidungen (Baugruppen, Einzelteile)	Kosten, Fähigkeit des Unternehmens	PLM, ERP, SCM
Festlegung Fertigungsketten für die Einzelteile	Einzelteile, Kosten, Vorlaufzeiten	PLM (mBOM), ERP, PPC
Bestimmung interne Produktionsstruktur	Kosten, Einzelteile, Fertigungs- und Montageketten	PLM (mBOM), PPC, ERP
	Prototyp und Produktionskonzept 4. Grades	
Herstellung und Optimierung Vorserien-Prototyp	Funktionen, Freiheitsgrade der Maschinen, Kundenanforderungen	PLM (mBOM), PPC, MES, ERP
Errichtung MVSP	Fertigungs-/Montageketten, Ausbringungsmenge, Automatisierungsgrad	PLM (mBOM), SCM, PPC, MES, ERP

CAD: Computer Aided Design; ERP: Enterprise Ressource Planning; PPC: Production Planning and Control; MES: Manufacturing Execution System; SCM: Supply Chain Management; PDM: Product Data Managament; PLM: Product Lifecycle Management

Abbildung 9-8: Standardaktivitäten, Informationsbedarfe und –quellen

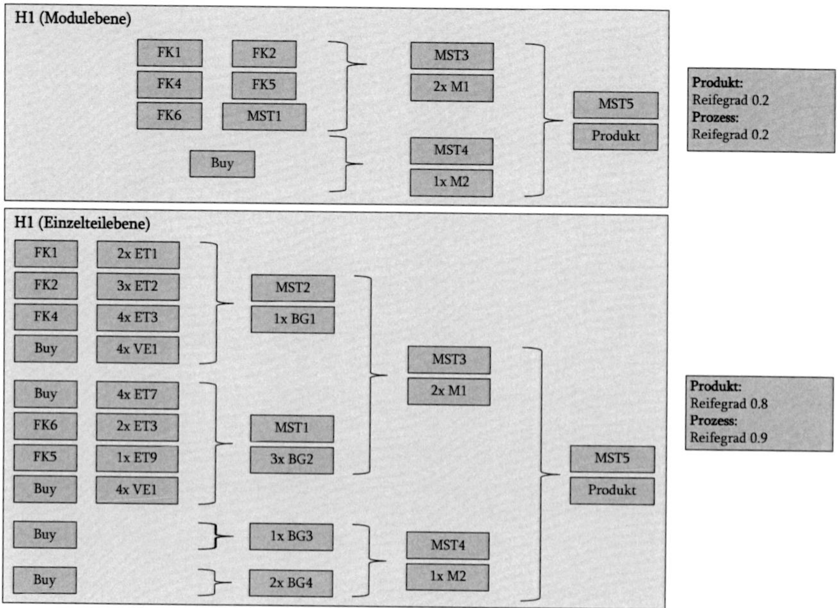

BG – Baugruppe; ET – Einzelteil; FK – Fertigungskette; H – Hypothese; M – Modul; MST – Montagestation; VE – Verbindungselement

Abbildung 9-9: Synthese der Produkt- und Produktionshypothesen zur Unsicherheitsbewertung

Kostenplan Gesamthypothese H1 für die Kostenstelle …

Kostenplan Gesamthypothese H1 für die Kostenstelle **F&E**

Kostenplan Gesamthypothese H1 für die Kostenstelle **Verwaltung**

Kostenplan Gesamthypothese H1 für die Kostenstelle **Vertrieb**

Kostenplan Gesamthypothese H1 für die Kostenstelle **Fertigung**

Gliederung	Kostenarten	Einheit	Planverbrauchsmenge	Planpreis je Einheit (€)	Plankosten (€)	Variabler Anteil	Fixer Anteil	Härtegrad
Material-einzelkosten	Metall	kg						
	Kunststoff	kg						
	Getriebe	Stück						
	Analoges Interface	Stück						
	Elektronik	Stück						
	Verbindungs-elemente	Stück						
Material-gemeinkosten	Hilfsstoffe	kg						
	Löhne im Lagerbereich	h						
	Mieten Lager	m^2						
	Transport und Logistikkosten	EUR						
Fertigungs-einzelkosten	Betriebskosten	h						
	Löhne Fertigung und Montage	h						
Fertigungs-gemeinkosten	Hilfslöhne	h						
	Mieten	m^2						
	Energiekosten	kWh						
	Abschreibungen	EUR						
	Zinsen	EUR						

Abbildung 9-10: Struktur der Kostenpläne von Gesamthypothesen

9.5 Details für das Management-Framework der HIP³E

Tabelle 9-7: Leitfragen für die Durchführung der Regeltermine

Regeltermin	Leitfragen
Daily Scrum	• Was habe ich seit dem letzten Daily Scrum erreicht? • Was will ich bis zum nächsten Daily Scrum erreichen? • Was steht mir dabei im Weg?
Weekly	• Welche Konflikte sind aufgetreten? • Sind neue Wechselwirkungen hinzugekommen? • Wie ist der aktuelle Projektfortschritt
HIP³E Synchronisationsmeeting	• Welche Themen haben Abstimmungsbedarf? • Wo treten Konflikte auf, die gelöst werden müssen? • Wer ist für die Lösung dieser Konflikte verantwortlich?
Integrationsmeeting	• Wie können die Konflikte innerhalb der Zieldimension gelöst werden? • Welche Bereiche werden durch die Änderungen beeinflusst? • Haben sich die Kundenanforderungen verändert und sind diese mit dem aktuellen Produkt abgedeckt?
Entscheidungsmeeting	• Wurde der Reife- bzw. Freiheitsgrad erreicht? • Wurden die Unsicherheiten hinreichend reduziert? • Was ist das weitere Vorgehen?
Retrospective	• Was waren die wichtigsten Ergebnisse, die im Gedächtnis geblieben sind? • Was lief gut? • Was könnte verbessert werden? • Wer hat die Kontrolle über die Veränderungsmöglichkeiten?

9.6 Details zur Anwendung und kritischen Reflektion

Technologie-Datenbank

Für die Erstellung der Technologie-Datenbank wurden auf Basis der DIN 8580 die Fertigungsverfahren in Hauptgruppen, Gruppen und Untergruppen gegliedert. Durch eine Technologierecherche wurden den Fertigungsverfahren auf unterster Stufe Werkzeugmaschinen zugeordnet, aus deren Datenblättern oder vom Hersteller zur Verfügung gestellten Informationen Anforderungen und Einschränkungen an die Verwendung der Werkzeugmaschinen, aber auch an die herzustellenden Produkte abgeleitet wurden. Diese Anforderungen und Einschränkungen wurden ergänzend in der Literatur gesucht und übernommen und als generelle Prozessangaben gelistet.

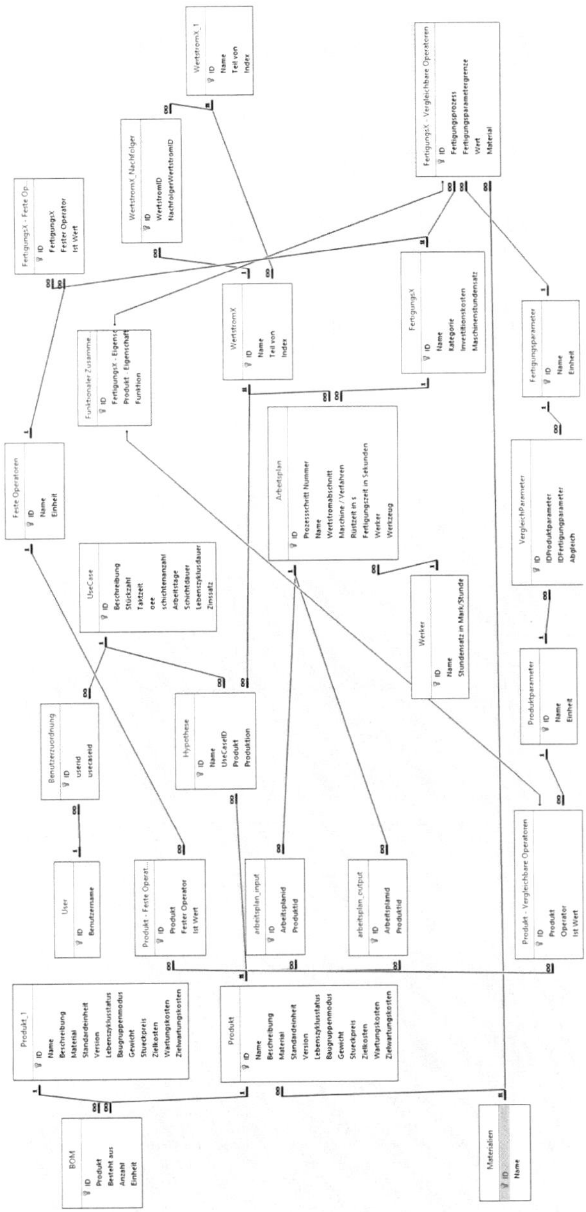

Abbildung 9-11: Datenmodell des HIP³E-Softwaretools

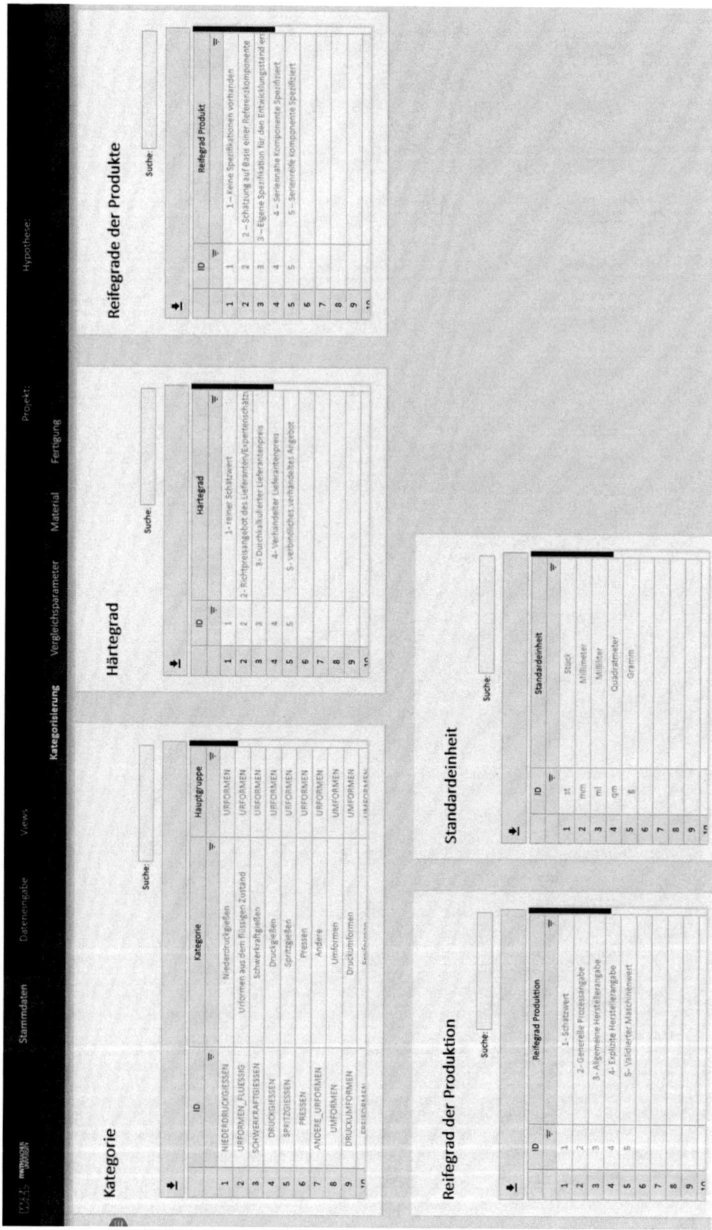

Abbildung 9-12: Kategorisierung der Stammdaten in der Technologie-Datenbank

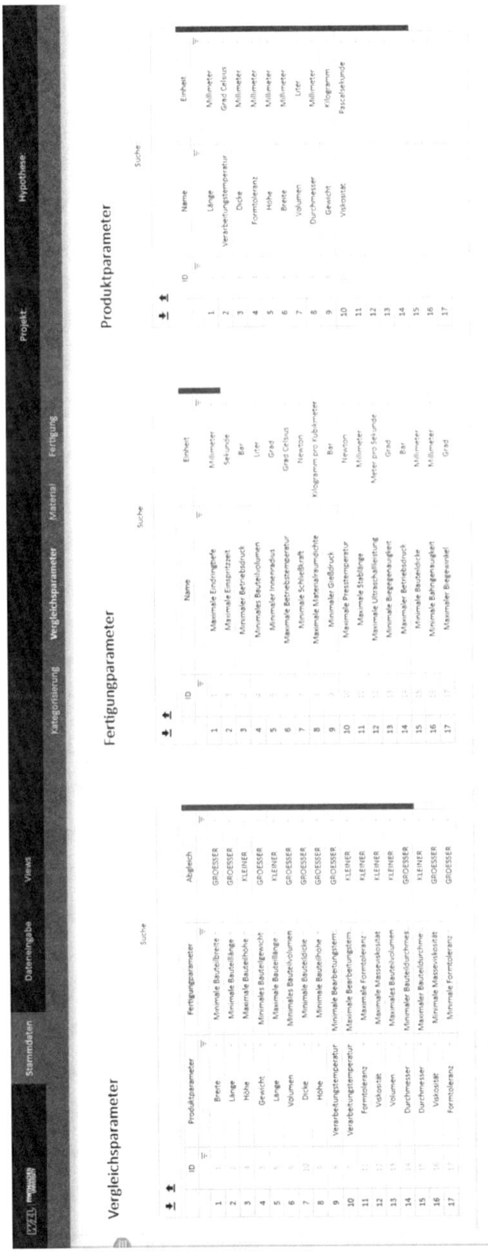

Abbildung 9-13: Vergleichsparameter in der Technologie-Datenbank

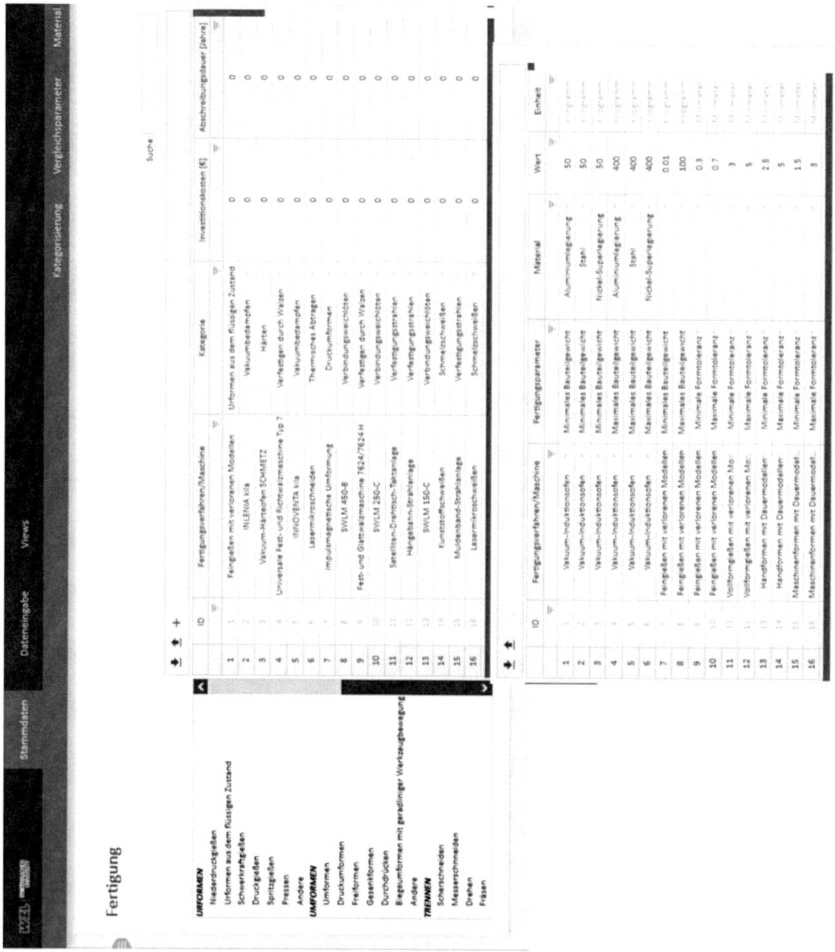

Abbildung 9-14: Stammdaten der Fertigung in der Technologie-Datenbank

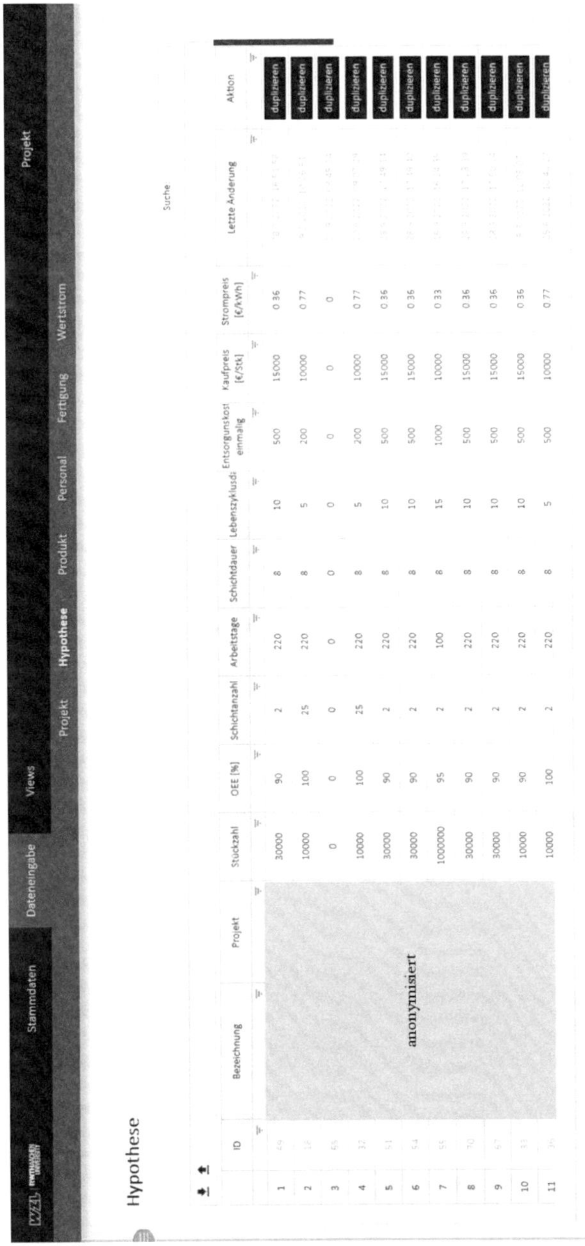

Abbildung 9-15: Dateneingabe | Hypothese

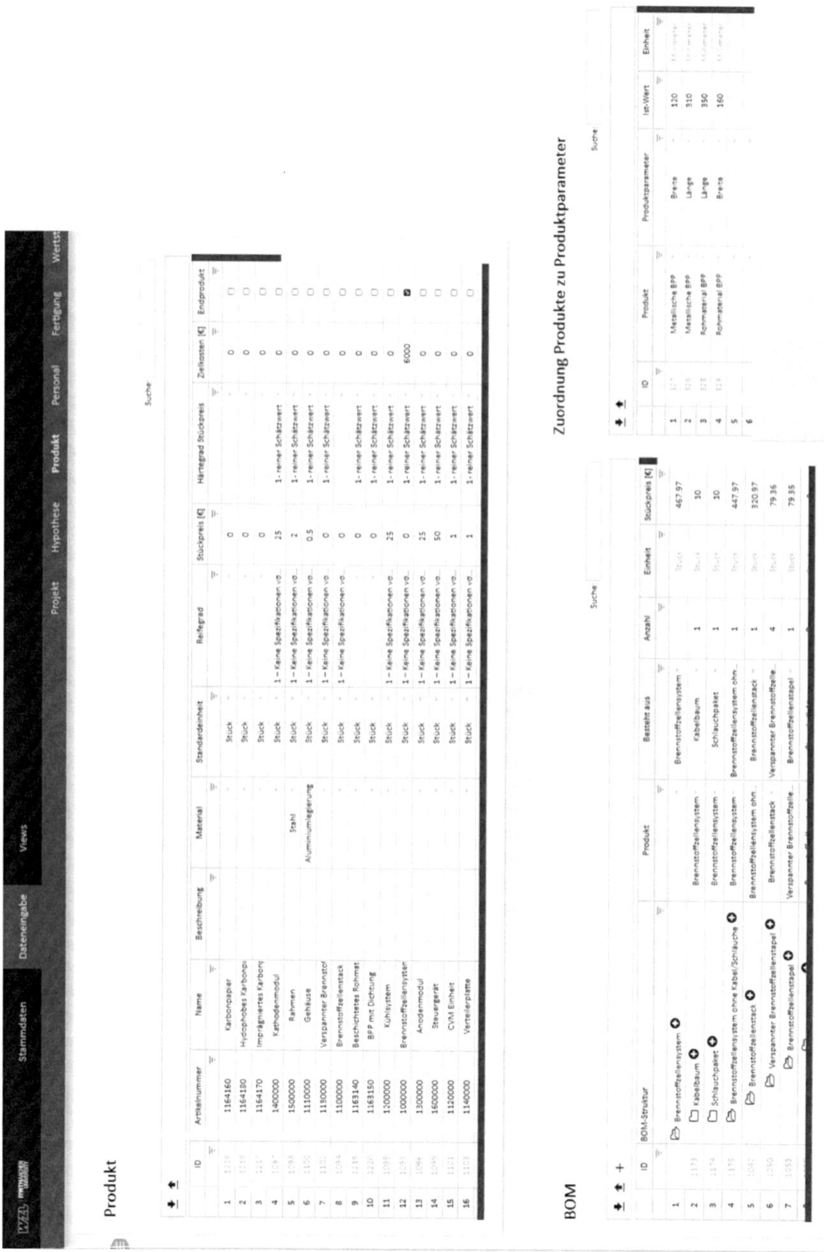

Abbildung 9-16: Dateneingabe | Produkt

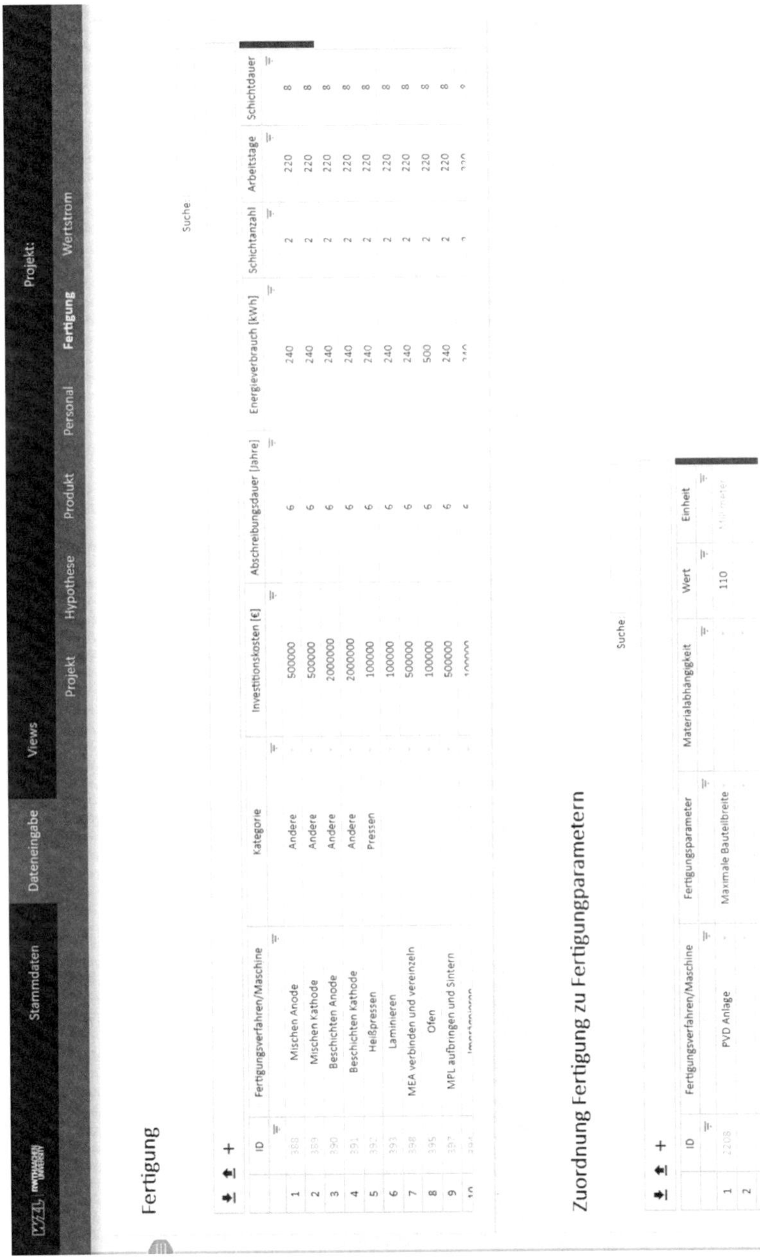

Abbildung 9-17: Dateneingabe | Fertigung

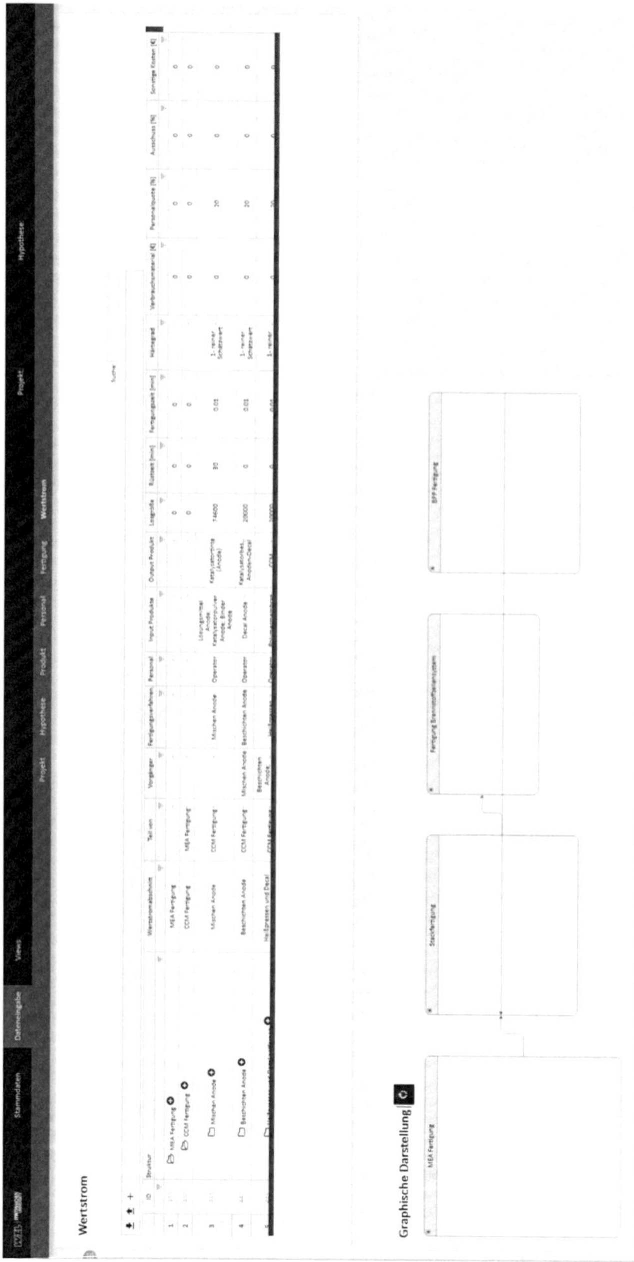

Abbildung 9-18: Dateneingabe | Wertstrom

Abbildung 9-19: Wechselwirkungsanalyse und Konflikte (H1)

Abbildung 9-20: Wechselwirkungsanalyse und Konflikte (H2)

Abbildung 9-21: Wechselwirkungsanalyse und Konflikte (H3)

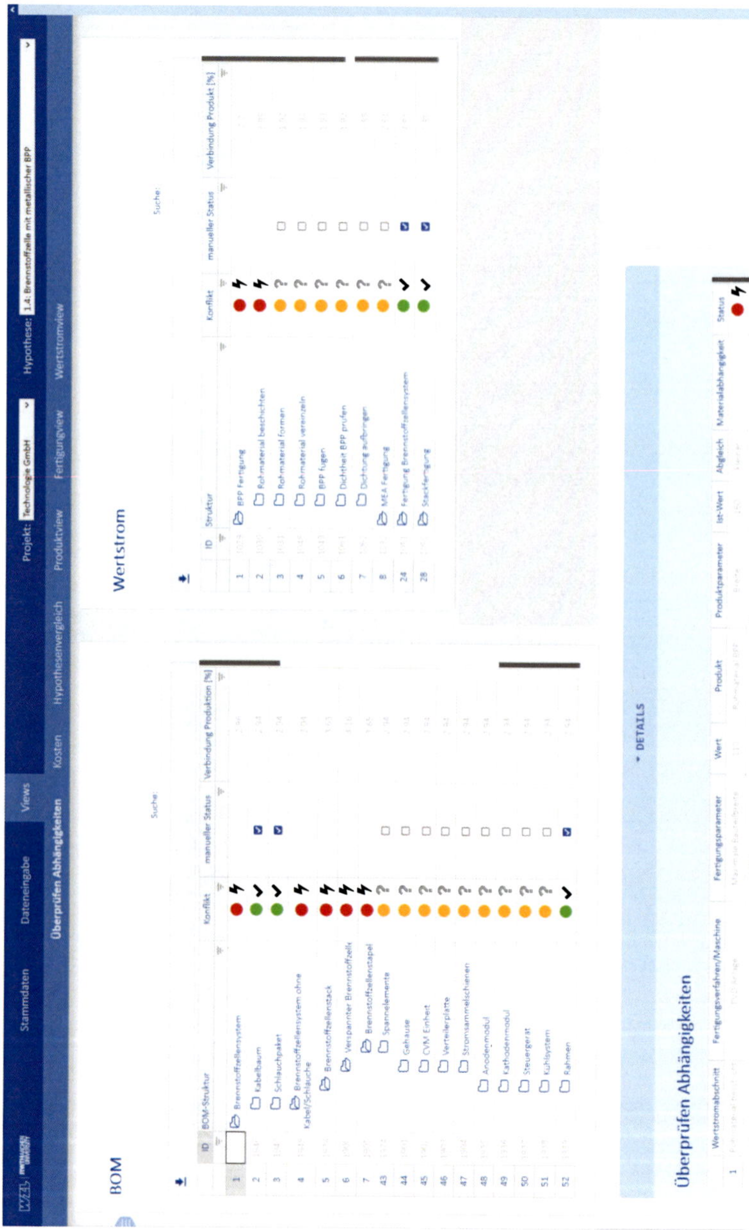

Abbildung 9-22: Wechselwirkungsanalyse und Konflikte (H4)

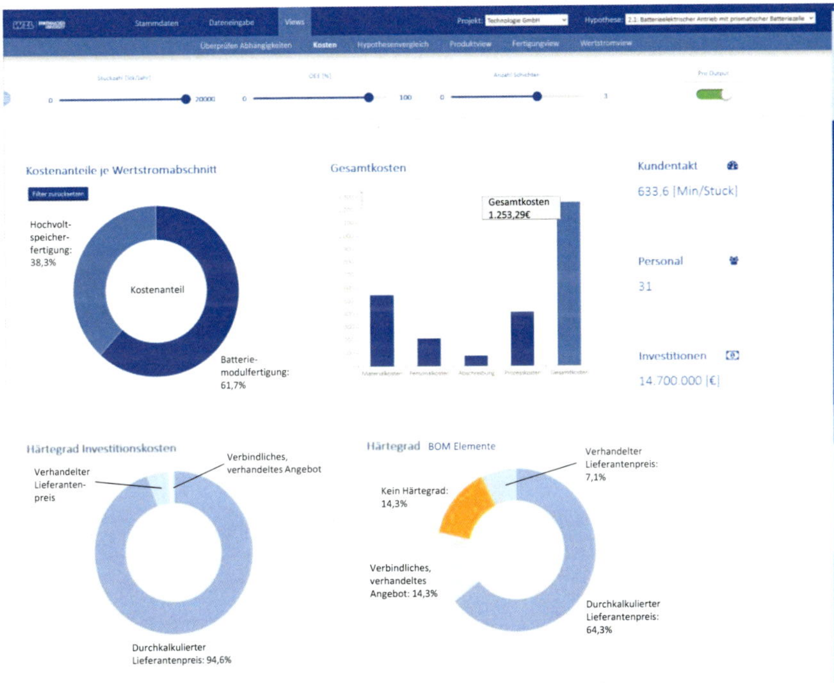

Abbildung 9-23: Kostenanalyse und Informationsunsicherheiten (H1 überarb.)

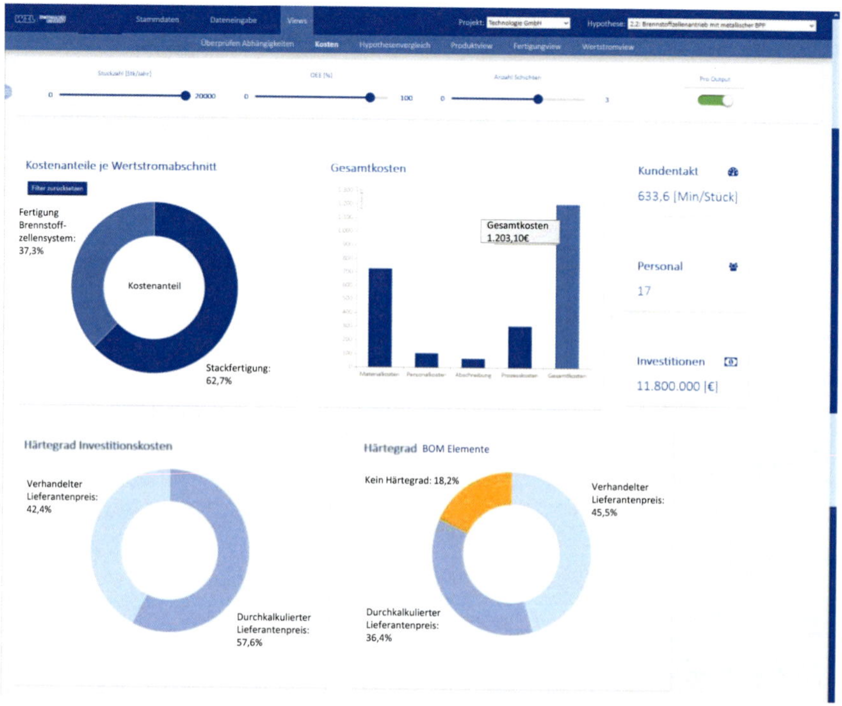

Abbildung 9-24: Kostenanalyse und Informationsunsicherheiten (H4 überarb.)

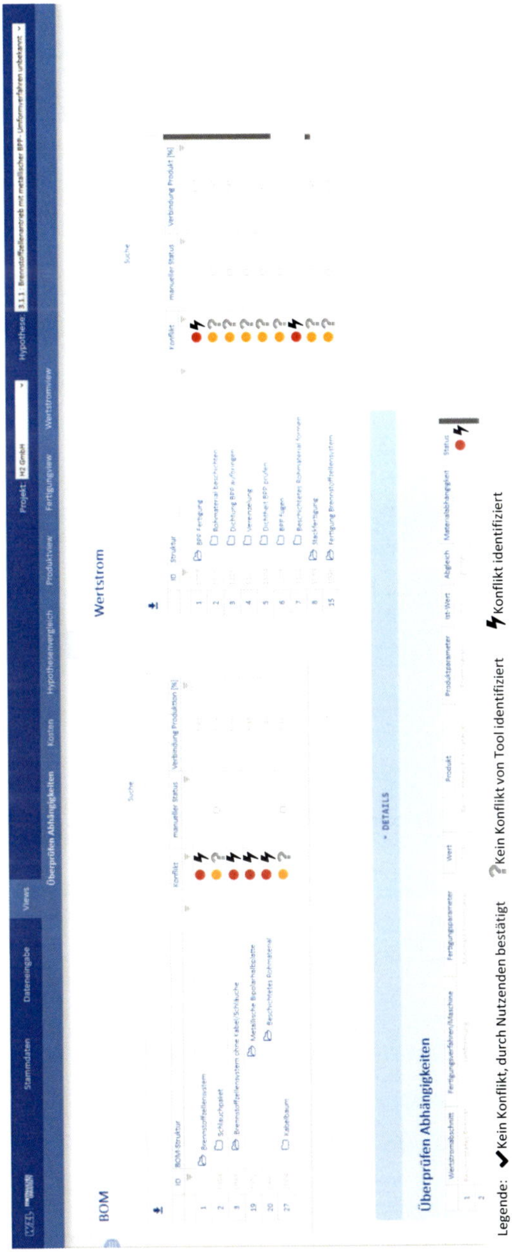

Abbildung 9-25: Wechselwirkungsanalyse (Hypothese 1. Grades)

In der Reihe **Ergebnisse aus der Produktionstechnik** zuletzt erschienen:

Wlecke, Shari:
Industrialisierung hochiterativ entwickelter Produkte
ISBN: 978-3-98555-171-2
Erscheinungsdatum: 13.11.2023

Müller, Clemens:
Elektrische Widerstandserwärmung von Blechwerkstoffen zur Steigerung der Umformbarkeit
ISBN: 978-3-98555-175-0
Erscheinungsdatum: 16.10.2023

Scheuer, Thomas:
Fähigkeitsbündel zur Steigerung der Arbeitsproduktivität für intelligente produzierende Unternehmen
ISBN: 978-3-98555-173-6
Erscheinungsdatum: 25.09.2023

Heutmann, Timo:
Proactive Production Control for a Synchronized Tool Production
ISBN: 978-3-98555-164-4
Erscheinungsdatum: 03.08.2023

Müller, Ulrich:
Material Removal and Grinding Wheel Wear Mechanisms during Grinding of Polycrystalline Cubic Boron Nitride
ISBN: 978-3-98555-163-7
Erscheinungsdatum: 01.08.2023

Chavan, Prateek:
Substructuring Methods for Efficient Prediction of Spindle-Holder-Tool Assembly Dynamics
ISBN: 978-3-98555-160-6
Erscheinungsdatum: 05.06.2023

Riedel, Jörn:
Scannendes Verfahren zur flexiblen Messung asphärischer Optiken
ISBN: 978-3-98555-177-4
Erscheinungsdatum: 31.10.2023

Buckhorst, Armin Friedrich:
Planung und Steuerung von Abläufen in linienlosen mobilen Montagesystemen
ISBN: 978-3-98555-174-3
Erscheinungsdatum: 26.09.2023

Schwarberg, Annika:
Identifizierung von Innovationspotenzialen durch die Analyse von Produktnutzungsinformationen
ISBN: 978-3-98555-169-9
Erscheinungsdatum: 17.08.2023

Schroers, Marius:
Gehörbezogene Auslegung zweistufiger Getriebe unter Berücksichtigung dynamischer Anregungseffekte
ISBN: 978-3-98555-165-1
Erscheinungsdatum: 01.08.2023

Vogel, Paul-Alexander:
Entwicklung eines Prozessmodells für die nicht-isotherme vakuumunterstützte Dünnglasumformung
ISBN: 978-3-98555-140-8
Erscheinungsdatum: 21.06.2023

Ochel, Tim:
Prognostik zur Resilienzsteigerung im Werkzeugbau
ISBN: 978-3-98555-161-3
Erscheinungsdatum: 22.05.2023

Edition Wissenschaft
Apprimus

Schneidermann, Dennis:

Orchestration von Vertrauen in interorganisationalen Wissensnetzwerken der Fabrikplanung

ISBN: 978-3-98555-153-8

Erscheinungsdatum: 15.05.2023

Welsing, Martin:

Bewertung der ökologischen Nachhaltigkeit von Produktionsnetzwerkkonfigurationen

ISBN: 978-3-98555-155-2

Erscheinungsdatum: 19.04.2023

Beckers, Alexander:

Auslegung wirtschaftlich-technologisch optimierter Fertigungsprozessfolgen mittels prozessübergreifender Modellierung

ISBN: 978-3-98555-154-5

Erscheinungsdatum: 18.04.2023

Gipperich, Marius:

Untersuchung eines Zweistrahlprozesses als Ansatz zur Prozessstabilitätserhöhung des drahtbasierten Laserauftragschweißens

ISBN: 978-3-98555-151-4

Erscheinungsdatum: 15.03.2023

Motschke, Tobias:

Analyse und Modellierung der Dämpfungseigenschaften von Spindellagern

ISBN: 978-3-98555-148-4

Erscheinungsdatum: 06.03.2023

Greipel, Jonathan:

Grouping of Inspection Characteristics to Reduce Costs of Adaptive Inspection Planning in Variant Production

ISBN: 978-3-98555-157-6

Erscheinungsdatum: 03.05.2023

Troß, Nico:

Mehrskalenmodellierung der thermomechanischen Werkzeugbelastung beim Trockenwälzfräsen

ISBN: 978-3-98555-158-3

Erscheinungsdatum: 19.04.2023

Nicksch, Christoph:

Konfiguration verteilter Large-Scale Metrology Systeme in rekonfigurierbaren Montageumgebungen

ISBN: 978-3-98555-152-1

Erscheinungsdatum: 20.03.2023

Ahmad, Mubarik:

Anregungsgerechte Auslegung und Tolerierung schnelllaufender Getriebe unter Berücksichtigung kurz- und langwelliger Verzahnungsabweichungen

ISBN: 978-3-98555-130-9

Erscheinungsdatum: 06.03.2023

Priwisch, Martin:

Kontaktfreie Bahnlaufregelung zur Herstellung funktionaler Mehrlagensysteme in einem kontinuierlichen Laminierprozess

ISBN: 978-3-98555-139-2

Erscheinungsdatum: 27.02.2023

Edition Wissenschaft Apprimus

MIX
Papier | Fördert gute Waldnutzung
FSC® C083411

Zeitfracht Medien GmbH
Ferdinand-Jühlke-Straße 7
99095 Erfurt, Deutschland
produktsicherheit@kolibri360.de